宇野木早苗

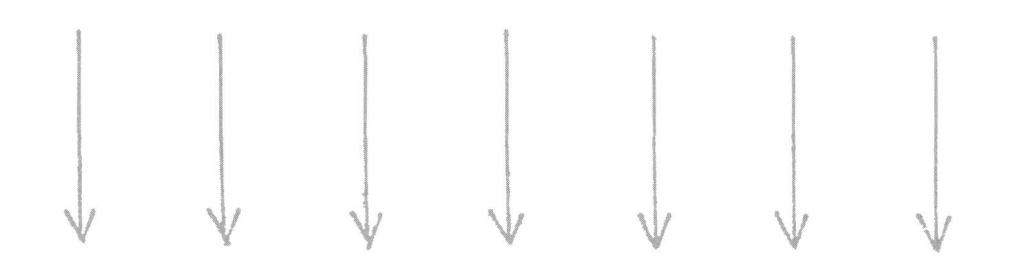

流系の科学

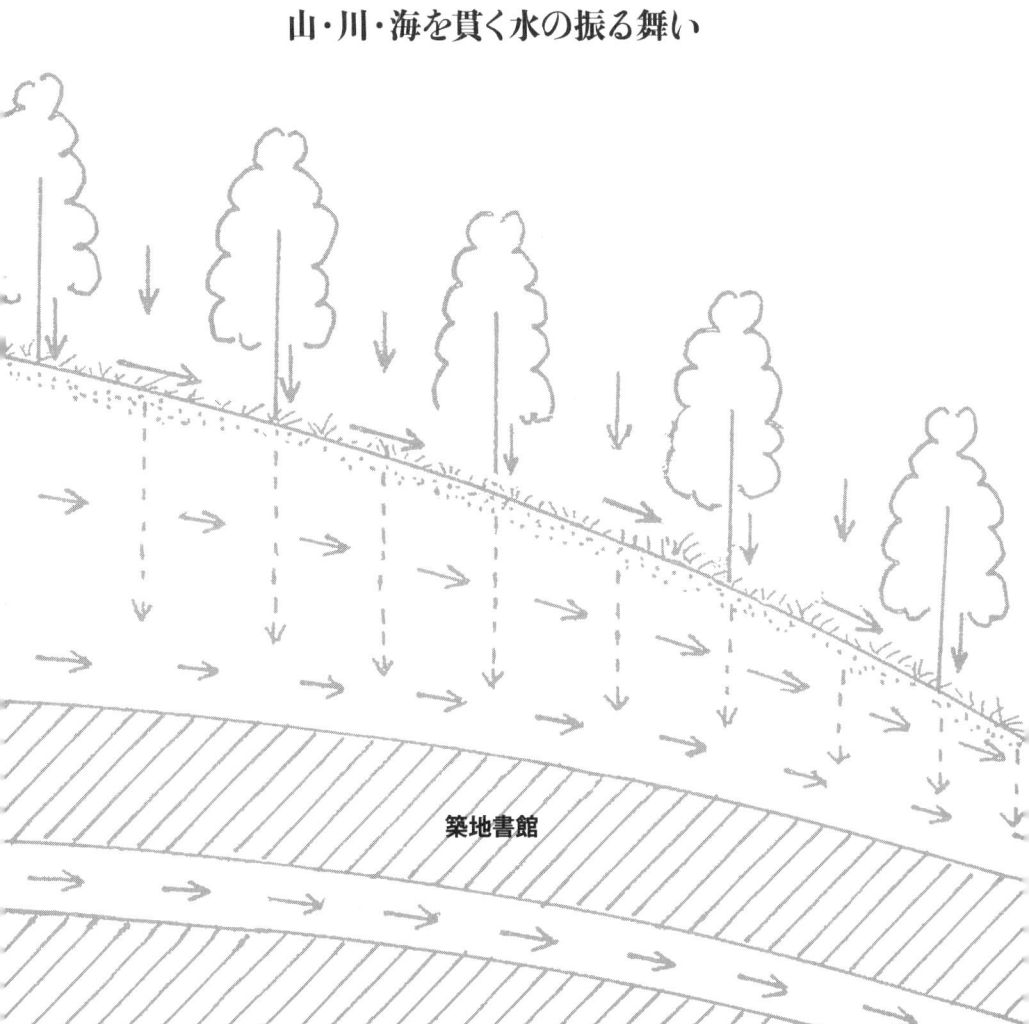

山・川・海を貫く水の振る舞い

築地書館

まえがき

　山・川・海を貫く水系は広大な太陽系の中で、わが地球上にのみ見られるきわめて珍しく貴重な存在であって、本書は地球表面上のこの特異な水系の姿を、流れの面から理解しようとしたものである。この中で中心とした話題は、山中の雨降る森に生まれた川が、山を下り、平地を走り、下流域で潮汐と海水に遭遇し、やがて海に注いで広漠たる大洋に融合していく過程であって、この間にどのように動き、働き、変貌し、周辺環境にいかなる影響を与えるかが注目される。

　古い昔から川とその流域は、陸上生物である人類の生存生活と生産活動にとって欠くことができない重要な地域であり、その周辺に人口も集中していた。しかし川は時に強大な破壊力をもって人々の生活と生命に脅威を与えてきた。このように川は、人類にとってこれなしには生きていけないほどの恵みを与えてくれるが、一方では恐怖を与える存在でもある。人々はその脅威から免れながら巧みに恵みを利用するために、さまざまな知恵と工夫をこらして川に対応してきた。したがって河川に関連しては古くから研究が続けられていて、その成果を記載した書籍は工学関係を中心にして非常に多い。このような中で、沿岸海域の物理過程を学んできたものの、河川の専門家でもない筆者が本書を書こうと考えたのには、以下のような思いがあったからである。

　従来、やむを得ないことではあるが、川に関する問題は陸上の人間との関係が中心であって、生物を含む地球上の自然界のもろもろの営みに対する川の存在と働きの重要性が、深く認識されることが乏しかった。例えば、海、特に沿岸海域にとって、川はきわめて重要な存在である。川が注ぐ海はそうでない海に比べて、生物の数と種類が多く、漁業も盛んである。すなわち川は、水と砂と栄養を運び、海岸と海の生態系を涵養する。川が作り出す干潟や浅瀬は、海の生き物の産卵や稚魚の育成場所となり、またアサリなどの有用な水産資源の宝庫である。そして河川水を含む沿岸水は、海流に吸収されて大洋の中に広がっていく。だが、これまで川は川、海は海と行政的にも学問的にも別々に取り扱われて、海のことを考慮せず河川改変が活発に行われた。このために、海の環境、生態系、漁業は重大な影響を受けてきた。しかし、このことに大多数の河川の関係者や研究者は、無関心であったように思われる。なおこの問題に関しては、海の関係者や研究者側の認識も乏しかったといわねばならない。

これまで筆者は沿岸海域の自然を学ぶ中で、潮汐波が川を遡上する河川感潮域における海洋波動と河川流の相互作用を研究し、またダムや河口堰が海域の環境や漁業に与える影響を調べ、日常的には川からの砂の供給が激減して、海岸侵食が目に見えて進む駿河湾の三保海岸に犬を友に杖を運んでいる間に、いつしか川と海との関係が頭の片隅から離れない課題となっていた。そして海や海岸を考慮しない河川改変のためにこれまで重大な問題が起きていることを憂慮して、機会を得ては「川と海は水系一体」として考えるべきであると主張してきた[1]。

　このことを具体的に示すために、筆者は2005年に「河川事業は海をどう変えたか」[2]という小冊子を執筆した。これは河川事業が海へ与える影響を、主に河川管理者と河川研究者、およびこの問題に関心ある人々に理解していただくことを主な目的にしたものであった。次いで2008年には、編著者としてこの分野の2人の専門家と協力し、9名の研究者の執筆を得て、「川と海―流域圏の科学」[3]という本を世に問うことができた。これは地形、物理、化学、生物、水産の広い分野にわたって、川が海に与える影響を科学的に把握することを目的とするものであった。

　そしてこのような研究・執筆活動と社会的経験の間に、大気から山地に降った雨が森、川を経由して大海に消えていく太陽系唯一と考えられるこの水系全体の自然の姿を、多少なりとも理解したいとの思いが生じた。それとともに、海関係の人が川を理解するために、また川関係の人が海を理解するために、この水系全体について述べた解説書も存在する意義があろうと考えた。

　だがこの目的のために、部分的には優れた解説書があるが、水系全体として水の振る舞いを通覧したものは見当たらないので、多少なりとも学び得た範囲内で自らがまとめることを考えた。ただし筆者はこれまで外洋[4]から沿岸域[5]、そして河川感潮域[6]までは共著者の協力も得て解説を行い、また水理学のテキスト[7]を著したこともあるが、河川感潮域より上流側の河川に関しては研究の経験がない。そこで微力をかえりみることなく、先人の研究成果を参考にして筆者が理解できる範囲内で解説することを試みた。

　本書は以上のような思いのもとに、わが国の河川と周辺海域を中心にして地球表面の流系の姿を描いたものである。したがって専門分野が狭く、しかも八十路半ばを過ぎた老書生には研究の先端をたどることは難しく、利用できる文献・資料も限られるので、内容が偏って足りない部分が多いのはやむを得ないと考えている。また本書では、重要ではあるが、大気中の水蒸気、湖沼水、地下水の振る舞いについてはほとんど触れていない。ただ曲りなりにも陸域海域を貫いた流系の概要を述べた最初の本であること、および年老いて道を尋ねし者のなせることを言い訳にして、至らぬところについては読者の寛容をお願いする次第である。

　本書が、山に生まれ海に消える川の変転する姿に興味を抱く読者に幾分なりと参考になるとともに、河川改変のあり方が社会で問題になっている折から、多少なりとも

考える材料になり得ればまことに嬉しいことである。なおこのことに関して、最後の章において水系と社会との関係について考察した。執筆に際しては、なるべく明確な説明をするために多少の数式を用いたが、数式に慣れない読者はこれを読み飛ばしていただきたい。そうであっても話の大筋は理解できると思う。また込み入った部分については付録で解説を加えた。

　本書を書き終えて思うに、筆者を執筆に向かわせた一因には、東海大学海洋学部に在籍していたころ、速水頌一郎先生の謦咳に親しく接したこと、および筆者の後半生30数年にわたり、同年齢の西條八束さんと専門は異なるが沿岸環境の保全を願って、ともに学び励まし合ってきたことが影響しているように思われる。速水先生は若いころ上海の自然科学研究所において17年の長きにわたって揚子江（長江）の研究をされて顕著な成果を挙げられた。そして敗戦による帰国後、京都大学において海洋学および陸水学の講座を担当されるとともに、日本海洋学会に沿岸海洋研究部会を創設されて、必要性が強く迫られていたが未熟であった沿岸の海洋研究の発展に尽力された。西條さんはわが国の湖沼学の泰斗であり、陸水と海洋の2つの水圏を対象に、生物代謝や生元素の循環に関して幅広い研究を推進して高い評価を得られた。そして長良川河口堰や中海干拓を代表例に、該博な知識を基礎に川と海の環境保全のために尽力された。既に故人であられるが陸と海の水圏で活躍されたお二人に親しく接して、筆者も川に向けて目を開くことができたのであって、追憶と感謝の念を新たにするものである。

　本書を草するに当たっては、東京海洋大学の長島秀樹名誉教授と東海大学海洋学部の田中博通教授には草稿を読んでいただいて、筆者の理解が不足しているところや誤っているところについて注意と助言をいただいた。深く感謝する次第である。なお河川に関する2つの名著、すなわち海洋学者でもあった野満隆治博士の原著を瀬野錦蔵博士が補訂した「新河川学」[8]、および阪口豊・高橋裕・大森博雄の3博士による「日本の川」[9]からは大きな刺激を受け、教えられるところが多かった。また多くの方々の研究成果や著書を引用させていただいた。ここに厚くお礼を申し上げる。最後に本書の刊行に際してご尽力を賜った築地書館の編集者、宮田可南子さんに謝意を表する。

付記
　原稿を書き終えた後に、民生と環境を重視する新政権が誕生し、ダムなどの河川事業の見直しが始まった。したがって第17章の「水系と社会」の河川行政に関連する部分では手直しが必要と思われる。だが事態は流動的で確定したものでなく、またこれまでの流れを理解することは重要であるので、特に筆を加えることはしなかった。

参考文献

(1) 宇野木早苗（1996）：海から川を考える，海の研究，5，327-332.
(2) 宇野木早苗（2005）：河川事業は海をどう変えたか，生物研究社，116pp.
(3) 宇野木早苗・山本民次・清野聡子編（2008）：川と海—流域圏の科学，築地書館，297pp.
(4) 宇野木早苗・久保田雅久（1996）：海洋の波と流れの科学，東海大学出版会，356pp.
(5) 宇野木早苗（1993）：沿岸の海洋物理学，東海大学出版会，672pp.
(6) 宇野木早苗（1996）：感潮域の水面変動，河川感潮域—その自然と変貌—（西條八束・奥田節夫編），名古屋大学出版会，11-45.
(7) 宇野木早苗・斉藤晃・小菅晋（1990）：海洋技術者のための流れ学，東海大学出版会，312pp.
(8) 野満隆治原著・瀬野錦蔵補訂（1959）：新河川学，地人書館，348pp.
(9) 阪口豊・高橋裕・大森博雄（1995）：日本の川，岩波書店，265pp.

もくじ

まえがき ——————————————————— 3

第1章 水の惑星 ——————————————————— 13
 1.1 地球上の水の役割 ——————————————————— 13
 1.2 地球上の水の循環 ——————————————————— 15

第2章 降水 ——————————————————— 22
 2.1 日本の降水 ——————————————————— 22
 2.2 世界の降水 ——————————————————— 31

第3章 森林山地からの水の流出 ——————————————————— 34
 3.1 降水量と流出量の関係 ——————————————————— 34
 3.2 森林による水の遮断 ——————————————————— 37
 3.3 流出過程の古典モデル ——————————————————— 39
 3.4 観測結果が示す流出過程 ——————————————————— 42
 3.5 緑のダム ——————————————————— 47
 3.6 水田の貯水機能 ——————————————————— 52

第4章 水路の流れと波 ——————————————————— 55
 4.1 流れを支配する基本の式 ——————————————————— 55
 4.2 流れの鉛直分布 ——————————————————— 57
 4.3 流れの横断面分布 ——————————————————— 59
 4.4 水面を吹く風に伴う流れ ——————————————————— 62
 4.5 水面を伝わる波 ——————————————————— 63
 4.6 切り立った段波の進行 ——————————————————— 65
 4.7 堰がある水路の水位と流れ ——————————————————— 67

| 4.8 | エネルギーの関係 | 70 |

第5章 平地を流れる川 — 74

5.1	流速と流量	74
5.2	横断面内の流れ	78
5.3	流路の形態	79
5.4	自由蛇行の発生	82
5.5	川が形成する平原	85
5.6	人の手で変貌する川	92

第6章 洪水 — 97

6.1	洪水の機能	97
6.2	洪水のハイドログラフ	98
6.3	洪水波の伝播	100
6.4	洪水波の基礎的特性	103
6.5	氾濫	106
6.6	増大する洪水量とその緩和	109
6.7	都市化した流域における出水	112
6.8	ダムの大量放水と決壊に伴う洪水	113
6.9	出水量の推定	118
6.10	基本高水流量	122

第7章 川の流れの作用 — 125

7.1	流水中における土砂礫の挙動	125
7.2	川の流れの侵食作用	127
7.3	川の流れの運搬作用	129
7.4	川の流れの堆積作用	133
7.5	山地における土砂生産とダムの堆砂	137
7.6	川から海への土砂流出量	140

第8章 川の変遷 — 143

| 8.1 | 川の一生 | 143 |

8.2　川の輪廻 ——————————————————— 145
　　8.3　川の成長に変化を与える外的要因 ——————— 146

第9章　日本の川と世界の川 ——————————— 148
　　9.1　川の規模 ——————————————————— 148
　　9.2　流域の形状 —————————————————— 150
　　9.3　出水の形態 —————————————————— 154
　　9.4　比流量と河況係数 ——————————————— 155
　　9.5　侵食速度 ——————————————————— 157
　　付　　河川管理に伴う川の分類 ——————————— 157

第10章　河川感潮域の海洋波動と流動 ——————— 159
　　10.1　感潮域における潮汐波の遡上 —————————— 159
　　10.2　感潮域の水理計算における川と海の接続 ————— 162
　　10.3　感潮域の潮流 ————————————————— 164
　　10.4　感潮域の洪水 ————————————————— 166
　　10.5　感潮域の高潮 ————————————————— 168
　　10.6　感潮域の津波 ————————————————— 173
　　10.7　感潮域の波浪 ————————————————— 175

第11章　河川感潮域における循環・混合・堆積 —— 179
　　11.1　感潮域の循環形態 ——————————————— 179
　　11.2　強混合型の感潮河川 —————————————— 182
　　11.3　緩混合型の感潮河川 —————————————— 185
　　11.4　弱混合型の感潮河川 —————————————— 187
　　11.5　変動する混合形態 ——————————————— 189
　　11.6　感潮域における堆積環境の特性 ————————— 190
　　11.7　マングローブ林の感潮域 ———————————— 194

第12章　海へ流出した河川水の挙動 ———————— 197
　　12.1　河川水の静止海への基本的な流出形態 —————— 197
　　12.2　流出河川水に対する地球自転の影響 ——————— 199

12.3	河川水流出の実態	202
12.4	大規模流出の場合の理論と実験	209
12.5	河口フロント	215
12.6	エスチュアリー循環の重要性	216

第13章 川から海へ運ばれた土砂の挙動 ── 221

13.1	変動する河口地形	221
13.2	河口における地形変化の時系列	225
13.3	流出砂が作る砂浜	228
13.4	内湾の干潟	234
13.5	流出砂の減少に伴う海岸侵食	238

第14章 内湾・沿岸の流系 ── 247

14.1	海洋構造の季節変化	247
14.2	内湾の流系	250
14.3	潮汐・潮流・潮汐残差流	250
14.4	内部波と内部潮汐	258
14.5	吹送流	261
14.6	湧昇	269
14.7	海面の加熱冷却に伴う対流と熱塩循環	273
14.8	急潮・異常潮位・外海水進入	275

第15章 縁海における大河の影響 ── 285

15.1	日本近海の海流	285
15.2	長江から流出した河川水の行方	291
15.3	アムール川とオホーツク海の海氷	294
15.4	ナイル川と地中海	297

第16章 大洋における海水の循環 ── 303

16.1	世界の海流	303
16.2	海洋表層の亜熱帯循環	305
16.3	大洋における海洋の構造	308

16.4 深層水の循環 ———————————————————— 311
  16.5 世界の海洋循環 ———————————————————— 314
  16.6 大洪水が深層循環と気候を変えた事例 ———————————— 317
  16.7 変化する水系 ———————————————————— 318

第17章　水系と社会 ———————————————————— 321

  17.1 日本の水系の社会的特性 ———————————————— 321
  17.2 河川への対応の変遷 ————————————————— 322
  17.3 河川事業における新たな方向と問題点 ————————— 327
  17.4 水系一体を考慮した河川管理 ————————————— 332

付録 ———————————————————————————— 338

  A.1　コリオリの力 ———————————————————— 338
  A.2　ダルシーの法則 —————————————————— 339
  A.3　流体の運動を表す式 ———————————————— 341
  A.4　底面付近の流れの対数分布則 ———————————— 342
  A.5　段波 ——————————————————————— 343
  A.6　洪水波の変形 ——————————————————— 344
  A.7　地球自転が影響するスケール ———————————— 346
  A.8　内部波 —————————————————————— 346
  A.9　渦度とポテンシャル渦度保存則 ——————————— 347
  A.10 ケルビン波と潮汐の無潮点系 ———————————— 348
  A.11 陸棚波 —————————————————————— 350
  A.12 エクマン吹送流 —————————————————— 351
  A.13 エクマンポンピングに誘起される南北流 ——————— 352
  A.14 土木技術者の憲章 ————————————————— 352
  A.15 日本海洋学会の海洋環境問題に関する声明 —————— 353

索引 ———————————————————————————— 355

第1章 水の惑星

　広大な太陽系の中で、地球ほど豊かな自然に恵まれた星は存在しない。一部を除いて全般的に気候は温和で、人類を含めて多種多様な生物に満ち溢れている。このような自然の形成は、地球がエネルギーの源である太陽から近からず遠からず程よい距離に位置するとともに、水蒸気を含む豊富な水の存在なしには考えられない。幸いにして地球は、「水の惑星」といわれるほど広く水に覆われ、大気、陸地、海洋に水が活発に動きまわっている。本書は、山・川・海を貫く水系における水の動きとその働きについて考えるのであるが、その前に、地球上における水の存在量、循環量、そしてその役割について概要を理解しておくことにする。

1.1　地球上の水の役割

　水は地球表面における自然界の形成と、人類を含めてそこに住むさまざまな生き物の生存と生活に深く関わっている。

(1) 環境の安定化
　さまざまな植物や動物が繁栄するためには、環境が適度に安定していなければならない。このことは、地球表面に存在している多くの物質の中で水の比熱が最大であり、これが地球表面に大量に存在しているために可能になっている。地球表面積の約71％は海に占められている。全体の熱容量が大きければ、外的条件によって加えられる熱量が変化しても、その影響は緩和されて環境の変化は小さい。

　ただし、水蒸気を含めて水が移動することなく同じ場所に留まっていれば、加えられる熱量の影響は次第に蓄積されて、やがて局所的に大きな変化を生じる。ゆえに水の輸送拡散能力が問題になる。これに関しては、水は流動性に富み、海洋では海流、陸上では河川、大気では風によって大量の水が運ばれるため、熱（エネルギー）も広い範囲に広がっていく。このようにして地球表面では熱の再配分が行われて、局所的な環境の顕著な変化が避けられ、生物の生存に適した地域が広く分布することになる。

なお海流や風の発生には、水が運ぶ熱量が大きく寄与しているのであって、流れの発生とこれが運ぶものとの間には強い相互作用が存在する。

(2) 生物圏の維持

　水がなければほとんどの生物は生存できず、それらが形成する生態系は水の存在形態に深く結びついている。例えば、森林、草原、砂漠などの地球上のマクロな生態系の構造は、水によって大きく支配されていて、地域の植物の種類数は蒸発散（蒸発と蒸散、蒸散は葉面からの水分の放出）の量と、べき関数的な関係にあり、蒸発散量が多い地域ほど種類数が急激に増加して、豊かな生物相が形成されるとの報告がある[1]。調査例によれば、年蒸発散量が 400mm の地域における植物の種類数は 2,000～5,000 程度であるが、1,100mm の地域では約 40,000 にも達しているという。逆に蒸発散量がほとんどゼロに近い砂漠や永久凍土地帯は、植物にとってはいわば死の世界といってよいほどで、したがって生物相も貧弱である。また陸・海における水の流れの存在が、風とともに生物の広がりに大きく寄与していることを忘れてはいけない。

　わが国は、後に述べるように降水量と蒸発量が世界の平均をかなりの程度上回っていて、自然環境は多様性に富み、恵まれた地域ということができる。世界では乾季に水がほとんど見られない川が少なくないのに、日本では清い水が年間を通して流れて緑を育み、豊かな自然が形成されているところが多い。このような自然は、生物の生存、生活、維持にきわめて貴重な環境を与えている。だが最近では、この自然が人の手によって失われる傾向が生じている。

(3) 地表面の形成

　地球表面の形成に関与する要因として、地殻変動や火山活動などの地球内部に原因を持つものと、風や水流などの外的な営力によるものとがある。一般的にいえば、前者は地表面の高度差を大きくする働きが強く、後者は地表面を平坦にする作用が強い。地表面の高い部分を削り、低い部分を埋めて平坦にする作用において、水の役割は非常に大きい。これには水の侵食作用(注)、運搬作用および堆積作用が総合的に寄与している。ただし、河谷の形成のように、平坦化とは逆に地形の凹凸を険しくする効果も存在する。地表面の形成の過程は、地質学的時間スケールに深く関係していて単純ではない。川に関係したこの問題は、第7章と第8章において考察される。なお水は液状状態だけでなく、氷結による岩石の破壊や氷河による侵食(注)に見られるように、固体状態でも地上の地形変化に寄与している（注：これには侵食と浸食という多少ニュアンスが異なる2つの用語があるが、本書では煩雑を避けるために侵食に統一して用いる）。

(4) 人類への寄与

人類にとっても水は必要不可欠なものである。人が生命を維持していくためには、水と食糧を摂取しなければならない。1人の1日当たりの水の摂取量は、2.3〜2.8 ℓ であるといわれる。また1トンの穀物生産には、約1,000トンもの水が必要とされる[2]。人類の生存を支えるためには穀物、野菜などとともに、動物性タンパク質に転換される家畜飼料となる穀物の生産が必要である。世界全体では農業用水として河川、湖、地下水から取り出される膨大な水量の中の約65％が使用されているという。残りの25％が産業用水、10％が都市用水である。

しかし現状では、水の偏在と供給施設の不備のため水不足に悩まされ、人々の生存が脅かされている地域が少なくない。さらに、開発途上国を中心として世界的に急速に膨張する人口増加（この100年に15億人から65億人へ）や、食生活向上のための農産物生産に対する水の要求は非常に強い。また都市への人口集中も、都市用水の増加への圧力となっている。さらに最近では、バイオ燃料としての植物生産の必要性が増大している。このため、各地で水の枯渇が深刻な問題になり、また同じ川の流域に位置する国家間に国際紛争が生じている。一方、激しい水資源の利用開発が自然の摂理を考慮することなく実施されるために、世界各地で自然環境が破壊されたり、著しく損なわれる例が数多く報告されて問題になっている。

1.2 地球上の水の循環

(1) 水の存在量

地球表面における水の存在量と循環量の推定には不確定要素が多く、研究者によって数値的にはかなりの散らばりが見られる。ここでは国連水会議の資料（Korzoun・Sokolov[3]）を基に、地球表面の各部分に含まれる水量とその比率を表1.1に示す。

地球上の水の総量は約 $1.4 \times 10^9 km^3$ の程度であり、この大部分の96.5％は海水であって、残りの1.7％を氷河と積雪が占めている。これと同程度の1.7％が地下水として蓄えられている。残余の微小部分においては、0.02％が永久凍土、0.01％が湖である。これらより1桁少ないものは土壌水分、沼地であり、大気中の水蒸気量も0.001％の程度に過ぎない。ところでわれわれが注目する河川水の総量はこれよりもさらに1桁小さくて、約0.0002％である。このように河川水が水圏全体に占める割合はきわめて微量であるが、地球上の物質循環や生態系にとっての重要性は、次に述べる循環の速さにあって、単純に上記の存在量の比率で推し量ることはできない。ちなみに世界中の生物の体内に存在する水量は、河川水の存在量の半分程度になっている。

なお地球の表面において、およそ海洋が71％を、陸地が29％を占める。そして海洋の平均の深さは3,800m程度であるのに対して、陸上の雪氷と地下水を陸上に広げ

表1.1 地球表面における水の存在量と比率、国連水会議[3]のデータを基に作成

水の種類		量 (1,000km^3)	全水量に対する割合（%）	全淡水量に対する割合（%）
海水		1,338,000	96.5	
地下水		23,400	1.7	
	うち淡水分	10,530	0.76	30.1
	土壌中の水	16.5	0.001	0.05
	氷河など	24,064	1.74	68.7
	永久凍結層地域の地下の氷	300	0.022	0.86
湖水		176.4	0.013	
	うち淡水分	91.0	0.007	0.26
	沼地の水	11.5	0.0008	0.03
	河川水	2.12	0.0002	0.006
	生物中の水	1.12	0.0001	0.003
	大気中の水	12.9	0.001	0.04
合計		1,385,984	100	
	合計（淡水）	35,029	2.53	100

るとすれば平均の厚さは約320mになり、海洋の深さより1桁小さい。一方、大気中の水蒸気量は地球表面全体をわずか2.5cmの厚さの水で覆うに過ぎず、河川水のみはさらに薄い皮膜になる。

(2) 水の循環量

　地球表面における水の循環量を沖[4]のデータを基にまとめると図1.1を得る[5]。なお水の循環と収支については、例えば日本気象学会の総合的な報告がある[6]。図1.1によれば、10^{3}km^3/年の単位を用いると、陸地における降水量は111の大きさで、蒸発散量は65.5である。その差45.5はわれわれが注目する河川から海洋への流出量になる。ゆえに降水量の約40%が海洋に流出している。前記のように河川における水の存在量はきわめて微少であったが、河川の流出量は非常に多量で、地球表面における水循環にとって河川がきわめて重要な役割を果たしていることが理解できる。海面の蒸発量は436.5と陸上の蒸発散量の約6.7倍と著しく大きい。そして海面からの蒸

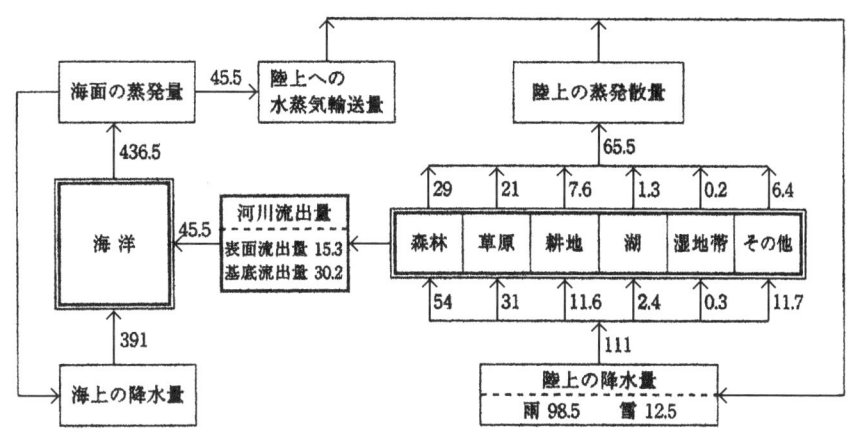

図 1.1　地球表面における水循環、単位 $10^3 km^3$/年、沖[4]のデータを基に作成

発量は海面への降水量 391 をかなりに超過しているが、両者の差 45.5 は前記の陸から海への河川水の流出によって補われている。一方、陸地から海洋に加わったこの水量は、大気上空において逆に海側から陸側に返送されて収支が合っている。

　河川の流量は、降雨の際に地表面を流れて直接川に注ぐ表面流出量と、地下水に蓄えられた後に平常時に川に注ぐ基底流出量から成っている。後者の推定は正確さに欠けるが、前者の約 2 倍になっている[4]。なお陸から海への流出量には、河川を経由せずに地下水として直接海へ流出するものが 10 %程度含まれていると推定されているが、詳細は明らかでない。

　陸上におけるより詳細な水の循環は、図 1.1 の中に地面特性に分けて示してある。主要なものは森林、草原、耕地である。これらにおける蒸発散量と降水量の比をとると、森林が 0.54、草原が 0.68、耕地が 0.66 になっていて、草原・耕地に比べて森林の保水率が高いことが理解できる。

　今は各部分の循環量の大きさについて述べたが、一般になじみの深い水柱の高さで表した降水量と蒸発量でも見てみよう。沖[4]のデータから換算した値と近藤[7]による値を表 1.2 の初めに示しておいた。前者によれば、地球表面全体の平均降水量は 980 mm/年の程度である。これは当然ながら、地球表面全体の平均蒸発量に等しい。陸と海を比較すると、陸地の降水量は 750 mm/年であるが、海洋ではその約 1.4 倍の 1,080 mm/年になる。

　一方、蒸発量は陸地では 440 mm/年と少ないが、海洋では陸上の 2.8 倍も大きく 1,210 mm/年に達する。そして陸地の降水量と蒸発量の差が海への流出量になり、陸

表 1.2 世界の水収支、最初の 2 例は近藤[7]と沖[4]による、残りの 4 例は UNESCO のデータから抜粋[8]、単位 mm/年

著者	年	陸地			海洋			地球 P=E
		降水量	蒸発量	流出量	降水量	蒸発量	流入量	
近藤純正	1994	800	510	290	1,100	1,220	120	1,000
沖大幹	2007	750	440	310	1,080	1,210	126	980
Schmidt	1915	752	544	208	670	756	86	690
Wust	1936	665	416	249	822	925	103	780
Budyko	1955	671	443	228	1,025	1,130	105	930
ソビエト IHD 国内委員会	1975	800	485	315	1,270	1,400	130	1,130

地に降った雨の約 40％が海に流出していることになる。ただし流出量を mm/年の単位で示す場合には、陸地と海洋では表面積が異なるので、水柱で表した陸地からの流出量の高さと海への流入量の高さは同じにはならないことに注意を要する。なお沖の結果を、同じ表中の近藤の値と比較すると、海洋においては差は小さいが、陸上においてはかなりの相違が認められる。

なお 1860 年代から 1970 年代までの 110 年余の期間にわたって得られた同様な推定結果 37 例が、UNESCO によってまとめて発表されている[8]。参考のために年代が異なる 4 例を選んで、同じく表 1.2 に示しておいた。観測方法、推定方法、取得データ数によって、数値的にかなりの散らばりが見られる。最近ではこれまで少なかった山岳地帯や極地方におけるデータの取得に努力が払われている。地球温暖化に関連して降雨量の変化が注目されているが、変化傾向は確定せず、信頼できる結果を得るには綿密な調査検討がさらに必要である。

ここで日本の水収支について簡単に触れるが、これについては不確定部分が多い。日本全体の平均の年降水量は約 1,800mm 程度で、流量測定結果から推測される河川流出量は、降水量に比べて大略 500mm 少ない程度といわれる。これを用いると河川からの流出量は降水量の約 7 割を占めることになり、この割合が約 4 割という世界の平均値に比べて非常に大きい。これは、山が険しくて流出距離が短く、森林が多いことなどの日本の地形的特性や降雨特性に関係すると思われる。

(3) 大地を覆う河川網

前項では地球表面全体における水の循環をマクロ的に見てきたが、陸上における水の循環の主役は河川であり、精粗はあるものの、大小無数の河川が大地の上を網の目のように覆っている。図 1.2 の (a) と (b) に、南米のアマゾン川とヨーロッパのド

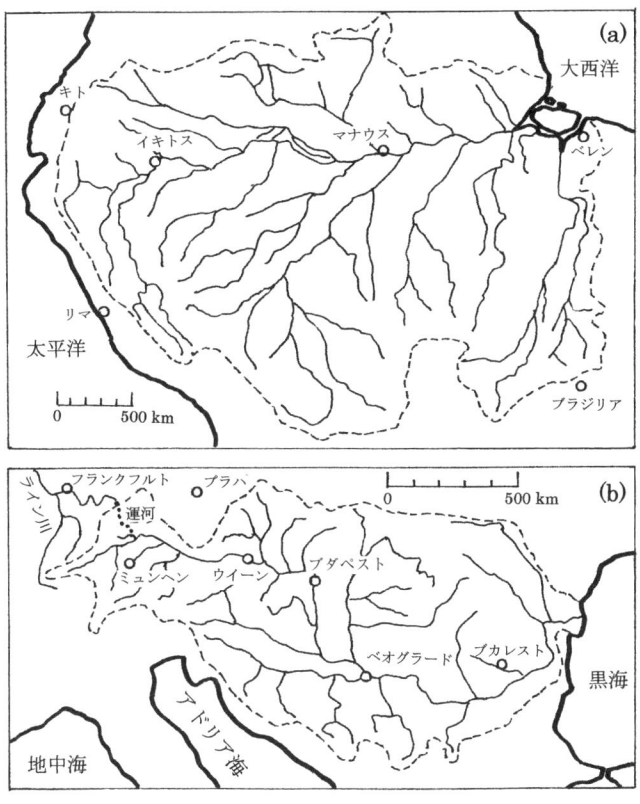

図 1.2　アマゾン川 (a) とドナウ川 (b) の水系，阪口ら[9]を基に作成

ナウ川の河川網を示す。主流となる 1 本の川には大小無数の支流がつながり，水のネットワークを形成している。神経や血管のネットワークが全身を巡って情報や栄養を運び，人間の生命を維持しているように，このような河川網が人類を含めて，大地に住むさまざまな生物の生存と活動に深く関わっている。

図 1.2 (a) に示したアマゾン川は，世界の川で最も流域面積が大きく，その大きさは約 705 万 km^2 もあり，南米大陸の約 40% を占め，日本全土が 19 個も含まれるほどの広大さである。河口から 3,800km の距離にあって海抜高度が 100m 程度のペルー国内のイキトスでは，水深は 10m 以上もあって 2,000 トン級の外洋船も航行している。このようなアマゾン川のネットワークが，流域の自然と生物，さらにそこに住む人々の生存と活動に与える影響は図り知れないものがあるであろう。

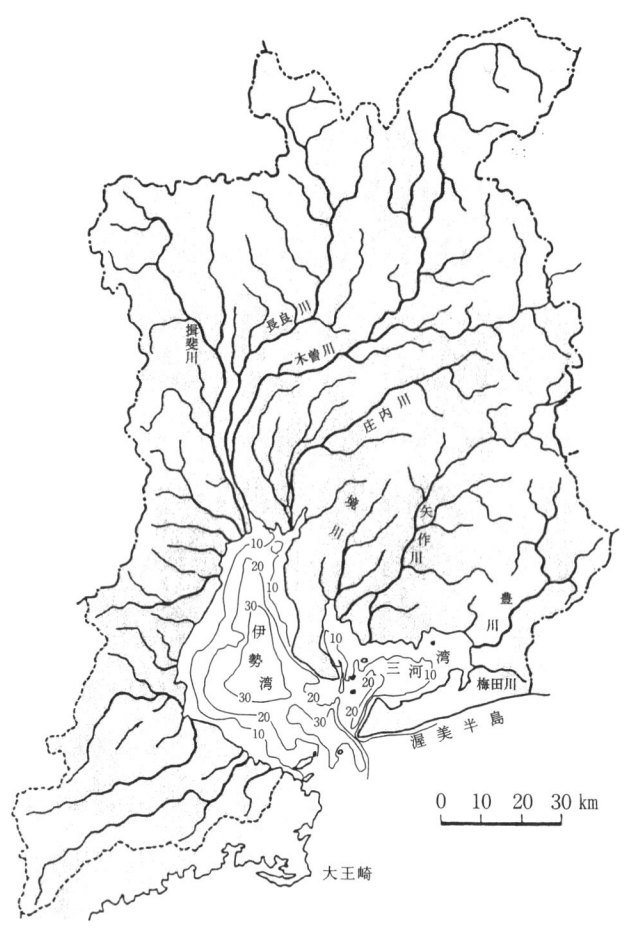

図 1.3 伊勢・三河湾に流入する河川水系と海底地形（水深：m）、西條[10]による

　一方、図 1.2 (b) に描かれたドナウ川は、ドイツに水源を持って東進した後、黒海に注いでいる。それとともにこの川は運河でもって、スイスの水源から北進してドイツ・フランス・オランダを経て北海に注ぐライン川ともつながり、かつてのゲーテやナポレオンの夢が実現することになる[9]。かくして、これらの河川網はオランダからルーマニアまで10ヶ国を覆って、ヨーロッパにおける重要な動脈になっている。
　図 1.3 は、わが国の伊勢湾・三河湾に注ぐ河川系の全体を描いたものである[10]。

それぞれの流域の水を集めた大小の川が、ひたすらに伊勢湾または三河湾を目指して流れている。この図を見れば、海もまたこの河川網に育まれていることが理解できるであろう。

参考文献
(1) 榧根勇（1977）：水象，土木工学大系2，自然環境論，第3章，彰国社，233-302.
(2) Brown, Lester R. 編著，浜中裕徳監訳（1996）：地球白書1996-97，ダイヤモンド社，393pp.
(3) Korzoun, V. I. and A. A. Sokolov（1977）: World water balance and water resources of the earth, E/CONF, 70/TP127（国連水会議資料）
(4) 沖大幹（2007）：地球規模の水循環と世界の水資源，JGL（Japan Geoscience Letters），3巻3号，1-3.
(5) 宇野木早苗（2008）：地球表面における水の循環，川と海―流域圏の科学（宇野木・山本・清野編著），築地書館，12-18.
(6) 日本気象学会（1989）：水循環と水収支，気象研究ノート，167号，175pp.
(7) 近藤純正（1994）：地球上の水の量，水環境の気象学―地表面の水収支・熱収支―，朝倉書店，21-24.
(8) 榧根勇（1989）：世界の水収支・日本の水収支，気象研究ノート，167号，169-175.
(9) 阪口豊・高橋裕・大森博雄（1995）：日本の川，岩波書店，265pp.
(10) 西條八束（2002）：内湾の自然誌―三河湾の再生をめざして，あるむ，76pp.

第2章　降水

　川の水は空から大地へ降り注ぐ雨や雪を源として生まれる。この源となる降水についてまとめておく。

2.1　日本の降水

(1) 降水量
　日本全国平均の降水量についてはいくつかの報告があるが、図 2.1 の左側に示されるように、総合的に見て年間約 1,800mm の程度であろうと推定されている（ちなみに後出の表 2.1 に掲げた 20 地点の年雨量の平均は 1,838mm である）。この量は地球の全陸地における平均値 750mm（表 1.2 の沖の値）の 2.4 倍にもなって、わが国は世界的に降水量の多い国といえる。とはいえ狭い降水面積と大きな人口のために、図 2.1 の右側に示すように国民 1 人当たりの降水量はそれほど潤沢とはいえない。すなわち世界の平均の 1/5 程度であって、むしろ少ないことに留意すべきである[1]。

　実際には降水量は地域によって大きく異なる。日本における年平均降水量の分布図を描くと図 2.2 が得られる。これによれば、全国平均より 600mm ほど多い 2,400mm を超える多雨地帯は、大まかにいえば 2 地域が存在する。1 つは薩南諸島から伊豆諸島にいたる太平洋南岸であり、その背後に高地が連なっている。もう 1 つは福井県から山形県に至る日本海側の、多少内陸部に入って背後に高い山岳地帯を控えた豪雪地帯である。

　わが国の気象台所在の 20 地点における 1971 年から 2000 年までの期間における年平均降水量を表 2.1 に示す。またこの表には統計開始以来の年降水量（mm）の最大値と最小値、および両者の比率も載せてある。これによれば、上記の太平洋側の地帯における最大の年平均降水量は、尾鷲の 3,922mm であり、日本海側の地帯におけるものは高田の 2,779mm である。ただしこれらは気象官署における値であるから、地域の最大値はこれらを超える可能性が高いことに留意する必要がある。なお気象官署以外における年降水量の極値の例としては、屋久島の小杉谷における 1950 年の

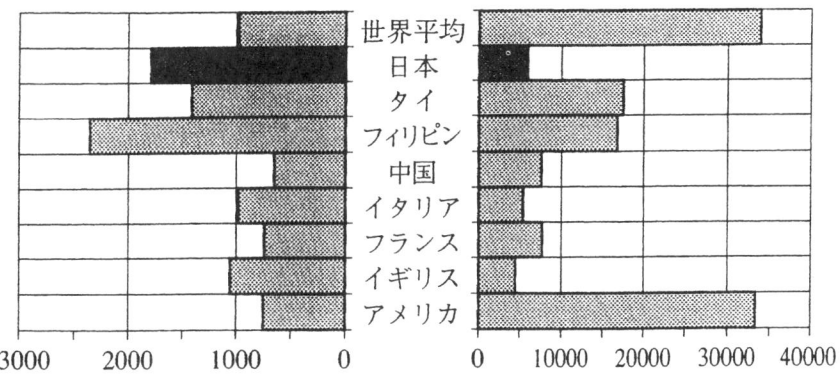

図2.1 年降水量と1人当たりの年降水量の国別比較、土木学会関西支部[1]による

10,216mmが、紀伊山地の大台ケ原における1920年の8,214mmの値が報告されている。

一方、中国山地と四国山地に挟まれて、太平洋や日本海から遮断された瀬戸内海沿岸では、年平均降水量は1,600mm以下と少なく、1,200mmに達しないところもある。中部山岳地帯の盆地でも1,200mm以下の地域が存在する。降水量が最も少ない地域は北海道、特にその東部であって1,200mmより少なく、オホーツク海側では800mm程度の地域も見出される。

今は30年間の平均値について述べたが、年降水量は年によってかなりに変動する。表2.1から各地点における値の最大年は最小年の何倍であるかを見ると、1.7倍（金沢）から3.4倍（那覇）の範囲になっている。降水量の年々の変動が大きいのは九州から沖縄にかけてであって、この比率は3倍前後である。これに対して変動が小さいのは東北から北陸にかけての日本海側であって、2倍前後の値である。

(2) 季節変化

図2.3に尾鷲、高田、鹿児島、札幌の4地点における、1971〜2000年間の月平均降水量の季節変化を示す。この中で尾鷲は上記の太平洋側の、高田は日本海側の多雨地帯の代表と見なされるもので、両地帯で季節変化の形態は著しく異なっている。尾鷲は春から秋にかけて雨が多く、冬季は非常に少ない。この地帯の雨は、主に台風、温帯性低気圧、梅雨前線、秋雨前線（愁霖）などによるものである。鹿児島も太平洋側の季節変化を呈するが、特に梅雨期を含む6月に著しいピークが現れる。一方、高

第2章 降水

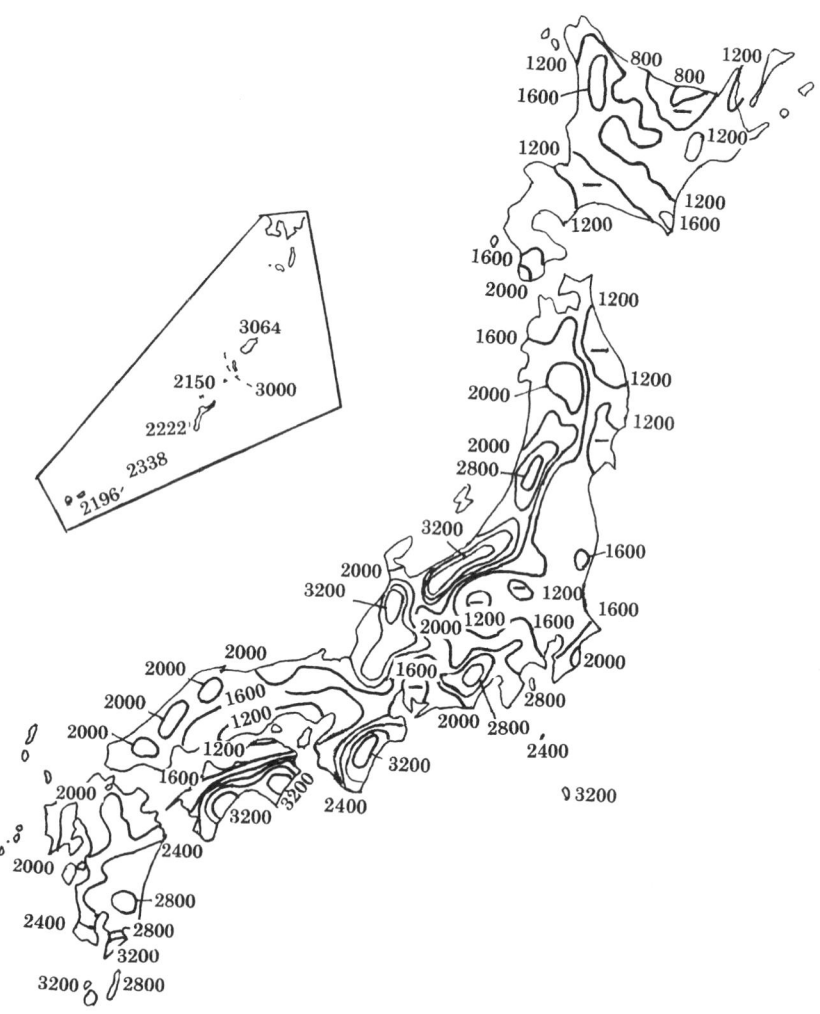

図 2.2　日本における年降水量（mm）の分布、日本気候図[2]を基に作成、—は降水量が周辺等値線より少ない領域を表す

表 2.1　20 地点における 30 年間（1971～2000）の年降水量（mm）の平均値と、統計開始以来 2003 年までの最大値と最小値、および両者の比率、理科年表[3]に基づき作成

地点	平均値	最大値	最小値	比率	地点	平均値	最大値	最小値	比率
網走	802	1231	545	2.26	尾鷲	3922	6175	2413	2.56
札幌	1128	1672	725	2.31	大阪	1306	1879	744	2.53
仙台	1242	1892	814	2.32	松江	1799	2683	1106	2.43
酒田	1861	2549	1340	1.90	広島	1541	2393	922	2.60
高田	2779	3748	1794	2.09	高松	1124	1619	738	2.19
金沢	2470	2793	1601	1.74	高知	2627	4383	1544	2.84
東京	1467	2230	880	2.53	福岡	1632	2977	891	3.34
静岡	2322	3732	1348	2.77	長崎	1960	2842	922	3.08
長野	901	1297	556	2.33	鹿児島	2279	4022	1397	2.88
名古屋	1565	2324	1061	2.19	那覇	2037	3322	970	3.42

田は冬季の雪による降水量が多く、12 月から 1 月までの降水量が全体の 40％を占める。最大値は 12 月に現れ、4～5 月が最も少ない。日本海沿岸の豪雪は、冬季における大陸からの季節風の吹き出しに伴うものである。札幌は両地帯と異なって雨量は 8～9 月に多くて 5～6 月に少なく、全般的に雨量は少ない。

(3) 豪雨

　河川にとって、短時間に大量の雨が降る豪雨が特に問題である。その原因となるものは活発な対流活動によって、水蒸気を豊富に含む空気が上昇して凝結し、大量の雨雲を継続して形成することである。このためには一般的に、(1) 大規模な気圧パターンが対流雲を発生させるような不安定条件を満足していること、および (2) 比較的狭い地域に大量の水蒸気を集中供給するような中小規模の気象擾乱系が重なることが必要とされる。豪雨や豪雪の発生機構の理解は、数値モデルの高度化と計算機環境の飛躍的向上、および大規模観測プロジェクトで得られたデータの事例解析の蓄積などによって、近年急速に深まっている。詳細は、例えば吉崎・加藤[4]の「豪雨・豪雪の気象学」を参考されたい。わが国における顕著な豪雨の発生は、台風と梅雨前線によるものが大部分を占めている。なお両者が重なっている場合もある。

ⅰ）台風による豪雨

　地上天気図や衛星画像（図 2.4（a））から理解できるように、台風の風は北半球においては台風中心を反時計回りに回りながら、中心に吹き込むような風系を形成して

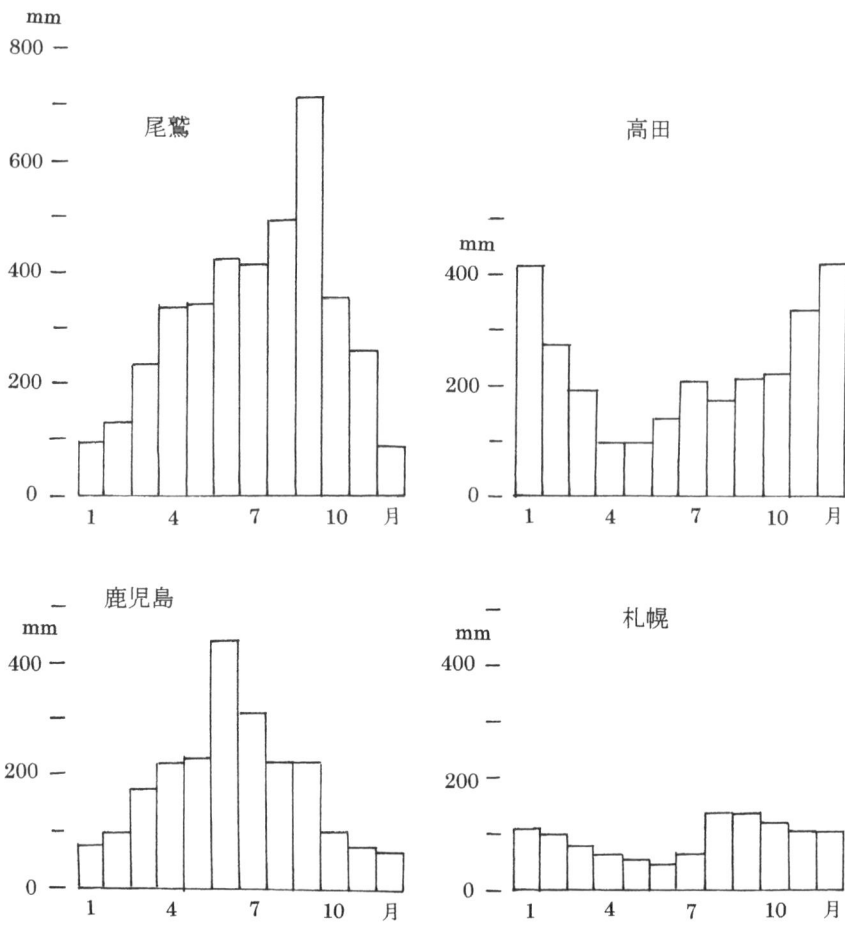

図 2.3　日本の 4 地点の 1971〜2000 年間における平均の降水量年変化、気象庁のデータに基づき作成

いる。この風系の基本となる風は傾度風である。傾度風は図 2.4（b）に示すように、強い圧力傾度力、地球自転に伴うコリオリの力、および遠心力の釣り合いで定まる風で、等圧線に沿って北半球では台風中心を左に見て回っている。これには台風中心に吹き込む風の成分はない。コリオリの力は**付録 A.1** で解説されるが、地球が自転しているために生じる力で、北半球では地上を動いている物体を右方向に逸らせようとする力である。しかし実際の風は傾度風に、台風を動かす場の風が加わり、さらに大気

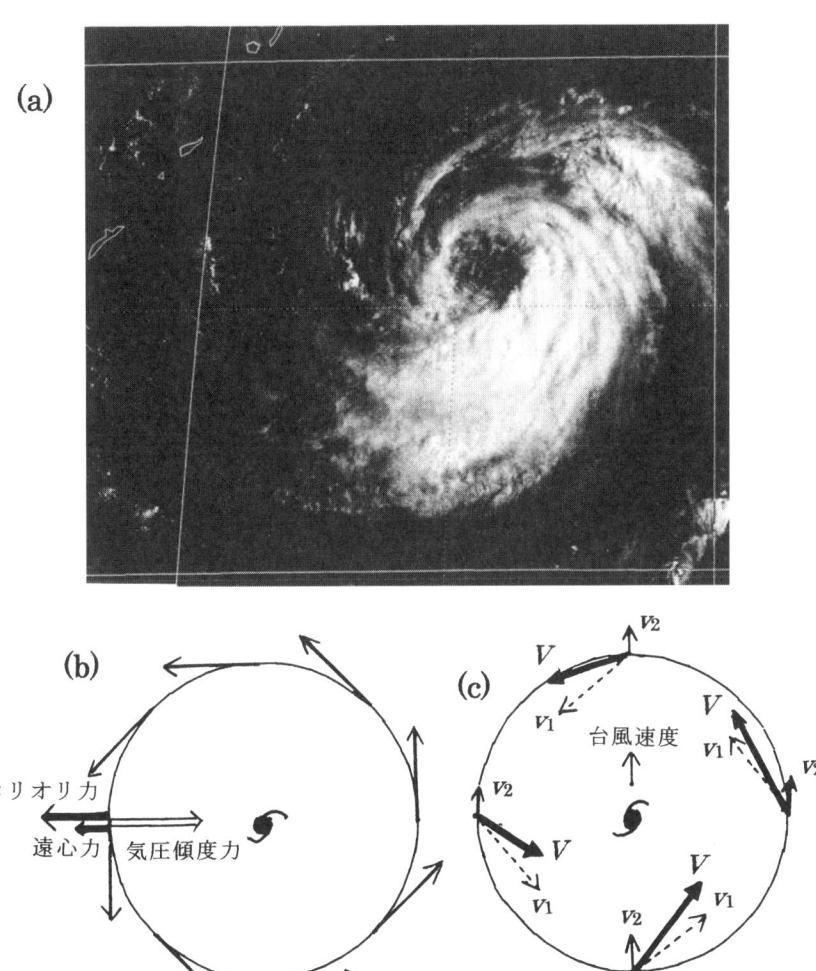

図 2.4 (a) 台風 15 号（1981 年 5 月 20 日）の気象衛星ひまわりによる可視画像、西方に琉球列島の島々が見える。(b) 気圧傾度力にコリオリの力と遠心力が釣り合って台風中心を左回りに回る傾度風。(c) 傾度風に底面摩擦が働いた風（破線、v_1）に場の風（細線、v_2）が加わって台風に巻き込まれる風（太線、V）の模式図

第 2 章 降水

下層では底面摩擦の働きで同図（c）に描かれているように、地上風は渦巻きながら台風内に吹き込む成分を持つようになる。この結果台風の中心周辺に風の顕著な収束が生じて、必然的に激しい上昇気流が発達する。

　台風に雨が多い理由は次のように説明される。南方の高い水温の海面を長時間移動してきた空気は、大量の水蒸気を含んでいる。空気が含み得る水蒸気の量は、温度が高いほど多い。この湿潤空気は上記の台風中心付近の強い上昇気流によって上空に運ばれて断熱的に膨張して冷却し、その結果凝結して大量の潜熱を外に放出する。水が水蒸気になるためには外から熱を加える必要があり、逆に水蒸気が水に変化する時には、熱いわゆる潜熱を外に放出するのである。これが台風のエネルギー源になっている。したがって台風は海面水温が26～27℃以上の水温が高い海域に発生していて、その他の海域では発生し難いといわれる。このように大量の水蒸気の凝結に伴って雨雲が発達し、激しい大雨を降らせる。特に台風の前面にできる前線内の収束や地形に伴う強制上昇などが重なって、成層圏にも達するような巨大な積乱雲が群生して豪雨となることが多い。

　図 2.5（a）は1958年9月の狩野川台風により伊豆半島に発生したきわめて顕著な集中豪雨の例である。この時一晩の雨量は実に700mmにも達したが、著しい大雨の範囲は、わずか数百 km^2 と非常に狭い。一方、図 2.5（b）は1947年9月のカスリン台風の例である。この時は伊豆半島、富士山、関東山地を含む関東と中部の境界付近に位置する広い範囲の山岳地帯に降雨量のピークが現れて、500～600mmの豪雨になっている。この時の流跡線の解析によれば、東海から関東南部にかけて高温多湿の南からの気流と北からの乾いた気流が収束して強い対流不安定の場が形成され、山岳による強制上昇に伴ってこのように広範囲の顕著な降雨になったといわれる。

ⅱ）梅雨期の豪雨

　梅雨期の豪雨には大別して2つの場合がある。1つは梅雨前線の大雨といわれるもので、地上天気図では停滞性の梅雨前線が走っている場合である。もう1つは台風が接近した場合にその前面に前線ができて大雨を降らす場合である。前者の例として1957年の7月に発生し死者856名を生じた諫早大水害の場合を取り上げる。この時停滞した梅雨前線が北九州をほぼ西北西から東南東へと延びていて、前線に沿って激しい雷雨を伴った対流性の雨雲が著しく発達し、島原半島北部では日雨量が1,000mm以上と推測される豪雨となった（図 2.5（c））。なお降水量は山地よりも海岸地帯に多かったことが注目される。この時の高層天気図を見ると、九州付近では比較的乾いて寒冷な北西気流と、太平洋高気圧を回る高温多湿な南西気流が遭遇していて、前線上で強い収束域を形成し、上記のように発達した雨雲を発生させている。1982年7月にも上記とほぼ同様な集中豪雨が長崎地方に発生した（長崎豪雨）。

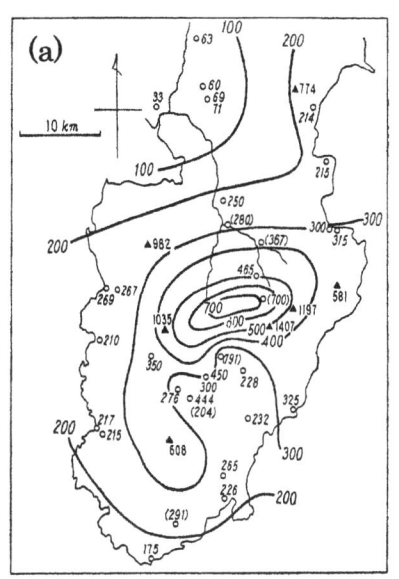
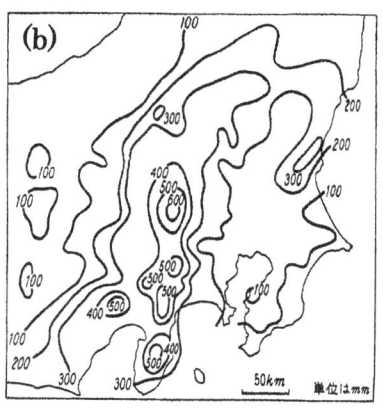
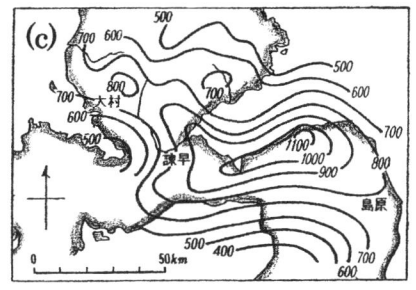

図 2.5 洪水時の雨量分布（単位：mm）、(a) 1958 年 9 月の狩野川台風の場合、(b) 1947 年 9 月のカスリン台風の場合、(c) 1957 年 7 月 25～26 日の諫早大水害時の 24 時間雨量、川畑[5]による

(4) 豪雪と融雪

　日本海沿岸、特に北陸地方における豪雪は、日本海を渡ってきた冬の季節風が日本の背梁山脈に当たって押し上げられた時に生じる。強い季節風が大陸から日本海に吹き出して、陸地から 200km くらい離れると積雲ができ始める。季節風が海を渡るにつれて雲は厚さを増し、日本に近づくと雲頂は 2,000～3,000m 程度に高くなる。衛星画像で見られる見事な筋状の雲はこの時に現れるものである。そして季節風は日本の背梁山脈に近づくと押し上げられ、大雪の時には雄大積雲となって 5,000～6,000m の高さにも達する。

　北陸地方の降雪の基本的条件は次のように考えられる。まず、冬季にアジア大陸内部にきわめて寒冷で乾燥した大陸性極気団が形成される。そして発達した極気団は大陸の北部から強烈な北西季節風として、日本海および日本列島上に大量に吹き出して

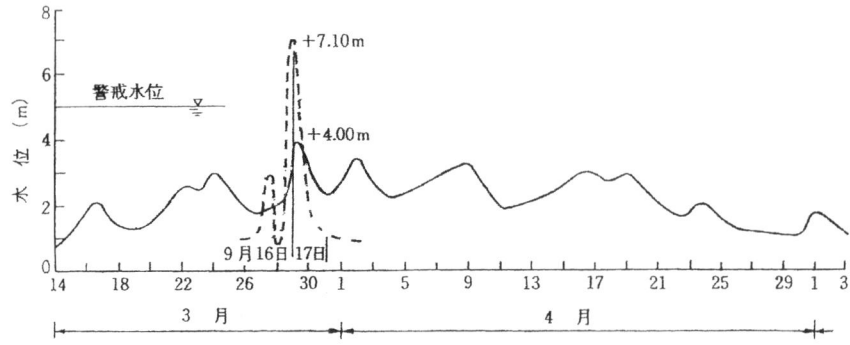

図 2.6　九頭竜川の融雪洪水（実線，1963年1月）と，第2室戸台風による洪水（破線，1961年9月）に伴う水位曲線の比較，中島ら[7]による

くる。この気団は日本海を進む間に、相対的に高温な日本海、特に対馬暖流域から莫大な顕熱と水蒸気を供給されて変質し、気温が上昇するとともに湿潤となる。この結果、成層が不安定となって積雲が発達し、この積雲から雪が降ってくるようになる。ただし降雪量の最大値は、山脈の北西斜面に沿って現れることが多い。これは多くの水蒸気を含んだ寒気が、山脈による地形性上昇気流で持ち上げられて、断熱冷却によって凝結を引き起こすためである。日本海沿岸における降雪の発生機構は二宮[6]が詳細に解説している。

　雪は寒い地域に多いとは限らなくて、日本は中緯度にもかかわらず、世界でも積雪の多い地域として有名である。水蒸気の含有量は気温が高いほど大きいので、上記のような機構で雪が生成される日本では、大量の雪が降ることになる。例えば、24時間に 1m あるいは 2m 程度も積もることがある。

　河川と豪雪との関係では、融雪についての理解が必要である。わが国の場合には出水に対して、豪雨の影響は1、2日の間に河川に現れるが、豪雪の場合には積雪となってから暖かい春になり融けて流出するまでかなりの月数を要する。この融雪による出水は、積雪地帯における農業用水、公共用水、発電その他の利水にとって非常に重要な位置を占めている。またその出水量は台風などによる豪雨の場合に比べて集中度が低いために、甚大な被害を与える大洪水を引き起こす危険性は一般に乏しい。しかし台風と融雪による出水を比較した図 2.6 の例が教えるように、融雪の場合には出水の継続期間がきわめて長く、長期間高水位が持続するので、いわゆる融雪洪水として河床変動、内水氾濫、河川構造物などに与える影響は大きいといわねばならない。最近では雪や氷の変化が世界の気候に及ぼす影響が注目されている。

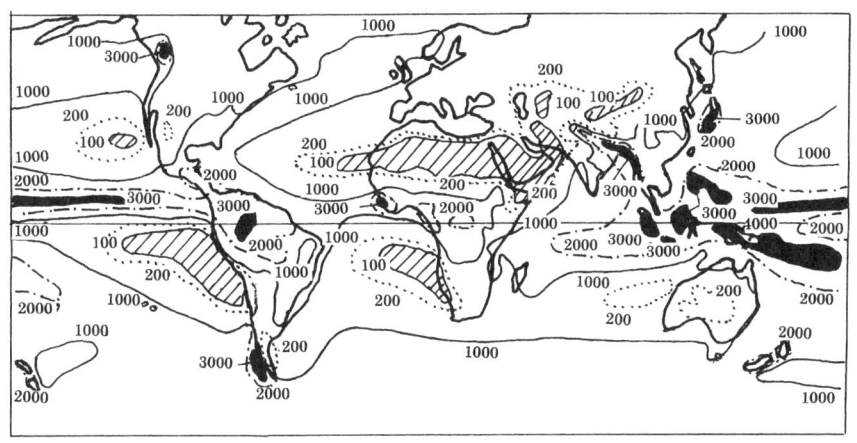

図 2.7　世界における年平均降水量（mm）の分布、Baungartner・Reichel を基に作成

2.2　世界の降水

　世界における年平均降水量の概略の分布を図 2.7 に示す。大量の雨は豊富な水蒸気と強い対流が発達することが必要で、大気大循環の収束帯付近や、高山による強制対流地域に現れる。図によれば年間で 3,000mm を超える多雨地帯は、大まかに見て 3 つに分かれる。1 つは赤道型というべきもので、赤道を挟んで南北緯度 10 度付近の範囲であって、陸域でいえば南米北部、アフリカ中部、東南アジア地域がこれに含まれる。この場合は赤道収束帯（北半球と南半球の貿易風が合流する帯状の境界域）と密接に関係していて、その南北移動に伴って季節的に変化する。2 つ目は、季節風型というべきもので、夏季に海洋から高温多湿の季節風が吹き込む地域であって、インド、ミャンマーなどの雨季がこれに相当する。季節風型では雨は夏に著しく多く、大陸から乾燥した気団が吹いてくる冬の乾季には著しく少ない。その他は、南と北のアメリカ高緯度の太平洋側に局所的に出現するもので、寒帯気団と熱帯気団が接して温帯低気圧が発生する寒帯前線（極前線）と山岳地帯との結びつきで現れると考えられる。

　降水量の年変化を図 2.8 (a) 〜 (d) に示す。図 (a) は季節風型の代表例で、世界で最も降水量が多いといわれるインドのアッサム地方における年変化を描いたものである。ここにおける年平均降水量は、実に 10,449mm に達している。最後の図 (d) に、日本で最も降水量の多い尾鷲の年変化が同じスケールで描かれてあるが、尾鷲に

第 2 章　降水　　31

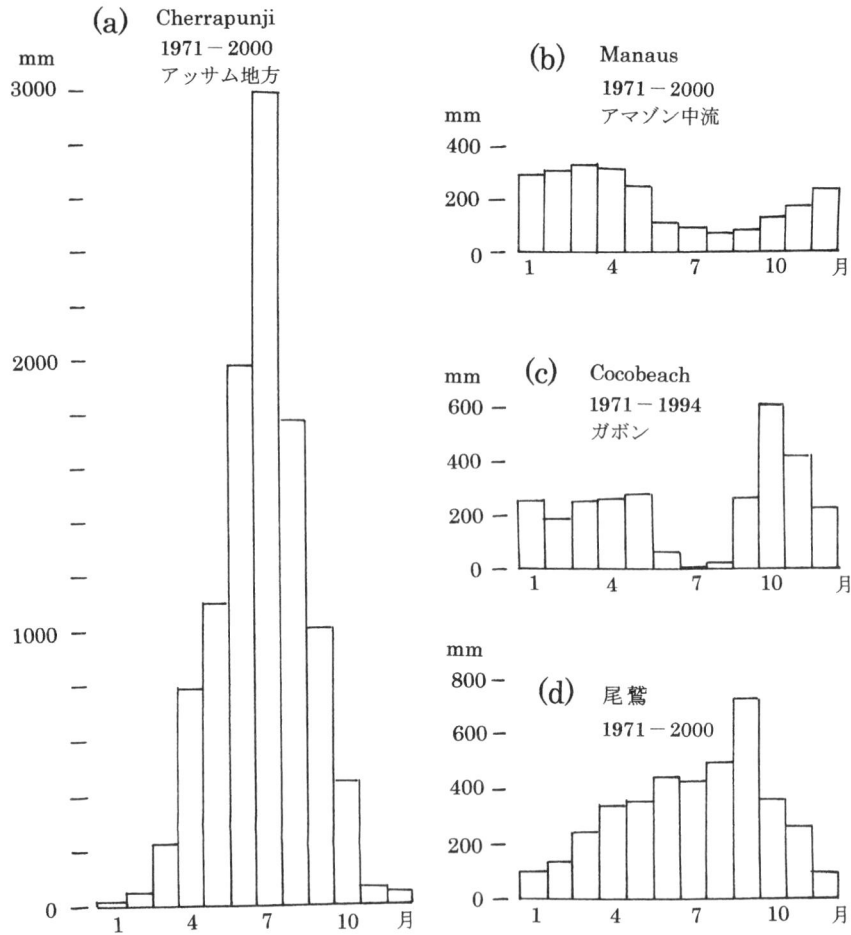

図 2.8 世界の 4 地点における平均降水量の年変化の比較、理科年表[3]を基に作成

比べて並外れて大きい降水量と、雨季と乾季の甚だしい相違が注目される。アッサム地方の乾季の雨量は、冬の尾鷲の雨量よりもはるかに少ない。日本も同じく季節風型に属するのであるが、図 2.3 の高田の例が示すように、日本では、冬季に大陸から寒冷乾燥した季節風が吹き出してくるものの、対馬暖流が流れる日本海が存在するために、前節に述べたような機構で特に日本海側では、例外的に冬季でも世界有数の大雪に見舞われることになる。

一方，熱帯型で雨量が多い地方における年変化の代表例を図 2.8 の (b) と (c) に示す。前者は南アメリカ北部のアマゾン川中流域マナウス（図 1.2 (a) 参照）の例で赤道に近く，後者はアフリカ中部の西岸ガボンにおける例であって赤道直下に位置する。ただし尾鷲に比べた時雨量が特別多いわけではない。図 (b) の場合は，雨量は 3 月を中心に多く，8 月を中心に少ない。図 (c) の場合は，10 月を中心に多く，7 月にきわめて少ない。季節的な雨量の差は，季節風型ほど顕著ではない。

　次に世界の乾燥地帯に注目する。図 2.7 によれば年平均降水量が 100mm に達しない陸域は，広大なサハラ砂漠を含むアフリカ北部からアラビア半島，イラン高原の砂漠地帯である。またアジアの中央付近から東部に至る砂漠地帯においても少雨地帯が散在している。約 30 年平均の年降水量の世界最小値はエジプトのアスワンの 0.6mm であり，ペルーのリマも 3.3mm に過ぎない。その他，サハラ砂漠西端のヌアクショットが 81mm，アラビア半島のアブダビが 67mm，中国タクラマカン砂漠のカシガールが 62mm などの例が見出される。

参考文献
(1)　土木学会関西支部編 (2000)：川のなんでも小事典，講談社ブルーバックス，341pp.
(2)　気象庁編 (1971)：日本気候図，第 1 集．
(3)　国立天文台編 (2005)：理科年表，丸善，1015pp.
(4)　吉崎正憲・加藤輝之 (2007)：豪雨・豪雪の気象学，朝倉書店，187pp.
(5)　川畑幸夫編 (1961)：水文気象学，地人書館，268pp.
(6)　二宮洸三 (2005)：日本海の気象と降雪，成山堂書店，190pp.
(7)　中島暢太郎・後町幸雄・石原安雄 (1971)：豪雨・豪雪の予知，水災害の科学，技報堂，280-291.

第3章 森林山地からの水の流出

　日本も含まれる中緯度湿潤地帯の森林山地を考え、そこに降った雨や雪が林中を抜けて平地へ川として流れ出ていくまでの過程を考察する。この問題は森林資源、水資源、治水、治山との関係で林学的（例えば塚本[1]）に、また工学的（例えば高橋[2]）に研究されている。一方、大気側からは水と熱の交換により気象・気候に影響する陸面過程（例えば馬渕[3]）としても注目される。さらに最近では環境問題や緑のダム問題（例えば蔵治・保屋野[4]）におけるように社会的にも非常に高い関心が寄せられている。ここで、空から与えられた水の行方を考える時、森林の機能が持つ相反する二面性に留意しなければならない。1つは森林へ降った水を元の大気へもどす遮断作用と、他は一時蓄えた後にゆっくりと外へ流す貯留作用である。

3.1 降水量と流出量の関係

　ある期間ある範囲に降った降水量の中で、どの程度の水量が川に流出するかは、河川の利用、管理、洪水対策などにとって非常に重要である。これは流域の降雨状況、地質、地形、および森林相など多くの要因が関与するのできわめて複雑である。

　流域の水の出やすさの指標として流出率が用いられる。一定期間に河川のある断面を流れる全流量をその地点までの流域面積で割ったものを流出高（Hr）という。流出率（r）はこの流出高と、流域面積の平均の降水量（降水高、R）との比を表す。

$$r = Hr/R \tag{3.1}$$

　今、日本の諸河川における年間を通しての流出高と、流域の降水高を一まとめにして比較すると図3.1が得られる（木下ら[5]）。流出高が降水高を上回る場合も見られるが、これは測定精度が十分でないためである（降雨と流出の間に長い期間の差がある豪雪地帯では、単年度ではこのようなことが起こり得るが、長期年の平均では起こり得ない）。降水高と流出高の正確な推定は今なお困難で、かなりの誤差を含むことを理解しておかねばならない。特に流出高に推定誤差が大きい。だがこの図は、わが国全体における両者の概略の関係を理解する上で有用である。

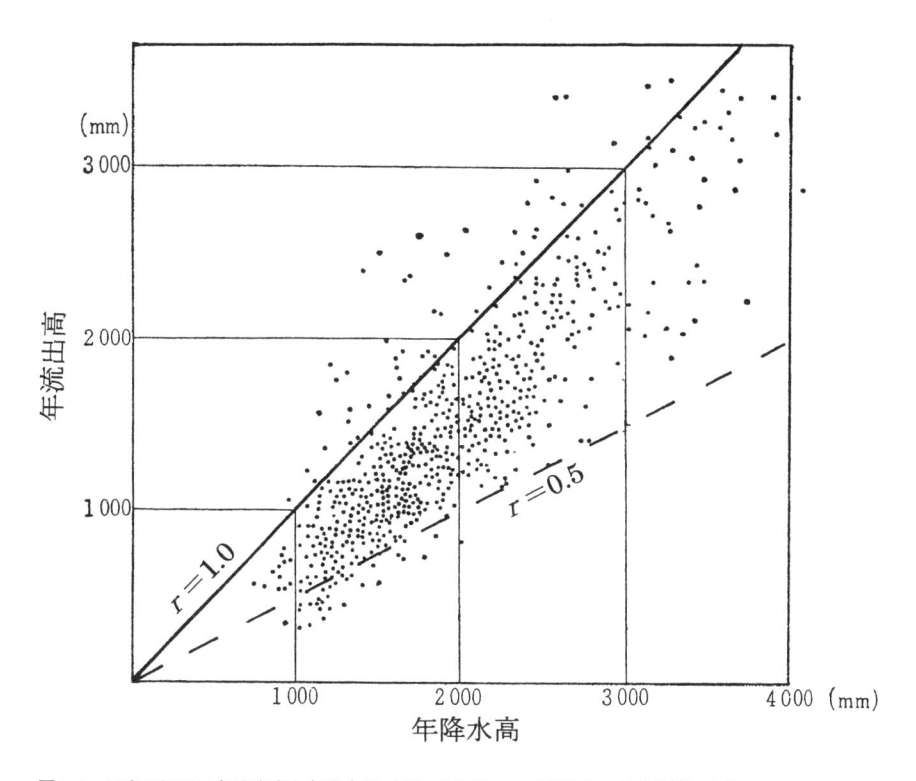

図 3.1　日本の河川の年流出高と年降水量（高）の比較、r は流出率、木下ら[5]による

　図 3.1 の縦軸と横軸の比は、諸河川における年間平均の流出率の分布を示す。流出率の大部分は 0.5 と 1 の範囲にある。ただし分布の中心は、降水高が 1,000mm の場合は 0.6 付近、1,500mm の場合は 0.7 付近、2,000mmm の場合は 0.8 付近にあるように、降水高が増えると流出率は大きくなる傾向が認められる。このことは、雨が多い時には時間が経つと地面が飽和状態に達して、それ以後は水が流出しやすいことを示唆している。一般に、流出率は急峻な山地では大きく、平坦な耕地では小さい。1.2 節において世界的には流出量は降水量の約 40％程度であることを述べたが、上記のようにわが国ではこの値よりもかなり大きい。これには日本の国土は一般に降水量が多く、地形が急勾配で、かつ森林が多いことが影響していると考えられる。
　次に古いデータであるが野満・瀬野[6]にしたがって、世界の著名な河川の流出率を表 3.1 に示す。値は広範囲に散らばっているが、シベリア、ヨーロッパ、アメリカなどの広大な大陸の平原を流れる川では、流出率は 20〜30％程度であって、日本の河

表3.1 河川の流出率、野満・瀬野[6]による

川名	流出率(%)	川名	流出率
ワイクゼル	25.5	コンゴー	38.4
オーデル	23.6	ラプラタ	35.9
エルベ	27.8	ナイル	4.3
ライン	44.2	イラワジ	47.8
ヴォルガ	31.6	メコン	13.3
ドナウ	32.5	インダス	42.7
ローヌ	36.4	ガンジス	39.4
セーヌ	27.8	白河	7.3
ロアル	33.6	黄河	19.8
ガロンヌ	55.3	揚子江	39.1
ポー	65.9	オビ	22.4
チベル	54.3	石狩川	98.2
セントローレンス	38.1	瀬田川	75.0
ミシシッピー	23.5	富士川	62.8
コロラド	17.4	大同江	49.9
オリノコ	31.5	漢江（東良）	70.2
アマゾン	27.7	錦江	43.0
ニジェル	37.3	洛東江（洛東）	73.9

川の流出率より全般的に著しく小さい。これに対して、季節風が卓越する多雨地帯に属するインダス川、ガンジス川、長江（揚子江）などの大河川では、40%前後の値になっている。上表で流出率が最も小さいものは、ナイル川の4.3%である。ただし、これはアスワンハイダムが建設される前のことであって、その後にダムなどの大規模な改変工事が行われた河川では、上表の値と大きく異なるであろう。

ところで上に述べたことであるが雪の多い地方には、季節的には流出量が降水量を凌駕して、流出率が1を超えるという興味深い現象が生じる。今、積雪地方（盛岡）の森林の場合に月単位で降水量と流出量を比べたものを図3.2に示す（武田[7]）。図(a)には毎月の降水量と流出量が、図(b)には流出率が描かれている。月平均の流出率は、5月から11月の間には40～60%の範囲であるが、3月には100%を超えて、4月には143%にもなり、流出量がその月の降雨量を超えている。これはいうまでもなく、冬季に積もった雪が春になって融けたためであり、積雪地帯における流出の特異性を示す。

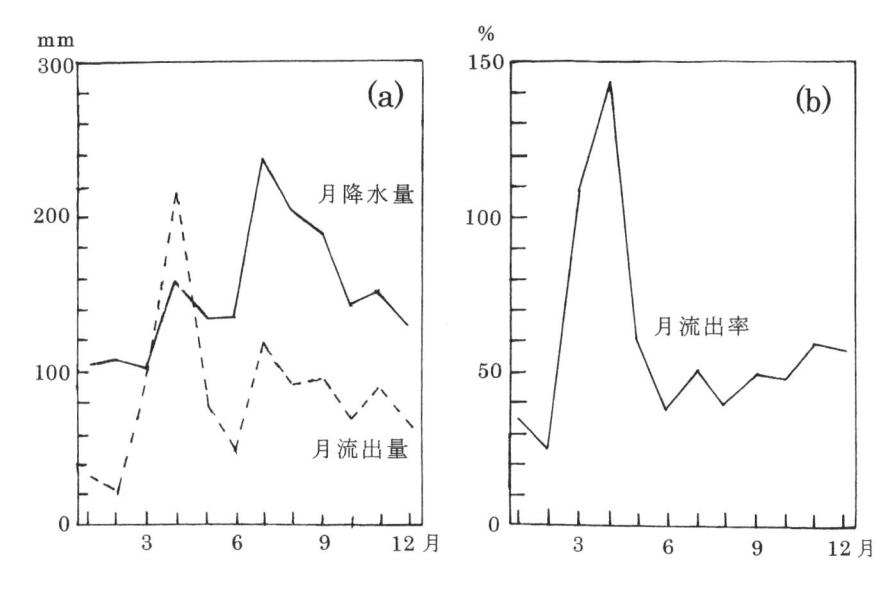

図 3.2 積雪地帯における、(a) 月降水量と月流出量の年変化、(b) 月流出率の年変化、武田[7]による

3.2 森林による水の遮断

　森林は空から降った水を大気へ再びもどす機能を持っている。この機能は蒸発と蒸散による。蒸発は降雨後に樹冠、濡れた樹幹および地面から行われる。蒸散は、植物が成長のために地盤から水を吸い上げて光合成や物質代謝を行った後に、葉面から水分を大気へ放出することをいう。蒸散量は根茎から吸収された水分の 95% 以上との報告がある[8]。蒸発と蒸散を合わせて蒸発散とよぶ。蒸発散は降水の川への流出を妨げるもので、森林の遮断作用あるいは消費作用として注目される。

　蒸発と蒸散を比較すると、降雨時の蒸発量は蒸散量よりも変動が激しく、日降雨量が 100mm 以上になれば前者は後者の数倍以上も大きいといわれる。湿度が高い降雨中に蒸発がこのように大きいのは一見奇妙なことである。これは端野[9]によれば、雨滴が樹冠に衝突して微小な飛沫になり、風の乱れで地上に落ちずに大気中へ大量に舞いもどっていく過程も、蒸発の遮断作用に含めるためといわれる。

　遮断の強さは、樹種、樹齢、樹林の密接度など森林の状態によって相違するとともに、雨量強度や継続時間などの雨の降り方や、風速・気温・湿度などの気象条件によっても異なる。このように遮断現象は要因が多様であるばかりでなく測定も簡単でな

表3.2 暖候期（5〜10月）、寒候期（11〜4月）、全年における森林、浅い水面、芝生地に対する蒸発散量の地域別比較、近藤[12]による

地域	地表面の種類	暖候期 mm	寒候期 mm	年合計 mm
北日本北部	森林	437	205	642
	浅い水面	365	109	474
	芝生地	333	-	-
北日本南部	森林	529	252	781
	浅い水面	430	164	594
	芝生地	350	-	-
南日本	森林	587	258	845
	浅い水面	486	206	692
	芝生地	371	147	518

いので、ケーススタディによる研究結果は多いが、確定的結論はまだ十分には得られていないように思われる。ただし降水量が多くなるほど、遮断係数が減少する傾向は多くの観測で認められている。研究の現状は例えば田瀬[8]や、水収支の観点から谷[10]が報告を行っている。

　今は降雨時を考えたが、そうでない時期にも森林は水を大気へもどしている。これは気候学的にも重要であるので、降水時と無降水時を含めて森林における広い意味での遮断量に注目する。鈴木[11]はアカマツとヒノキの混交林を主とする桐生試験地における年蒸発散量として750mmを得た。このうち蒸発量が350mmで蒸散量は400mmであり、両者の差はあまり大きくない。

　一方、近藤[12]は日本各地に標準的な森林を想定して、蒸発散量の毎月の値を計算した。計算された森林の蒸発散量を、3つの地域に分けて、表3.2に暖候期（5〜10月）と寒候期（11〜4月）を比較している。なおこの表には比較のために、浅い水面と芝生地における値も載せてある。北日本の北部と南部の芝生地において寒候期の数値がないのは、芝生が積雪で覆われて地表面温度の観測データがないためである。表3.2によると年間の蒸発散量は、北日本で640〜780mm、南日本で845mmの程度であって、上記の桐生試験地の値と同程度である。

　また表3.2の年合計において、森林の蒸発散量が水面蒸発量の1.2〜1.4倍も大きいことが注目される。一見意外に思われるが、この理由は森林には水面にない蒸散量が加わること、および森林では乱れが激しくて、バルク係数（地表・大気の相互作用においてエネルギーや物質の交換量の計算式に用いられる係数）が水面のそれよりも約1桁も大きいためといわれる。このことは森林の遮断作用の重要性を示している。

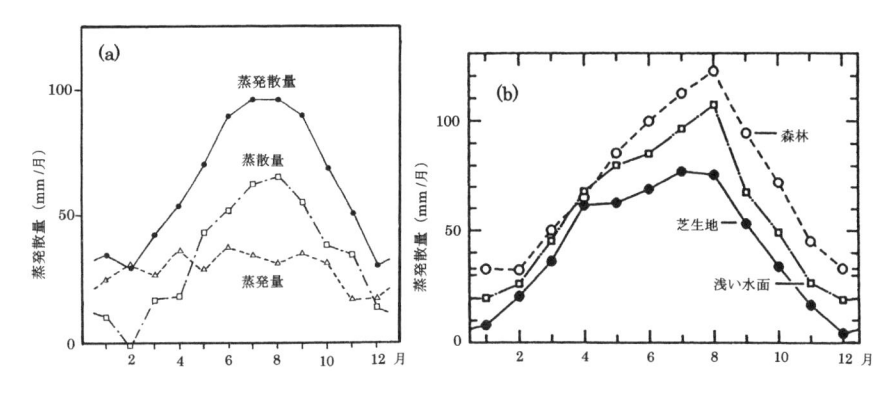

図 3.3 (a) 桐生試験地における蒸発量、蒸散量、蒸発散量の年変化、1972〜1976 年の平均、鈴木[11]による、(b) 南日本における蒸発散量の年変化、近藤[12]による

次に、蒸発散量の年変化を調べる。図 3.3 (a) に鈴木[11]が得た蒸発散量、蒸発量、蒸散量の年変化が描かれている。蒸発量の年変化は小さく、蒸散量の年変化は大きく、蒸散が全体の蒸発散量の年変化を主導している。一方、近藤ら[12]も蒸発散量の年変化を求めているので、南日本の例を図 3.3 (b) に示す。これには森林の他に、浅い水面、芝生地における年変化も含まれている。森林と水面では最大値は 8 月に、最小値は 1 月に現れているが、厳冬期の値は著しく小さい。そしてほぼ 1 年を通して、月蒸発散量は森林が最も大きく、浅い水面がこれに次ぎ、芝生地が最も少ない。

3.3 流出過程の古典モデル

森林山地で森による遮断を免れて地表面に達した雨水が、どのような経路を経て、どのような機構で川に出ていくかは、流出過程の基本問題である。流出に関する古典モデルは Horton[13]に基礎を置くもので、これまでこのモデルが一般に広く知られて利用されてきた。このモデルに基づく流出過程を模式的に描いて図 3.4 に示す。

(1) 雨水の地中への浸透

森林に降った雨水の中で、地面に達したものの一部は地中へ浸透し、一部は地表を流れる。地中に浸透していく水に作用する支配的な力は重力と粘性である。微小な粒子が詰まった層を浸透層というが、一般に浸透層内の無数の小さな空隙を縫う流れは、レイノルズ数が小さくて層流と考えられ、また時間的変化は小さくてほぼ定常な流れの取り扱いが許される。ただし流れの道筋はきわめて複雑であるので、流速には適当

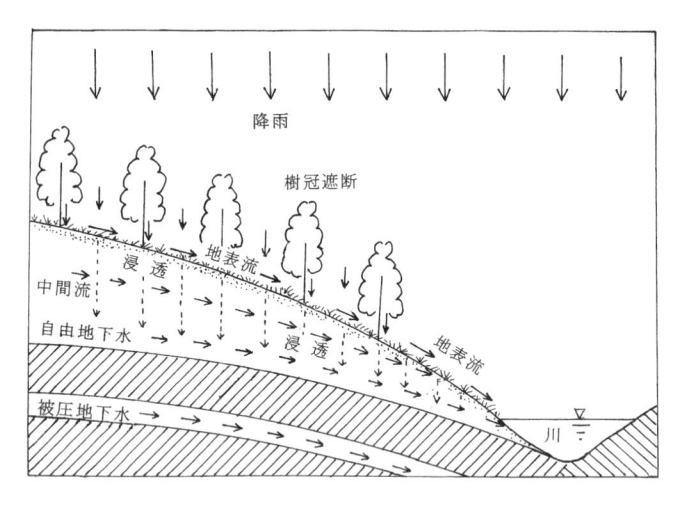

図 3.4 流出の古典的なモデルの模式図

な断面の平均流速 U を用いる。この時水は、重力に基づく圧力傾度力と粘性力とが釣り合う状態で流れている。この時の流速は、ダルシーの法則とよばれる下記の (3.2) 式で与えられる。この法則の導入は**付録 A.2** でなされている。

$$U = kI \tag{3.2}$$

ここで、I は動水勾配、k は透水係数である。動水勾配は浸透層内の平均流の流線に沿った圧力勾配（または圧力傾度、単位長さ当たりの圧力差）に比例するものである。すなわち水の密度を ρ、重力加速度を g とした時圧力傾度力は $\rho g I$（$\rho g = w$ は単位重量）で与えられる。この法則は、粒状物質の空隙が水に満たされて飽和している場合に適用できる。透水係数の値については、例えば水理公式集[14]を参照されたい。

しかし現在の問題では、降雨初期には地下には不飽和の部分が存在する。ある一定の条件の下で土が雨水を滲みこませ得る最大の速さを浸透能という。浸透能は土の性質と構造、土の湿り具合、地表面の状態、水温、地温などによって異なる。

Horton[13]は降雨開始時の浸透能を f_0 とした時、t 時間後の浸透能（浸透の速さ）f は下記の実験式 (3.3) で表されることを示した。f_c は最終の浸透能、α は土壌その他の条件によって定まる定数である。この式は Horton の浸透能（方程）式とよばれる。

$$f = f_c + (f_0 - f_c)\exp(-\alpha t) \tag{3.3}$$

よく経験されることであるが、地面に落とした水は土が乾いているほど早く地中に滲みこむ。この場合は吸着力や毛管作用も協力している。一般に降水初期に土壌が乾いているほど浸透は早くなり、土壌が湿るにつれて浸透が遅くなって、次第に一定状態に近づく。この最終状態では重力と粘性力を受けてダルシーの法則にしたがって水

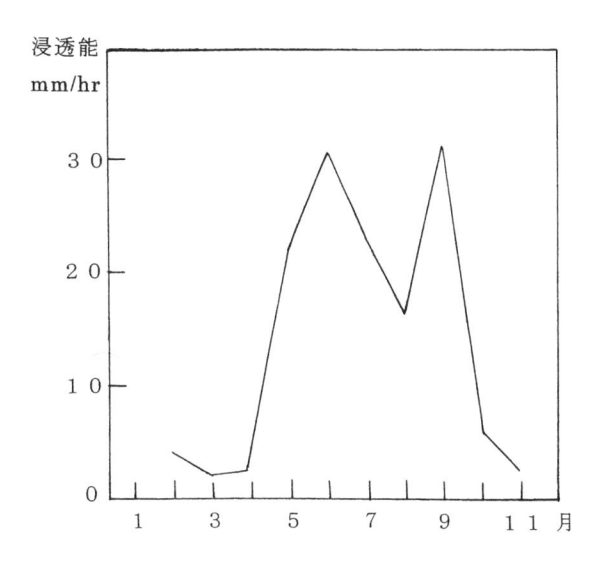

図 3.5 Horton の測定に基づく浸透能の季節変化、野満・瀬野[6]に記載のデータを基に作成

の浸透が進行すると考えられる。

浸透能は季節によって大きく異なる。図 3.5 に浸透能の年変化の測定例を載せておく。対象とした流域の月平均値として、暖候期の最大の月には 1 時間に 30mm 以上と大きいのに、寒候期の最小の月には最大値の 1/10 以下と小さい。

(2) 浸透に伴う地中の流れ

鉛直下方に進む浸透水はやがて横方向の流れを生じる。これには図 3.4 に示されるように中間流と地下水が考えられている。土壌の透水性は一般に深さとともに減少する傾向にある。それゆえ浸透能が上層よりも下層が小さくて、上方より下りてきて下方へ進み得ない過剰な浸透水が生まれ、これが両層の境界面に沿って流れ下っていく。これは中間流とよばれる。中間流は斜面下方の適当なところで地表に出て、次に述べる地表流に加わって河川へ流出する。

一方、さらに深く下りてきた浸透水は地下水を涵養する。地下水は重力の作用を受けて、土壌や岩石の間隙中をダルシーの法則にしたがって流れると考えられる。地下水には、水を透さない岩盤の上部に位置する透水層を流れる自由地下水（不圧地下水）と、上下の不透水層の間隙を縫って流れる被圧地下水とがある。被圧地下水は、対象とする降雨域と異なる別の降雨域で地下水となり、岩盤の間を通って流れてきた

可能性が強い。地下水は時間をかけて徐々に現れてくるので、降水時における河川流出への直接的寄与はそれ程顕著でないと考えられている。

(3) 地表流

地表流は、表層流あるいは表面流出などともよばれるが、降った雨が地表面をそのまま流下していくものを指す。Horton のモデルでは、地表に達した雨は地表面を境界面として、地表を流れる地表流と地中へ浸透していくものに分かれる。降雨の初期には、上記のように地表土壌を潤して地中へ浸透するが、降雨の強度が式 (3.3) で示される地表面の浸透能よりも大きくなると、降雨の余剰が生じて、初めて地表流が発生して地表を流下すると考える。これは、Horton 型地表流ともいわれる。地表流は降雨域のすべての部分にほぼ一様に発生し、流れも十分に速いので、降雨流出に伴う川のハイドログラフ（流量時間曲線）のピークを形成する流出成分と考えられた。

この単純明快な Horton の流出モデルは、後述の単位図法の理論ともよく適合したために広く受け入れられてきた。この古典的流出モデルは次のように要約される。流出現象は直接流出と地下水流出から成っている。直接流出は降雨後に比較的早く流出するもので、上記の地表流に中間流が加わったものである。一方、地下水流出は、飽和帯から地下水として河道へ供給されるもので、降雨に対する反応は遅く、直接流出に比べて変動も寄与分も小さいと見なされる。ただし地下水は、降雨がない時に河川水を涵養する非常に重要な役割を果たしている。地下水流出は基底流出ともよばれる。なお最近では都市水害に関連して、開発が進んだ市街地の地表流が問題になるが、これについては 6.7 節で考察する。

3.4　観測結果が示す流出過程

上記の Horton[13] の流出モデルに対して、その後現地で実施された観測結果に基づいて問題点が指摘された。まず Betson[15] はアメリカ北カロライナ州およびテネシー州において 0.015〜85km² の範囲の広さを持つ 5 つの流域を対象に測定した結果を検討して、地表流は Horton が考えたように流域全体に発生するのではなく、流域の限られた部分だけから発生するとの結論に達した。Betson のこの研究は、それまで 30 年間にわたって続いた Horton の流出モデルに再考を促すもので、その後に続く野外観測を重視した実証的研究を促進させた。それ以後の流出過程の研究については、例えば田中[16] の総説があるので、主にこれに基づいて概略を紹介する。

(1) 限定された流出寄与域とその変動

Dunne・Black[17] は試験地における詳細な野外観測に基づいて、Horton 地表流の

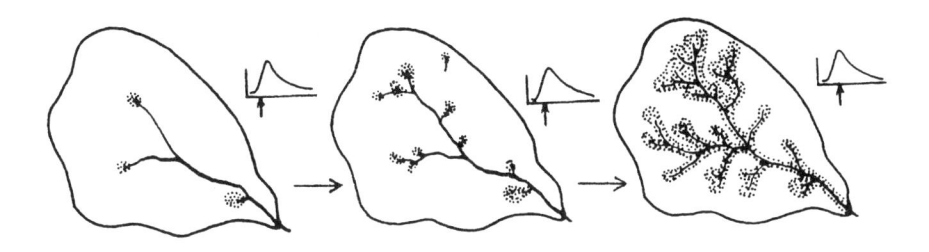

図 3.6 降雨中における流出寄与域と流路網の拡大を示す模式図、Hewlett・Nutter[18]による

広範囲な発生は稀であり、直接流出に寄与する流れは河道近傍に限られていて、それは河道付近の飽和面に発生する復帰流と、飽和面への直接降雨による飽和地表流から成っていることを示した。復帰流とは以前の古い雨水で飽和した地中から、地表へ噴き出す水流を意味する。この水の噴き出しは、地表面に存在するパイプ状の穴や朽ちた木の切り株などから発生するもので、復帰流はパイプ流とも称される。一方、飽和地表流は、地下水で飽和している河道近くの地表を、降った雨が直接流出する流れを指している。そして河川近傍付近に限定された飽和地表流の発生域の面積は、全流域面積の1.5〜5%を占めるに過ぎないとの結果を得て、上記Betsonの考えを裏付けた。表面流出に寄与する面積が非常に限定されることは多くの研究者が指摘していることで、例えばわが国においても、多摩丘陵における8回の観測例に基づいて、飽和面積は最大でも流域面積の1〜4%を占めるに過ぎないとの報告[16]がある。

さらに、図3.6に模式的に示されるように、表面流出に寄与する面積は降雨の継続時間とともに拡大し、流路も伸びることが指摘された[18]。そして降雨の終了とともに、拡大した表面流の発生面積は縮小して、流路の長さも元の状態にもどると考えられる。すなわち表面流出に直接関与する寄与域は、降雨の状況に応じて拡大縮小を繰り返すものであって、流域は降雨に対して動的に応答している。

(2) 環境同位体による流出成分の分離

従来は河川への流出に関与している成分を客観的に分離することは困難であった。しかし近年はトレーサーとして、水素の同位体である重水素（D）とトリチウム（T）、酸素の同位体である酸素−18（^{18}O）などの環境同位体を用いて分離することが可能になり、この面からも研究が推進されている。

Fritzら[19]は、採取した降水前の基底流（地下水）と降水後の河川水および降った雨水の分析を行ったところ、出水期間中の総流量に占める古い水の割合は約90%で、降水による新しい水の占める割合は約10%であることを示した。古い水は地下水によって供給されたものである。そして総流量の約10%を占める新しい水の量も、実

は河道に直接降った降水量とほぼ同じ量であった。したがって総流量の90％は流域からの流出量であり、意外にもこれのほとんどすべてが降雨前に流域内に貯留されていた古い水、すなわち地下水から供給されたものであると結論されたのである。なお河川流出のピーク時においても、古い水の割合は60％を占めていた。

さらに、出水時における土壌水帯からの流出も想定されて、土壌水の分析も行われたが、これの寄与は小さいことが分かった。そして多くの測定結果は、出水ピーク時において地下水流出成分が占める割合は、60％から80％に達していた。一方、融雪出水の場合についても同様な解析が実施されたが、この場合も融雪水は全流出量の22〜23％しか占めておらず、地下水流出が流出量の70〜80％を占めるとの結果が得られた。

(3) 河道近傍における流出の形態

上記のように、降雨時において流域から河川へ流出する水の大部分は、河道付近の飽和水帯からの古い水すなわち地下水の流出によるものであることが観測されたので、田中[16]は河道付近の流出過程を示すものとして図3.7の模式図を作成した。

図3.7 (a) は雨が降り始めた状態で、河道付近の飽和水帯と古い地下水である側方流 (Q_L) が描かれている。側方流は、以前に地中に浸透した雨水が河道付近の飽和水帯へ流下してくる流れである。地下水面が浅い河道近傍では、初期の降水による水の付加によって、図 (b) に示されるように地下水面が急速に上昇し、一時的に地下水面の尾根が形成される。それは次のような理由による。雨が降ると水は地中下方へ浸透を始めて、その先端は濡れ前線を形成する。ところが河道近傍では地下水面が浅いために、下ってきた濡れ前線は地下水面上部の毛管水帯の上端に接触し、地下水面は急激に上昇する。このために河道の両側では一時的に地下水面の尾根が形成されて、地下水の川への急激な流出が始まるのである。この流れは図 (b) の Q_G で表されている。

かくして降雨直後の流出の主体は、降雨開始以前に流域内に貯留されていた古い水、とりわけ河道近くの地下水流出であると見なされる。地下水が総流量に占める割合は60〜90％であり、流出のピーク時に限っても60〜80％に達するといわれる。降雨が続くと河道付近の飽和面は、図3.7 (c) に示すように拡大する。この拡大には斜面上方に発生して地中を下りてきた側方流 (Q_L) が助長すると考えられる。側方流においては、新しい水が古い水を順に押し出すようにして流れ下りてくる。

一方、地中や地表に存在する粗大間隙や土壌パイプは、微小間隙を流れる浸透流に比べた時、降雨流出時における地中水の流動経路として、また河道への噴き出しとして重要である。図3.7の Q_P がパイプ流すなわち復帰流を表す。田中[16]の観測によれば、大雨時に総流出量の実に47〜52％に相当する多量の地下水がこのパイプを通じて流出したということである。そしてその流速はダルシー流よりはるかに大きいとい

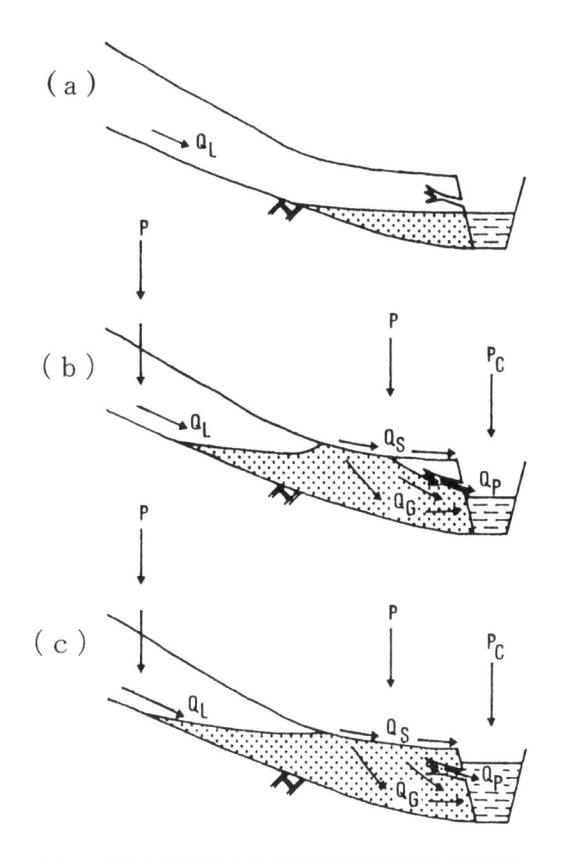

図3.7 森林山地斜面における降雨流出過程を示す模式図、田中[16]の図に基づく、P：降雨、P_C：直接河道降雨、Q_L：側方流、Q_S：復帰流を含む飽和地表流、Q_P：パイプ流、Q_G：地下水流

われる。

(4) 山地斜面における流出

上記の (3) 項は河道近傍の流出を述べたものであるが、塚本[20]は、山地に降った雨の河川への流出過程に及ぼす山腹地形や被覆土壌の影響について考察した。そして多摩丘陵における観測結果を基に、図3.8に示す流出の概念図を提示した。斜面は3地区に分けてある。上部は残積土斜面とよばれ、その場所で風化した土壌に覆われている。中央部は匍行土斜面とよばれ、その位置での風化物の上を、クリープ土（自重

ですべり落ちた土）が覆う場合と、薄い時は全層がクリープ土で構成される場合がある。下部は崩壊・運積土斜面というもので上方の斜面からの供給物で構成され、基盤とは不連続で、粗粒物質で構成されている場合が多い。

図3.8の流出図によれば、上部斜面では鉛直方向の浸透流が卓越している。ローム層堆積が存在すると鉛直降下浸透時間が長くなり、飽和側方流の発生が遅れる。中央部斜面では表層土が薄く、飽和側方流が発生しやすく、その鉛直下方への浸透も生じている。下部斜面は狭いが、湿潤で飽和層の上昇が速く、上方からの側方流も加わって飽和地表流や復帰流が卓越して河道へ流出する。以上の結果は、無降水時はもちろん降水時においても、森林からの流出に対して地中部分に含まれる水の寄与が大きいことを示していて、森林の貯留作用の重要性を教えている。

(5) 豪雨時の流出

ところで本節の2つの流出図3.7と図3.8は、Hortonのモデルによる流出図3.4の地表流を欠いている。一方、最近球磨川支流の川辺川上流の森林斜面地において実証実験が行われたところ、地表流の発生が定量的に認められた（蔵治[21]）。ただし降雨量239mmに対して、地表流量は自然林では降雨量の0.07%、人工林では0.25%と少なかった。蔵治は地表流量が多くないので慎重な検討を要するが、地表流の存在が認められたことは注目すべきであると述べた。そして降雨量に対する地表流量の割合は、降雨量が増えるにしたがって増大すると思われるので、ダム建設が対象とする80年確率のような豪雨の場合には、地表流量は相当に大きくなる可能性が考えられることを指摘した。

現在洪水対策に想定される100年確率や200年確率の豪雨時における地表流量のデータを見出せないので、少ない雨量時の結果を用いて判断するのは問題がある。森林地形は単純でないので、豪雨の時に低い谷地に集まって集中して流れる地表流は存在しないのか、また豪雨時に図3.8の飽和側方流と地表流は明確に区別できるのかなど、常識的な疑問は残っている。さらに1957年の諫早大水害の場合には、図2.5（c）に示すように最大雨量は1,100mmに達し、数百ヶ所に及ぶ山津波が生じたという。これらの土石流に伴う地表流量も莫大なものと思われる。確率豪雨におけるような顕著な降雨時の地表流について、われわれの理解はきわめて不足しているので、この問題は今後の重要な検討課題である。

川に関する諸対策を考える上で、豪雨の際の河川への流出量の推定は基本的に必要である。流出過程については上記のような実証的研究が進められてある程度は理解が深まったが、基礎データが不足しているために、これらの理解を基礎にして、定量的に流出量が推定できる状態には達していない。そこで実用的には、森林・平地を含めた流域の降水量と対象河川の流出量との関係をブラックボックス的に結びつけて、必要な諸係数を経験的に定め、流出量を推定するいくつかの方法が用いられている。こ

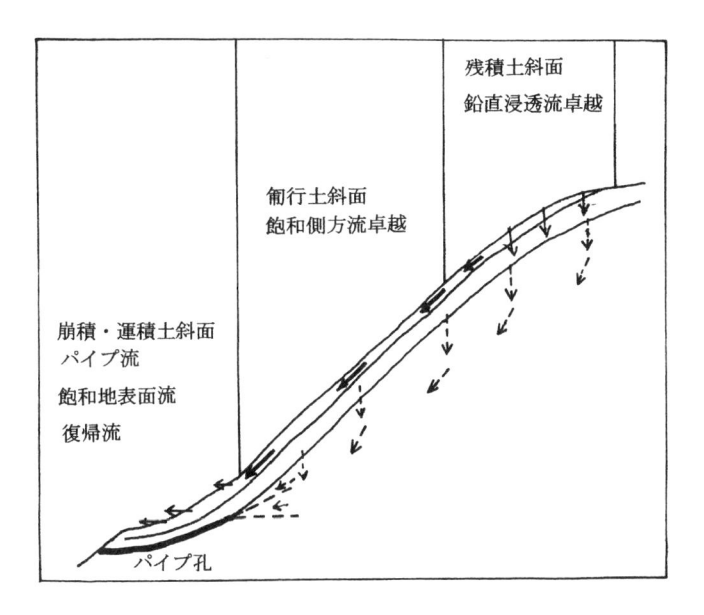

図 3.8 第三紀丘陵性斜面の代表的雨水流出概念図、塚本[20]の図に基づく

れらについては 6.9 節で考察する。

3.5 緑のダム

　専門用語ではないが響きのよい「緑のダム」という言葉が世に現れ始めたのは、蔵治・保屋野[4]によれば、1970 年代に首都圏など各地で水不足が問題になったころである。森林が持つ水源涵養機能に注目し、それを期待して森林に緑のダムという名称が与えられたのであろう。だがその後、渇水対策の進行と水需要の頭打ちのため、この意味で緑のダムが使われることは少なくなった。一方、わが国では数多くのダムの建設が推進され、その数は大小を合わせて 3,000 以上にも達する。そして最近では巨大ダムの建設目的に、かつての水資源確保に替えて洪水対策を主要目的にすることが多くなった。ところが、世界的にもそうであるが、ダム建設後に各地で環境に著しい悪化が生じ、その原因をダムの建設と考える人々が増えてきた（例えば、パトリック・マッカリー[22]）。そして危機感を抱く人たちは、洪水対策に環境を損なうハードなダムに頼るのでなく、環境と調和できるソフトな方法を考えるべきであるとして、森林の出水調整機能に注目して緑のダムに期待を抱くようになった。そこで以下では、

その機能がどのようなものであるかを考える。

(1) 河川流域の植生

初めにわが国における河川流域の植生を概観する。田中ら[23]の報告から10河川を選び、柳、広葉樹、針葉樹、果樹、混生、田畑、草地、開放水面、その他に分類して、それぞれが流域に占める割合を**表3.3**に示す。10河川のすべてで広葉樹と針葉樹を併せた森林の占める割合が最も大きい。その次は田畑であるが、河川によって大きな開きがあり、最大が菊池川の33％で、最小が大井川の2％になっている。そして果樹と草地がこれに続いている。果樹は北よりも南の方が多く、富士川が8％、菊池川が7％になっている。

日本全体では国土のおよそ67％が森林に覆われていて[4]、日本は世界的にも森林に富む国といえる。ただし河川によって差があり、前表によれば森林面積が流域の半分以下は石狩川と菊池川であり、50％台は緑川、60％台は北上川、信濃川、富士川になっている。70％以上は米代川と由良川であり、大井川と仁淀川では森林面積が80％以上を占めている。

次に針葉樹林と広葉樹林の面積比を見ると、石狩川と信濃川では広葉樹林が針葉樹林より広いが、その他の8河川では針葉樹林の方が広い。特に仁淀川、菊池川および緑川のわが国南西部の河川流域では、針葉樹林が広葉樹林の面積の2倍以上を占めている。なお森林面積の40％以上は戦後の造林ブームで植林されたスギ・ヒノキなどの針葉樹の人工林といわれる。そして後に述べるように、緑のダムの機能が十分に発揮できるように、森林が管理されているかどうかが、現在大きな問題になっている。

(2) 森林の機能

前に述べたように森林は空からの降水を、ⅰ) 遮断して空に水を返す、ⅱ) 森林内に水を貯溜した後に川に流す機能を持っている。川の立場から見れば、ⅰ) は水の消費で、ⅱ) は水の供給である。森林の保水能力や洪水調整能力を考える場合に、森林は水の供給を遮断する働きも持っていることを、われわれは十分に認識しておかねばならない。

ところで森林内に水を貯溜するⅱ) の機能は、樹木の成長度、密接度、種類とともに土壌特性や地形など森林の多様な条件に依存している。だが森林の条件の違いによってその機能がどのように異なるかについて、明確に答えることはまだ困難であって今後の研究に待つところが多い。したがってダム建設の現実問題において、緑のダムの出水調整機能に対する評価が、建設を推進する側と認めぬ側との間に意見の対立が生じる。蔵治と保屋野[4]はこのような現状をまとめて編集しているので、論点を理解する上で有用である。

表 3.3 主要 10 河川の流域における各植生の面積比率（％）、最後の欄は針葉樹と広葉樹の面積比、田中ら[23]のデータに基づく

河川	柳	広葉樹	針葉樹	果樹	混生	田畑	草地	開放水面	その他	針葉樹/広葉樹
石狩川	1.0	25.9	19.3	0.1	7.4	18.9	3.9	1.7	22.0	0.75
北上川	0.3	29.9	33.0	0.3	0.0	27.3	1.7	1.1	6.3	1.10
米代川	0.1	32.6	43.4	0.3	1.8	10.8	2.0	0.9	8.0	1.33
信濃川	0.2	33.5	28.6	1.5	0.0	20.9	2.4	1.3	11.7	0.85
由良川	0.0	30.6	48.8	0.8	2.3	12.7	0.3	0.8	3.8	1.59
富士川	0.0	29.6	38.2	8.0	0.0	8.0	6.2	0.6	9.4	1.29
大井川	0.1	28.4	52.5	2.4	0.2	2.3	2.7	1.5	9.9	1.84
仁淀川	0.0	22.4	62.4	1.6	0.0	9.2	0.9	1.0	2.4	2.78
菊池川	0.0	13.1	31.4	7.1	0.4	33.2	4.3	0.7	9.8	2.39
緑川	0.0	16.1	36.5	2.1	0.0	28.7	7.2	1.0	8.4	2.26

(3) 浸透能の影響

前項 ii) の森林の貯溜能力に直接的に影響するものは、土壌の浸透能であろう。浸透能が大きいと降雨の際に地面に達した水を貯溜して、川への水の流出を遅延させ、洪水のピークを低減させる。中根[24]が間伐後の浸透能の変化を調べた結果を図 3.9 に引用したが、森林の適正な管理によって浸透能が増加し、治水機能が増大することが分かる。裸地や管理が悪い森林において、浸透能が低下していることは多くの報告で認められる。

一方において、林地の最終浸透能は日本の最大 1 時間雨量よりも大きくて水はすべて地中に浸透すること、および森林斜面の大部分において地表流は発生していないことを理由に、緑のダムの議論に浸透能の効果を論ずることは意味がないという意見も存在する（吉谷[25]）。しかし前節 (5) 項に述べたように地表流の存在は、特に豪雨時に必ずしも否定されていないこと、および林地の最終浸透能に関わる議論にも問題があることから、このような無意味論は認め難いとする反論もある（蔵治[26]）。

(4) 森林の植生変化が流出量に及ぼす影響

現場で植栽の影響を調べるには、基準流域法（対照流域法）にしたがって、近隣に 2 つ以上の試験流域を設け、植生が全期間変化しない流域と、植生が変化する流域を比較する方法が最も精度が高いといわれる。Bosch と Hewlett[27]は世界中の 94 ヶ所でこの方法で得られた結果をまとめている。まとめの 1 例を図 3.10 に示す。図中の実線は針葉樹、破線は落葉または常落混交の広葉樹、点線は低木類の場合について、

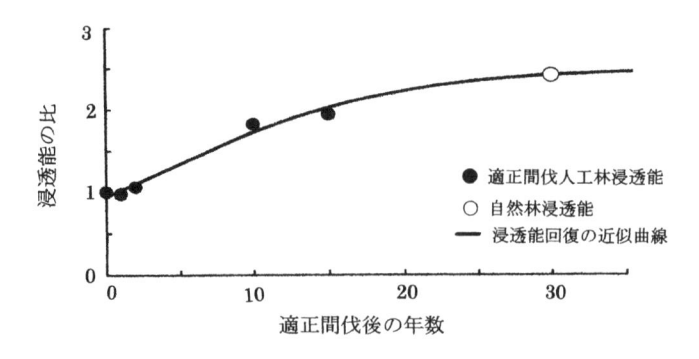

図3.9 吉野川流域における適正間伐後の土壌浸透能の回復過程、手入れの
よくない人工林浸透能に対する比率、中根[24]による

植生の減少に伴って年流出量がどのように増加したかの大略の傾向を示したものである。この結果、ⅰ）伐採による植生面積の減少は年流出量を増加させる、ⅱ）流域の一部を伐採した時、年流出量の増加量は伐採面積の割合にほぼ比例する、ⅲ）年降水量の大きいところでは皆伐による年流出量の増加は大きい傾向が認められる、などの結果を得て流出に対する植生の影響が大きいことを示すことができた。ただし図3.10に見られるように、データの散らばりが大きいので、年流出量の変化には他の要因を考慮することが必要なことも分かる。

樹種が違っても同様な傾向は認められるが、図3.10によれば植生の減少率が同じ場合を比較すると、年流出量の増加量は針葉樹林の方が広葉樹林に比べて大きい傾向が認められる。ただし図の結果は変化量に注目したものであって、針葉樹の人工林と広葉樹の森林では、緑のダムの機能はどう違うかという質問に対する答えは、関与する要因を考慮する必要があるので、簡単には答えられないという（蔵治[26]）。

このように流出現象は複雑であり、観測面から植生の効果のみを明確に取り出すのは簡単ではない。そこで福嶌[28]は数値計算を行って、はげ山の山腹に植栽を行った場合の直接流出（降雨時の流出）、基底流出（無降水時の流出）、および蒸発散がそれぞれ占める割合の経年変化を求めた。これは花崗岩のはげ山で実施された山腹植栽の5ヶ所の小流域における流出観測結果から流出モデルのパラメータを定めて、計算を行ったものである。

この計算結果によると、直接流出は植栽の初期に急激に減少し、以後は樹木の生長とともに緩やかに減少を続ける。すなわち植生の増加は洪水の低減に寄与することを教える。これは図3.10の結果を支持している。これに対して基底流出は逆の変化を示して、はげ山の時は流量が減少し、無降水時における河川水の涵養の効果が低下している。これらは、植栽によって表層土壌の流亡が抑えられて森林土壌が形成される

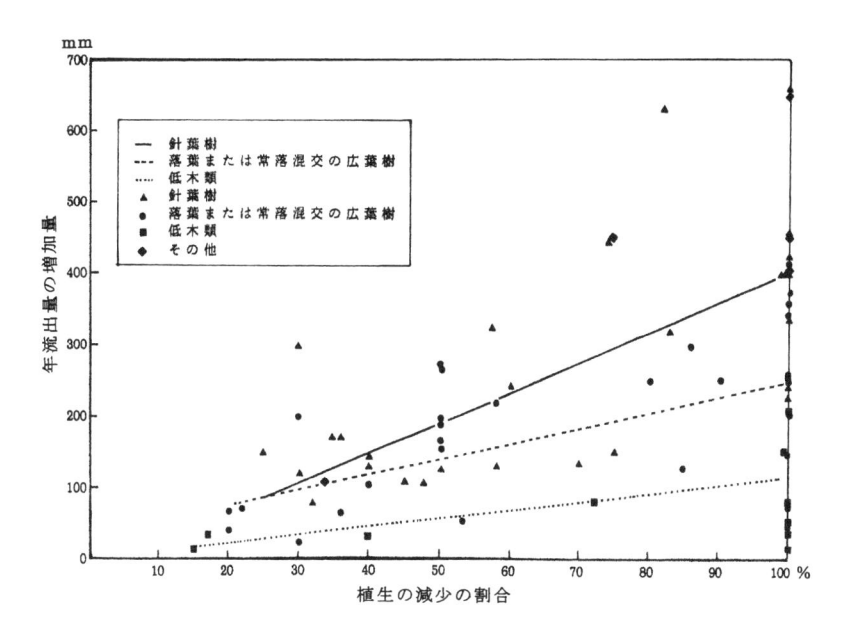

図 3.10 世界中の試験結果に基づく植生の減少に伴う年流出量の増加、Bosch・Hewlett[27]による

ので、表層水の保留や地中に浸透する水が増え、この結果直接流出は減少して、地下水は増加するためと思われる。一方、大気にもどる蒸発散量は初期に急激に上昇するが、それ以後はほぼ一定値を保っている。そして雨量が多い場合と少ない場合を比較すると、雨が多いと全般的に直接流出量と基底流出量の占める割合は増加し、蒸発散量が占める割合は減少する。

(5) 緑のダムと洪水対策

洪水対策において、ソフトな緑のダムと対比されるのはハードなダムである。ダムの建設は基本高水流量を基礎に建設計画がたてられる。しかしその決定法は確立されたとはいえず、用いるデータや計算方式によってかなりの任意性が入る余地があるので問題にされる。これについては 6.10 節で考察する。

一方、降雨量がそう多くない時に、森林が有効な出水調整機能を発揮することは多くの人が認めることである。しかし激しい豪雨の時に、森林がその機能を十分に発揮することができるか否かは明らかでない。洪水対策には、ハードなダムか緑のダムのいずれかということでなく、総合的に考えることが必要である。すなわち緑のダムの機能に限界がある場合にも、堤防の嵩上げ、河床の浚渫、遊水地などの方策を併用す

れば、洪水の災害を免れることが可能な場合が少なくないと考えられる。それゆえ緑のダムが持つ機能の限界を理由にして、この例が多いのであるが、直ちに短絡的にハードなダムの建設に走るということは、説得力に欠けるといわねばならない。

　ダムの建設が河川環境に好ましくない影響を与えることは、多くの報告が示しているが（例えば、パトリック・マッカリー[22]）、最近では海域の環境に与える影響も問題になっている（宇野木[29]、清野[30]）。またわが国では、後の図7.6に示すように、主要ダムの平均寿命はわずか約90年に過ぎない。だが、これに対する対応は定まっておらず、重大な問題である。1994年の国際会議でアメリカ干拓局のダニエル・ビアード総裁は「アメリカはダム事業から撤退する」と表明して大きな反響をよんだ。撤退の理由は後記17.2節に述べられる。わが国ではこれまでダムの建設が推進されてきたが、これでいいのか否か、真剣に考えねばならないであろう。現在は世界の趨勢として、構造物による洪水制御よりも、後出の表6.1に示すように洪水を総合的に管理する氾濫制御の方向に進んでいる。

　日本は国土全体では森林面積が67％という森林大国であり、森林の40％はスギやヒノキの人工林である[4]。ところが近年では、安い輸入材のために木材価格が暴落し、かつ過疎化・高齢化のために人手不足に陥り、間伐を行わないで放置された荒廃した森林が広がっている。このように荒廃した森林が、緑のダムの機能に与える影響の指摘は数多く、蔵治・保屋野[4]の本においても議論されている。手入れ不足の人工林は、中が真っ暗で下草が生えず、土壌の表面が剥き出しになり、雨滴の衝撃で侵食されて浸透能が弱くなる。したがって大雨の時には流出量が増え、流量のピーク値も増大し、洪水の危険性が高まる。一方、渇水期には降雨の地下への浸透量が少なくて、流出量が減少することになる。したがって荒廃した森林の再生に向けての努力が始まっているが、上記の社会的要因のために、事業の遂行は容易ではないようである。国をあげての支援が必要である。一方、森林の荒廃が緑のダムの機能にどのように影響するかについての研究も進められてある程度の成果は得られているが十分ではなく、今後の研究に待つところが多い。

3.6　水田の貯水機能

　わが国には広大な水田が広がっているが、水田は森林山地とは異なる貯水機能を持ち、最近注目されるようになった。貯水機能という点で川との関係が深いので、永田[31]の研究結果を引用した佐々木[32]の報告にしたがって説明する。

　日本の水田面積は約300万haで、このうち30cmの畔高を持つ整備水田が約半分、残りは畔高10cmである。したがって雨水の貯水可能量は約60億トンになる。ただしこれは水田に水を張っていない状態である。水稲栽培時には水深3〜5cmの深さに

水を張るので、その水量は9〜15億トンになる。それゆえ水田の貯水能力として、これを差し引いた残り51〜45億トンが得られる。流域に雨が降った時に、かなりの水量が水田に貯留されて河川への流出が抑制されるので、洪水量の削減に寄与することになる。

一方、1980年ごろまでに完成しているダムの総洪水調節水量は約24億トンといわれるので、水田の貯水容量はその2倍程度も大きい。ダムの建設費、償却費などから水田の持つ治水機能を経済的に換算すると、1年に約6000億円に及ぶとの試算がなされていて、この点からも水田の存在意義はきわめて大きいといわねばならない。

しかし残念ながら1980年当時と比べて、休耕田が増えて畦の維持もおろそかになって、水田の貯水能力は減少し続けていると考えられる。水田を単に食料生産の場と考えるだけでなく、一般に認識され始めた自然環境に対する役割とともに、洪水防御の観点からもその価値を見直して、水田の保全維持を図る必要があるように思われる。

参考文献

(1) 塚本良則編（1998）：森林水文学，文永堂出版，319pp.
(2) 高橋裕編（1978）：河川水文学，共立出版，218pp.
(3) 馬渕和雄編（1999）：陸面過程の研究の現状と将来，気象研究ノート，195号，79pp.
(4) 蔵治光一郎・保屋野初子編（2004）：緑のダム―森林，河川，水循環，防災，築地書館，260pp.
(5) Kinoshita, T., K. Takeuchi, K. Mushiake and S. Ikebuchi (1986): Hydrology of warm humid island, MS, 35pp.
(6) 野満隆治・瀬野錦蔵（1964）：新河川学，地人書館，348pp.
(7) 武田進平（1950）：積雪地方森林地からの流出量，日本林学会誌，32，51-55.
(8) 田瀬則雄（1989）：遮断，水循環と水収支，気象研究ノート，167号，21-29.
(9) 端野道夫（2005）：森林の洪水低減・渇水緩和機能とその定量評価法，水工学シリーズ，05-A-4，20pp.，土木学会.
(10) 谷誠（1989）：林地の水収支，水循環と水収支，気象研究ノート，167号，137-157.
(11) Suzuki, M. (1980): Evapotranspiration from a small catchment in hilly mountains (1), Jour. Japanese Forestry Society, 61, 46-53.
(12) 近藤純正（1993）：多様地表面と大気とのエネルギー交換過程に関する研究，研究成果報告書，134pp.
(13) Horton, R. E. (1933): The role of infiltration in the hydrologic cycle, Am.Geophys. Union, Trans., 14, 446-460.
(14) 土木学会編（1972）：水理公式集，616pp.
(15) Betson, R. P. (1964): What is watershed runoff? Jour. Geophys. Res., 69, 1541-1551.
(16) 田中正（1989）：流出，水循環と水収支，気象研究ノート，167号，67-89.
(17) Dunne, T. and R. D. Black (1970): An experimental investigation of runoff production in permeable soils. Water Resour. Res., 6, 478-490.
(18) Hewlett, J. D. and W. L. Nutter (1970): The varying source area of streamflow from upland basins. Proc. Sympo. on Interdisciplinary Aspects of Watershed Management, ASCE, 65-83.
(19) Fritz, P., J. A. Cherry, K. U. Weyer and M. G. Sklash (1976): Storm runoff analysis using

environmental isotopes and major ions. Interpretation of Environmental Isotopes and Hydrochemical Data in Groundwater Hydrology, IAEA, 111-130.
(20) 塚本良則（1986）：山地・森林からの流出，第22回水工学に関する夏季研修会講義集，土木学会水理委員会，A-6-1～17.
(21) 蔵治光一郎（2004）：森林水文学から見た川辺川ダム問題，緑のダム―森林，河川，水循環，防災，築地書館，165-176.
(22) パトリック・マッカリー（鷲見一夫訳）：沈黙の川，ダムと人権・環境問題，築地書館，412pp.
(23) 田中博通・井波智也・高根大海（2008）：全国主要河川の流木発生量と河川・流域特性に関する研究，水工学論文集，52，667-672.
(24) 中根周歩（2004）：「緑のダム」機能をどう評価するか，緑のダム―森林，河川，水循環，防災，築地書館，104-117.
(25) 吉谷純一（2004）：「緑のダム」議論は何が問題か―土木工学の視点から，緑のダム―森林，河川，水循環，防災，築地書館，118-130.
(26) 蔵治光一郎（2004）：森林の機能論としての「緑のダム」論争，緑のダム―森林，河川，水循環，防災，築地書館，131-149.
(27) Bosch, J. M. and J. D. Hewlett（1982）: A review of catchment experiments to determine the effect of vegetation changes on water yield and evapotranspiration. Jour. Hydrol. 55, 3-23.
(28) 福嶌義宏（1987）：花崗岩山地における山腹植栽の流出に与える影響，水利科学，77，17-34.
(29) 宇野木早苗（2004）：内湾の環境や漁業に与えるダムの影響，海の研究，13，301-314.
(30) 清野聡子編（2007）：河川管理―ダムと水産，日本水産学会誌，73，78-124.
(31) 永田恵十郎（1989）：水田はどれだけ水を貯え養うか，現代農業・臨時増刊号「もうひとつの地球環境報告」，農山漁村文化協会．
(32) 佐々木克之（2008）：森林・集水域が海に与える影響，川と海―流域圏の科学（宇野木・山本・清野編），築地書館，45-57.

第4章　水路の流れと波

　山を下りた川は平地を流れて海に向かうが、現実の河川の形状はきわめて錯綜している。河床は不規則で凹凸に富み、大小の岩、礫、砂、泥土あるいは人工ブロックなどに覆われ、または混在している。出水時に水が溢れる河川敷は、草のみならず潅木が茂っていることもある。水平地形も、一般に河岸は屈曲し、川の中には複雑な形状の砂州が伸びるなど決して単純でない。したがって川の流れは著しく複雑多様であって、通常の理論のみでは手に余ることが多くなり、経験則を必要とする。しかし現象の本質を理解するには、流れの基礎的性質を把握しておくことが重要であるので、本章で単純な水路の場合についてその知識を得ることにする。

4.1　流れを支配する基本の式

(1) 運動方程式

　今、水平方向に x 軸、鉛直上方に z 軸をとり、時間を t とする。x 方向の流れを考え、速度を u とする。水路の横断方向には流れは一様とする。水の運動は Newton の運動の第2法則にしたがう。ただし流体は変形するのでこれを考慮すると、水平運動に対する運動方程式は下記の (4.1) 式で与えられる。ここで ρ は水の密度、p は圧力、K_z は鉛直方向の渦動粘性係数である。密度 ρ は一定とし、速度 u や圧力 p は x、z、t の関数とする。式の導入は**付録 A.3** になされている。

$$\frac{\partial u}{\partial t} + u\frac{\partial u}{\partial x} = -\frac{1}{\rho}\frac{\partial p}{\partial x} + \frac{\partial}{\partial z}\left(K_z\frac{\partial u}{\partial z}\right) \tag{4.1}$$

　左辺の加速度は2つの項より成っている。第1項は固定した場所における速度変化を表して局所加速度とよばれ、同一水粒子に対する加速度でないことに注意を要する。第2項は流れが空間で一様でないために生じる加速度であって、移流項や慣性項とよばれる。これは、流れが定常な場合 ($\partial/\partial t = 0$) にも存在するもので、これが存在する理由は次のようである。流れが x 方向に変化している時、水粒子は単位時間に u だけの距離を移動するが、場の速度は単位距離で $\partial u/\partial x$ だけ異なるので、水粒子は単位

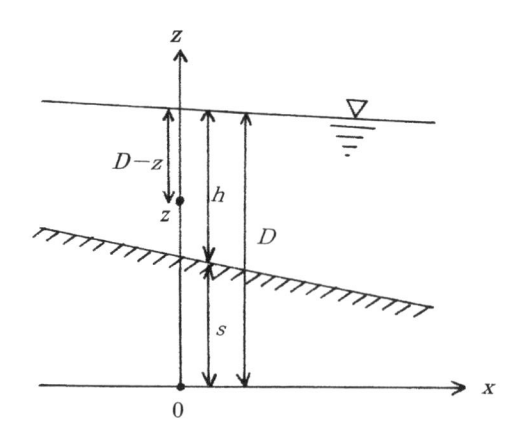

図 4.1　記号の説明図

時間移動する間に、両者の積の $u\partial u/\partial x$ だけの速度変化、すなわち加速度を生じるのである。一方、(4.1) 式の右辺の第 1 項は圧力傾度力、第 2 項は渦動粘性の作用を表す。地球自転に基づくコリオリの力は川幅が狭いので無視できる。

なお、水路中の流れは一般に水平方向から少し傾いている。しかしその傾きはごくわずかであるので、上式において x 軸を流れ方向、u を流れ方向の流速と考えても、特別な場合を除けば実際的にはほとんど問題は生じない。

(2) 静水圧の場合

図 4.1 に示すように、適当な水平基準面に $z=0$ の原点を置き、この面からの河床の高さを s、水深を h とすれば、水面までの高さは $D=s+h$ となる。底勾配 I_b と水面勾配 I_s は次式で与えられる。流れ下る方向を x 軸の正にとっている。

$$I_b = -\partial s/\partial x, \qquad I_s = -\partial D/\partial x = -\partial h/\partial x + I_b \qquad (4.2\text{ a, b})$$

川の流れでは、一般に鉛直加速度は重力加速度 g（$=9.8\text{m/s}^2$）に比べて無視できるほど小さい。この時の水中の圧力は考える点から水面までの水柱の重さで与えられる。これを静水圧という。図 4.1 において、水中の任意点 z から水面までの高さは $D-z$ であるから、静水圧は (4.3 a) 式で与えられる。気圧の変化は考えないので、簡単のためにゼロとする。

$$p = \rho g(D-z), \qquad \therefore \partial p/\partial z = -\rho g \qquad (4.3\text{ a, b})$$

これを静水圧の式という。また

$$\partial p/\partial x = \rho g \partial D/\partial x = -\rho g I_s \qquad (4.4)$$

(4.4) 式を用いると、(4.1) 式は下記のように表される。

$$\frac{\partial u}{\partial t} + u\frac{\partial u}{\partial x} = gI_s + \frac{\partial}{\partial z}(K_z \frac{\partial u}{\partial z}) \qquad (4.5)$$

今、摩擦が無視できる場合（$K_z=0$）を考えると、上式の右辺は z に関係しなくなるので、左辺も z に関係せず、深さ方向に u は同じ値をとる。このことは理論の展開を簡単にする。さらに流れの変動が微小な場合には、(4.5) 式の左辺において、第2項の非線形項は線形の第1項に比べて無視できる。ゆえに摩擦がない場合には次式が成り立つ。これは水路を伝わる波の運動を考える場合に利用される。

$$\frac{\partial u}{\partial t} = gI_s \qquad (4.6)$$

(3) 連続方程式

今、流れが深さ方向に一様な場合を考える。横方向に単位幅で、流れの方向で単位距離離れている2つの鉛直断面を考えると、単位時間に通過する流量の差は $\partial(hu)/\partial x$ で与えられる。両断面間の流量の増減に伴って水面が昇降するので、下記の (4.7) 式の関係を得る。右辺のマイナスは、x 方向に流量が増えると水面は低下するためである。この式は質量保存則を表し、連続方程式とよばれる。なお深さ方向に流れが変化する場合にも、u を深さ方向の平均流速とすれば、この式は成り立つ。

$$\frac{\partial h}{\partial t} = -\frac{\partial}{\partial x}(hu) \qquad (4.7)$$

4.2　流れの鉛直分布

(1) 渦動粘性係数が一定の場合

一定水深の水路で、流れが定常で、x 方向に速度が等しく、渦動粘性係数 K_z が一定な場合を考える。この時は (4.2 b) 式において $I_s=I_b$ となり、水面と水底は平行である。したがって (4.5) 式は次のようになる。

$$\frac{\partial^2 u}{\partial z^2} = -\frac{gI_b}{K_z} \qquad (4.8)$$

座標原点を水底に置けば、水底（$z=0$）の摩擦応力は (4.9 a) 式で、風が吹く時の水面（$z=h$）の摩擦応力は (4.9 b) 式で表される。力の釣り合いを見るために (4.8) 式を水底から水面まで z で積分すると、(4.10) 式を得る。

$$\tau_b = \rho K_z (\partial u/\partial z)_{z=0} \qquad \tau_s = \rho K_z (\partial u/\partial z)_{z=h} \qquad (4.9 \text{ a, b})$$

$$\tau_s - \tau_b + \rho g h I_b = 0 \qquad (4.10)$$

(4.10) 式は、単位の断面積をもって底から水面までに達する水柱に働く3つの力、すなわち水面の風の応力、底面摩擦、および水面が傾斜しているために重力によって

生じた圧力傾度力が釣り合っていることを示す。

今、風がない場合を考える。この時は (4.9 b) 式によって水面では $\partial u/\partial z = 0$ になる。(4.8) 式を z で2回積分し、(4.11 a, b) 式の境界条件を用いて2つの積分定数を定めると (4.12 a) 式の解を得る。

$$(u)_{z=0} = 0 \qquad (\partial u/\partial z)_{z=h} = 0 \qquad (4.11\ a, b)$$

$$u = \frac{u_0}{h^2}z(2h-z) \qquad \text{ただし } u_0 = \frac{gI_b h^2}{2K_z} \qquad (4.12\ a, b)$$

流れの鉛直分布を図 4.2 (a) に示す。分布曲線は放物線状をなし、流速は水面で最大になり、その値は u_0 で与えられる。

水路の単位幅当たりの流量 q と平均流速 U は、次のようになる。

$$q = \int_0^h u\,dz = \frac{2}{3}hu_0 = \frac{gI_b h^3}{3K_z} \qquad U = \frac{q}{h} = \frac{gI_b h^2}{3K_z} \qquad (4.13\ a, b)$$

流量と流速は底勾配に比例し、渦動粘性係数に逆比例する。水深に関しては、流速は2乗に、流量は3乗に比例する。

(2) 底面付近の流速分布

底面付近に注目すると、ここの流れは上層の流れに引きずられて流れていると考えられる。それゆえ接線応力 τ は単に上方で加えられた接線応力が次々と下方へ伝えられていると見なされて、τ は深さにかかわらず一定としてよい。すなわち、

$$\text{底面付近}: \tau = \rho K_z du/dz = \text{一定} \qquad (4.14)$$

また、前項では渦運動による渦動粘性係数 K_z を一定と考えたが、底面付近では渦は運動の制限を受けるので、K_z を一定とすることはできない。そこで**付録 A.4** に述べる考え方で底付近の流速分布を求める。これによれば z を底面からの高さとした時、渦動粘性係数は (4.15) 式で与えられて、底面からの距離に比例して増大する。係数の κ はカルマン定数で 0.4 の値をとる。u_* は (4.16) 式で定義されて摩擦速度とよばれる。

$$K_z = \kappa u_* z \qquad (4.15)$$

$$u_* = \sqrt{\tau/\rho} \qquad (4.16)$$

この時流速分布は次式で与えられる。

$$u(z) = \frac{u_*}{\kappa}\log_e \frac{z}{z_0} \qquad (4.17)$$

z_0 は粗度定数といって底面の粗さの程度を示すが、底面の幾何学的起伏の大きさとの関係は単純でない。そこで実際上は u_* や z_0 の値は、速度の鉛直分布を測定して定められる。

この場合の鉛直分布は図 4.2 (b) に示すように、流速は底面から上方に向けて急激に増加する。速度の遷移層は薄く、それより上方では流速はほぼ一定値に近づく。

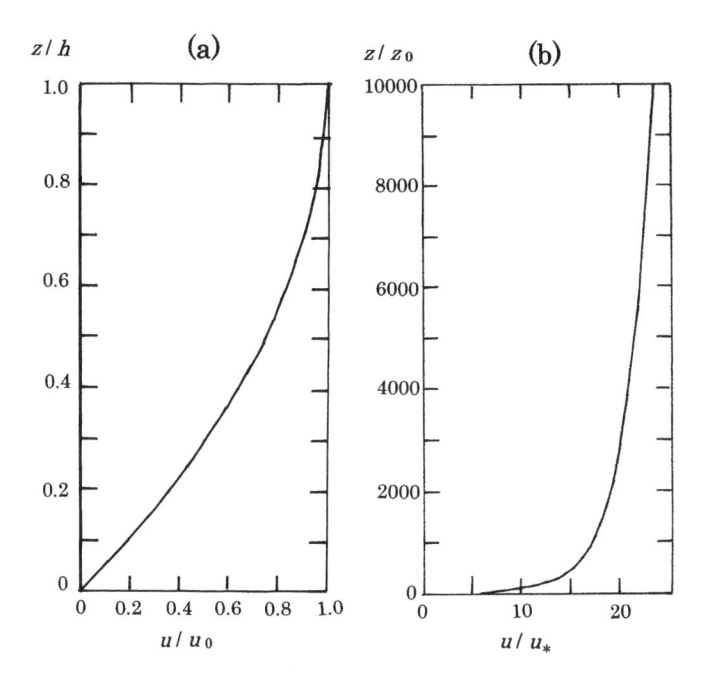

図4.2 流速の鉛直分布、(a) は (4.12 a) 式による、(b) は (4.17) 式による

この流れの分布は対数分布則として著名である。底に接して流速が急変する薄い層は乱流境界層とよばれる。

今 (4.17) 式を z_0 から H まで積分して平均流速を求め、$z_0 \ll H$ なることを考慮すると次式を得る。

$$U = \frac{1}{H - z_0} \int_{z_0}^{H} u dz \fallingdotseq \frac{u_*}{\kappa} \left[\log_e \frac{H}{z_0} - 1 \right] \tag{4.18}$$

一方、水路や河川の定常な流れの主要部においては、接線応力の他に重力による圧力傾度力が加わって $\tau = $ 一定とするわけにはいかない。しかるに底付近だけでなく全層にわたる範囲において (4.17) 式や (4.18) 式を適用する取り扱いが見られるが、これには問題があることを十分に認識しておかねばならない。

4.3 流れの横断面分布

再び K_z が一定の場合を考える。4.2節では水路の水深と流れは横断方向すなわち y

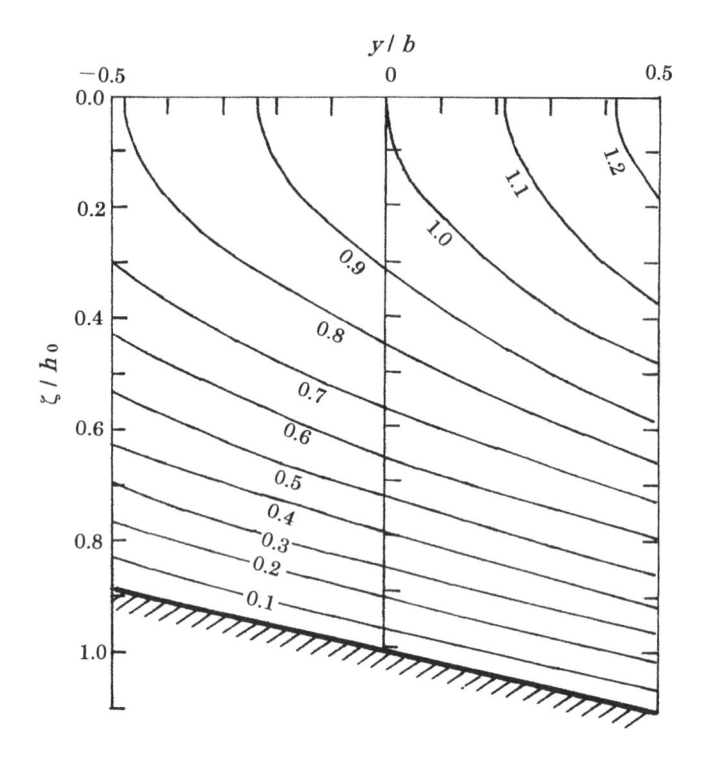

図 4.3 水深が直線的に傾いている水路横断面における流速分布、曲線に付したのは u/u_M の値、u_M は水路中央の表面流速、(4.21 a) 式に基づく

方向には変化がないとしたが、ここで水深 h が横断方向に変化して y の関数である場合を考える。ただし、y 方向に水面は水平、したがって横方向の流れはなく、流れは x 方向を向いているとする。この時も各点の流速は (4.12 a) 式で与えられる。そして水面と水底の勾配は同じである。今 z 軸の代わりに、原点を水面に置き鉛直下方を向く ζ 軸をとり、$\zeta = h - z$ と座標変換すれば (4.12 a) 式は次のようになる。

$$u = \frac{gI_b}{2K_z}\left[h(y)^2 - \zeta^2\right] \tag{4.19}$$

(1) 水深が直線的に変化する場合

以後、水路の幅を b とし、その中央を $y=0$、そこの水深を h_0 とする。初めに水深が y 方向に直線的に変化する場合を考え (図4.3)、両端の水深を h_1 と h_2 とすれば、

$$h(y) = h_0 + \alpha y \qquad \alpha = (h_2 - h_1)/b \tag{4.20 a, b}$$

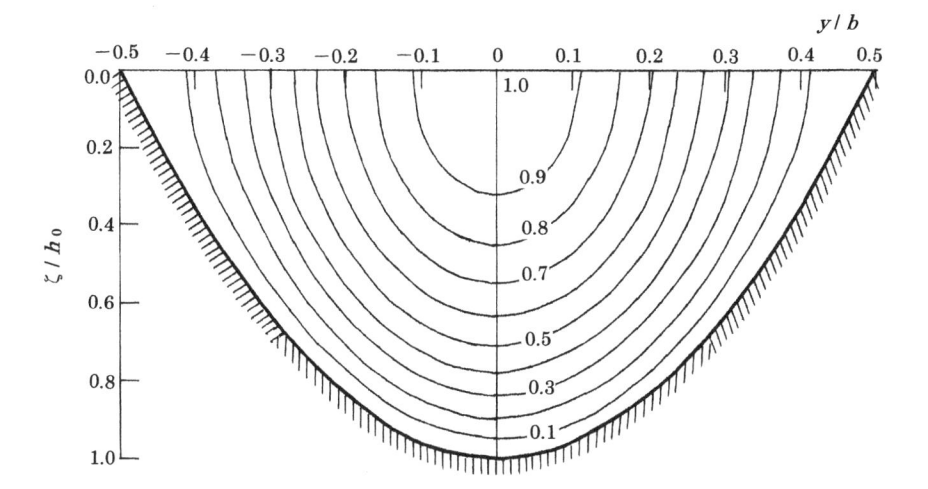

図 4.4 水深が放物線状に変化している水路横断面における流速分布、曲線に付したのは u/u_M の値、u_M は水路中央の表面流速、(4.23) 式に基づく

この時の流速は (4.19) 式より、次式で与えられる。u_M は水路中央の表面流速である。

$$\frac{u(y,\varsigma)}{u_M} = \left(1+\frac{\alpha y}{h_0}\right)^2 - \left(\frac{\varsigma}{h_0}\right)^2 \quad \text{ここで} \quad u_M = \frac{gI_b h_0^2}{2K_z} \quad (4.21 \text{ a, b})$$

$h_1/h_2 = 0.8$ の場合における断面内の流速分布が図 4.3 に描かれている。図中の等値線の値は u/u_M である。流速の最大は深い水域の表層に現れていて、そこより浅い方に向けて、また底の方に向けて流れは弱くなっている。底摩擦が働くために、浅いところで流れが強まるのではないことに注意を要する。ここでは側面摩擦は考えていない。

(2) 水深が放物線状に変化する場合

次に、水深分布が放物線状である (4.22) 式を考える (図 4.4)。

$$h(y) = h_0\{1-(2y/b)^2\} \quad (4.22)$$

流速は (4.19) 式より次式のようになる。u_M は (4.21 b) 式が与えるものと同じである。

$$\frac{u(y,\varsigma)}{u_M} = \left\{1-\left(\frac{2y}{b}\right)^2\right\}^2 - \left(\frac{\varsigma}{h_0}\right)^2 \quad (4.23)$$

この場合の流速の分布は図 4.4 に描かれている。等値線の値は u/u_M である。前の

場合と同様に、水深の大きい断面中央の表面に最大の流れがあり、両岸の浅瀬に向けて、また水底に向けて流れは弱まっている。

4.4 水面を吹く風に伴う流れ

強い風が吹く時、川の流れは通常と著しく異なる流速分布を示す。風による流れは吹送流とよばれる。水路は長さ方向に水深が一様で、また水路上で風は一様に吹いているとする。横断方向には変化はないとする。座標は4.2節と同じく、底面を $z=0$、水面を $z=h$ とする。風速を W とした時（4.9 b）式の水面に働く風応力は一般に次の式で表される。

$$\tau_s = \rho K_z (\partial u/\partial z)_{z=h} = \rho_a \Upsilon_s^2 W|W| \tag{4.24}$$

ρ_a は空気密度、Υ_s^2 は水面摩擦係数である。この値は風速に関係するが、風が強い時には 0.0026 の値が用いられることが多い。この式は風と風応力の向きは同じ方向であることを示している。

基本式は（4.8）式と同じである。境界条件は次式で与えられる。

$$(u)_{z=0} = 0 \qquad (\partial u/\partial z)_{z=h} = \tau_s/\rho K_z \tag{4.25 a, b}$$

基本式を z で2回積分し、上の境界条件を用いて積分定数を求めると、解は

$$u = \frac{u_0 z(2h-z)}{h^2} + \frac{\tau_s z}{\rho K_z} \tag{4.26}$$

となる。u_0 は（4.12 b）式で与えられるものである。右辺の第1項は（4.12 a）式と同じで、風がない場合の流れである。第2項が風による流れで水底では流れはなく、水面に向けて直線的に増大している。解はこれらの線形的な重ね合わせで表されている。単位幅当たりの流量 q と平均流速 U は下記のようになる。

$$q = \int_0^h u dz = \frac{2}{3} hu_0 + \frac{\tau_s h^2}{2\rho K_z} \qquad U = \frac{2}{3} u_0 + \frac{\tau_s h}{2\rho K_z} \tag{4.27 a, b}$$

解（4.26）式は、（4.28 a）式の形に変形される。β は水柱に作用する風の応力と重力による圧力傾度力の比を表す。

$$u/u_0 = Z(2-Z) + 2\beta Z \qquad Z = z/h \qquad \beta = \tau_s/\rho g h I_b \tag{4.28 a, b, c}$$

β をパラメータとして流れの鉛直分布が図 4.5 に描かれている。風が下流に向けて吹く時は（$\beta>0$）、全層で流れが強まり、流速の鉛直勾配は急になって、特に表層の流速は著しく大きくなる。一方、風が流れと逆方向に吹く時は（$\beta<0$）、表層の流れは次第に弱まり、下層と逆に上流に向けて流れ始める。風が強い時は全層が上流に向けて流れる。以上の結果は線形の範囲のことで、暴風と洪水が重なる時は両者の間の相互作用を考えねばならない。このことは、10.5 節の河川感潮域の高潮において考察される。

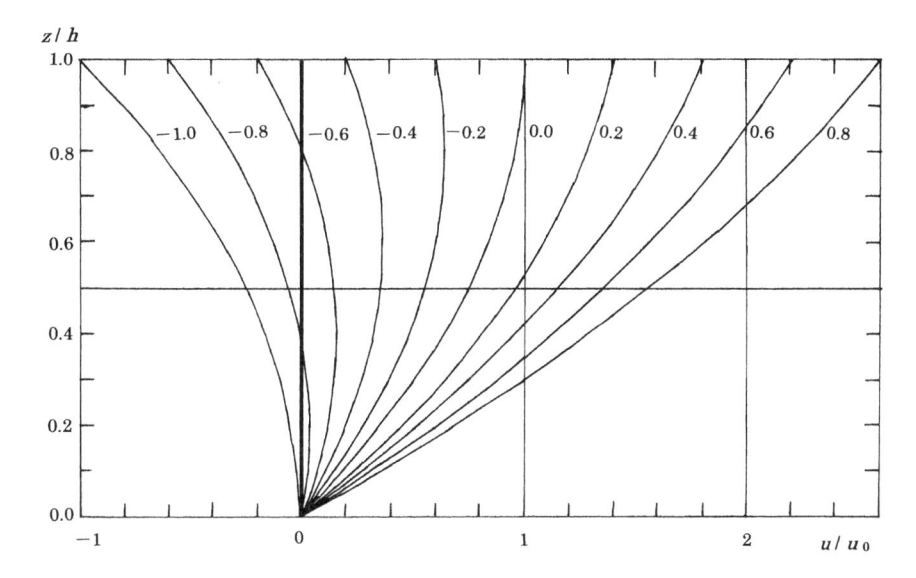

図4.5 水面に風が吹く時の流速の鉛直分布、曲線に付したのは (4.28 c) 式の β の値、u_0 は風がない時の表面流速、風も流れも下流方向を正とする、(4.28 a) 式に基づく

4.5 水面を伝わる波

　水路のどこかに何かの原因で水面変動が生じると、波が発生して水面を伝わっていく。今は波運動の水平スケール（例えば波長）が水深に比べて非常に長い場合を考える。このような波は長波とよばれる。この波では鉛直加速度が非常に小さいので、4.1 節の 2 項で述べたように圧力は静水圧で与えられる。そして底摩擦を考えなければ深さ方向には水の運動は一様である。また、水面の変動が小さい、すなわち微小振幅波の場合には、波と流れの相互作用を考える必要がないので、既に存在している流れと独立して波だけの振る舞いを考えればよく、現実の流れは、両者を単に重ね合わせれば必要な解が得られる。相互作用がある場合は 10.7 節で考察する。

　そこで水深 h が一様な水平水路において、静止した水面を波が伝播する場合を考える。ゆえに $I_b=0$ である。また摩擦は無視できるとする。今、波に伴う水面変位を η とすれば、(4.2 b) 式より $I_s = -\partial D/\partial x = -\partial \eta/\partial x$ である。また (4.7) 式における $\partial h/\partial t$ は $\partial \eta/\partial t$ で表される。ゆえに運動方程式 (4.6) 式と連続方程式 (4.7) 式は次のようになる。

$$\partial u/\partial t = -g\partial \eta/\partial x \qquad \partial \eta/\partial t = -h\partial u/\partial x \qquad (4.29 \text{ a, b})$$

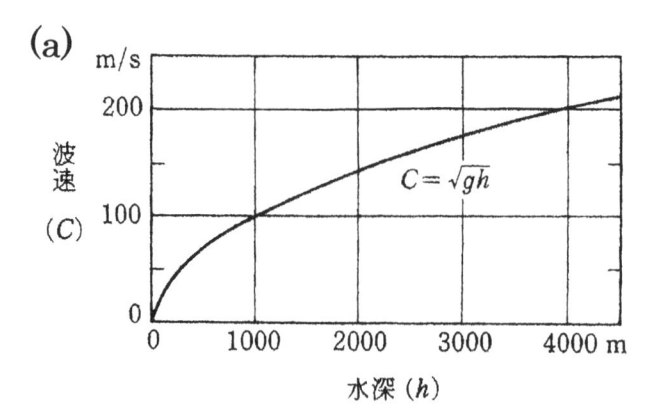

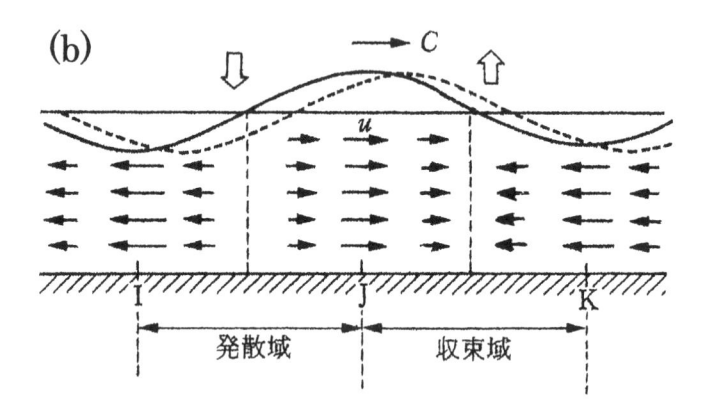

図 4.6 (a) 長波の波速と水深との関係、(b) 長波の波形と水粒子の運動との関係

両式より u を消去すると、次の1次元の波動方程式を得る。

$$\frac{\partial^2 \eta}{\partial t^2} = C^2 \frac{\partial^2 \eta}{\partial x^2} \qquad C = \sqrt{gh} \tag{4.30 a, b}$$

微分方程式のテキストに示される方法にしたがうと、一般解は次のように与えられる。F と G は任意関数である。

$$\eta = F(x - Ct) + G(x + Ct) \tag{4.31}$$

今、右辺第1項の引数を $\theta(x,t) = x - Ct$ と置き、$\theta = $ 一定値の動きに注目すると、

$d\theta/dt = dx/dt - C = 0$ を得る。ゆえに $dx/dt = C$ となる。θ は波の位相であるので、この結果は一定な位相 θ（例えば波の山）の移動速度は C なることを意味する。すなわち水面変動 F は波速 C をもって x の正の方向に進む波を表している。同様に第 2 項の G は x の負の方向に波速 C で進む波を表す。(4.30 b) 式によれば、波速 C は水深の平方根に比例する。長波における水深と波速の関係は図 4.6 (a) に描かれている。(4.29) 式を用いると、水位と流れ（水粒子の速度）は下記の関係を満たしている。

$$\text{正の方向に進む波}: \frac{u}{C} = \frac{\eta}{h}、\text{負の方向に進む波}: \frac{u}{C} = -\frac{\eta}{h} \quad (4.32\ \text{a, b})$$

このことから、波がいずれの方向に進む場合にも、波に伴う流れは水面変動が正（$\eta > 0$）のところは波と同じ向き、負（$\eta < 0$）のところは波と逆向きであることが分かる。また流れの強さは水面変動の大きさに比例し、波の山と谷で流れが最も強い。x の正の方向に進む進行波の場合に、波形と粒子速度の関係を図 4.6 (b) に示しておいた。流れの収束発散に伴って水面が昇降し、その結果として波形が x の正の方向に伝わるのである。かくして水粒子の速度と波の速度は全く別であることが分かる。なお、例えば関数 F の場合には、(4.32 a) 式より

$$u = \eta\sqrt{g/h} \quad (4.33)$$

が得られるので、波の高さが同じならば、水深が浅いほど流れは強くなっている。

具体例として、波形が周期的な三角関数で表される場合を考える。x の正の方向に進む振幅 a の波が (4.34) 式の形である時、流れは (4.35) 式で与えられる。

$$\eta = a\cos(kx - \sigma t) = a\cos k(x - Ct) \quad (4.34)$$
$$u = C\eta/h = (Ca/h)\cos k(x - Ct) \quad (4.35)$$

ここで k は波数、σ は角振動数（または角周波数）で、波長 λ、周期 T、波速 C と下記の関係がある。

$$\lambda = 2\pi/k \qquad T = 2\pi/\sigma \qquad C = \lambda/T = \sigma/k \quad (4.36\ \text{a, b, c})$$

流れがある場合には、既に述べたように微小振幅の範囲では、波の進行速度は正負を考えて波速に流速を加えればよい。ゆえに波が流れを遡る場合に流速が波速より大きいと、波は遡上できないことになる（射流、4.7 節）。

4.6　切り立った段波の進行

潮汐や津波が川を遡上する時、波の前面が崖状に急激に盛り上がって、岸辺の事物・樹木を呑み込みながら、轟音を立てて凄まじい勢いで上流へと進行する情景をテレビなどで見て、自然の凄さに圧倒された経験を持つ人も少なくないであろう。またダムの水が放流された時、水流の前面が険しく切り立って激しい勢いで川を下っていくのを見ることがある。このように波の前面が崖状に切り立って進む波を段波または

図 4.7 (a) 中国銭塘江のタイダルボア（暴漲湍）、(b) 日本海中部地震の際に米代川を遡上する津波、昭和 58 年日本海中部地震写真報告集（東海大学海洋学部海洋土木工学科）より

ボアという。潮汐波が作る段波はタイダルボアとよばれて、中国の銭塘江の暴漲湍やアマゾン川のポロロッカなどが有名である。**図 4.7** (a) は潮汐の場合で、同図 (b) は津波の場合である。小規模な段波は、例えば豪雨の際に、多少急な坂の舗道や側溝を流れる水の流れの中にも見出すことができる。

(4.30 b) 式によれば長波の波速は水深が大きいほど大きい。そこで波が高まってくると、その盛り上がりが加わって水深が大きくなり、高く盛り上がった部分は前後のそうでない部分よりも波速が大きくなることが想像できる。ゆえに高い部分はその前方の低い部分に追い付いて高まり、**図 4.8** (a) に示すように、さらに速くなって先へ先へと進んで波は険しくなり、ついに先端では崖状に切り立ち、崩れて波立ち、白波を頂いて前進するようになる。

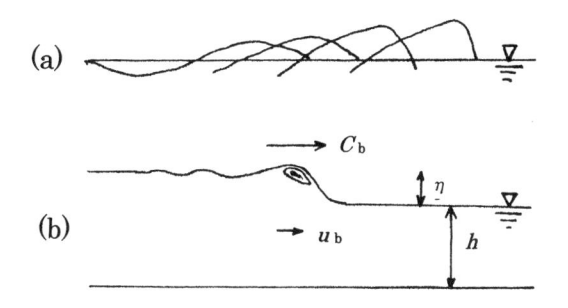

図 4.8 (a) 非線形効果で進行に伴って変形する長波、(b) 静水域に進入する段波

図 4.8 (b) に示す水が静止した深さ h の水路に、左方から高さ η の段波が進んできた時の、段波の波速 C_b とこれに伴う流速 u_b は、**付録 A.5** に述べるように次式で与えられる。

$$C_b = \sqrt{\frac{g(h+\eta)(2h+\eta)}{2h}} \qquad u_b = \eta\sqrt{\frac{g(2h+\eta)}{2h(h+\eta)}} = \frac{C_b \eta}{h+\eta} \quad (4.37 \text{ a, b})$$

$|\eta| \ll h$ としてテイラー展開を用いると、$C_b = \sqrt{gh}\,(1 + 3\eta/4h + \cdots)$ になる。ここで $|\eta/h| \to 0$ にすると、波速は微小振幅派の波速 (4.30 b) 式と一致する。この波では、段波の頂部が波打ったり、砕波したりしてエネルギーを失うので、エネルギーは保存されていない。エネルギーの保存を考えると、段波は**図 4.8**(b) が示すような一定波形を保って進むことができない。

ところで波が高まってくると、鉛直加速度が無視できなくなって、これまで考えてきた静水圧の近似が成り立たなくなる。そこで静水圧の近似を放棄すると、有限の波高を保って一定速度で進む波が存在し得るのである。いわゆる孤立波、すなわちソリトンはその１例である。運河で船が止まった時にその衝撃でできた波が、たった１つの波の山を持って形を変えずに長距離を進むことが見出されたのが、孤立波の最初の発見である。孤立波の研究はその後著しく進み、水の波ばかりでなくプラズマその他広範囲の物理現象にとって非常に重要な波になっている。

4.7　堰がある水路の水位と流れ

河川には堰、水門、ダムなど多くの構造物が建設されている。このように流れを堰き止めた時、水面や流れがどのように変化するかを考える。

(1) 常流と射流

　堰を設けたために生じた水面変動が、上流まで遡ることができるか否かによって、水面の形状は大きく異なる。構造物の設置に伴う水面変動は、(4.30 b) 式の長波の速度 C で伝播していく。今、堰を設置する前には水深 (h) も、流れ (u) も一様ないわゆる等流の水路を考える。流下方向を x 軸にとり、この方向に底も水面も傾いている。流れを堰き止めた影響が上流へ伝わるかどうかで流れを分類すると、次の3種が存在する。$u<C$ ならば変動は上流へも伝わる、これを常流という。$u>C$ ならば変動は上流へは伝わらない、これを射流という。$u=C$ ならば常流と射流の境界になってこれを限界流という。

　ところで、下記の流速と波速の比はフルード数として定義されている。

$$F_r = \frac{u}{\sqrt{gh}} = \frac{u}{C} \tag{4.38}$$

ゆえにこれを用いると、流れは次のように分類される。

$$F_r<1：常流、\quad F_r=1：限界流、\quad F_r>1：射流 \tag{4.39}$$

$F_r=1$ を与える流速 u_c を限界流速、その時の水深 h_c を限界水深とよぶ。ゆえに

$$u_c^2 = gh_c \tag{4.40}$$

　常流では、下流側における水面変動の影響が、上流へも伝わっていくので、下流側に構造物を設置して上流側の流れを制御することができる。一方、射流では、水面変動の影響は流れを遡ることができないので、下流側に構造物を作って制御しようとしても無駄である。つまり射流の場合には、上流側の条件で流れの様子が決まるので、上流側からしか流れは制御できない。

(2) 水面形状の方程式

　水面の形状を定める式を導く。基礎となるのは (4.5) 式である。水深を h、適当な水平基準面 ($z=0$) から底面までの高さを s、水面の高さを $D=s+h$ としている。ここで h は、水面の変動までを含めた水深である。この時 (4.2) 式のように、水面勾配は $I_s=-dh/dx+I_b$、底面勾配は $I_b=-ds/dx$ で表される。(4.5) 式の最後の項は、風がない時には $\tau_s=0$ で底面摩擦は τ_b であるので、次式で表す。

$$d(K_z du/dz)/dz = \{0 - K_z(du/dz)_{z=s}\}/h = -\tau_b/\rho h$$

　定常な流れを考え、上の式を用いると、(4.5) 式は次のようになる。

$$d(u^2/2g+h)/dx - I_b + \tau_b/\rho gh = 0 \tag{4.41}$$

ここで底面摩擦として、

$$\tau_b = \rho f_b u^2 \tag{4.42}$$

を用いる。f_b は底面摩擦係数である。さて、定常状態を考えると水路の単位幅当たりの流量 q は一定であるので、$u=q/h$ である。この q と (4.42) 式を (4.41) 式に代入すると、

$$(1-q^2/gh^3)dh/dx = I_b - f_b q^2/gh^3 \tag{4.43}$$

流量 q に対する限界水深と限界流速を用いると、次の関係がある。
$$q^2 = (h_c u_c)^2 = g h_c^3 \tag{4.44}$$
また同じ流量 q に対する等流の水深と流速を h_0 と u_0 と記すと、$q = h_0 u_0$ である。等流の場合には（4.43）式より次式が成り立つ。
$$I_b = f_b q^2 / g h_0^3 = f_b u_0^2 / g h_0 \tag{4.45}$$
ゆえに
$$f_b = I_b g h_0^3 / q^2 \text{ となる。} \tag{4.46}$$
（4.43）式の右辺にこの f_b を、左辺に（4.44）式を考慮すると、水深分布の方程式は
$$\frac{dh}{dx} = I_b \frac{h^3 - h_0^3}{h^3 - h_c^3} \tag{4.47}$$
となる。この微分方程式は有理関数の積分を行うことによって、h の陰関数として次の解を持つ。
$$I_b \frac{x}{h_0} = \frac{h}{h_0} - \left[1 - \left(\frac{h_c}{h_0}\right)^3\right]\left[\frac{1}{6}\log_e \frac{h^2 + h h_0 + h_0^2}{(h-h_0)^2} + \frac{1}{\sqrt{3}}\tan^{-1}\frac{2h + h_0}{\sqrt{3} h_0}\right] + const. \tag{4.48}$$
この h を用いれば、流速の分布は $u = q/h$ で与えられる。今は底面摩擦として（4.42）式を用いたが、実用式としてその他の形のものも存在する（5.1 節の (2) 参照）。その場合の解は上記と同じものもあるが、多少異なるものもある。だが結論に大きな違いはない。

同じ流量に対して、限界流速 u_c を与える底面勾配を限界勾配とよび、I_c と記す。この時も（4.45）式と同様に $I_c = f_b q^2 / g h_c^3$ の関係がある。これから $I_b/I_c = (h_c/h_0)^3$ になる。ゆえに次の関係を得る。

$$\begin{array}{lll} I_b < I_c & \text{の時常流で} & h_0 > h_c \\ I_b = I_c & \text{の時限界流で} & h_0 = h_c \\ I_b > I_c & \text{の時射流で} & h_0 < h_c \end{array} \tag{4.49}$$

(3) 水面の形状

（4.48）式は、常流の場合に 3 種類の水面曲線 M_1、M_2、M_3 を、射流の場合は 3 種類の水面曲線 S_1、S_2、S_3 を与える。それらの形状を模式的に図 4.9 に示す。この中の図 (a) と (b) は底面勾配が限界勾配よりも小さな緩勾配の場合で、等流部分は常流である。図 (c) は底面勾配が限界勾配よりも大きな急勾配の場合で、等流部分は射流である。図 (d) は緩勾配から急勾配に移る場合である。

M_1 曲線は、堰や水門で常流状態である等流を堰き上げた時に上流側に生じる水面で、かなり上流までその影響が現れる。M_2 曲線は、下流側で流速が増していって、流れが常流から射流になる場合に現れるものである。M_3 曲線は、水門のゲートの下から水が射流状態で流れ出す時に生じる水面形状であって、流下するにつれて水深が増大して下流の常流と接続する。ただし接続は不連続であって、跳水現象が生じる。跳水現象はダムに沿って落下した射流状態の水が、ダムの下部で常流状態の流れと遭

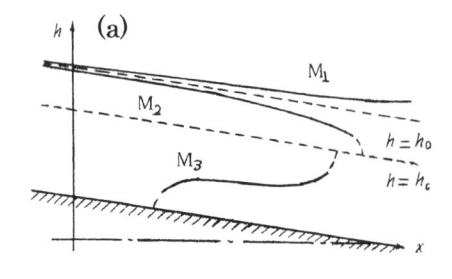

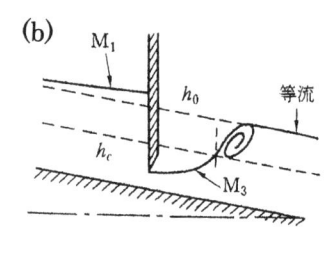

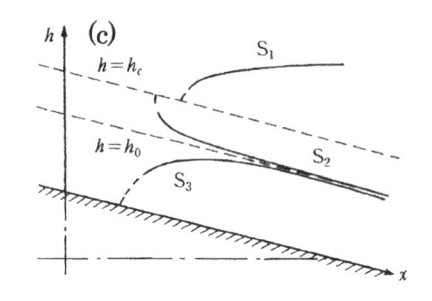

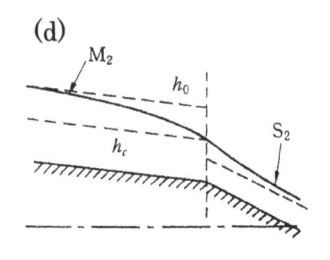

図 4.9 各種の水面形状、(a) と (b) は底面勾配が限界勾配よりも小さい緩勾配の場合、(c) は限界勾配よりも大きい急勾配の場合、(d) は緩勾配より急勾配に移る場合

遇した時のように、水面が崖状に高まって水流が乱れる現象を指している。なお M_1 曲線のように、流れが堰き上げられて水深が等流水深より大きくなっている場合の水面形状を、堰き上げ背水曲線という。これに対して、M_2 曲線や M_3 曲線のように、水面が等流水深よりも浅くなっている場合を低下背水曲線という。

S_1 曲線は、射流状態の等流を堰き止めた時にできる水面形状で、常流になっている。この時は上流の射流とは滑らかにつながらず跳水現象が発生する。S_2 曲線は、限界水深を経て上流から射流に移り変わるときに現れる水面形状で、接続は滑らかである。S_3 曲線も、水門のゲートから流出する場合のように、下流の射流との接続は滑らかである。

4.8 エネルギーの関係

ここで、定常な流れに成り立つエネルギーの関係式を導いて、流速と水位の関係を

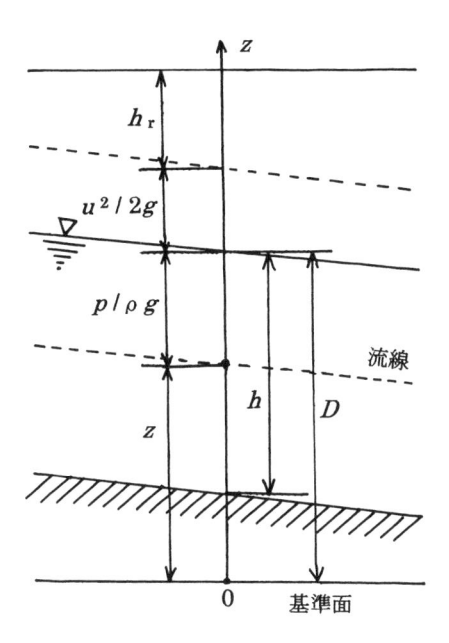

図 4.10 流線に沿って高度水頭 (z)、圧力水頭 ($p/\rho g$)、速度水頭 ($u^2/2g$)、損失水頭 (h_r) の和は一定

調べる。水平な基準面から水面までの高さを s とした時（図 4.1）、水面の高さは $D = s + h$（図 4.10）であるので、(4.2 a) 式を考慮して (4.41) 式を積分すると (4.50 a) 式を得る。また (4.51) 式の形に書き直される。

$$D + \frac{u^2}{2g} + h_r = const. \quad \text{ただし } h_r = \int (\tau_b/\rho g h)\,dx \quad (4.50 \text{ a, b})$$

$$\rho g D + \frac{1}{2}\rho u^2 + \rho g h_r = const. \quad (4.51)$$

単位体積の水を考えた時、(4.51) 式の第1項は位置エネルギー、第2項は運動エネルギーで、第3項は流下中に摩擦や乱れによってこれまでに失われたエネルギーの積算量を表す。したがって (4.51) 式は、3つのエネルギーの総和は流れる間に一定なることを示す。一方、(4.50 a) 式の表現は (4.51) 式を $\rho g(= w$、単位重量) で割っているので、単位重量についてのエネルギーの関係式である。(4.50 a) 式の各項は長さの次元を持ち、この順に高度水頭（または位置水頭）、速度水頭、損失水頭とよばれる。

ここで定常な流れの中の1つの流線に注目する。流線上の任意点の高さが z である

第 4 章　水路の流れと波

時(図4.10)、そこの圧力は $p = \rho g(D-z)$ であるので、$D = z + p/\rho g$ となる。右辺の第1項は任意点の高度水頭、第2項はその点の圧力水頭である。この時(4.50 a)式は(4.52)式の形に書き表される。

$$z + \frac{u^2}{2g} + \frac{p}{\rho g} + h_r = const. \tag{4.52}$$

損失がない時($h_r = 0$)は、

$$z + \frac{u^2}{2g} + \frac{p}{\rho g} = const. \tag{4.53}$$

である。(4.53)式は水中の任意の流線に沿って、水粒子の位置エネルギー、運動エネルギー、圧力の潜在的エネルギーの和は一定に保たれるというエネルギーの保存則を示していて、ベルヌーイの定理とよばれる。圧力の高い部分は低い部分に対して仕事をなし得る潜在的エネルギーを持っているのである。ベルヌーイの定理は水理学上のきわめて重要な法則であり、広い範囲に活用されている。例えば、水中の物体に水平な流線がまっすぐに当たった場合を考える。そこでは流速は $u = 0$、そこの圧力を p_1 とした時、(4.53)によれば衝突地点の圧力は次の Δp だけ高まることが分かる。これを動圧という。

$$\Delta p = p_1 - p = \rho u^2 / 2 \tag{4.54}$$

次に水面の流線を考える。全域に一様な大気圧の作用は無視できるので、水圧のみを考えて水面では $p = 0$ と置く。(4.53)式によれば、水面は川幅が狭くて流れが速いところでは低く、川幅が広くて遅いところでは高くなっていることが分かる。また川に中州や大きな岩があって流れがこれに当たって遅くなっているところでは、水面は高まっている。

河口閉塞や水門などによって川幅が著しく狭まって流れが非常に強まっている場合を考える。上流側の水位と流速を z_0 と u_0 とし、狭窄部におけるものを z と u とすれば、水面の大気圧は同じなので、(4.53)式より次式を得る。

$$u = \sqrt{2g(z_0 - z) + u_0^2} \tag{4.55}$$

ここで水門におけるように上流側の u_0 が u に比べて無視できる場合を考えると、前後の水位差を $\Delta z = z_0 - z$ とすれば、水門の出口付近の流速は次式で与えられる。流速は水位差の平方根に比例する。水位差を 0.5m とすれば流れは 3.1m/s と非常に強い。

$$u = \sqrt{2g\Delta z} \tag{4.56}$$

一方、エネルギー損失を考慮した(4.52)式は拡張されたベルヌーイの定理といえよう。流線に沿って4項の和が一定で水平である様子は、図4.10に描かれている。上記の狭窄部の流れの場合には渦などの発生でエネルギー損失があるので、流速は(4.56)式が与える値より小さくなっている。そこで流速 u は流量係数 k を用いて、(4.57)式の形で求める。k は1より小さく狭窄部の条件によって値が異なる。

$$u = k\sqrt{2g\Delta z} \tag{4.57}$$

なお、下記の（4.58）式に示す高度水頭と圧力水頭を加えたものの勾配 I は動水勾配とよばれていて（(3.2) 式参照）、水路の場合には図 4.10 に示すように水面勾配と一致する。

$$I = d/dx(z + p/\rho g) = dD/dx \quad (4.58)$$

第5章　平地を流れる川

　現実の川の流れはきわめて複雑で乱れている。さらに降水は不規則で大きく変動するので、河川流量もこれに応じて変動する。そして洪水時には川の形態も一変することが多い。このような過程を長い間繰り返して形成される川の姿を理解することに努める。

5.1　流速と流量

(1) 流速

　川の水の働きを理解する上で流速は基本的に重要である。流体が物体に及ぼす動圧は（4.54）式で与えられるが、同じ動圧を生じる水と空気の流速を比較する。水と空気の密度を ρ と ρ_a、流速を u と u_a とした時、$\rho u^2 = \rho_a u_a^2$ となるゆえ次式を得る。

$$u_a = u\sqrt{\rho/\rho_a} \fallingdotseq 30u \tag{5.1}$$

　すなわち水が及ぼす力は、その30倍の風速の風が及ぼす力にほぼ等しい。1m/sの流れは河川では特別に強い流れではないが、30m/sの風は台風内の暴風であり、人が立っているのは困難である。しかも水中では浮力が働いて物体は軽くなっている。したがって川では強い水流の力によって物体は容易に動かされ、人間も流されやすくなる。2m/sの流れであれば、水深がわずかひざ下であっても人が立っていることは難しいといわれる。

　図5.1に河川横断面内の流速分布の1例を示す。大略の傾向は図4.4で近似されているが、その分布特性については5.2節で考察する。このように断面内では流速は一様でないので、一般に代表的な流速として断面平均流速が用いられる。平均流速は、よく流れていると見なされる川では0.5～1.5m/sの程度、速いと感じる時は3m/sの程度である。だが急流においてはずっと速くて10m/s、すなわち風速で300m/sに相当するような流れも珍しくないのである。

　しかしながら、複雑な条件下の川の流速を推定することは簡単ではない。単純な水路の平均流速は（4.13 b）式で与えられたが、鉛直渦動粘性係数 K_z の値はあいまい

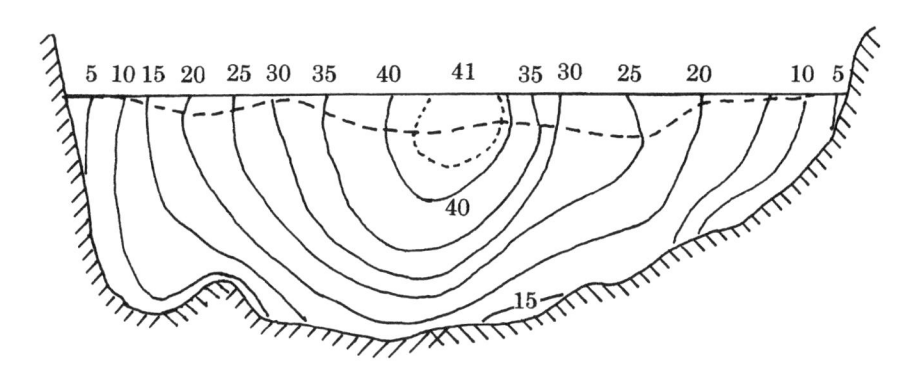

図 5.1 河川横断面内の流速分布の例（単位は cm/s）、水面下に横に延びる太い破線は各地点で流速が最大の深さを結んだもの、野満・瀬野[1]の図を基に作成

で、実用的ではない。そこで先人たちは長い間の経験に基づいて、平均流速を求める便利な経験式を提案した。

(2) 平均流速の実用式

河川の断面平均の流速（U）に関しては、経験的にいくつかの実用式が提出されているが、最も広く利用されているのは次の Manning の式である。

$$U = \frac{Q}{A} = \frac{1}{n} R^{2/3} I^{1/2} \tag{5.2}$$

ここで Q は断面の流量、A は断面積（河積）である。I は（4.58）式で定義された動水勾配で、川の場合には水面勾配 I_s を意味する。また等流の場合には河床勾配 I_b に等しくなる。R は径深とよばれるもので、河川断面において水に触れている底面の長さ（潤辺）を S とした時、$R = A/S$ で定義される。幅 b、水深 h の矩形断面を考えると、$R = bh/(b+2h) = h/(1+2h/b)$ になる。ゆえに幅が水深に比べて非常に大きい時には、$R \approx h$ となる。通常の河川では川幅は水深よりもかなり大きいので、径深は平均水深で置き換えて用いることが多い。

係数 n は Manning の粗度係数とよばれていて、無次元の係数でないことに注意を要する。慣例として長さに m、時間に s を用いるので、Manning の粗度係数は s/m$^{1/3}$ という単位を持っている。(5.2) 式を用いると、水深と底面勾配が与えられた時、粗度係数の値さえ分かれば容易に流速を推測することができる。n が一見奇妙な次元を持っているにもかかわらず、Manning の式がよく使われる理由は、流速がこのように簡単な式で求まって便利であること、および多くの事例に適用されて粗度係数の資料が豊富に蓄積されているためである。

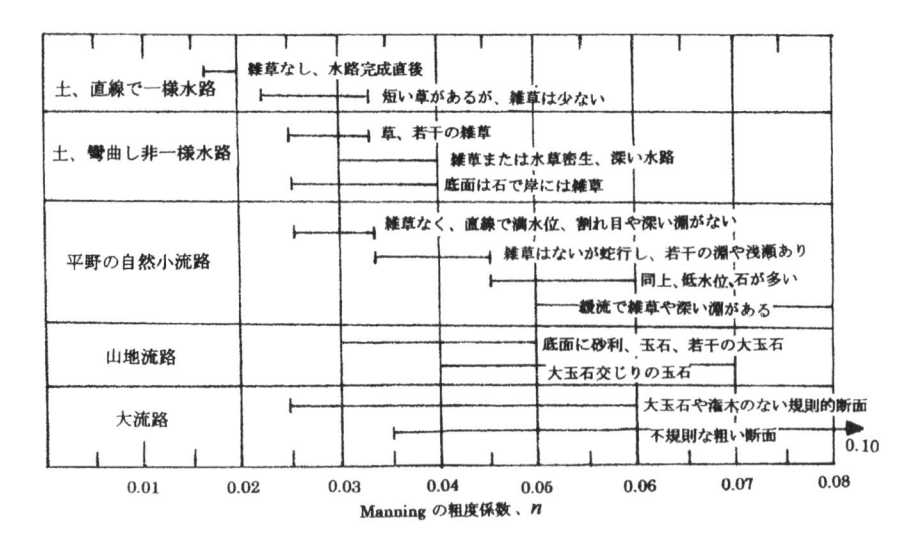

図 5.2　各種水路・河川における Manning の粗度係数の概略値、水理公式集[2]より抜粋

　図 5.2 に底面状況が異なる各種の水路や河川に対する n の値が示されている。n の値は、完成直後の真っ直ぐな土の水路では 0.02 以下の場合もあるが、多くの場合はそれ以上である。河川が彎曲し、底が砂、礫、雑草などに覆われるにつれて n の値は大きくなる。さらに粗度が大きくなって大きな石や岩などが底に存在するようになると、n は 0.05、0.06 あるいはそれ以上の大きな値をとるようになる。したがって n の値の決定には現状の把握と経験がきわめて重要なことが分かる。図 5.3 に Manning の粗度係数に伴う平均流速の変化を示す。例として、図（a）では水深が一定（4m）で河床勾配が変化する場合が、図（b）では河床勾配が一定（1/1,000）で水深が変化する場合が描かれている。水深や底面勾配に伴う速度変化の傾向が理解できる。粗度が小さくなると急激に流れは強くなる。
　第 4 章の（4.13 b）式を（5.2）式と比較すると、径深を水深で置き換えた時

$$n = 3K_z/gh^{4/3}I^{1/2} \tag{5.3}$$

の関係を得る。これによれば、粗度係数は鉛直渦動粘性係数に比例して増大している。一方、流速の対数分布則から導かれた（4.18）式と比較すると、粗度定数 z_0 が大きくなるにつれて、粗度係数 n の値は大きくなっている。なお粗度係数は、底面の起伏の大きさ（粗さ）に伴う摩擦抵抗や形状抵抗に依存するだけでなく、川の断面形状や流れを 1 次元で表したために生じるもろもろの効果をすべて背負っている。
　風がない時には、（4.10）式より（5.4）式を得る。等流においては I_b は I と一致する。

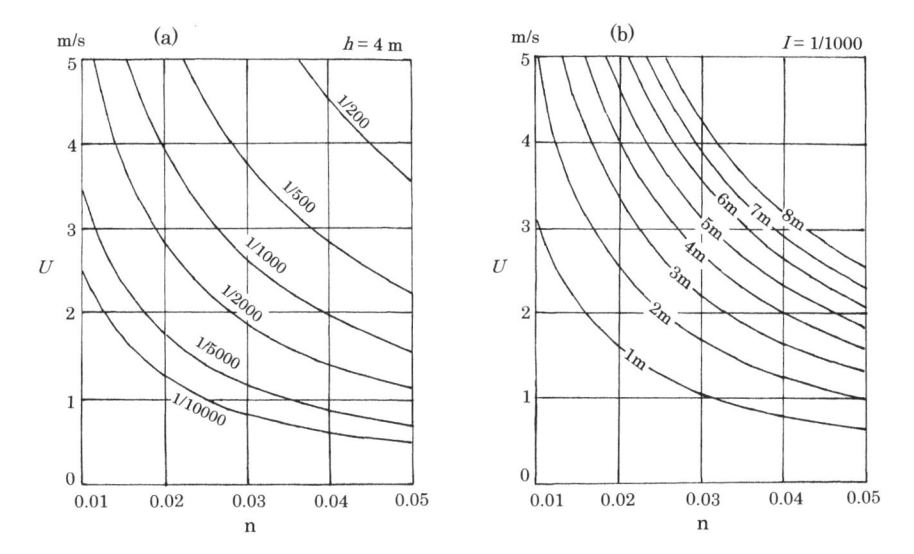

図 5.3 Manning の式から求まる流速（U）、(a) は水深 4m の場合に粗度係数と河床勾配を与えた時の流速、(b) は河床勾配が 1/1000 の場合に粗度係数と水深を与えた時の流速

$$\tau_b = \rho g h I \tag{5.4}$$

これは水深 h の水路において単位断面積の鉛直水柱を考えた時、底面摩擦 τ_b と水柱全層に働く圧力傾度力の合力 $\rho g h I$ が釣り合っていることを表す。この時 (5.2) 式の I を用いると、Manning の式が与える底面摩擦は (5.5 a) 式になる。底面摩擦は流速の2乗に比例する。(4.42) 式で定義される無次元の底面摩擦係数とは、(5.5 b) 式の関係がある。

$$\tau_b = \rho g n^2 h^{-1/3} U^2 \qquad f_b = g n^2 h^{-1/3} \tag{5.5 a, b}$$

一方、同様な実用式の1つである Chézy の式は、(5.6 a) 式で与えられる。C_h は Chézy の係数とよばれる。底面摩擦は (5.6 b) 式になる。また底面摩擦係数は (5.6 c) 式になって、Chézy の係数と逆の関係にある。両係数は定数 g だけの違いであるから、同じ特性を持つことが分かる。したがって (4.42) 式の代わりに (5.6 b) 式を用いても、同じ水面形状 (4.48) 式が得られる。

$$U = C_h \sqrt{RI} \qquad \tau_b = \rho g C_h^{-2} U^2 \qquad f_b = g/C_h^2 \tag{5.6 a, b, c}$$

(3) 流量

流量は河川水の利用や防災を考える時に、欠くことのできない重要な要素である。流量は通常は水位の観測結果を基に、予め求めてある水位と流量の関係式を用いて計

算される。流量は不規則な降雨に伴って大きく変動しているが、特に季節による変化が大きい。ただしこの流量の変化も年によってかなり相違する。

このように変化する河川の流量特性を表すために、いくつかの流量が定義されていて、河川計画などに用いられている。すなわち1年間の日平均流量を大きさの順に並べた曲線（流況曲線）を基に、下記のように定義する。

豊水流量　1年のうち 95 日はこれを超える流量
平水流量　1年のうち 185 日はこれを超える流量
低水流量　1年のうち 275 日はこれを超える流量
渇水流量　1年のうち 355 日はこれを超える流量

なお水位に関しても、同様に豊水位、平水位、低水位、渇水位が定義される。

5.2　横断面内の流れ

矩形水路における流速の理論的な鉛直分布は（4.12 a）式で与えられていて、図 4.2（a）に示すように2次曲線（放物線）をなし、最大流速は水面に生じている。この単純な理論によれば、平均流速と表面流速との比は（4.12 b）式と（4.13 b）式を比較して $2/3 ≒ 0.67$ を得る。一方、実際の河川における測定例によれば、この比はセーヌ川が 0.62、ネバ川が 0.78、ガロンヌ川が 0.80 の値になっていて、上記の理論値と同程度か大きめである。野満・瀬野[1]は横断面全体の平均流速と最大表面流速の比は大略 0.8 の程度であろうと述べている。ただし同じ川でも、流況によって、また川の上流や下流などの場所に応じて、この値はかなり変化すると考えられる。

横断面内で水深が変化する時の流速分布は、単純な地形変化の場合について理論結果が図 4.3 と図 4.4 に描かれている。両者に共通して深いところで流れが強く、浅いところで流れは弱く、岸や底の摩擦の影響が大きいことが分かる。断面内の最も強い流れは、最深部の表面に生じている。実際にもこのような例が多い。だが、最も強い流れが水面より少し下方に観測されることも少なくない。このような観測結果の例が図 5.1 に認められる。模型実験や現地観測によると[2]、水路幅と水深との比（b/h）が 10 より大きい程度であれば、最大流速の位置は水面にあるが、この比が小さくなると下方に移動し、（b/h）が 1 に近くなると最大流速の場所が、水面より水深の (0.2〜0.25) 倍程度の下方に現れるという結果が得られている。

最大流速が水面より下方に現れる理由については、いろいろ考察がなされているが、有力な原因と考えられるのは、横断面内で上層では岸より川中央へ、下層では川中央より岸に向かう 2 次流の存在である。この時、川幅があまり大きくない時には、岸付近の弱い流れが水面に沿って川の中央付近に 2 次流によって運ばれてくるので、中央部の水面付近には弱い流れが見られ、その下方に強い流れが現れることになる。なお

主流と2次流が重なった流れは螺旋流となる。

そこで2次流の発生の理由が問題になる。これについては、野満・瀬野[1]は模型実験や現地観測に基づいて提唱されたStearns・Gibsonの考えを次のように紹介している。河岸では垂直軸を持った渦動が発生し、順次川の中央に向かって移動する。渦動はその遠心力のため内部の圧力が普通より低減するから底の方では水が流れ込み、上面では遠心力で水を外部に流出する傾向にあることは、大気中の低気圧における気流の出入にも見られる通りである。したがって川の直線部でも横断面において、表面では両岸から中央へ、底層では中央部から両岸へ流れる2次流が形成されるというのである。

5.3　流路の形態

水は高きから低きへ流れるといわれるが、これはコリオリの力が無視できる幅が狭い川の場合である。大量の河川水や原子力発電所の排水が広い海へ出た時には必ずしもそのようにはならない（第12章参照）。一方、水域が狭いと、水は傾いた底面の最大傾斜の方向に進むことになるが、自然河川ではむしろ直線流路を避けるかのように非常に複雑な流路を描いていることが多い。河道面は起伏が激しく、地質・底質は不均一であり、一様性が破られているので流れが直線流路からずれるのは当然のことであろう。そして川自体の性質として、地形条件（例えば河床勾配）と流れの条件（例えば流速）が適合した時には安定した流れになるが、流量が増えるなどして条件が合わなくなれば、条件が合うように川は方向を変えて屈曲するはずである。流路の形態に関しては、例えば高山[3]のテキストがあり、最近の研究成果は水理公式集[2]にまとめてある。

(1) 河床波

河床の表面が平坦なことは少なく、局所的な洗掘と堆積の結果、波状の凹凸が生じていることが多い。これは河床波とよばれていて、これには規模の小さなスケールのものから、川幅規模のスケールのものまである。規模の小さな河床の凹凸は、底面の粗度を変えて抵抗を強め、流速、流量に影響を与える。一方、川幅規模の大きなものは河岸近くに洗掘と堆積を生じて、河道の変化をもたらす。

河床波の最小規模のものは砂漣とよばれる。砂の粒径 d が0.6mmを超えると砂漣は発生していない。波の波長は $\lambda = (300 \sim 1{,}500)d$ で、平均 $800d$ の程度である。一方、波高は $H = (0.05 \sim 0.12)\lambda$、平均 0.09λ の程度である。波の峰は、発生初期には流れに直交して2次元的であるが、発達とともに不規則になる。

砂漣より大きなものは砂堆とよばれ、粗面乱流状態で発生する。波長 λ は水深 h

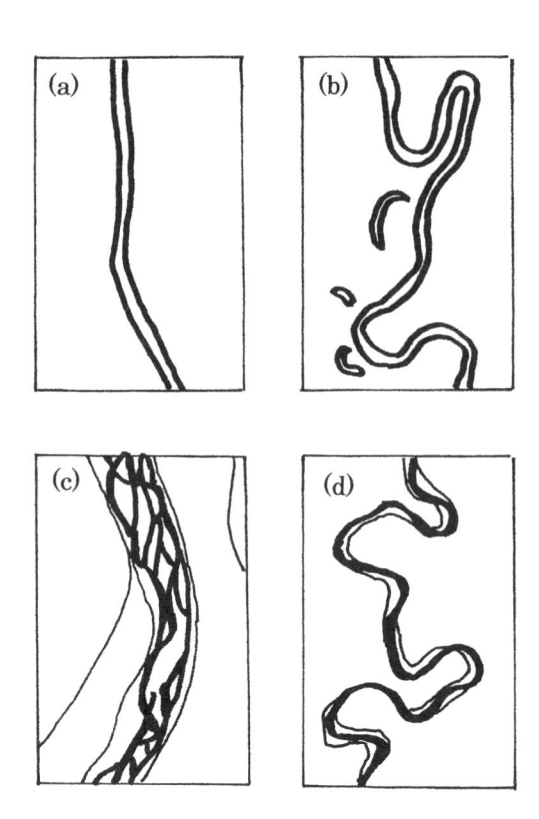

図 5.4 流路の形態模式図、(a) 直線流路、(b) 蛇行流路、
(c) 網状流路、(d) 穿入蛇行

の5倍ないし7倍の程度であり、波高は $H = (0.03 \sim 0.06)\lambda$、平均 0.04λ の程度である。なお条件が合えば波漣と共存する。砂堆の波形は不規則であり、下流へ移動する。なおフルード数が1より大きい速い流れでは、上流へ移動する反砂堆とよばれるものも現れる。射流状態では、図 4.9 (c) に見られるように、上流に向けて水面が低くなり、上流方向への圧力傾度力が働くためにこの現象が生じると考えられる。通常の砂堆では河床形状と水面形状は逆位相だが、反砂堆では同位相になる。底面変動の規模がさらに大きくなると、砂堆は水面上に形を現すようになる。これは砂州とよばれて川幅のスケールの大きさにまで発達し、流路の形態に変化をもたらす。

（2）流路の平面形状

平地における河川流路の形状は大小さまざまであるが、模式的に示すとおよそ直線

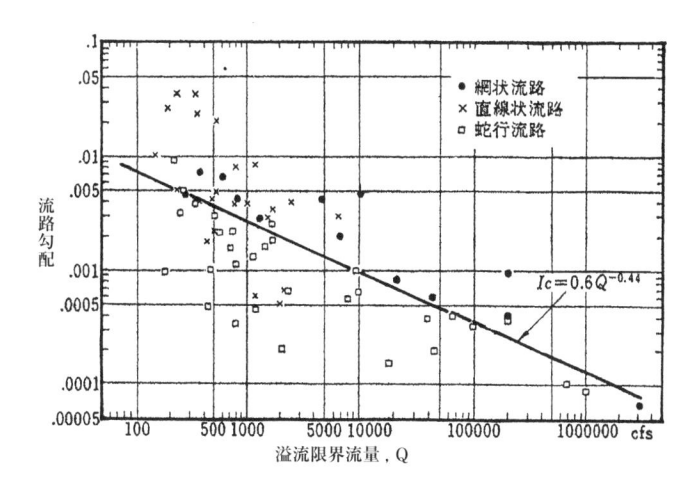

図 5.5 流路形態と流量・流路勾配との関係、Leopold らのアメリカ・ワイオミング州 Green 川における調査結果、高山[3]から転載

流路（図 5.4 (a)）、蛇行流路（図 5.4 (b)）、網状流路（図 5.4 (c)）、に大別される。網状流路とは、低水時に複数の砂州によって水流が分かれて分水路を形成し、これらが再び合流して網目のような形状を示すものである。蛇行流路においても川幅の中で砂州が右岸側・左岸側と交互に並ぶ傾向が見られる。蛇行流路や網状流路に伴う砂州は交互砂州とよばれる。なお実際には、上記流路の移行状態やこれらの複合と見なされる場合がある。また流路の形状は固定したものでなく、同じ河道区間でも洪水時と平常時では状況が異なってくる。図 5.4 (d) の山地に生じる流路については後で説明する。

実例として、Leopold ら[4]によるアメリカ・ワイオミング州の Green 川における測定結果に基づく流路形態の発生条件を図 5.5 に示す。これによると与えられた河川流量に対してある流路勾配が存在して、蛇行流路はそれ以下の勾配の場合にのみ発生して、それ以上では発生しない。逆に、網状流路と直線流路はそれ以上の勾配の場合に発生するが、網状流路は直線流路に比べて流路勾配が小さい時に発生する傾向がある。

網状流路の地帯では、これは流路勾配が比較的大きい扇状地（5.5 節）に多いが、洪水の度に地形が変わる。そのため河床には異なる地層が堆積している。一方、河川下流の流路勾配が小さい沖積平野では、河道は左右にループを描いて蛇行することがよく見られる。これを自由蛇行とよぶ。自由蛇行においては比較的短い期間に河道が移動する。蛇行が大きくなると河道のくびれた部分がくっついて、ループ状の河道部分をそのまま残して、真っ直ぐな河道になることがある。残された河道には水が溜ま

第 5 章 平地を流れる川　　81

り三日月湖あるいは沼になる（図 5.4 (b)）。

　実験によると、低水時に水流を分岐させる中州は、単一流路の中で運び残された粗粒の砂礫の堆積が次第に高まって水面に露出して生じている。この中州の形成は流積の減少をもたらすから、同一流量を維持するために側方では侵食が生じて川幅が広がっている。図 5.6 には実験水路で網状流路が形成される経過が示されている。蛇行流路も網状流路も、上流側から供給される流送土砂量や流量に対応して、水理量や河床の幾何形状の調整を行いながら、定常状態を指向していると考えられる。ただし流路が網状になるか蛇行であるかは、上述のように流量と流路勾配に大きく依存する。

　蛇行した河川は洪水波の進行を遅らせて治水上厄介であるとともに、土地利用の観点からも具合が悪い。そこで人工的に蛇行をなくして流路を真っ直ぐに短縮する事業（捷水路工事）が図られる。石狩川の名称はアイヌ語のイシカリ・ベツ（非常に曲がりくねった川の意）に由来するといわれ、その名の通りに典型的な蛇行流路で有名であった。そのため、たびたび洪水に悩まされてきたので、捷水路工事による治水が積極的に図られた。この結果、明治時代までは約 370km の長さを持っていて、長さが 367km と現在日本で一番長い信濃川に匹敵していた石狩川は、この約 70 年間の長期工事によって、ほぼ 100km も短縮させられたのである。

　川の蛇行は平地で発生するだけでなく、山間部の屈曲した河谷でも見られる。これを穿入蛇行という。四万十川中流における例を図 5.4 (d) に示しておいた。四国山地は新生代第四紀に大きく隆起した。このため低平地を自由蛇行していた川が、地盤の隆起とともに付近一帯の土台を削り込んで、蛇行を発達させたと考えられる。河谷が狭いので川幅も狭い。同様な蛇行の形態は、熊野川や日高川その他の川でも見ることができる。これらの川では、その外側の海湾の海底が沈降して河口付近に土砂が堆積しないので、見るべき平野や三角州がないことが共通している。

5.4　自由蛇行の発生

　何らかの原因で流路が変形して直線から少しずれた時、この変形が大きく発達して蛇行現象を生じるのには、それをもたらす機構が存在しなければならない。蛇行を生じる機構については、古くから数多くの議論がなされている（例えば高山[3]）。最近では計算機の発達に伴って、数値計算による研究が活発に行われている[2]。以下に発生機構の若干例を紹介する。

ⅰ）衝突侵食説

　最も素朴な考え方で、水は何かの原因で発生した彎曲の凹部に衝突し、そこで反射して少し下流の対岸に突き当たる。流れが突き当たった部分では、衝突によって岸が洗掘されて彎曲部はさらに深くなる。同じことが下流対岸の衝突部に生じて洗掘が始

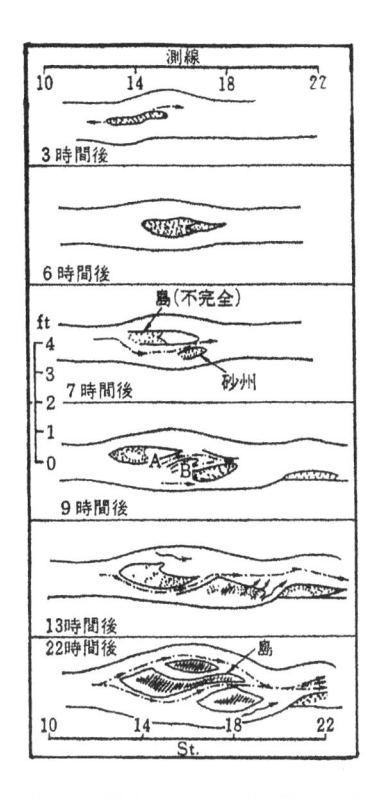

図 5.6　実験水路における網状流路の発生、高山[3]から転載

まる。一方、凹部に対応する凸部では、流れの弱い陰の部分に堆積が生じる。このような凹部の洗掘と凸部の堆積が次々と進行し、蛇行の振幅は増大し、下流へと移動していく。

ii) 横断 2 次流説

川の湾曲部を考えると、主流はこの部分でカーブを描くので曲率円の外側に向かう遠心力を生じる。この結果、凹入側の水面が高まり、そこから川の中央に向かう圧力傾度力が生じる。この状況は図 5.7 (a) に描かれている。そして流れが定常であると、上層では遠心力と圧力傾度力が釣り合っている。だが底に近い層ではこの釣り合いが崩れる。なぜならば上層の圧力傾度力はそのまま下層に及ぶが、摩擦抵抗のために下層では主流の流速が減じて、流速の 2 乗に比例する遠心力が弱くなるからである。したがって下層では、圧力傾度力が勝って凹入側から川の中央へ向く力が残り、この

第 5 章　平地を流れる川　83

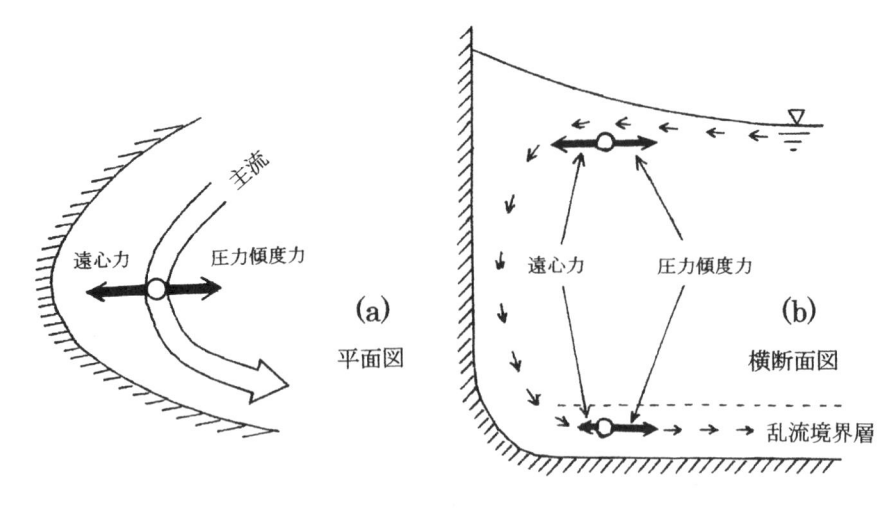

図5.7 (a) 河岸彎曲部の上層における力の釣り合い（平面図）、(b) 底面の乱流境界層における遠心力の激減に伴って発生する2次流（横断面図）

方向の流れが生まれる。これに応じて上層では川の中央から凹入側に向かう流れもできて、横断面内で2次流が形成される。この結果、横断面下層の底付近の流れによって砂が運び出され、凹入側では侵食が生じて淵となる。一方、川の相対する突出側では、流れが弱い陰の部分に砂が堆積して瀬が発達する。このようにして凹と凸の地形が両岸に交互に生じて下流に伝わることになる。

iii) 乱流境界層説

　これは基本的に前説と同じ考えであるが、特に底層付近の乱流境界層（4.2節）に注目して横断2次流の発生を説明したものである。図5.7 (b) に示すように、境界層内では主流の流速が激しく減じて遠心力が著しく弱くなる。このため圧力傾度力の効果が大きくなって、底では凹入部から川中央を向く砂の動きは顕著になり、侵食が進むと考えられる。なお水底に見られるこのような現象は、茶碗の回転を止めた時に、中に浮かんでいた茶殻が茶碗中央の底に寄り集まってくることから、日常的にも経験することができる。

iv) 砂礫堆説

　上記を含めて多くの説では、蛇行の発生に関して河岸の洗掘侵食を前提としていたが、木下[6]はこれらと異なって、両岸を固定した直立壁の実験水路においても、当初の一様流がやがて蛇行流に変化することをいち早く見出した。すなわち、実験開始後局所的な洗掘と堆積が生じて、水路床に礫を含む舌状の砂州（木下はこれを舌状砂礫

堆とよんでいる）が形成され、やがて交互砂州となって、これが水流を蛇行させるという実験事実を示した。また網状流路の区間は舌状砂礫堆の集合体であることを指摘し、網状流路と蛇行流路は水面形状は一見異なるようであっても、形成機構に同様な特性が見られると述べている。そして東日本の諸河川の実測および写真判読の結果に基づいて、このことが実際にも認められることを示した。舌状砂礫堆による交互砂州の形成が、自由蛇行の発生をもたらす有力な原因であるとする木下の考えは、その後の研究に大きな影響を与え、現在はこの考え方が主流になっている。

ⅴ）流れの不安定説

上記の木下の実験結果は、広い一様な河床面で何らかの原因で微小変動が生じた時、これが特定の条件で不安定になって河床の地形変化を生じ、これが蛇行を発達させるという機構が存在することを推測させる。これは理論的には、水底が固定されずに砂が動く移動床という境界面の不安定問題であり、不安定になる条件がいろいろと検討された。最初は線形理論に基づいて研究が進められ、定性的には興味ある結果が得られたが、実際への適用は十分とはいえない。ついで非線形の取り扱いが行われて理解が深まったが、関係する要因は多く、また数学的に面倒であるので、得られる結果にはやはり限界がある。最近では計算機の性能が向上したので、水理実験と相伴って、数値シミュレーションによって河道の変化過程を明らかにする研究が活発に行われている。これらの概要は、例えば水理公式集[2]にまとめて紹介されている。

5.5　川が形成する平原

(1) 沖積平野

本節で山を下ってきた川が海に至るまでに形成する平地の特徴について考察する。これには、地表面の隆起や沈降などの地質学的に長い時間スケールの地殻変動が関係するが、これは第8章で触れることにして、ここでは現在われわれが目にする川と直接結びつく沖積層の形成に伴う地形について述べる。

地形変化の例として、図 5.8 に貝塚[7]にしたがって、約12万年前、約2万年前、約6,000年前、および現在における東京湾の地形を示す。海岸地形の変遷に伴って、東京湾に流入する河川の形態も大きく変化したことが認められる。関東平野に限らず日本各地において、現在の河川の現状と形成の過程を理解するには、過去の状態を把握することがきわめて重要である。

図 5.8 に示す海岸線の変化は、気候変動による地球表面の氷の変化に伴って、海水面が大きく変化したことによるものである。最後の氷期である約2万年前（図 5.8 (b)）の海水面は、現在より約120m も低かった。その後約1万5,000年前から約6,000年前の間は、極の氷が融けることによって世界的に海水面は上昇し、現在より

も逆に 2～5m 高くなって、日本の平野の多くは水没したといわれる。これを有楽町海進とか縄文海進という。この時は図5.8（c）が示すように、現東京湾の内陸部に深く海水が進入し、当時の入江には縄文時代の貝塚が多数残されている。それ以後は、多少の変動はあるものの海水面は再び低下して現在に至り、海面はほぼ安定している。

このような変化がある中で、地質学的にはほぼ1万5,000年前を境として、それ以前の海面が低下した時にできた堆積地層を洪積層、それ以後の海面が上昇して現在に至るまでにできた堆積地層を沖積層と区別している。現在の河川はこの沖積層と直接結びついて形成されたものであって、この間に河川が時間をかけて底質を運搬堆積して築き上げた平地・平野を総称して沖積平野とよんでいる。沖積平野として、典型的には上流側から扇状地、氾濫原、三角州の順に広がっている。それぞれについて以下に概略の説明を行う。

（2）扇状地

ⅰ）扇状地の形成

狭い急勾配の谷を流下してきた川が、急に開けて勾配が小さくなった平地に出てくると、水は広がって流れは弱くなり、それまで押し流されてきた砂礫の大部分は落ちて堆積する。このようにして長い時間を要して形成された地形は、谷の出口を扇の要として扇状に広がるので、扇状地といわれる（図5.9）。そして等高線は谷の出口を中心にして同心円を描く傾向を持つ。扇状になるのは、平地に出て河流そのものが広がるためではない。流れ出て土砂が堆積すると、その場所が周辺より高くなるので、洪水時に川筋が横の低い方へ移動する。やがてそこも高くなると隣の場所へ移動する。このようにして順次に広い範囲に川が動き回って土砂を振り撒き、扇状地が形成される。

扇状地の川は上記のように移動しやすい。また網状流路をとることが多く、複数の小さな分流に分かれやすい。扇状地の底質の粒径は、一般に頂点付近が大きくて麓に向けて小さくなる。したがって粒径が大きいところは土地の勾配が急で、小さくなるほど緩やかになる。扇状地を流れる川の底質は全般的に粒径が大きめであるので、非常に透水性に富み、地中に浸透する水が多い。甚だしい時はやがて川の水はすべてが伏流水になって、地上には洪水の時しか水が流れないという涸れ川（水無川）になってしまう。このようになると、谷から運ばれてきた土砂がそこにすべて堆積して、扇状地の発達を助長する。伏流した水が再び地表に出てくるのは扇状地の下部周辺であって、農耕の適地になる。

急峻な山から流れ出る川が多いわが国では、扇状地が数多く見られ、山並みの麓に沿ってそれらが連なった複合扇状地も形成される。中国の天山山脈のタリム盆地に面する麓には扇状地が発達していて、砂漠地帯を控えているにもかかわらず、そこはオアシスとなって水の利を得て農耕が活発で都市も発達し、シルクロードの要衝として

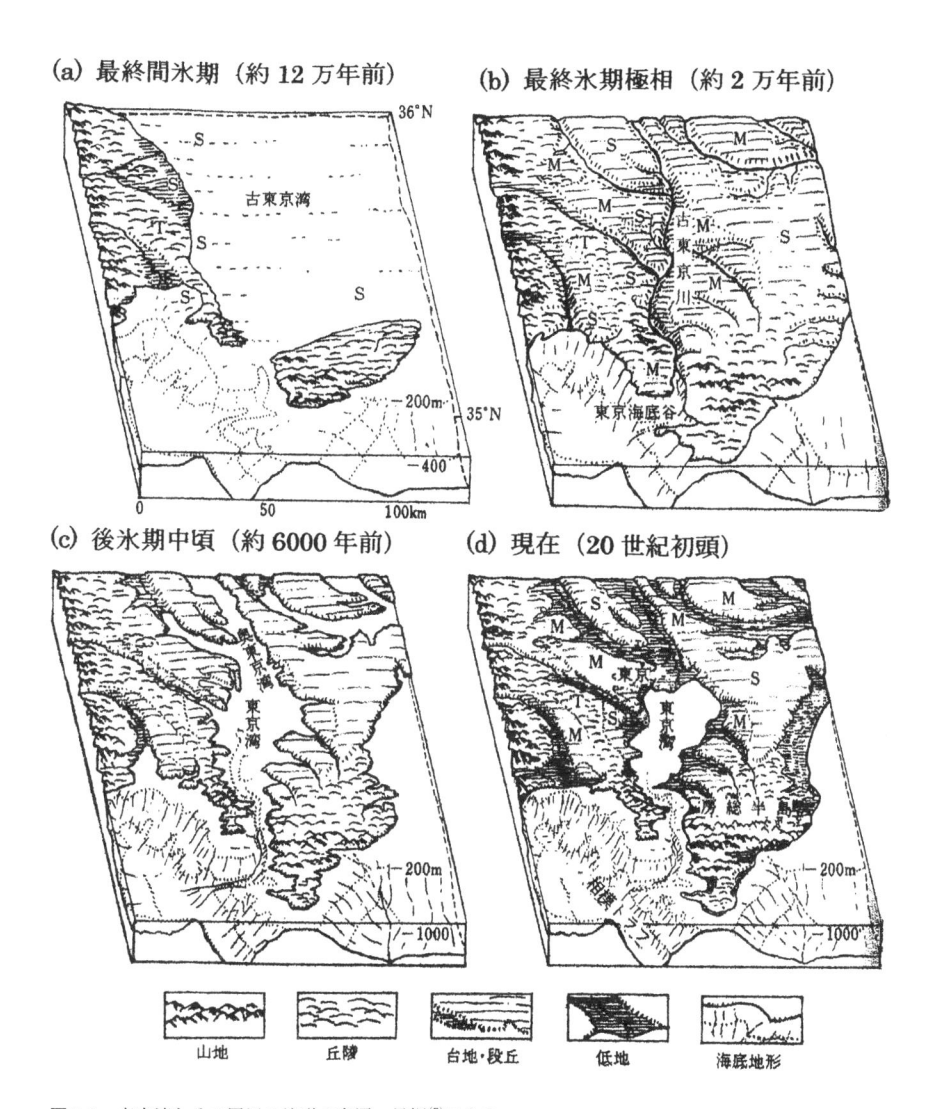

(a) 最終間氷期（約 12 万年前） (b) 最終氷期極相（約 2 万年前）

(c) 後氷期中頃（約 6000 年前） (d) 現在（20 世紀初頭）

山地　丘陵　台地・段丘　低地　海底地形

図 5.8　東京湾とその周辺の地形の変遷、貝塚[7]による

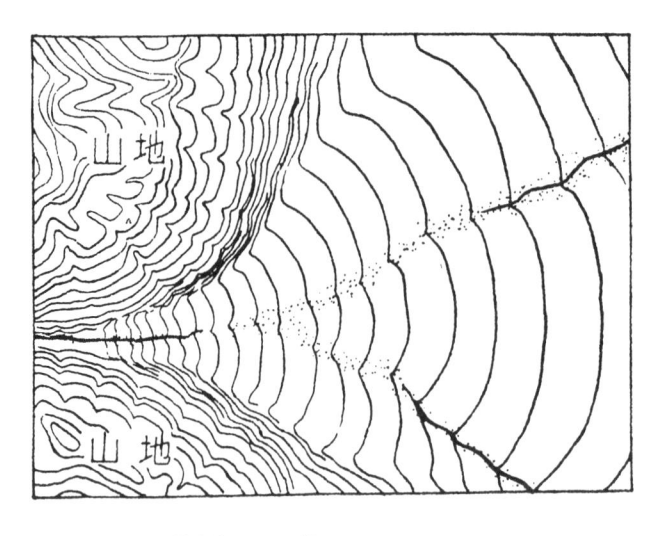

図 5.9　扇状地の等高線図、中野[8]による

繁栄することができた。
ⅱ) 天井川
　扇状地に関連して、人間が作った特殊な川「天井川」について述べる。扇状地の川は氾濫しやすいので、堤防を築いて洪水を防ぐことが行われる。そうすると山から運ばれてきた大量の砂礫は、堤防の外に出ていくことができなくて、川の中に堆積せざるを得ない。したがって堤防で護られた河床がどんどん高まるので、それに応じて堤防も高くしなければならない。このようにして河床の方が周辺の土地より高いという川が出来上がり、天井川になる。天井川は日本の各地に見られる。
　なお扇状地でなくとも、洪水を防ぐために人工の堤防で固められた川では、輸送土砂が多い場合には同様に天井川が形成されることがある。また軟弱地盤地帯の都市において、地盤沈下した周辺を洪水から護るために、堤防が強化された川が天井川になっている例も少なくない。

(3) 氾濫原
ⅰ) 氾濫原の形成
　扇状地より下った地域で、洪水の際に多量の砂泥を運ぶ川の水が河道から溢れ氾濫した時に、水が周辺地域に広がって砂泥を落とす。このことが数多く繰り返されて堆積地が広がる。この平坦地を氾濫原や氾濫平原とよぶ。氾濫原に土砂が多く堆積するのは、濁水が溢れ出た時に広がって遅くなること、外に茂る草木の強い抵抗を受けて

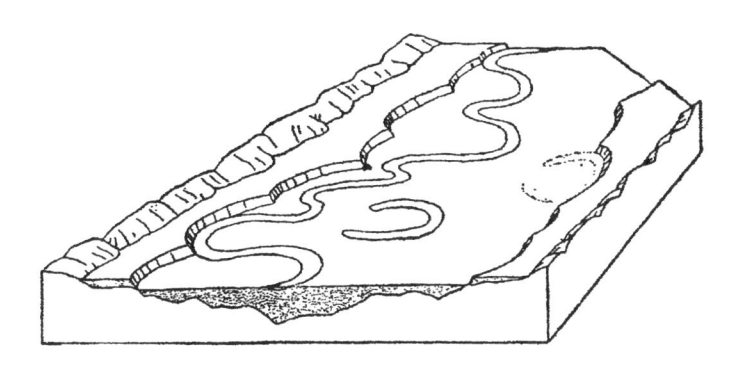

図 5.10　氾濫原と河岸段丘、中野[8]による

流勢が急落すること、地面の透水性がよいために水量が減ずることなどが考えられる。そして氾濫原が広がるのは、図 5.10 に示されるように、主に川が屈曲して川筋があちこちと変動するからである。氾濫原の広さは周辺の地形状況や堆積物の種類によって異なる。石狩川や利根川の両側に見られる氾濫原はわが国では広い方の例である。

ⅱ) 自然堤防

氾濫原の面は文字通りに平坦ではなく、大小の凹凸が存在する。河道の近くに見られる高まりは自然堤防である。自然堤防は川に人手が加えられる前に、洪水の時に河道から溢れ出た水が運んできた土砂が、川からさほど遠くないところに堆積した高まりで、一般に人工堤防よりも範囲が広い。ここで土砂を落とした泥水は背後の低地に流れ込んで後背湿地を作る。自然堤防と後背湿地との間には、1～2m、時には数 m もの高さの差があるので、自然堤防は小さな洪水では水をかぶりにくく、かぶっても排水が早く、人々が生活するのに適していた。それゆえ自然堤防には集落が形成され、畑地として利用された。これに対して、後背湿地は水田にして稲作が行われた。

ⅲ) 河岸段丘

図 5.10 には、氾濫原のはずれに、それよりやや高いところに、別の平坦面を持つ土地が伸びていることが認められる。これを河岸段丘というが、かなり多くの川で見出される。両平坦面の高さの差は明瞭で、数 m 程度あるいはそれ以上に達することもある。河岸段丘は 1 段だけでなく、2 段、3 段と複数段存在することもある。河岸段丘のでき方は単純でないが、一般的にいえば、かなり広い氾濫原が出来上がった後に、何らかの原因で川の侵食力の若返りが生じて侵食が進み、新たな氾濫原が形成された時に取り残された旧氾濫原が河岸段丘になるのである。わが国における例では、侵食力の若返りは大きく 2 つに分けられる。1 つは、最終氷期に上流・中流に形成されていた氾濫原が、後氷期の気候変化による流量の増加で新たな侵食が進んだ場合で

ある。もう1つは、地盤が隆起したり、海面が低下したために、再び侵食が進行する場合である。

多摩川の上流近くに見られる立川段丘は前者の例といわれる。古い堆積地である武蔵野台地を侵食してできた砂礫の堆積地が、現在の多摩川に取り残されたものである。この段丘面はその後に火山灰が堆積した関東ロームに覆われている。

(4) 三角州

日本の代表的な都市である東京、名古屋の大都市圏は河口に発達した三角州を中心にして発展してきた。これに対して大阪では、大部分の土砂が途中の盆地で堆積するので、三角州の発達は前2者ほどには顕著でない。なおこれら平地の形成には、人の手による埋め立ても大きく寄与している。またそれ程大きくない川でも三角州ができて、そこに地域の中核となる都市が開かれていることが多い。このように三角州は国土が限られたわが国において、都市の形成とそれをもたらす商工業や農業などの発展に欠くことができない貴重な土地を提供している。このことは、ニューヨーク、ロンドン、ブエノスアイレス、シドニーなどの世界の大都市が、河口にありながら、その中心部は堅い基礎岩盤の上に作られていることと異なっている（阪口ら[5]）。このためにわが国の大都市は、気象・地象の特徴と重なって、洪水、高潮、地震などの自然災害を蒙りやすいという有り難くない立地条件にあるといえる。

三角州は次のような過程で形成される。一般に川は下流になるほど河床勾配が緩やかに、川幅も広くなって流れが遅くなる。特に河口では海に出て急に開けるので、流速が衰える。一方、河川水は上流・中流において大きな砂礫を落としてくるので、河口付近にまで運ばれてきた土砂は粒径の小さなものが多い。砂は流速が10cm/sより小さくなると堆積を始め、泥（シルトや粘土）は流速が1cm/sより小さくなると堆積を始める。河口付近にまで運ばれてきた細かい砂や泥は、流れが遅くなって沈降して、底に堆積する。また河川水と海水が接触すると凝集作用が生じるので、河川水に含まれている多量の懸濁物質も固まって大きくなり、底に堆積しやすくなる。この時海に出た河川水は一様に広がるのではなく、自らの条件と外的条件によって流れの道筋は変動する。このため三角州も扇状地の場合と同様に、海と接触する地点付近を中心にして前方へ、また左右にと広がっていく。

三角州の形状は、周辺地形、河川流量、潮汐、波などの影響を受けて多様である。図5.11 (a) は三角州の形状が鳥の足跡のように枝分かれしているもので、鳥趾状三角州とよばれる。波が穏やかで土砂の流送が活発な大河川の河口に発達しやすい。ミシシッピー川の河口にこの好例が見出される。一方、図5.11 (b) に代表的三角州として広く知られているナイル川河口におけるものを示す。これは前者における堆積がさらに進んだ段階にあると考えられる。三角州の前面は円弧状になっているので、円弧状三角州とよばれる。これは波や流れの外力が強い場合や、土砂の流送が相対的に

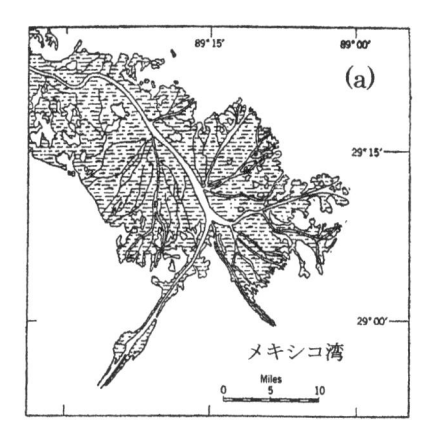

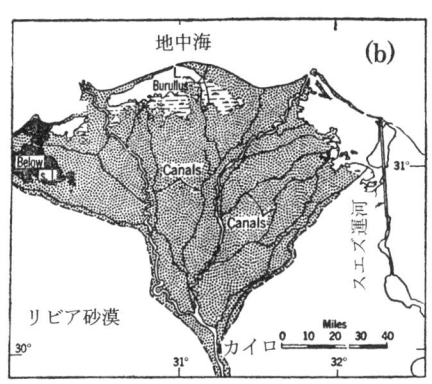

図 5.11　ミシシッピー川河口 (a) とナイル川河口 (b) の三角州、中野[8]による

小さい場合に現れる。なお三角州は英語でデルタの名称を持つが、これはナイル川河口の三角州の形状が、ギリシャ文字のデルタ (Δ) に似ているので、これに因んで名づけられたものである。その他、尖状三角州（カスプ状デルタ）とよばれるものもある。三角州の前面が海の流れや波によって侵食されやすい場合には、土砂の堆積が顕著な水路の先端部分のみが飛び出して、両サイドは削られて尖った三角州ができる。かつての千葉県の小糸川河口にこの典型例が見られた。流れや波の作用がさらに強い場合には、尖った尖端部分も存在できなくなって、デルタの前面が直線状になる。わが国ではこのような河口が少なくない。

(5) 水系の型

さて図 1.2 や図 1.3 に見たように、河川は多くの支流からなってまとまった水系、すなわち河川網を形成している。わが国における水系の典型例を図 5.12 に示す。図中の破線は川の流域の範囲を示す。ただし型の名称は本によって多少異なることがある。型は流域の地質構造、岩石の性質、山地の隆起のしかた、削り込む前の屈曲の状態などの違いによって定まる（阪口ら[5]）。図の (a) は樹枝状型で最も広く見られるものである。(b) は扇状型で、樹枝状型が横に広がった型である。(c) は求心型で、小盆地に周辺から河川群が集まってくる場合に生じて、中国地方の江の川に 1 例が見出される。(d) は平行型で、隆起する山脈の斜面の傾斜に沿って流れる河川群や、火山の山麓の傾斜に沿って流れる河川群が形成するものである。十勝川にその例がある。(e) は格子型で、平行する地質構造に沿って流れる流路と、それに直交する流路が存在する場合である。吉野川の例が知られている。最後の (f) は放射型といわれ

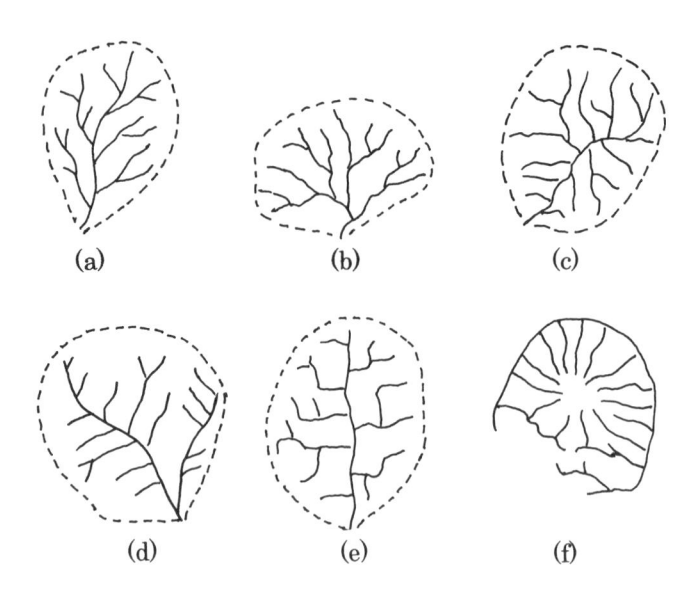

図 5.12 河川網のタイプの例

るが、上記と異なって1つの川ではなく、複数の川が火山を囲んで四方に流れ下る場合である。周りを囲む実線は海岸を表し、国東半島にその典型例がある。本川の洪水の状況は、支川からの水の集まり具合で相違し、(a) 型では最大流量は緩和されて出水期間は長く、(b)、(c) 型では流量は急増するが出水期間は短い傾向にある。

5.6　人の手で変貌する川

　これまでは主に自然状態での川の形成過程を見てきた。しかし川ほど人の手が加わった自然はないといわれるほど、水害を免れるために、また利水のために人の手によって改変が行われてきた。特に人口稠密で、平地が乏しいわが国では顕著である。したがって川の形成過程を理解するには、このことを十分に考慮することが必要である。人の手が大きく加わった1例は、前に述べた捷水路工事が活発に行われて、川筋が著しく変化した石狩川に見出される。わが国の各地域を代表する河川の、人の手による変貌は阪口ら[5]によって報告されている。ここでは彼らの報告を参考にして、きわめて大きな人為的改変を受けた3つの川、利根川、木曽三川、淀川について、人の手による川の変貌の姿を見ることにする。これらは人口と経済面でわが国を代表する地域

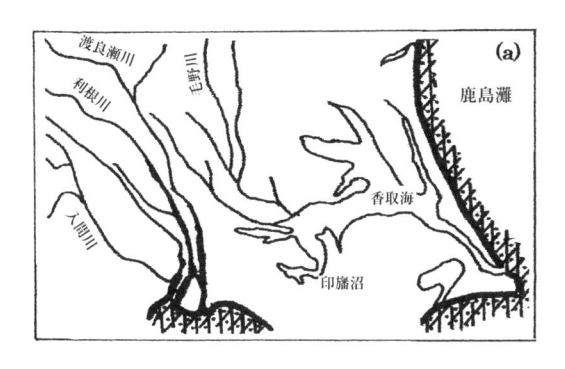

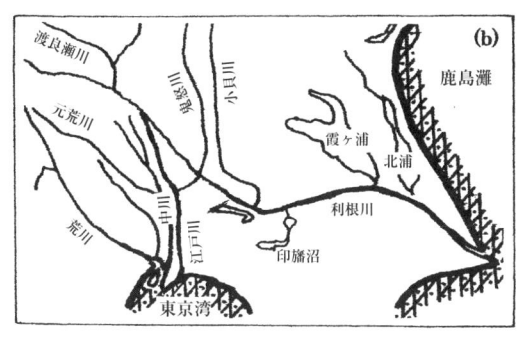

図 5.13 利根川・渡良瀬川の付け替え、(a) 千年前、(b) 現在、菊地[9] による

を流れる河川である。

(1) 利根川

　利根川においては、瀬替えといわれる河川流路の付け替え工事が行われて、関東平野の中央域を占める利根川流域が著しく変貌した。中世末までは図 5.13 (a) に示すように、関東西部の利根川と渡良瀬川は 2 筋の大河として東京湾に流れ込んでいた。ところで近世の初めに徳川幕府が江戸に開府した後に、利根川中流の河道を渡良瀬川に付け替えるという工事が実施された。この結果利根川は上流・中流と下流に分かれ、下流は古利根川として東京湾に注ぎ、河口は中川となった。渡良瀬川の下流は江戸川に転じた。一方、上・中流の利根川は渡良瀬川と合流した後に、大工事によって河道が香取海（図 (a) 参照）に付け替えられた。そして香取海に流れ込んだ利根川は、鬼怒川と小貝川を支流として河道をはるか銚子方面に延ばして、太平洋に注ぐように

なった。かくして現在の利根川流系がほぼ出来上がったのである（図 5.13（b））。これは利根川の東遷とよばれる。

利根川の東遷とよばれる大工事の動機・目的については、従来諸説があった。これについては大熊[10]の考究に基づいて阪口ら[5]は次のように述べている。当時の国内交通としての川・運河を初めとする水路の重要性はきわめて大きく、利根川の東遷の最大目的は、中枢都市の江戸を控えての舟運の開発と安定のためと考えられる。これまで、江戸を水害から守るためという説がなされていたが、当初の工事計画のみでは水害を守ることは無理であり、またそれを目的とした工事が実施されたのはもっと後のことである。また古利根川周辺地域の開拓を目的とするという説やその他の説もあるが、東遷という大工事をこれらの目的のために必要とする必然性は考え難いとされる。

(2) 木曾三川

木曾三川は木曾川、長良川、揖斐川から成っているが（図 5.14（a））、元来これらは木曾川として１つの水系を形成するものである。この水系の大氾濫は古くから数限りなく発生し、その度に河道は変遷して広大な沖積平野が生み出された。参考のために内挿図（b）には、大化（645 年）以前と伝えられる木曾川の水系が描かれている。このようにして形成された沖積平野が濃尾平野の主要部として、中京における文化経済の繁栄の基盤を与えている。

この地域に洪水をもたらす低気圧や台風は、通常は西から東へ進行する。このため洪水に際しては、まず揖斐川の出水が下流に到達し、次に出水する長良川の方へ逆流する。長良川の出水は続いて木曾川に逆流する。このようにして三川が集まる合流点付近には毎年のように逆流氾濫が発生したのであった。特に長良川と揖斐川の下流域で氾濫が顕著であった。ゆえに洪水対策の必要上三川に分けられたが、この工事には洪水対策ばかりでなく、その他に政治的な理由も加わっている。

1609 年に徳川義直が尾張に封ぜられると、名古屋城を築くとともに、尾張を優先的に水害から守るために、いわゆる御囲堤（おかこい）を木曾川の左岸に犬山から弥富まで 48km にわたって築き、この堤の敷幅は 145m に及んだ。これに対して右岸美濃国側の堤の高さは尾張側の堤より 0.9m も低くするように命ぜられたのである。これでは右岸側ではある程度以上の洪水の度に出水氾濫するのは当然である。しかもこの地域は弱小藩の集まりであり、また天領、寺社領などが混在していて、統一的な洪水対策をたてることは困難であった。そのためそれぞれの領地の四周を、有名ないわゆる輪中堤で囲んで自衛する対策がたてられたのである。これらは明治時代以後の治水事業や道路網の建設によって次第に消えていったが、現在でも一部は名残りをとどめている。

この地域の治水対策として三川を分離する方法は徳川中期に計画されて、1753 年

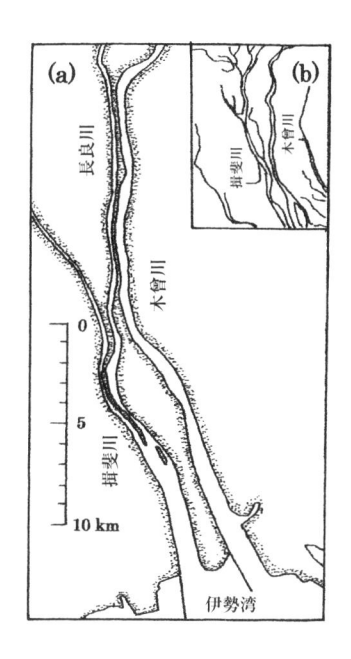

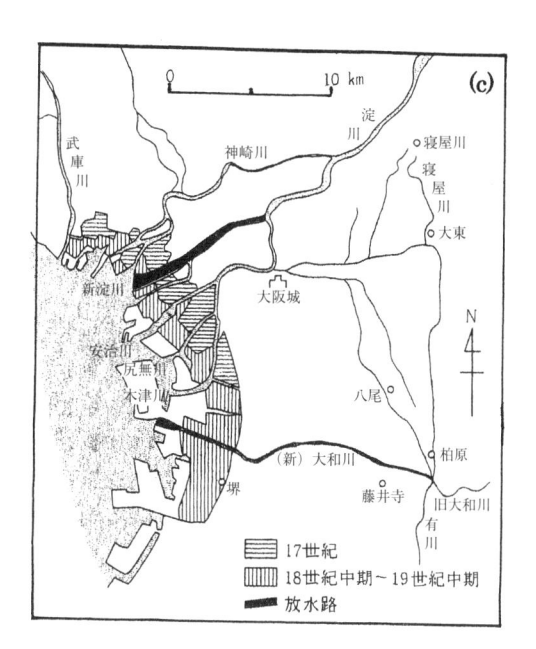

図 5.14 （a）現在の木曾三川下流部の河道，（b）大化（645 年）以前の河道と伝えられるもの，阪口ら[5]の部分，（c）淀川下流域の干拓事業の進展と新大和川と新淀川の開削，阪口ら[5]による

に突如幕府から薩摩藩に実行を命ぜられた．これには幕府が外様大名に難工事を命じて大量の出費を強いて，その力を削ぐことが目的に入っていた．この困難な事業のために薩摩藩は多大な出費と多くの人的犠牲者を出した．事業終了後にこの責任を取って自害を果たした薩摩藩家老平田靱負の悲劇は，杉本苑子の小説「孤愁の岸」にあますところなく描かれている．ただし，当時の三川分離は十分なものでなく，この難工事がようやく完成したのは明治末の 1912 年のことである．三川の分離の状況は図 5.14（a）に示されている．木曾川と長良川は東海大橋と長良川大橋を含む 10km 以上の距離にわたって平行して流れ，狭い瀬割堤によって分けられている．一方，長良川と揖斐川は河口から約 4km 付近のところで合流するが，同様にその上流では千本松原と称せられる細長い瀬割堤によって仕切られて平行に流れている．

（3）淀川

淀川の特筆すべき特徴は，その上流に面積 680km^2 というわが国最大の琵琶湖が存在することである．この琵琶湖が淀川の流れに与える影響はきわめて大きく，現在では流れの安定化や洪水調節などに著しく貢献している．また淀川には周辺の盆地を経

由して多くの支流が流れ込んでいる。すなわち琵琶湖からは瀬田川・宇治川が京都盆地へ，上野盆地を経て木津川が，また亀岡盆地を経て保津川・桂川などが流入している。さらにかつては，奈良盆地からは大和川が淀川に合流していた。これらの河川が運ぶ土砂は，途中の盆地で大部分は落とされるので，前記の関東平野や濃尾平野と異なって，淀川下流の大阪平野は扇状地や自然堤防地帯の発達がそれほど顕著でなく，沈降性の地盤とあいまって広大な湿地帯が広がっていた。このため大阪平野は，図 5.14 (c) に示されるように，江戸時代以来何回も推進された干拓事業によって拡大を続けてきた。

このようにして形成された淀川下流域では，その地形特性のために古くから洪水が頻繁に発生し，その度に住民は災害を蒙っていた。この地域の河川改修は仁徳天皇時代と伝えられる茨田堤にまで遡るが，河道網に決定的改変を断行したのは，豊臣秀吉による太閤堤や文禄堤の築造と，江戸時代中期の農民の発意による大和川の付け替え工事である（阪口ら[5]）。

この大和川は，もともとは奈良盆地から生駒山地を横切って大阪平野に出た後に，北に進んで淀川に流入する非常に大きな支流であった（図 5.14 (c)）。この川は山地を抜け出て柏原付近からいくつかの派川を作るが，多量の土砂を運んで天井川群を形成した。このためしばしば出水氾濫し，農民は洪水に苦しめられてきた。そこで付近農民は，柏原付近から西方へ水路を新たに掘削して，大和川の水を直接大阪湾に流すことを計画し，幕府へ陳情した。そして激しい反対があったものの，紆余曲折を経て 1704（宝永元）年に新大和川は完成を見た。この結果，大阪平野の氾濫による被害は激減した。だが一方で，土砂の流入によって新大和川下流の堺港は年々浅くなり，港の繁栄は次第に大阪港に奪われる事態となった。なおまた，1896 年から内務省によって新淀川が開削されて（図 5.14 (c)），淀川下流域の洪水防止策は一段と向上した。

参考文献

(1) 野満隆治・瀬野錦蔵（1964）：新河川学，地人書館，348pp.
(2) 土木学会編（1999）：水理公式集，713pp.
(3) 高山茂美（1974）：河川地形，共立出版，304pp.
(4) Leopold, L. B., M. G. Wolman and J. P. Miller (1964): Fluvial processes in geo-morphology, Freeman, 292pp.
(5) 阪口豊・高橋裕・大森博雄（1995）：日本の川，岩波書店，265pp.
(6) 木下良作（1961）：石狩川河道変遷調査，基礎編，138pp.，(1962)：参考編，174pp.，科学技術庁資源局.
(7) 貝塚爽平（1993）：東京湾の生いたち・古東京湾から東京湾へ，東京湾の地形・地質と水，築地書館，1-19.
(8) 中野弘（1961）：地学概論，創造社，341pp.
(9) 菊地利夫（1974）：東京湾史，大日本図書，214pp.
(10) 大熊孝（1981）：利根川治水の変遷と水害，東京大学出版会，32-50，63-98.

第6章　洪水

　平常時には河道内を穏やかに流れている河川水も、豪雨や融雪によって出水量が著しく多くなった時には、河川敷を含めて河道内だけを流れ去ることができず、堤防を越えて、ある時は堤防を破って河川の外に溢れ出て氾濫し、甚大な被害を与えるようになる。これが洪水であって、この振る舞いについて考える。

6.1　洪水の機能

　昔バビロンに発生したとされるノアの箱舟の物語が伝えるように、古くから人類は数知れぬ洪水に襲われて、水害に苦しんできた。また古代中国の伝説の皇帝禹は川を治めて初めて国を治めることができたといわれる。わが国でも古くから洪水に苦しめられて、その対策に限りない叡智と努力が払われてきた。そして今次大戦後の15年間は、戦争中に荒廃した河川と国土は全国的に毎年のように激しい洪水に襲われ、安全確保のために河道の直線化、護岸のコンクリート化が推進された。その後は高度経済成長の基盤として水資源、電力資源などの開発のために、ダム・堰・導水路などの建設が膨大な経費と近代技術の粋を尽くして推進された。だがそれにもかかわらず、事業の進捗とともに洪水量は増えて水害はなくならず、また都市水害という新たな災害も発生している。そして巨大な河川事業に伴って深刻な環境の悪化が生じて、国の内外で大きな問題になっている。

　もちろん営々と続けられた洪水対策によって、人類が受けた利益は図り知れないものがある。だが現在われわれは、洪水は恐ろしいもの、排除すべきものと考えて洪水に対処してきたが、その考え方が唯一正しいものかどうか、上記の現状を考えた時にいささか疑問を持たざるを得ない。古代エジプトの繁栄の基礎となったナイル川流域の農業生産力も、ナイル川に季節的に訪れる洪水氾濫がもたらした肥沃な堆積土に依存するところが大きかったといわれる。以下の諸節で自然現象としての洪水の振る舞いを調べるのであるが、その前に洪水の機能について少し振り返っておくことにする。

　人類が生活をし、農業をはじめとするさまざまな産業が営まれる大地の大部分は、

5.5節に述べた洪水の氾濫によって形成された沖積平野である。したがって洪水を防ぎ、氾濫をなくすことは、この大きな自然の営みにストップをかけることで、果たして人間がそれだけの力を持っているか、それがもたらす影響を防ぐことができるかが問われる。われわれは地震の発生や台風の襲来は人智の及ばぬ自然の力として、それらを排除するための対策は考えず、それらの発生を避け難いこととして受け入れ、被害をできるだけ少なくするような対策に力を注いでいる。洪水に対しても、従来のような技術力に頼ってそれを押さえ込むハード的抑止策——河道主義を固持することでなく、高橋[1]その他が指摘しているように洪水の発生をある程度受容して、ソフト的に対応する方法をもっと重要視して取り入れる必要があるのではないかと考えられる。

また現在は、洪水の洗礼を受けやすい未整備な川、氾濫原、湿地、潟などは、多くの場合無駄で非生産的な場所と考えて、これをつぶして洪水の影響を受けずに人間にとってもっと都合のよい場所に改変することに努力が払われている。だが、例えばAbramovitz[2]はこの考えには洪水に対するわれわれの誤解が存在すると述べている。すなわち、洪水は生物の多様性の維持に重要な役割を果たしていて、氾濫防止は生態系を衰退させると考えられるからである。自然界には洪水のような「パルス」攪乱が存在するが、氾濫のパルスは、川と周辺氾濫原の間の物理的・生物学的相互作用を維持する機能を持っており、この相互作用によって、川も氾濫原も非常に生産的かつ多様になっているのである。そして一見無駄と思われている上記地域を保存し、また失われたものを復元することは、洪水を減らすのに役立つだけでなく、流域全体の生態系の復活にも有用であると彼は指摘している。1992年に締結された「生物多様性条約」も、この方向に沿ったものである。われわれは洪水に関して、上に指摘されたことにもっと耳を傾ける必要があるのではないだろうか。

6.2　洪水のハイドログラフ

河川の任意地点における流量あるいは水位の時間変化を描いた曲線を、それぞれ流量ハイドログラフ（流量変化曲線）や水位ハイドログラフ（水位変化曲線）とよび、それらを総称してハイドログラフ（量水変化曲線）という。流域における降水は時間的・空間的に一様でなく、また流域の各部分の地形、地質、地表面の植生の状況も複雑に異なるので、出水の形態も多様である。

上流で発生した洪水が下流に伝わる時間は河川の規模に関係して、日本の河川では数時間から1、2日程度を要するに過ぎないが、大陸の長大な川の場合には非常に長い。一般に洪水時のハイドログラフは、上流部では時間幅が狭く、水位や流量の増加が急で、波形は先鋭である。下流になると時間幅は長くなり、先鋭度は減じて平らな波形に近づいてくる。またハイドログラフの上昇期と下降期を比べると、上流部では

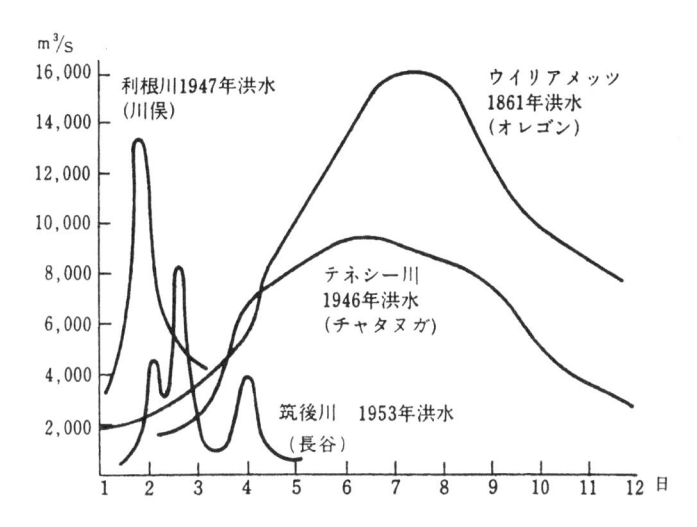

図 6.1 日本とアメリカそれぞれ 2 河川に対するハイドログラフの比較、建設省[3]による

対称形に近くてともに変化は急である。下流部においては、上昇期に比べて下降期は緩慢な傾向がある。このような上流と下流の相違は、流下時間が長くなるほど顕著になってくる。さらに下って川が海と接する感潮域では、潮汐と遭遇して水位と流量の曲線は、上記の上・中流とは著しく異なってくる。そして重さが異なる海水と出合って、流れの形態も大きな変化を受ける。この問題は第 10 章、第 11 章で考察される。

　日本とアメリカにおける河川のハイドログラフが図 6.1 に比較されている。日本の場合は、洪水のピークはきわめて先鋭で、継続時間は非常に短い。一方、アメリカの場合には、川の規模が格別に大きいので、水位の上昇は緩やかで、継続時間は非常に長い。特に、湿潤な東南アジアの大河川では、夏の雨季に 1～3 ヶ月もかかってゆっくりと増水し、洪水がおさまるには数ヶ月を要するという。

　河道の途中に遊水地や湖沼などが存在すると、洪水は調整作用を受けるので、ハイドログラフにその影響が表れて流出は緩やかになる。もちろん、ダムや貯水池などによって人為的な流量調節が行われる場合には、調節に応じた特別な変化が生じる。融雪による洪水の場合には、ハイドログラフのピーク値はそれほど高くならないが、流出が長時間継続することは、豪雨の場合と比較して図 2.6 に示されていた。

　複数の河川や支川が合流する時は、それぞれの流量と合流時刻の組み合わせによって、ハイドログラフは異なる様相を呈する。図 6.1 の筑後川において、ピークが複数個存在することが注目される。流域に連続的に数回の豪雨がある場合、あるいは出水

時期が異なる支川の合流があった場合などには、ハイドログラフは単一の山にならず、このように複数のピークを持つことになる。

6.3　洪水波の伝播

洪水時において、川筋の各地点におけるハイドログラフのピークを追跡すると、これが1つの波として上流から下流へ伝わっていることが認められる。これを洪水波という。1935年9月に発生した利根川と江戸川における洪水波の進行状況を図6.2に示す。前節に述べた流下に伴って洪水波が変形する特徴がよく認められる。

洪水波の伝播の力学的特性を理解するために、本節と次節において条件が限られた簡単な場合について考察を行う。

(1) 基礎方程式

洪水波では圧力は静水圧と考えてよいが、この時の運動方程式は（4.5）式で表される。x軸は流軸に沿ってとってある。この式の右辺第1項のI_sは水面勾配で、（4.2 b）式で与えられる。今（4.5）式をzで積分して水深方向の平均をとれば、右辺第2項の摩擦項は（4.9 a, b）式を用いて$(\tau_s - \tau_b)/\rho h$になる。ρは水の密度、hは水深、τ_sは風が水面に作用する接線応力、τ_bは底面摩擦である。風がなければ右辺第2項は$-\tau_b/\rho h$となる。そこで平均流速Uを用いると、運動方程式は次のように表される。

$$\frac{\partial U}{\partial t} + U\frac{\partial U}{\partial x} = -g\frac{\partial h}{\partial x} + gI_b - \frac{\tau_b}{\rho h} \tag{6.1}$$

底面摩擦τ_bは（4.42）、（5.5 a）、（5.6 b）の諸式により、以下の形のいずれかで与えられる。

$$\tau_b = \rho f_b U^2 = \rho g n^2 h^{-1/3} U^2 = \rho g C_h^{-2} U^2 \tag{6.2}$$

なお、流速uが深さに関して一様でない場合に、平均流速Uを用いたために生じた補正係数として、（6.1）式の左辺の第1項と第2項に対してそれぞれ適当な係数を乗じることがある。しかしこれら係数はともに1に近い値であり、また例えば底面摩擦などの項に含まれる誤差の大きさを考えれば、これら補正係数を考慮することはそれ程意味があるとは思えないので、ここでは係数をともに1とする。

連続方程式は（4.7）式で与えられたが、断面全体を考えれば（6.3）式になる。Aは河積、Uは断面平均の流速である。

$$\frac{\partial A}{\partial t} = -\frac{\partial (AU)}{\partial x} \tag{6.3}$$

この式は次のことを意味している。断面流量は$Q = AU$であるので、単位距離離れた2つの断面を単位時間に通過する流量差は$\partial(AU)/\partial x$で与えられる。これに相当し

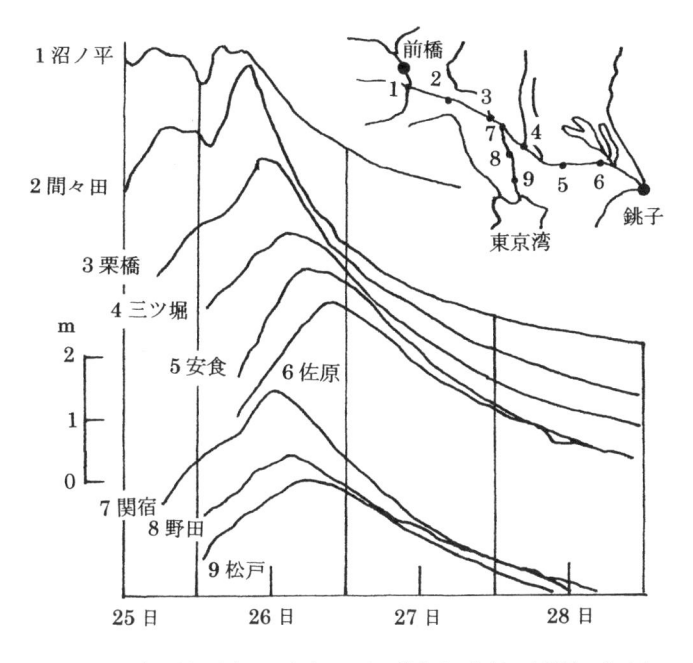

図6.2 1935年9月の利根川の出水における洪水波の伝播、本間[4]に基づく

て両断面間の表面水位が上下するが、断面間の長さが単位距離であることを考慮すると、単位時間に上下する水量は $\partial A/\partial t$ となり、符号を考えて (6.3) 式が成り立つ。河積 A は水深 h の一価関数である。なお (6.1) 式において、水深 h を断面平均の水深、U を断面平均の流速と考えれば、(6.1) 式は断面平均の流れに対する運動方程式と見なしても大きな誤りではない。かくして (6.1) 式と (6.3) 式を連立して解けば、u と A (または h) が求まり、さらに Q も定まる。

ただし方程式は非線形項を含み、地形条件は複雑であるので、現実に即した理論解を求めることは困難であり、実際的には数値計算に頼らねばならない。けれども洪水波の特性を理解する上で、理論的な解析結果を把握しておくことは必要である。そこで簡単な限られた条件で得た理論に基づいて、その特性を調べておく。

(2) 長波としての伝播

静止した一様水深 h の水路を進む長波の波速 C は、(4.30 b) 式により (6.4 a) 式で与えられる。静止水面上の水面の高さを η とした時、水粒子の速度 u は (4.32 a) 式や (4.33) 式より (6.4 b) 式で与えられる。

$$C=\sqrt{gh} \qquad u=C\eta/h=\eta\sqrt{g/h} \qquad (6.4\ a,\ b)$$

水路に一様な流れ U_0 があれば、洪水波の進行速度 C^* は (6.5 a) 式で、流速 u は (6.5 b) 式で与えられる。

$$C^*=U_0+\sqrt{gh} \qquad u=U_0+\eta\sqrt{g/h} \qquad (6.5\ a,\ b)$$

ただしこれは水面変動が小さくて、現象が線形的すなわち微小振幅の場合を仮定している。なおこの波に対して底面摩擦が働かないとしている。

(3) kinematic wave

次に、底面摩擦が存在する場合を考える。水路の断面積 A は水深 h の関数で、その形が簡単な場合は α と p を定数として下記の形に書ける。

$$A=\alpha h^p \qquad (6.6)$$

例えば、長方形の場合には $p=1$、放物線の場合は $p=3/2$、三角形の場合は $p=2$ である。一方、平均流速 U に関しては Manning の式も Chézy の式も、共通して、

$$U=\beta h^q I^{1/2} \qquad (6.7)$$

の形で表される。指数 q の値は Manning の式では $2/3$、Chézy の式では $1/2$ である。(6.6) 式と (6.7) 式を用いると次の関係を得る。

$$\partial A/\partial t=\alpha p h^{p-1}\partial h/\partial t \qquad \partial(AU)/\partial x=\alpha\beta I^{1/2}(p+q)h^{p+q-1}\partial h/\partial x$$

これらを連続の式 (6.3) 式に代入すると、

$$\partial h/\partial t+U(p+q)/p\,\partial h/\partial x=0 \qquad (6.8a)$$

この式を、(6.7) 式を用いて U で表すと (6.8 b) 式を、また Q で表すと (6.8 c) 式を得る。

$$\partial U/\partial t+U(p+q)/p\,\partial U/\partial x=0 \qquad (6.8b)$$

$$\partial Q/\partial t+U(p+q)/p\,\partial Q/\partial x=0 \qquad (6.8c)$$

今、

$$C'=U(p+q)/p \qquad (6.9)$$

と置けば、(6.8 a, b, c) 式はすべて次の形になる。

$$\partial G/\partial t+C'\partial G/\partial x=0 \qquad (6.10)$$

もし C' を定数とすれば、この微分方程式は $G=F(x-C't)$ の一般解を持つ。F は任意関数である。この解は (4.31) 式で述べたように、波速 C' で x の正の方向に進む波を表す。したがって h, U, Q のピークは波速 C' で、すなわち流速 U の $(p+q)/p$ 倍の速さで伝播していることを意味する。長方形の水路を考えると $p=1$ であるので、Manning の式の $q=2/3$ の場合には (6.11 a) 式となり、Chézy の式の $q=1/2$ の場合には (6.11 b) 式になる。

$$C'=(5/3)U \quad \text{(Manning)} \qquad C'=(3/2)U \quad \text{(Chézy)} \qquad (6.11\ a,\ b)$$

これらは一応のオーダーを与えるが問題を含んでいる。すなわち C' は U を含んでいて、U が一定の場合に上述の議論が成り立つ。しかし、U は求むべき変数で変化するものであるから、厳密にはこのことは成立しない。ゆえに以上の結果は、U の変化

が小さいという場合にのみ近似的に認められる。

またこの結果は運動方程式を用いずに、単に連続方程式のみを用いて、運動学的に波動解を得ていて一見奇妙に思われる。だが今の場合には、圧力傾度力と摩擦力の釣り合いを経験的に表現した Manning の式や Chézy の式が利用されていて、これらが運動方程式の役割を果たしているのである。このようにして得られた（6.9）式や（6.11）式の類の速度を持つ波は kinematic wave とよばれていて、洪水波の特性の一面を表している。

6.4　洪水波の基礎的特性

洪水波の特性を理論的に検討する。運動方程式において基本的に重要な慣性項と摩擦項は非線形であるため、理論的解析は面倒で困難であり、これまで得られている理論解も限られた条件の場合のもので限定的である。本節では、面倒で長くなる理論解を求めて議論することを避けて、主要項が洪水波に及ぼす影響を、定性的ながら一般的に理解できることを主眼にして考察を行う。

(1) 摂動法による展開

基礎の運動方程式は（6.1）式で与えられるが、議論を簡単にするために最後の摩擦項を、$\tau_b/\rho h = rU$ と流速に比例する線形の形で近似する。すなわち、

$$\frac{\partial U}{\partial t} + U\frac{\partial U}{\partial x} = -g\frac{\partial h}{\partial x} + gI_b - rU \tag{6.12}$$

このことは代表的な水位を h_r、流速を U_r として（6.2）式を用いれば、係数 r の値は次式で近似されたことを意味する。以下においては定数と考える。

$$r = f_b U_r/h_r = gn^2 h_r^{-4/3} U_r = gC_h^{-2} U_r/h_r \tag{6.13}$$

連続方程式は（6.3）式であるが、川幅を一定とすれば

$$\frac{\partial h}{\partial t} = -\frac{\partial (hU)}{\partial x} \tag{6.14}$$

今、摂動法を用いて、U と h を次のように級数に展開する。添字 n の項は n 次のオーダーであることを意味する。H_0 と U_0 は平常の等流の水深と流速である。

$$U = U_0 + u_1 + \cdots + u_n + \cdots \qquad h = H_0 + h_1 + \cdots + h_n + \cdots \tag{6.15 a, b}$$

これらを（6.12）式と（6.14）式に代入し、同じオーダーの項をまとめると次の結果を得る。

0 次の項は、
$$gI_b - rU_0 = 0 \qquad \therefore U_0 = gI_b/r \tag{6.16}$$

1 次の項は、

$$\frac{\partial u_1}{\partial t} + U_0 \frac{\partial u_1}{\partial x} = -g\frac{\partial h_1}{\partial x} - ru_1 \qquad (6.17)$$

$$\frac{\partial h_1}{\partial t} = -H_0 \frac{\partial u_1}{\partial x} - U_0 \frac{\partial h_1}{\partial x} \qquad (6.18)$$

2次の項は、

$$\frac{\partial u_2}{\partial t} + u_1 \frac{\partial u_1}{\partial x} + U_0 \frac{\partial u_2}{\partial x} = -g\frac{\partial h_2}{\partial x} - ru_2 \qquad (6.19)$$

$$\frac{\partial h_2}{\partial t} = -\frac{\partial}{\partial x}(H_0 u_2 + U_0 h_2 + h_1 u_1) \qquad (6.20)$$

(2) 摩擦項の影響

　まず線形の場合に、洪水波に対する摩擦の効果を調べる。基本式は（6.17）式と（6.18）式である。今 $h_1 = \alpha\cos(kx - \sigma t)$ の形の洪水波を考えると、**付録 A.6** において求めたように、解は（A6.6）式と（A6.7）式で与えられる。すなわち、

$$h_1 = ae^{-kC_0 t \sin\theta} \cos k\{x - (U_0 + C_0\cos\theta)t\} \qquad (6.21)$$

$$u_1 = \frac{C_0 a}{H_0} e^{-kC_0 t \sin\theta} \cos[k\{x - (U_0 + C_0\cos\theta)t\} - \theta] \qquad (6.22)$$

ここで、

$$C_0 = \sqrt{gH_0} \qquad C = \sigma/k = U_0 + C_0\cos\theta \qquad (6.23\ \text{a, b})$$

$$\tan\theta = \{(2kC_0/r)^2 - 1\}^{-1/2} \qquad (6.24)$$

C_0 は等流水深における長波の進行速度、C は洪水波の進行速度である。波数 k と波長（空間スケール）λ との関係、および振動数 σ と洪水波の周期（時間スケール）T との関係は、それぞれ（4.36 a, b）式に示してある。なおこの解は $2kC_0/r > 1$ の条件で成り立つものである。

　以上の解から次のことが理解できる。

ⅰ）摩擦の効果は θ で表される。ゆえに抵抗係数 r が大きくなると θ も大きくなって、洪水波の減衰は大きい。また洪水波の空間スケールが大きいほど、水深が浅いほど摩擦の効果は顕著になる。

ⅱ）洪水波の進行速度は、摩擦がなければ（6.5 a）式と同じく $U_0 + C_0$ であるが、θ が大きくなると遅くなる。

ⅲ）水位と流速のピークの間には θ の位相差があり、固定点で見ると流速のピークの後に水位のピークが出現する。この位相の違いは次のように説明される。下流向きの流速が最大の時（$\partial u_1/\partial t = 0$）、底面摩擦は流れと逆向きである。それゆえこれに対応する圧力傾度力は流れの方向を向いていて、下流に向けて水面が下がり、水位のピークはまだ上流側に存在する。したがってそれ以後水面は上昇するので、水位のピークは流れのピークの後に現れることになる。

ⅳ）洪水波の高さは時間が経つにつれて指数関数的に減衰する。そして指数に注目す

ると、$kC_0\sin\theta = \sigma(C_0/C)\sin\theta$ となるゆえ、洪水波の時間変動が急であるほど、また摩擦効果を表す θ が大きいほど減衰の程度は大きい。

ⅴ）（6.21）式の水位と（6.22）式の流速の振幅を比較すると、
$$\mathrm{amp}(u_1)/C_0 = \mathrm{amp}(h_1)/H_0 \tag{6.25}$$
の関係になっていて、（4.32 a）式と同様な関係を満足している。

（3）慣性項の影響

次に、2次の項の方程式は（6.19）式と（6.20）式で与えられるが、摩擦を考慮すると面倒になるので、これを省略して慣性項の働きに注目する。ゆえに基本式は、

$$\frac{\partial u_2}{\partial t} + u_1 \frac{\partial u_1}{\partial x} + U_0 \frac{\partial u_2}{\partial x} = -g \frac{\partial h_2}{\partial x} \tag{6.26}$$

$$\frac{\partial h_2}{\partial t} = -\frac{\partial}{\partial x}(H_0 u_2 + U_0 h_2 + h_1 u_1) \tag{6.27}$$

これらの中で u_1 と h_1 を含む項に対して、$\theta = 0$ と置いた（6.21）式と（6.22）式を代入した後に、**付録 A.6** の方法で解を求めると、（A6.13）式と（A6.14）式を得る。すなわち、

$$h_2 = \frac{3gka^2 x}{4C_0(U_0 + C_0)} \sin 2k\{x - (U_0 + C_0)t\} \tag{6.28}$$

$$u_2 = \frac{3gka^2 x}{4H_0(U_0 + C_0)} \sin 2k\{x - (U_0 + C_0)t\} - \frac{ga^2}{8H_0 C_0} \cos 2k\{x - (U_0 + C_0)t\} \tag{6.29}$$

ここで得た2次のオーダーの洪水波は、摩擦がない場合には、慣性項の影響で次のような性質を持っている。

ⅰ）水位と流速の変動は、距離 x に比例して大きくなるのがその大きな特徴である。それゆえ距離があまり長くなると変動量が大きくなり過ぎて、摂動法による解法の適用限界を超えるようになる。

ⅱ）進行速度は、摩擦がない場合の基本波と同じ速度（$U_0 + C_0$）で進むが、波数はその2倍すなわち波長は半分になる。なお近似が進むと、さらなる高調波が加わる。

ⅲ）振幅は基本波の振幅の2乗に比例する。

かくして摩擦がない場合に、2次のオーダーまでの洪水波の解は次式で与えられる。

$$h = H_0 + a\cos k\{x - (U_0 + C_0)t\} + \frac{3gka^2 x}{4C_0(U_0 + C_0)} \sin 2k\{x - (U_0 + C_0)t\} \tag{6.30}$$

$$u = U_0 + \frac{C_0 a}{H_0}\cos k\{x - (U_0 + C_0)t\}$$
$$+ \frac{3gka^2 x}{4H_0(U_0 + C_0)} \sin 2k\{x - (U_0 + C_0)t\} - \frac{ga^2}{8H_0 C_0}\cos 2k\{x - (U_0 + C_0)t\} \tag{6.31}$$

解は2次の項において x に比例する部分を含んでいるので、非線形の効果は距離と

ともに増大する。そして波形は、模式的に示した図4.8 (a) の場合と同様に、波が進むとともに波の峰は高まり、水面の対称性は崩れて、波の前面は急に、後面は緩やかになる。これは、水深が大きい波の峰では波は周辺よりも速く進む性質があるので、前方に追い付き、後方を引き離す状態を生じるためである。

ただし2次の項では摩擦を考慮しなかったが、これを考慮すると減衰の作用が働き、その効果は進行距離とともに顕著になり、また運動が激しい波のピーク付近で最も強く現れる。かくして非線形項は波のピークを高めて峰の前面を険しくするように働き、摩擦項はそれを抑えるようにして、その兼ね合いで洪水波の形状が定まってくる。そして長い距離を長時間かけて流下する場合には、摩擦の効果が顕著になって、洪水による水面変動は均されて水位の上昇も顕著でなくなる。

(4) 各種の理論解と数値解析

上記では単純化した条件下で、しかも周期的に変化する水位変動を対象にして、洪水波が持つであろう基礎的な特性を調べた。もちろん実際の洪水波の振る舞いを説明するにはこれでは不十分であり、もっと現実に近い条件で得た理論解を基に議論する必要がある。しかしこれまでに得られている理論解も、基本式が非線形であることと、条件が複雑であるために、対象とする現象に対して重要と思われる項を取り上げて求めたものであり、適用範囲が限られるのはやむを得ないことである。最近では計算機の発達に伴って、基礎の偏微分方程式を差分方程式に変換して、直接的に数値解を求める方法が可能になった。この方法は便利で応用性が広いので、研究面また実用面で広範囲に利用されており、今後さらに活発に利用されるであろう。また特性曲線の方法も用いられる。

ゆえに、これらに基づく考察が必要であるが、それには多大な紙数を要するので、ここでは基本的な部分の説明にとどめて、詳細は例えば林[5]、本間・嶋[6]、井口・高橋[7]、さらに水理公式集[8]などを参考にしていただきたい。

6.5　氾濫

流量が増えて従来の河道内におさまることができなくなった河川水は、河道の外部へと氾濫していく。これが氾濫原形成の基本である。そして河道が人為的な堤防などで限られている時は、堤防を越えあるいはそれを破って外に広がり、堤防に守られてそこに生活をしていた人たちに被害を与える。

(1) 氾濫が始まる場所

堤防が破れて氾濫が起こりやすい場所として、次の4ヶ所が挙げられている（村

本[9]）。

ⅰ）河道勾配の急変部　特にわが国では河道勾配が緩やかになる場合に、沖積平野の河道災害が多い。それは、上流部からの土砂の供給が多い時に勾配が急に緩くなると、土砂の掃流能力が追い付かずに堆積し、河床の上昇と洪水氾濫を招くことになる。また扇状地においては、その地点で川の蛇行が始まることになる。

ⅱ）河道の蛇行箇所　これは中小規模の川の場合が多いが、蛇行している河道において、洪水量が非常に多いと蛇行の凹岸部に流れが衝突して、この場所が越流や洗掘の危険場所になる。

ⅲ）河道の分流・合流箇所　一般に分流点では、河積の増大に伴う土砂の堆積が起こりやすい。一方、合流点では両河川の洪水のピークが一致した時に洪水量が著しく増大し、またこの地点では砂州が発生しやすい。このようなことで洪水の疎通障害や河岸への流量集中などが生じて、堤防が破られることになる。

ⅳ）河道幅の急変部　河道の狭窄部と拡大部の別があるが、前者では上流側への背水効果による水位上昇、後者では土砂の堆積による河床上昇が生じて、洪水の越流や氾濫の要因となる。

(2) 氾濫水の挙動

　河道から流出した氾濫水は、流出の強さと量、氾濫地の地形と底質などの影響を受けて広がる。これらの条件は単純でなく、また地形・底質条件も一様でないので、広がり方は多様で複雑である。この広がり方を、拡散型氾濫、貯留型氾濫、拡散貯留混合型氾濫に大まかに分けることがある（長尾[10]）。

ⅰ）拡散型氾濫は、氾濫水が地形に応じてそれぞれの流向方向に広がっていく場合である。この時の浸水深はそれほど大きくないが、流速は強くなり得るので大きな被害を与えることがある。氾濫水は、当初は段波状に伝播していくが、時間が経つと河道の洪水流の形態をとるようになる。この実例は多く見られる。

ⅱ）貯留型氾濫は、氾濫した水が下流側の道路や堤防などによって堰き止められて、低平地一帯に貯留する状態になる時である。この時は湛水の深さは大きく、湛水時間も長くなり、被害が大きくなる。この例は木曾三川下流部において、輪中堤に囲まれた地域の氾濫に典型例を見ることができる。

ⅲ）拡散貯留混合型氾濫は、氾濫域が広大な場合に、氾濫開始付近では拡散型で流下し、下流部では貯留型になる状態である。1947年9月のカスリン台風時における利根川の決壊による大氾濫にこの例を見ることができる。

　この例は利根川にとって未曾有の水害であった。理科年表によればこの台風による大雨によって、東海地方以北に甚大な水害が生じて、被害は全体で死者1,077名、不明853名、負傷1,547名、破損流失住家9,298棟、浸水家屋384,743棟、浸水耕地12,927haに達した。この時の利根川決壊に伴う氾濫状況を図6.3に示す。決壊場所は

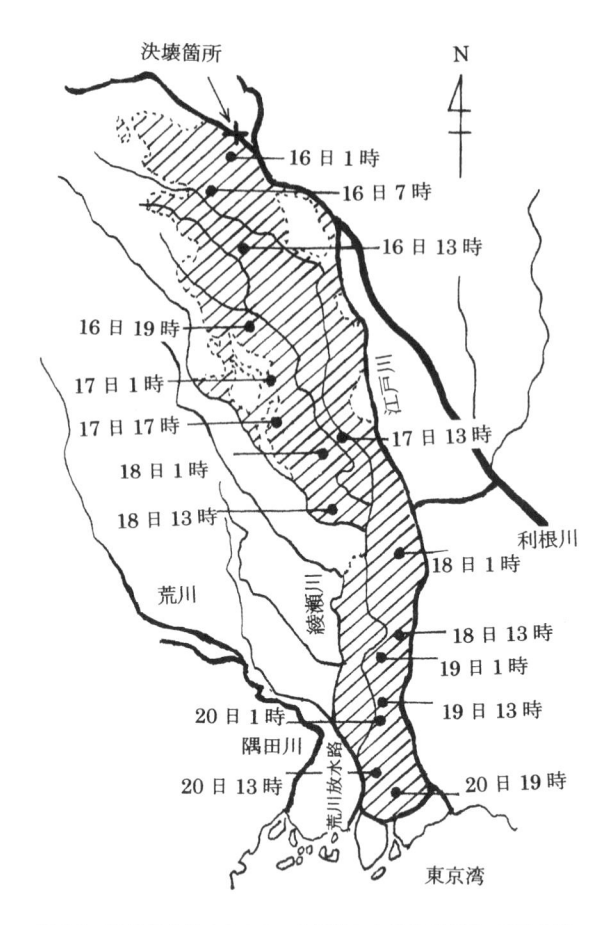

図6.3　1947年9月のカスリン台風時における利根川の堤防決壊による浸水進入図，接近地域でも地形によって進入時刻にかなりの遅速がある，建設省のデータを用いた阪口ら[11]の図を基に作成

栗橋の上流右岸であった。図には氾濫範囲が斜線で描かれ，複数地点における氾濫水の到着時刻が示してある。堤防決壊後，氾濫流は埼玉県東部平野，東京都東部の広大な地域を水没させつつ，約5日後に東京湾に達した。非常に興味を惹かれるのは，図5.13 (a) と比較した時，氾濫流はかつて付け替えられる前の，利根川の中流下流の流域に沿って南下したことである。このように堤防決壊後に氾濫した水が旧河道に向かう例は少なくない。

一方、山地が多いわが国では、川が盆地と盆地、盆地と平野部の間の狭窄部を通り抜ける例が多い。この狭窄部の存在のために上流側の盆地では洪水氾濫が起きやすいが、下流側ではそのために洪水量が減って安全度が高くなっている。そこで上流側の盆地の氾濫を減らそうとして、狭窄部の拡幅が計画されるが、その時下流部では洪水の激化を心配して激しい反対が起きて問題になることがある。洪水による氾濫も、局所的でなく流域全体として考えねばならない。

6.6　増大する洪水量とその緩和

　近年わが国では、一見奇妙に思われるが、洪水量が年々増加している河川が多い。利根川でも大きな洪水が発生するたびに、計画高水流量（治水計画において目標とする洪水処理が可能な流量）を増やして、洪水の防止策の改定を図らざるを得なくなっている。栗橋地点におけるその量は、1900年は3,750m^3/sであったが、1910年には5,570m^3/sに、1939年には1万m^3/sにも拡大された。そして前節に紹介したカスリン台風の大水害後には、1万7,000m^3/sを想定し、そのうち3,000m^3/sを洪水調節ダムが引き受け、残り1万4,000m^3/sを栗橋の計画高水流量としたのであった（阪口ら[11]）。

　近代の治水は1896（明治29）年の河川法の制定から始まったといわれるが、特に第二次世界大戦後には、数十年から200年に1度発生するような洪水を、河道に閉じ込めてできる限り早く遠い海に突き出すという河道主義（高橋[1]）の考えが河川関係者の間に広く浸透し、その方向で河川事業が巨費を投じて実行された。これは科学技術の進歩に基づく巨大な堤防、放水路、ダムなどの建設が可能になったことが基礎になっている。すなわち流域の水をできるだけ早く川に集めて、これを堅固な堤防で固めた川を通して海に流すことにし、流しきれない部分はダムの人造湖に溜め込むことが基本の対策になった。

　だが大雨が降った時、これまではある期間堤防の外で遊んでいた水も直ちに河道に集められるので、河道の整備が進むとともに河道内の流量が増え、計画高水量を超えることは当然のように起こり得る。一方、洪水が河道から溢れないことを前提としているので、堤防外側の沖積平野では非常時の氾濫に思いを致すことは乏しくて災害対策を怠り、目先の経済効果を狙っての国土開発が無秩序といえるほど活発に進められた。そして本来は避けるべき潜在的危険地域に多数の人が住み、生産活動を行うようになった。この結果、次の大雨で洪水量が予想を超えて大幅に増えて河道外に溢れ、甚大な水害が生じることになる。このことは程度の差はあれ、全国の主要河川で経験されている（阪口ら[11]）。

　これを避けるためには、河道主義のように降った雨をできるだけ早く河道に流して

海へ流出させるという考えを固守するのではなく、それに代えて流域から河道への水の流入の時間をずらしたり、過度の流量を外に逃がしたりして、洪水量のピークを低くする方策を考えねばならない。わが国ではこの考えに沿って、昔から霞堤や遊水地などを設けて洪水を緩和することが行われて効果を上げてきた（阪口ら[11]）。なお3.6節に述べた広い水田の存在もこれに大きく寄与していると思われる。

霞堤の例を**図 6.4**（a）に、遊水地の例を**図 6.4**（b）に示す。その際に流れ出た水の勢いを避けて被害を少なくするために、水害防備林も各地で造成された。このような方法は6.1節に述べた洪水が持つ本来の機能を発揮する上でも有効である。なお、遊水地や霞堤、さらには水田などの効果を得るために、やむを得ず浸水によって一部地域は被害を受けることになるが、これらに対しては当然ながら被害補償のシステムが整備されねばならない。信濃川支流の堤防が決壊して12人が水死した2004年の新潟水害後、新潟県は水田を遊水池に代用する計画をたて、浸水が予想される住宅を移転させる計画を進めているという。

霞堤は、現在でも急な河川にしばしば採用される方法で、堤防を連続的に作らずに開けておき、洪水流の一部を開口部から河道の外側に引き出して洪水量を低下させるものである。また霞堤の開口部は外側の平地、耕地や住宅地に溜まった水を、洪水のピークが去った後に河道にゆっくりと導く役割も果たしている。戦国時代の卓越する武将で治水家としても知られる武田信玄は、この方法を活用した。**図 6.4**（a）は甲府盆地西部の富士川上流の釜無川における1965年ごろの霞堤の配置状況を示したもので、非常に数多くの霞堤が設置されていることが注目される。ただし現在は連続堤につなげることが行われている。

遊水地は通常は氾濫原にあって、洪水の一部を一時的に貯留し、下流の洪水を低減させる役割を果たす地域である。なおいつも湛水しているものを遊水池、平時は水面がなくて農耕地などに利用されているものを遊水地と区別することもある。かつて堤防が十分に整備されていなかった時代には、河川の各所に常習的な遊水地が存在していて、洪水量の緩和に効果的に寄与していた。遊水地は次の2つに大別される[10]。

ⅰ）河道遊水地　湛水すべき土地が河道と完全には分離されていなくて、広大な河川敷の自然貯留機能を利用したり、河川敷に横堤などを設けて滞留させるものである。

ⅱ）洪水調節地　越流堤あるいは水門を設け、湛水すべき土地と河道を完全に分離し、常時空にしておいて、ある一定水位以上の洪水の一部を流入、貯留させ、洪水終了後に貯留水を排出させるものである。この方式は洪水ピーク流量の低減効果が大きい。

図 6.4（b）は豊川流域の遊水地である。わが国の代表的な大規模遊水地は利根川の渡良瀬遊水地で、面積は約33km^2、貯水量は約2億m^3、周囲の長さは約30kmである。

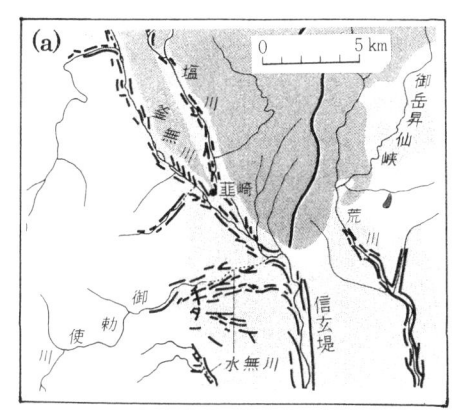

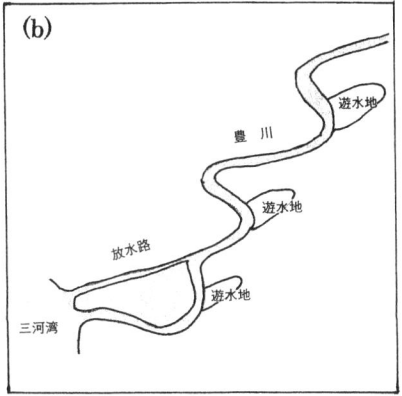

図 6.4 (a) 富士川上流の釜無川水系の霞堤、阪口ら[11]の図の部分、(b) 豊川の遊水地、市野和夫博士の提供

　一方、ダムによる洪水調節を根幹とする国の治水方針に基づいて、多くの場合に先祖伝来の土地を奪われること、および流域の環境の悪化などを憂慮する地域住民の反対を抑えて、これまで莫大な経費を必要とする巨大ダムの建設が各地に活発に推進されてきた。ところが、建設省の資料によれば後出の**図 7.6** に示すように、わが国の主要 50 ダムの平均寿命は約 90 年と、日本人の平均寿命をわずかに超える程度と意外に短い。これを超えればダムは砂に埋まって本来の機能を果たすことができなくなるが、その後にどのような対応をとるかが明確に示されていないように思われ、大きな問題である。ダムに関しては、効果・効率や環境・生物への影響など多くの問題が提起され、近年建設反対やダム撤去の声が高くなった。安易にダムに頼るのではなく、上記の緩和策とともに、森林・水田の貯水能力を高め、かつ破堤しやすい堤防の改修や強化、可能な場所では河床掘削による洪水疎通能力の増大などを加えて、総合的な対策をとることが何より肝要と考えられる（後出の**表 6.1** 参照）。

　本節で洪水量が増えてきたことを問題にしたが、それにもかかわらず人的被害は以前に比べてかなり少なくなっていることは幸いである。これは後の 17.2 節（4）項に述べるように、1961 年制定の災害対策基本法の実施効果とともに、雨量や洪水に関する予報技術の精度の向上および情報の伝達手段が発達して、予め避難その他の対策をとることができるようになったおかげである。

6.7 都市化した流域における出水

　都市化した地域において、これまでは洪水はほとんど問題にならなかったのに、高度経済成長期以降に降水量に変わりがなくとも、突然洪水が発生して甚大な水害をもたらすことが多くなった。この新たな水害は、都市型水害とよばれる。これは流域の都市化による都市開発、宅地開発、道路整備などの社会構造の変化に伴って、大きな出水が発生しやすい流出条件に変わったことが原因と考えられる。

　この典型例として、2000年9月の東海豪雨による水害では、愛知県では約60万人に避難勧告がなされ、約8,500億円に及ぶ大被害を生じたのである。一方、規模は小さいが2008年の夏には局所的な集中豪雨によって突然河川や下水が増水し、神戸市内では川遊びをしていた児童が避難する暇もなく押し流されたり、東京都内では川底の整備作業や下水道の補修作業をしていた人たちが犠牲になったことは耳に新しい。

　都市型水害については木下[12]や松林・井上[13]の解説がある。後者によると、土木研究所が各地の小流域を自然流域、開発途上流域、都市化流域の3つに分けて、洪水の到達時間（流域最遠点に降った雨が流出点に到達するまでに要した時間、T_c）を比較して、平均的に次式を得たという。ここで L は流路の長さで、S は流域の勾配である。

$$\text{自然流域}: T_c = 0.00167(L/\sqrt{S})^{0.7} \tag{6.32 a}$$

$$\text{都市化流域}: T_c = 0.000240(L/\sqrt{S})^{0.7} \tag{6.32 b}$$

　これによれば、都市化流域への到達時間は自然流域への到達時間に比較して大略1桁程度短いという結果になる。すなわち同じ雨でも、自然流域では問題にならなくても、都市化した流域では各地に降った雨が急速に河川に集まり、直ぐに大きな出水になることを表す。開発途上流域は両者の中間に位置している。

　都市化流域において河川への流出が早くなった理由には以下のことが考えられる。

ⅰ）都市化が進めば家屋、各種の構造物、舗装などによって地表の浸透面積が著しく減少する。

ⅱ）都市化流域では建物・舗装がない場所、例えば庭・広場・空き地においても、空隙の多い腐植土や土壌に広く覆われた自然流域に比べて浸透能が小さい。

ⅲ）都市化は自然流域が持つさまざまな雨水貯留機能、すなわち湖や沼、窪地、田んぼなどを積極的に埋め立て整地して、その機能を減少させる。

ⅳ）樹木、草、農作物、大小の凹凸がある自然流域に比べて、都市では地表をできるだけ平らにするために、表面粗度が著しく低下して地表流に対する抵抗が弱くなる。

ⅴ）都市化は土地利用のために河道をなるべく狭くし、一方で河川水の疎通をよくするため河道を直線化するので、河道の貯留効果が著しく減じる。

ⅵ) 前項に関連して都市の河川では河床の粗度が低下している。
ⅶ) 一方において都市では、生活用水や工業用水としての地下水の汲み上げや、地上構造物の安定のために地下水の排除が行われる。これらに浸透面積と浸透能の減少が加わって、都市では地下水が減少して地上水の流出に影響を与えている可能性がある。最近の都市の低水時における河川流量の減少も、これに関係していると思われる。

　このような都市化流域の流出特性のために、大雨の後に出水の時刻は早くなり、ピーク流量は増大し、総雨量に対する河川総流量の比、すなわち洪水流出率（(3.1)式）は大きくなる。このようにして都市化流域は洪水が起こりやすく、洪水に弱い都市機能と重なって被害が拡大することになる。特に最近は膨張が著しい地下街への氾濫水の大量流入が憂慮されている。公園などの非常時における遊水地化、地下の巨大貯水槽の建設など、都市部の流出機能を改善するための努力が払われているが、満足できる結果に達するのは容易ではない。

　今は東京、名古屋、大阪などの河口に発達した大都市を念頭に置いたが、阪口ら[11]は扇状地に発展した地方の中核都市における都市災害について次のように述べている。扇状地はその形成過程から見ても、本来洪水氾濫を受けやすい地域である。したがって従来は、生活区域や水田の開発は、危険が多く、開発に苦労する扇状地の頂点付近や扇面を避けて、水の便もよい扇端付近から始めるのが常であった。だがこの前の大戦以後にこの付近の開発が一応完了したので、残された地域として宅地化などの開発が扇状地へと一斉に進んだのである。それゆえ開発に当たっては、洪水氾濫に弱い扇状地の特性を考慮した対策が必要である。しかしそれを十分に考慮することなく開発が進められたので、都市災害を受けやすくなったといわれる。

6.8　ダムの大量放水と決壊に伴う洪水

　自然の存在である川も、わが国においてはほとんどが本来の姿のままではあり得ず、人間の手によって大なり小なりの改変が加えられて、川の流れに変化が見られる。人工的な河川施設に関係する洪水として、ダムからの大量放水と決壊による洪水を考える。

(1) ダムの大量放水による段波

　ダムから離れた中・下流地点の川の岸や中州で仕事をしていた人や、リクリエーションを楽しんでいた人たちが、大量放水の際に発せられる警報に気が付かず、または警報や避難の遅れのために、突然の水位上昇に遭遇して犠牲になる話を聞くことがある。また河口・沿岸の漁師の証言によれば、ダムの大量放水の時は、通常の増水の場

合と異なって、水の色と勢いが違い、速度が速く、時には船や定置網その他の漁業施設が流されることがあるという。また濁水が押し寄せる時は、水面にかなりの段がつき、上下で水の流れが異なって漁網が張れない経験もされている。これらはダムから大量に放出された水が、段波となって激しい勢いで進行したことを物語っている。

段波の基本的な性質は 4.6 節に述べてある。水深 h の静止した水路を高さ η の段波が進む時（図 4.7 や図 4.8 (b) 参照）、段波の速さ C_b とこれに伴う流速 u_b は、それぞれ (4.37 a, b) 式で与えられている。これらを (6.33 a, b) 式を用いて書き直すと、(6.34 a, b) 式を得る。

$$C = (gh)^{1/2} \qquad \beta = \eta/h \qquad (6.33 \text{ a, b})$$
$$C_b/C = \sqrt{(1+\beta)(1+\beta/2)} \qquad u_b/C_b = \beta/(1+\beta) \qquad (6.34 \text{ a, b})$$

さて、平常時はダムの放水によって川の水位は h に、流速は u_0 に保たれているとする。そこへ洪水時にダムから大量の放水が行われて、上記の段波が発生した場合を考える。この時段波の進行速度 C_T と段波内の流速 u_T は、平常の流れと段波が単純に重なったとすれば、次式のようになる。

$$C_T = u_0 + C_b \qquad u_T = u_0 + u_b \qquad (6.35 \text{ a, b})$$

単位幅当たりの平常時の流量 q_0 と、洪水時の放水量 q_T は次式で与えられる。

$$q_0 = hu_0 \qquad q_T = (h+\eta)(u_0+u_b) \qquad (6.36 \text{ a, b})$$

ゆえに
$$G = q_T/q_0 = (1+\beta)(1+u_b/u_0) \qquad (6.36 \text{ c})$$

今、$u_b/u_0 = (u_b/C_b)(C_b/C)/(u_0/C)$ として (6.34) 式を代入すれば次式を得る。

$$u_b/u_0 = \beta\{(1+\beta/2)/(1+\beta)\}^{1/2}/F_r \qquad (6.37)$$

ただし、
$$F_r = u_0/C \qquad (6.38)$$

(6.37) 式の左辺に (6.36 c) 式を用いると次式が求まる。

$$\beta^2(1+\beta)(1+\beta/2) = F_r^2(G-1-\beta)^2 \qquad (6.39)$$

この 4 次方程式は代数的に解くことができる。ゆえに F_r と G を与えて β が定まり、段波の高さ、速さおよびそれに伴う流速を知ることができる。

図 6.5 は平常時の流れのフルード数 F_r をパラメータにして、$\beta(=\eta/h)$ と $G(=q_T/q_0)$ の関係を図化したものである。例えば、平常時の流れのフルード数が 0.06 の時に、ダムからの放水量が平常時の 5 倍、10 倍、15 倍、20 倍、25 倍になった時に、段波の高さは平常の水深の 20％、40％、57％、72％、85％程度に高まる。それに応じて段波の進行速度も流速も大きくなり、段波の威力は著しく強大になる。

(2) ダムの決壊に伴う水面変動

河川の最も顕著な段波はダムの決壊によって生じる。ダムが決壊すると貯水池から大量の水が一挙に流出し、下流に多数の死者と甚大な被害を与える。大規模なダム決壊は地震や地すべりによるものである。フランスのマルパセダム (1959 年、死者 421 名)、イタリアのヴァジョントダム (1963 年、死者 1,994 名)、アメリカのテトンダム

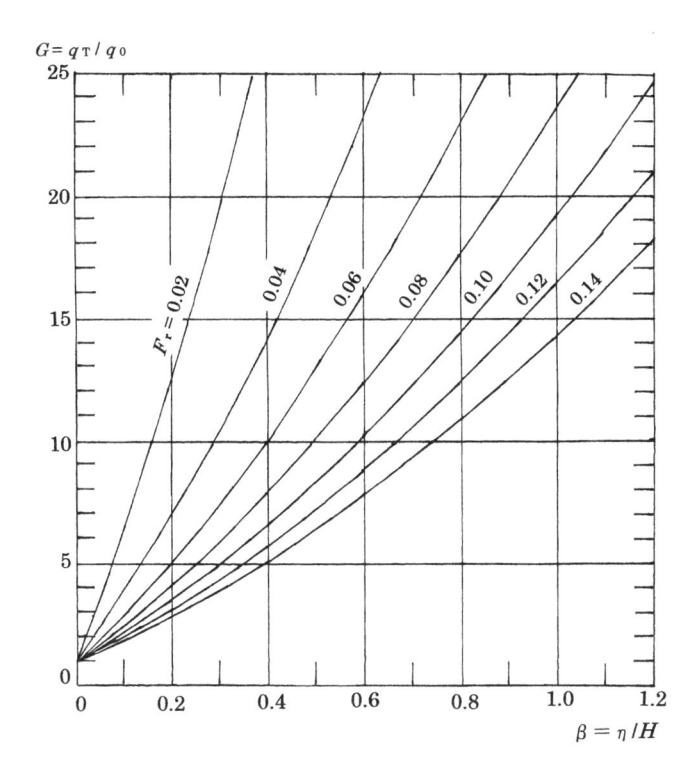

図 6.5 ダムの放水量（無次元 G）と段波波高（無次元 β）との関係、曲線群のパラメータはフルード数 F_r

(1976年) などの例がある。わが国では小規模なものはあるが、大規模なものはまだ起きていない。大地震の発生が問題になっている時、年数を経たダムには十分な注意が必要であろう。2008年の岩手・宮城内陸地震の際には、崩壊土砂が形成した湖の決壊が心配された。同種の問題として、近年の地球温暖化の進行によってヒマラヤなど高山地帯の氷河の融解が顕著になった結果、自然に形成された氷河湖が決壊して、麓に大被害を与える可能性が憂慮されている。そこでStoker[14]と本間・嶋[6]を参考にして、この問題を考えることにする。

ダム決壊時の水面変動の状況を模式的に図6.6に示す。当初は図の (a) に示すように、$x=0$に位置するダムによって、水深 h_1 のダム湖と水深 h_0 の川に分かれている。簡単のために当初両水域とも水は静止していたと考える。$t=0$にダムが決壊して両水域を隔てる障壁がなくなったとする。この時図 (b) に示されるように、水面変動は下流側には段波として伝播するが、同時に湖の上流側にも伝播する。水面が隆起す

第6章 洪水 115

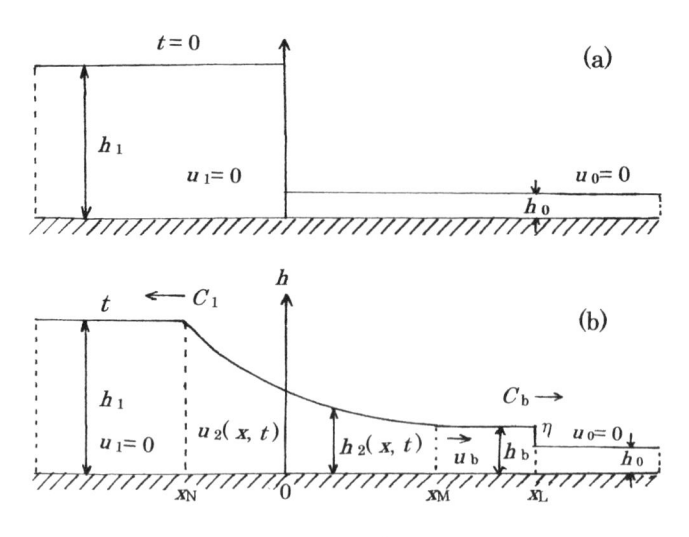

図 6.6 ダム決壊前 (a) と決壊後 (b) の水面形状

る前者を正の段波、低下した水面がダム湖の奥へと進む後者を負の段波という。正の段波では前面における水面の傾斜はきわめて急であるが、負の段波では水面の傾きは緩やかである。

　正の段波は h_1/h_0 が大きい時には、理論に近い状態で C_b の速度を持って下流に向かう。段波部分の水深を h_b、流速を u_b とする。段波の波高は $\eta = h_b - h_0$ で与えられる。一方、負の段波は正の段波の水深 h_b から上流側の湖の水深 h_1 へと変化し、緩やかに曲線 $h_2(x, t)$ を描く。負の段波の各部分における伝播速度は、流速 $u_2(x, t)$ と上流に向かう長波の速度 $C_2(x, t) = \sqrt{gh_2(x, t)}$ が重なったものである。

　ここで時刻 t における水域は、図 6.6 (b) に描かれているように、x_L、x_M、x_N で区切られた 4 つの区間に分けて考えることができる。

ⅰ) $x_L < x < \infty$ の区間：段波の先端がまだ到着していない区間で、水深は $h = h_0$ で、流速 $u_0 = 0$ である。段波の進行速度は C_b なので、$x_L = C_b t$ で与えられる。

ⅱ) $x_M < x < x_L$ の区間：水深 (h_b) や流速 (u_b) が一定の理想的な段波の区間である。この区間の後端 x_M は負の段波の始まりでもある。負の段波は長波の速度で後方へ進むので、x_M は流速 u_b とそこの深さに対する長波の波速 $C_M = (gh_b)^{1/2}$ の差を持って進行していると見なされる。ゆえに $x_M = (u_b - C_M)t$ で与えられる。

ⅲ) $x_N < x < x_M$ の区間：正の段波が進む (ⅱ) の区間と、負の段波が静止域を後方へ進む (ⅳ) の区間をつなぐ区間であり、水深は $h_2(x, t)$ で、流速は $u_2(x, t)$ である。ダム湖の水深に対する長波の速度は $C_1 = \sqrt{gh_1}$ であるので、$x_N = -C_1 t$ で与

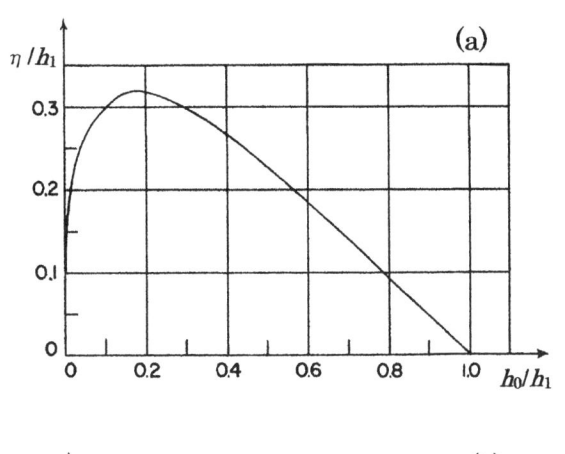

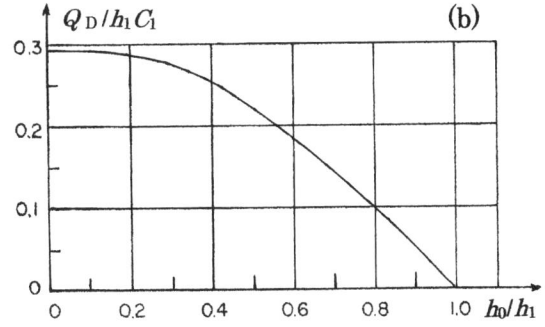

図 6.7 (a) ダム決壊に伴う段波の最大波高（無次元）と、(b) 最大流出量（無次元）、Stoker[14]による

えられる。

iv) $-\infty < x < x_N$ の区間：負の段波がまだ達していないダム湖の静止水域で、水深は h_1、流速は $u_1 = 0$ である。

この時未知量は、正の段波の領域では h_b と u_b で、負の段波の領域では $h_2(x, t)$ と $u_2(x, t)$ である。これらは特性曲線の方法で定めることができる。その詳細は Stoker[14]や本間・嶋[6]に述べてある。

図 6.7 の (a)、(b) に Stoker[14]が得た結果の一部を示す。図の (a) は段波の無次元波高 $\eta/h_1 = (h_b - h_0)/h_1$ を示したものである。最大値は、h_0/h_1 が 0.176 の時に $\eta = 0.32h_1$ の値をとる。すなわち段波の波高は決壊前のダムの水深に比べて、最高でその約 1/3 の大きさにも達し得るということが注目される。例えば水深 30m のダムが

第 6 章 洪水　117

決壊すれば、約10mの高さを持つ段波が発生する可能性があることを知り得る。

この理論で興味深いことの1つは、非定常な現象であるにもかかわらず、h_0/h_1 がある限界値より小さい間は、ダム地点（$x=0$）における水深（h_D）、流速（u_D）、単位幅当たりの流出量（$Q_D = h_D u_D$）が、時間的に次式に示す一定値をとることである。

$$h_D = (4/9)h_1 \quad u_D = (2/3)C_1 \quad Q_D = (8/27)h_1 C_1 \qquad (6.40 \text{ a, b, c})$$

図6.7の（b）は、堤防が決壊した時のダム地点における無次元流出量、$Q_D/(h_1 C_1)$ の大きさを、h_0/h_1 の関数として示したものである。流出量 Q_D は、h_0/h_1 が0から0.138の間は一定値 $0.296 h_1 C_1$ の値をとり、それ以後は h_0/h_1 が増大するとともに減少し、h_0/h_1 が1の時は流出量はゼロになる。

6.9　出水量の推定

洪水への対策を考える上で、降雨による河川への出水量の推定は基本的に重要である。流出過程については、第3章に述べたように実証的研究が進められているが、条件の複雑さと基礎データの不足のために、定量的に流出量が推定できる物理モデルの構築は簡単ではない。そこで実用的には流出過程を考慮しながら、流域の降水量と対象河川の流出量との関係をブラックボックス的に結びつけて、必要な諸係数を経験的に定め、流出量を推定する方法が広く行われている。これに関してはいろいろなモデルが工夫されていて、多くの河川工学の本に紹介されている（例えば、土木学会編の水理公式集[8]）。ここでは若干の代表的な例について基本的な考え方を簡単に紹介するにとどめ、具体的手法は上記を参照されたい。なお流出モデルの考え方とモデル間の関係については、例えば木下[15]や高橋[16]が解説を行っている。

(1) 合理式による方法

この方法は通常、洪水のピーク流量の推定に用いられる。Q をピーク流量（m³/s）、r をピーク到達時間内の平均雨量強度（単位時間の降水量、mm/hr）、A を流域面積（km²）とした時、次式で計算する方法である。無次元の f は流出係数（正確にはピーク流出係数）とよばれる。

$$Q = frA/3.6 \qquad (6.41)$$

この式は、実用的な単位を用いるために生じる係数を予め含み、合理式の名称がついている。fr はピーク流量に寄与する正味の雨量強度で、次の単位図法でいう有効雨量強度に相等する。f の値は、急峻な山地で0.75〜0.9、起伏のある土地および樹林で0.5〜0.75、灌漑中の水田で0.7〜0.8、平坦な耕地で0.45〜0.6の程度である。またこの方法は都市流出にもよく利用されていて、下水道施設基準の流出係数として、商業地区は0.7〜0.9、工業地区は0.4〜0.6、住宅地区は0.3〜0.5、公園地区は0.1〜0.2が用い

られる。この方法の具体的適用については種々の工夫が試みられているが、良好な精度を得るには f の値が適正に定められねばならない。

(2) 単位図法と流出関数による方法

降雨量の中には、遮断されたり、地中に浸透したり、窪みに溜まったりして直ぐには川に流れ出ないものが存在する。雨量の中からこれら各種の損失分を差し引いて、流出に直接寄与する部分を有効雨量という。また河川流量を流域面積で割ったものを流出高と称する。流域に単位の有効雨量があった時、これに対応する流出波形を単位図という。$t=0$ に降った単位の有効雨量に対する単位図の流出波形を $K(t)$ で表す。ゆえに $K(t)$ の総和は単位有効雨量である。すなわち、

$$\int_0^\infty K(t)\,dt = 1 \tag{6.42}$$

任意の有効雨量波形に対する流出は、降雨と流出の間に線形関係を仮定すれば、単位図を用いて重ね合わせの原理で求めることができる。今、時刻 t の流出高を $q(t)$、有効雨量強度を $r_e(t)$ とする。現在の時刻 t より τ 時間前の雨量 $r_e(t-\tau)$ が、現在の流出高 $q(t)$ に寄与する量は、$r_e(t-\tau)K(\tau)$ で表される。ゆえに次の関係が成り立つ。

$$q(t) = \int_0^\infty r_e(t-\tau)K(\tau)\,d\tau \tag{6.43}$$

これは一般の線形応答理論におけるたたみこみ（convolution）積分の形である。$r_e(t)$ は入力、$q(t)$ は出力であり、$K(t)$ は応答関数を表している。したがって $K(t)$ が定まると、想定される $r_e(t)$ に対する必要な流出量の情報 $q(t)$ が求まる。

単位図法は、有効雨量強度とそれによる流量ハイドログラフを用いて、応答関数 $K(t)$ の形を図式的に定めようとするものである。これを実用化するために種々の方法が考案されているので、具体的には上記の諸文献を参照されたい。単位図法では、$r_e(t)$ や $K(t)$ が正確に求まっているかどうか、また降雨と流出との関係が線形と仮定できるかどうかが問題になる。

一方、流出関数法は $K(t)$ に数学的な関数形を予め仮定し、(6.43) 式を用いて流出量を求めるものである。関数形に含まれるパラメータは実測と比較して定められる。関数形としては多くのものが提案されているが、3例を以下に記しておく。α, n はそれぞれの場合に適用される定数で、Γ はガンマ関数である。

$$K(t) = \alpha \exp(-\alpha t) \tag{6.44 a}$$
$$K(t) = \alpha^2 t \exp(-\alpha t) \tag{6.44 b}$$
$$K(t) = \alpha^{n+1} t^n \exp(-\alpha t)/\Gamma(n+1) \tag{6.44 c}$$

この場合も、現象が線形であるかどうか、また仮定した関数形が実際を表現しているかどうかが問題である。

(3) 貯留関数による方法

　流域に降った雨は、いったん流域に貯えられて流出してくる。そこで河川の流出高 q は、流域に貯えられた雨水貯留高の S と一価関数の関係にあるとして次の式を仮定する。

$$S = Gq^p \tag{6.45}$$

G と p は実測値から決められる定数である。一方、流域平均雨量強度を r とし、これによる貯留高の増加分は r に比例するとすれば、次の連続式が成り立つ。

$$dS/dt = r\beta - q \tag{6.46}$$

比例係数の β は流入係数といわれるもので、流出率に似た性格のものである。

　実測の流量波形から基底流量を差し引いて、洪水の流出高曲線 $q(t)$ が求まったとする。ここで (6.46) 式を t_1 から t まで積分すると

$$S(t) - S(t_1) = \beta \int_{t_1}^{t} r\,dt - \int_{t_1}^{t} q\,dt \tag{6.47}$$

今、流出高曲線 $q(t)$ において、流出の末期 $t=t_2$ の q の値が、流出の初期 $t=t_1$ の q の値に等しくなる、すなわち $q(t_2)=q(t_1)$ になるような適当な時刻 t_1 と t_2 を選ぶ（図 6.8）。そうすると (6.45) 式より、$S(t_2)=S(t_1)$ となる。ゆえに (6.47) 式より、流入係数 β を次式のように求めることができる。

$$\beta = \int_{t_1}^{t_2} q\,dt \Big/ \int_{t_1}^{t_2} r\,dt \tag{6.48}$$

　このような方法で β が定まると、(6.47) 式より貯留高 $S(t)$ の時間変化が計算できる。これと流出高 $q(t)$ の時間変化を比較して、(6.45) 式を満足するように定数 G と p を定める。ただし一価関数の関係が満たされねばならない。このためにはいろいろな操作が必要であるが、具体的方法については適当なテキスト、例えば木村[17]を参照していただきたい。

　貯留関数の方法の特徴は、少数の係数で流出の非線形性を巧みに表していることである。$p=1$ であれば線形関係であるが、観測値の解析によると p の値は 0.3〜0.6 の程度であって、実際の流出現象は線形より離れていることが分かる。わが国ではこの方法は広く使われている。

(4) タンクモデルによる方法

　タンクモデルは菅原[18]によって開発されたものである。上記の諸モデルは洪水の流出（短期流出）に対するものであったが、このモデルは短期流出ばかりでなく、地下水の流出のような低水位流出（長期流出）を含めて適用できる特徴を有する。

　タンクモデルは、流域を複数のタンクで置き換え、タンクの横穴からの流出を河川流出、底穴からの流出をより深層への浸透となぞらえて表現するモデルである。図6.9 で要点を説明する。図 (a) は下方に横穴を持つタンクを表し、雨はタンク上部

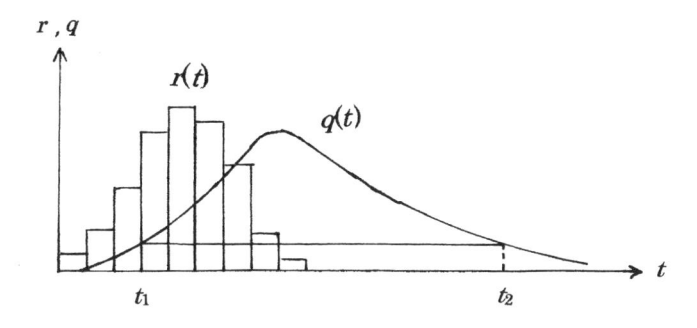

図6.8　貯留関数法の説明図

から入り、横穴から流出する。横穴からの流出量 $q(t)$ は穴から水面までの高さに比例すると考える。底から水面までの高さを $h(t)$ とした時、底に接した横穴からの流出は次式のように表される。λ は流出に関わる比例定数である。

$$q(t) = \lambda \cdot h(t) \tag{6.49}$$

タンクに入る雨量強度を $r(t)$ とすれば、連続条件は下式で与えられる。

$$dh/dt = r - q \tag{6.50}$$

タンクの水位は流域の雨水貯留高に相当し、この式は (6.46) 式に対応する。上記の2式の解析解は容易に求まるものである。

一方、地中への浸透で流域の水量が減じていくので、図6.9 (b) のようにタンクの底に穴を開けて、徐々に流出するようにする。また洪水の時はある程度雨が降った後に、流出が急に激しくなることがある。それで図 (c) のように、高いところに係数 λ の値が大きな第2の横穴をつけておけば、水位が高くなった時の大きな流出を表現することができる。かくして (6.49) 式と (6.50) 式は、単純な線形の関係に過ぎないが、このような操作を行うことによって巧みに非線形の効果を表現することが可能である。

ところで、流出現象には時間スケールの異なる流出が重なっている。そこでそれぞれのスケールに対応したタンクを想定して、それらを連ねて全体のシステムを構成する。一般には4段の直列タンクが用いられる。それを図6.9 (d) に示す。最上段が洪水流出に対応して半減期が1、2日程度、2段目が表層浸透層からの流出に対応して半減期が1週間程度、3段目と4段目が地下水流出に対応して半減期がそれぞれ1ヶ月と1年程度の機能を持つタンクとする。そして上段の底穴から出た水が下段のタンクに注ぐようにする。河川への流出量は各段のタンクの横穴から出たものの総和である。

このモデルの特徴は、汎用性が広いとともに、計算も比較的面倒でなく、流出現象

第6章　洪水

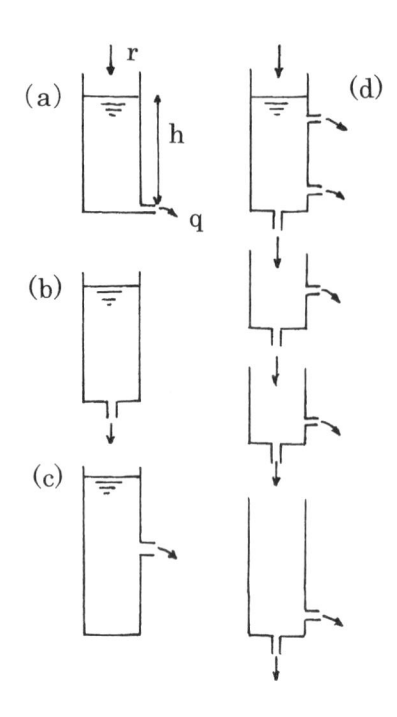

図 6.9　タンクモデル法の説明図

の再現性もかなり期待できるということである。ただし、モデルに含まれる定数は、降雨量と流出量の多くの資料を用いて、試行錯誤的に求められねばならず、それほど簡単ではない。

6.10　基本高水流量

　河川工事実施計画の基本となるハイドログラフが、基本高水流量である。すなわち洪水による災害の防止または軽減のために、基本高水流量を設定して、これを基礎にして防災計画がたてられる。基本高水流量は河川の持つ治水、利水、環境の諸機能を総合的に考慮して決定されるものであって、必ずしもその河川で起こり得る最大洪水と一致するものではなく、生起確率についての配慮が必要である。また基本高水流量は計画対象施設ごとに定めるとされている。

　基本高水流量を設定する方法としては、一般には計画降雨を定め、適当な洪水流出

表6.1 洪水管理のための統合的対策（イアン・カルダー[20]）

洪水の規模を縮小する	水害の危険を遠ざける	住民の防災能力を高める
流域管理方法の改善	築堤	緊急避難計画
流出水の制御	建物の耐水化	洪水予報
遊水地	氾濫原開発規制	洪水警報
ダム		避難
湿地の保護		災害補償
		災害保険

モデルを用いて洪水のハイドログラフを求めるのが標準的方法になっている。ところが最近各地で、河川当局が設定した基本高水流量が必ずしも妥当な値でないとの異論が、地域住民のみならず研究者の間でも問題になっている。例えばダム建設計画に際して、建設の必要性を強調するために、過大な高水を設定する傾向が見られるというのである。

　前節で見てきたように、現在利用できる流出モデルでは誰もが問題ないと認める方法は残念ながら見当たらなくて、経験が必要であり、多かれ少なかれ主観もしくは個人誤差の影響を受けることは避け難い。また基礎となるデータが揃っていることは少なく、不十分なデータで判断せざるを得ないことが多い。例えば対象地域の植生状態は昔と大きく異なっているにもかかわらず、古いデータを用いて結果を出していることもある。

　そして基本的には自然の営みは複雑精妙であって、われわれの理解は限られたものであり、単純に確定的な推測は困難であることに思いを致さねばならない。したがって自然現象が深く関わる対象の予測値には、不確定要素が必ず含まれると考えるのが自然である。例えば、最近予測精度が著しく増大した数値天気予報の場合にも、アンサンブル予報という方法が広く活用されている[19]。これは大気運動が初期状態に敏感に依存することを考慮して、計算初期値の誤差の影響をできる限り避けるために、複数（3～10日の中期予報の場合、気象庁では51個）の異なる初期条件で計算し、これらの予報値の集合を用いて天気の推移を判断するものである。

　それゆえ事情は多少異なるが、基本高水流量の推定の場合にも、最初から1つの値のみが唯一正しいと主張して固持することは、決して科学的な態度とはいえない。前節の出水量の推定方法の問題点からも分かるように、この問題に関してわれわれの理解は確定的に断言できる程、高度に進歩しているとは思えないのである。できる限り最新のデータを基に、現状の知識の上に適当と思われる方法を用いて定めた複数の値を提示して、議論を重ねて多くが納得できる値を定めることが必要である。そしてこのようにして得られた結果は尊重されねばならない。今は基本高水流量の決定につい

て述べたが、この考え方は洪水対策の内容そのものを定める場合についても当てはまることである（17.3節参照）。

なお洪水対策においても、以前に多用された構造物による「洪水制御」の困難性とそれが含む問題点のために、世界的に氾濫原を管理する「氾濫管理」の方向に進んでいる。これについて例えば世界ダム委員会（WCD）は**表6.1**に示す洪水管理のための総合的対策を提示している（イアン・カルダー[20]）。これは洪水規模の縮小、水害危険度の減少、防災能力の強化の3つから成っている。このような考え方はわが国においても高橋[1]その他の人たちが強く主張していることである。

参考文献

(1) 高橋裕（1999）：河道主義からの脱却を—河川との新しい関係を目指して—，科学，69，994-1002.
(2) Abramovitz, J. N.（1996）：河川と湖の生態系を守る，地球白書1996-97，レスター．R．ブラウン編著，ダイヤモンド社，101-130.
(3) 建設省編（1989）：日本の河川，建設広報協議会，630pp.
(4) 本間仁（1993）：河川工学，コロナ社，231pp.
(5) 林泰造（1966）：河川の不定流について，水工学に関する夏期研修会講義集，ダム・川コース，1-20.
(6) 本間仁・嶋祐之（1968）：開水路の不定流，物部水理学（本間・安芸編），岩波書店，292-323.
(7) 井口昌平・高橋裕（1968）：洪水，物部水理学（本間・安芸編），岩波書店，614-635.
(8) 土木学会編（1999）：水理公式集，713pp.
(9) 村本嘉雄（1971）：河道形態と災害，水災害の科学（矢野勝正編著），技報堂，492-506.
(10) 長尾正志（1971）：外水はん濫，同上，577-588.
(11) 阪口豊・高橋裕・大森博雄（1995）：日本の川，岩波書店，265pp.
(12) 木下武雄（1972）：都市開発に伴う流出の変化に関する研究，防災科学技術総合研究報告，第29号．
(13) 松林宇一郎・井上和也（1997）：都市域の流出現象とモデリング，水文・水資源ハンドブック（水文・水資源学会編），朝倉書店，146-152.
(14) Stoker, J. J.（1957）：Water Waves, Interscience Pub., 567pp.
(15) 木下武雄（1967）：いろいろな流出モデルの比較，土木技術資料，9，337-341.
(16) 高橋裕編（1978）：流出モデルをどう考えるか，河川水文学，共立出版，59-97.
(17) 木村俊晃（1962）：貯留関数法，Ⅲ-1，土木技術資料，4，175-180.
(18) 菅原正巳（1972）：流出解析法，水文学講座7，共立出版．
(19) 経田正幸・林久美（2007）：アンサンブル予報とその利用，天気，54，211-214.
(20) イアン・カルダー，蔵治光一郎・林裕美子監訳（2008）：水の革命　森林・食糧生産・河川・流域圏の統合的管理，築地書館，269pp.

第7章　川の流れの作用

　川は自らの作用で、これまで見てきたように、川自身および流域の形態を変えてきた。それは川の流れが持つ力によるものである。(5.1) 式に示したように、水の流れが物体に及ぼす力は、その流速の約30倍の風が与える力と同じ程度に大きい。例えば、通常見られる1m/sの流れでも、台風内の風速30m/sの風力と同じ程度の大きな力を及ぼす。しかも水中にある物体は浮力を受けて相当に軽くなっているので、空中では重い石や岩であっても、洪水の強い流れでは容易に動かされ、他の場所に運び去られる。川の流れの作用は、侵食作用、運搬作用、堆積作用に大別される。

7.1　流水中における土砂礫の挙動

　川の周辺には土、砂、礫、岩など大きさ、重さ、形状が異なるさまざまな底質が存在する。底質はその粒径によって**表7.1**のように分類される[1]。粒径は底質を球で表した時の直径である。粘土、シルト、砂、礫、コブル (cobble)、ボルダー (boulder) の順に大きくなっている。粒子の組成状況は、網目の大きさが違うふるいを用いる方法、その他の方法による粒度試験によって求められ、これに基づいて作成した粒度分布曲線によって知ることができる。底質の密度あるいは比重もその運動を考える際に重要な要素である。底質を構成する各種岩石の平均密度は g/cm^3 の単位でおよそ、火成岩は2.667（花崗岩）から3.234（橄欖岩）の範囲に、堆積岩は2.17（砂岩、頁岩）から2.65（石灰岩）の範囲に、変成岩は2.61（花崗片麻岩）から2.99（角閃岩）の範囲にある[2]。なお河川の場合には、砂礫の密度の代表値として $2.65g/cm^3$ 程度の値がよく利用される。

　阪口ら[3]はこれまでの多くの研究結果をまとめて、それぞれの大きさの粒子が流れによって動き出して運搬が始まる時の流速、動き続ける時の流速、および動きが止まって沈降し堆積を始める時の流速を、**図7.1**のようにまとめた。これによると砂より大きいものは、当然のことながら流速が強くなると動き始め、流速が弱くなると動きを止める。そして砂礫が大きいほど、その限界の流速は大きくなっている。大きな礫

表 7.1 粒径の区分と名称、日本統一土質分類法、土質工学会制定[1]による

1μm		5μm	74μm	0.42mm	2.0mm	5.0mm	20mm	75mm	30cm	
コロイド	粘土	シルト		細砂	粗砂	細礫	中礫	粗礫	コブル	ボルダー
				砂		礫				

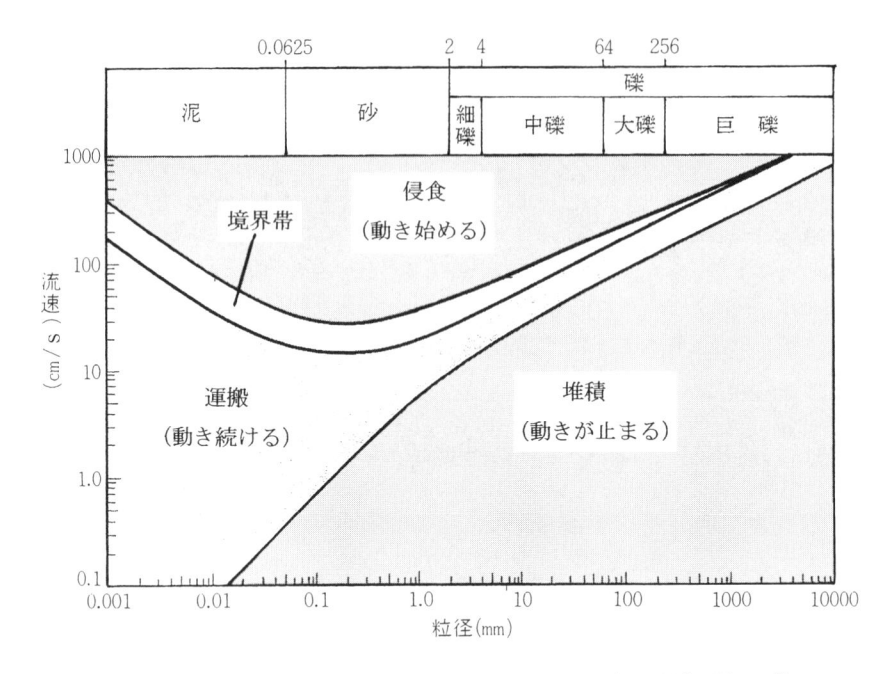

図 7.1 泥、砂、礫が動き始める、動き続ける、動きが止まる時の流速の限界値、阪口ら[3]による

や岩は流れがかなり強くなければ容易に動かない。きわめて大きな岩が川原に横たわっているのを見ることがあるが、これはかつての激しい洪水の時に運ばれてきたもので、より激しい洪水がこない限り、並の洪水では動くことはない。

ところが興味深いことに、粘土やシルトを含む泥は粒径が非常に小さいにもかかわらず、砂礫と異なって流れがある程度強くなければ動き出さない。しかもこの傾向は、泥の粒径が小さくなるほど顕著になる。例えば図 7.1 によれば、粒径 0.01mm の微細な泥が動き出すためには、流速が数 10cm/s の流れが必要である。この流速は粒径が数 mm のかなり大きな砂も動き始めるほど強いものである。一方で非常に小さいた

めに、いったん動き出した泥は流速が弱くなっても浮遊を続けて、河口にまで運ばれてくる。したがって下流の水の濁りから、上流で洪水が発生したことを知り得る。このように微細泥が動き難い理由は、泥が堆積した河床は滑らかで起伏が微小であるために流れによる乱れが発生し難いこと、および泥は粘着力や凝集力を持つためである。特に河川水が海水と接触する河口域では、高濃度の粘性を持った微粒子の集塊が発生するが、これについては 11.6 節で調べる。

次に、動き出した粒子に注目すると、その移動には 2 通りの形式があることに気が付く。河川流は渦を含む乱流で激しい上下運動を伴っており、また水よりも重い砂や泥も浮力のために軽くなっている。平均的には石の比重は 2.65 の程度であるから、水中では重さが 60% 余りに軽くなっている。それゆえ比較的小さな粒径のものは川底から持ち上げられて水中で運搬される。これを浮流という。一方、重い砂、礫、岩などは完全には持ち上げられなくて、転動といって川底をごろごろと転がったり、跳躍したりしながら底面付近を移動するものがある。これは掃流とよばれる。流れが弱ければ掃流で運ばれる粒子も、流れが強くなると浮流の状態で運ばれることになる。

川の流れはある場所では強く、ある場所では弱い。ゆえに一般に砂礫は運搬される過程で河床を構成する物質と交替を繰り返しながら流れ下っていく。一方、これとは別に wash load とよばれるものがある。これは河床を構成する物質とは別で、これより細かい粒子が上流側から浮遊しながら下流へと流れていくものを意味する。

7.2 川の流れの侵食作用

川の流れが両岸や川底を機械的に削り崩したり、化学的に溶かしたりして、奪い取った物質を下流に運び去って川の深さや幅を増していくことを河川の侵食作用という。侵食には、水・風などの作用に関わって使用される「浸食」という別の文字もあるが、本書では原則として「侵食」を用いることにする。侵食には、谷の上流部で谷頭を上流に向けて伸ばしていく谷頭侵食、谷底を深く刻み込んで V 字形を作る下方侵食、中流部で川幅を広げようとする側方侵食などがある。なお水流が両岸や川底に突き当たって機械的に削り崩す作用そのものは洗掘とよばれる。

一方、水はさまざまな化学物質を溶解する能力が非常に高い。それゆえ川は周辺に存在する岩石や土壌の可溶性物質を化学的に溶解する。特に石灰岩は溶解によって侵食されやすい。この河川水による化学的侵食は溶食とよばれる。ただし地表の河道内における溶食作用は、機械的侵食作用に比べて弱くて緩やかであるから、河川水中に存在する溶存分は、主として地下水の溶食作用によるもので、これが河川水に加わったものである。**表 7.2** に日本の河川水と世界の河川水に含まれる平均の化学成分量（単位：mg/ℓ）が載せてある[3]。日本の値を世界の値と比べた時、溶存ケイ酸や硫

表 7.2 日本と世界の河川における平均化学組成[3]、単位：mg/ℓ

	溶存ケイ酸 SiO_2	カルシウムイオン Ca^{2+}	マグネシウムイオン Mg^{2+}	ナトリウムイオン Na^+	カリウムイオン K^+	塩素イオン Cl^-	硫酸イオン SO_4^{2-}	重炭酸イオン HCO_3	塩類の合計
日本	19.0	8.8	1.9	6.7	1.19	5.8	10.6	31.0	65.99
世界	10.4	13.4	3.35	5.15	1.3	5.75	8.25	52	89.2

酸イオンが多いが、カルシウムやマグネシウムが少ない。これは火山の影響があるためと考えられる。日本の火山から流れ出る川では、酸性すなわち毒性が強くて魚が棲めない川も少なくない。

　機械的侵食は水が土砂礫に働く力によって生じるから、i）水量が多く、ii）流速が大きく、iii）流水に含まれる砂礫が多く、iv）河床地質が軟弱なほど激しく行われる。ii）の条件から河床勾配が急な場所で侵食は顕著である。またiii）の条件が存在すると単に流水だけの場合に比べて、砂礫が流れに突き動かされ岸や川底に与える衝撃は激しく、一段と侵食作用は大きくなる。通常の河川では、平常時の流れによる侵食作用は弱く、侵食の大部分は洪水時に起きている。洪水後に河川形状が一変するような例は枚挙にいとまがない。川の彎曲部では、斜めに岸に向かった流れは法線応力（動圧）と接線応力（摩擦）を持って岸に作用する。一般に流速が同じならば法線応力が接線応力よりも大きいので、彎曲部は直線部に比べてより強い流れの侵食力を受けることになる。かくして彎曲部の岸はより激しく洗掘されて変形が進むことになる。河床の変形過程については例えば芦田ら[4]の、彎曲部の流れと河床変動については池田・須賀[5]の解説がある。

　侵食の速さが歴史的事実に基づいて推定されている例を、野満・瀬野[6]の記述から紹介する。799（延暦18）年の富士山の爆発によって流出した溶岩が山梨県の猿橋にまで到達した。これが桂川の急流により掘られて、これまで30m余りも深くなっているので、1年に約2.7cmの割合で侵食されたことになる。またイタリアのシチリア島にあるエトナ火山から出た溶岩が、今は30m余りも掘られているので、1年間当たり9cm余りも侵食されたといわれる。これらは侵食速度がきわめて速い場合であって、一般的にはもっと遅い。侵食が進むと削られたものが下方に堆積して河床勾配が減じて流速も自然と遅くなり、侵食の早さも減じるはずである。日本と世界における侵食速度の比較が9.5節になされている。そこでは、全河川において侵食される量を地球陸面全体で平均すると、1000年に5.6cm厚さが減少する程度の侵食速度になることが紹介されている[6]。

表7.3 世界の数河川における月最大浮泥濃度と月最小浮泥濃度[6]、単位：g/ℓ

川	ミシシッピー	エルベ	セーヌ	ローヌ	ドナウ	ナイル	黄河
月最大値	1.059	0.052	0.049	0.135	0.301	1.492	76.6
月最小値	0.230	0.005	0.004	0.018	0.015	0.047	3.5

7.3 川の流れの運搬作用

河川の運搬作用には、土砂・礫・岩などを水流の力で押し流す機械的運搬の他に、溶食による溶解物質の運搬、すなわち溶流と称されるものがある。機械的運搬については野満・瀬野[6]、芦田・中川[7]、水理公式集[8]に解説がなされている。

(1) 浮流による運搬

浮流による運搬量は浮遊粒子の濃度と流量の積で与えられる。表7.3に世界の数河川における浮遊粒子の濃度が示されている。濃度は季節によって大きく異なるので、表には月最小の濃度と月最大の濃度が載せてある。ヨーロッパの諸河川よりもミシシッピー川やナイル川（アスワンハイダム建設前）の濃度が高い。中でも広大な中国の黄土地帯を延々と縫って流れる黄河の濃度がずば抜けて高いことが注目される。最大の9月には河川水1ℓ中に約80gの浮泥が含まれている。黄河が流れ込む縁海に黄海の名称が与えられていることもうなずける。

浮遊状態で運ばれる場合を考えると、原点を河底においてz軸を鉛直上方にとり、川の深さをh、浮流物質の濃度分布を$C(z)$、流速分布を$u(z)$とした時、川の単位幅について単位時間当たりの浮遊土砂の運搬量q_sは次式で与えられる。積分下限のsは底の近くで浮流が始まる高さである。

$$q_s = \int_s^h C(z)u(z)dz \tag{7.1}$$

定常状態における粒子の濃度は、重力で降下する量と乱れの拡散作用によって上方に運ばれる量の釣り合いで定まる。粒子の沈降速度を$w_s(>0)$、浮遊粒子の鉛直拡散係数をA_sとした時次式が成り立つ。左辺の第1項は拡散項、第2項は沈降項である。

$$A_s \partial C/\partial z + w_s C = 0 \tag{7.2}$$

鉛直渦動粘性係数の場合には混合距離理論を用いて（4.15）式で与えられたが、鉛直拡散係数も同様な考えで（7.3）式を用いる。ただし今の場合には水面が存在するので、底面からの距離zばかりでなく水面からの距離$(h-z)$も考慮している。κはカルマンの定数、u_*は摩擦速度である。

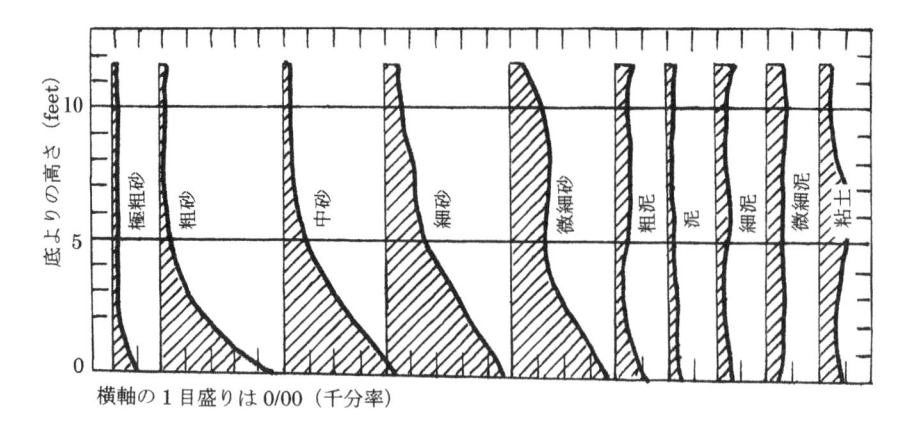

図 7.2 ミズーリ川における粒径別の砂泥濃度の鉛直分布、野満・瀬野[6]の付図に加筆

$$A_s = \kappa u_* z(1-z/h) \tag{7.3}$$

この式を (7.2) 式に代入して積分すると次式を得る。C_s は高さ s における濃度である。

$$\frac{C}{C_s} = \left[\frac{(h-z)s}{(h-s)z}\right]^\lambda \quad \lambda = w_s/\kappa u_* \tag{7.4 a, b}$$

これは Rause の式とよばれる[9]。河床や水面の近傍を除けばほぼ実際に近い結果を与えるといわれるが、問題点も指摘されている。その1つに普遍的なカルマン定数 κ は、粒子が存在すると一定値 0.4 でなく、濃度が高いほど著しく小さくなることが実験的に確かめられ、理論的にも検討がなされている。流水中の浮泥の濃度分布については、その他の分布式も提案されている。

浮流物質の濃度分布は物質の大きさによって著しく異なる。図 7.2 に Straub がミズーリ川において粒径別に粒子の濃度分布を測定した結果を示す。粒径が大きな砂の場合には表層にはきわめて少なく、主に底層付近に集まっている。そして粒径が小さくなるにつれて中層における濃度が増し、シルトや粘土になると全層ほぼ一様な濃度分布を示すようになる。その他の各種の分布式もこのような濃度分布の特性を説明している。

(7.1) 式を用いて浮遊砂量を求めるには流速分布 $u(z)$ を知らねばならない。このために (4.17) 式の対数分布則を考慮した式やその他の流速分布を用いて、浮遊砂量を求める式や必要な計算図表がいくつか提案されて、実用に供されている[7][8]。ただし現象がきわめて複雑であるために、結果にはかなりの散らばりが認められるがやむを得ないことである。

表7.4 世界の数河川における年間浮泥輸送量（単位：10^8 トン／年）と毎秒当たりの輸送量（単位：トン／s）[6]

川	黄河	ミシシッピー	長江	ポー	ラプラタ	ナイル	ドナウ	ローヌ	ガンジス	ウルグアイ
10^8 トン／年	6.72	3.04	2.58	0.67	0.63	0.52	0.50	0.30	0.26	0.15
トン／s	21.3	9.64	8.18	2.12	2.00	1.65	1.59	0.95	0.82	0.48

なお現場の測定結果に基づいて1年間の浮泥量が求められた結果を**表7.4**に掲載しておく。表には毎秒平均の値も加えてある。大陸の多くの川が毎秒1、2トンかそれ以下であるのに対して、長江が8トン、ミシシッピー川が約10トンもあり、特に黄河が20トンを超えているのには驚かされる。ただしこれらのデータは古くて、近年は河川の状態が大きく変化している可能性が高いので、値も相当に異なっているであろう。なお、いうまでもないが規模が小さいわが国の河川に比べて、これらの運搬量は著しく大きなものである。

(2) 掃流による運搬

傾斜角 θ の河底に体積 V の砂礫の粒子が静止している場合を考える。重力の作用で転ろうとする粒子を引き止めている摩擦力は、摩擦係数を r とした時 $r(\rho_s-\rho)gV\cos\theta$ で与えられる。ρ_s と ρ は砂礫と水の密度で、g は重力加速度である。流速 u の流れがこの粒子に与える動圧は、流れに対する粒子の横断面積を A とし、抵抗係数 C_d を用いると $1/2 C_d A \rho u^2$ で表される。動圧を受けて粒子が動き始めた時の流速を u_c とすれば、上記の2つの力を等しいと置いて次式を得る。

$$u_c^2 = (2r/C_d)(V/A)(\rho_s/\rho - 1)\ g\cos\theta \tag{7.5}$$

粒子が球形の場合は $V/A = 2d/3$ となって直径 d に比例する。ゆえに、流水が動かし得る粒子の大きさは流速の2乗に比例し、したがって動かし得る体積は流速の6乗に比例する。

さて、流れが底面に作用する摩擦力 τ_b は、定常等流で風がない時には (4.10) 式より次式で与えられる。I_b は河床勾配である。

$$\tau_b = \rho g h I_b \tag{7.6}$$

掃流の場合に河底の粒子が動き始める時の摩擦力は限界掃流力とよばれ、これを τ_c と記す。一方で Shields は、河床の粒子の運動は境界層理論における粘性底層の厚さ δ と粒子の平均直径 d に関係すると考え、限界掃流力に関して (7.7 a) 式の無次元量の関数関係を想定した[8]。関数 ϕ は Shields 関数とよばれる。ν は動粘性係数、u_* は摩擦速度である。

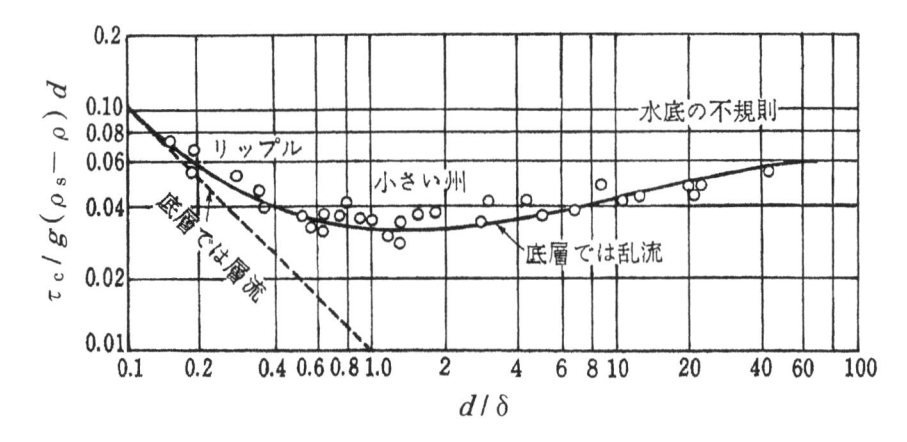

図 7.3　固体粒子に対する限界掃流力、Schields の付図の部分[8]

$$\tau_c/[g(\rho_s-\rho)d] = \phi(d/\delta) \qquad \delta = 11.6\nu/u_* \qquad (7.7\text{ a, b})$$

多くの実験データを整理すると図 7.3 が得られる。図中の小さな白丸が測定結果で、これに基づく関数 ϕ は図中の太い実線で表される。その後多くの実験と理論的な研究が進められている。前に示した図 7.1 中の動き始める限界の曲線もその1例である。

掃流砂量の推定についてもいくつもの計算式が提出されている。例えば、単位川幅当たりの流砂量を q_b とした時、適当な考察の下に次式を仮定して、粒径 d に依存する係数 $\psi(d)$ の値が求められている。

$$q_b = \psi(d)\,\tau_b(\tau_b - \tau_c) \qquad (7.8)$$

また、2つの無次元量 $q_b/(u_* d)$ と $\tau_b/g(\rho_s-\rho)d$ との間に下記の関係を考えて、関数 Ψ の形も定められている。

$$q_b/(u_* d) = \Psi\{\tau_b/g(\rho_s-\rho)d\} \qquad (7.9)$$

具体的な計算式や付図は文献[7][8]を参照されたい。しかし、その他の計算式を含めて、それらが与える流砂量の間にはかなりの散らばりが認められる。

このことは現象の複雑さを表していて、推定の精度を上げるためには、例えば次のような面倒な問題を明らかにすることが必要であり、研究が進められている[8]。ⅰ) 従来の掃流理論は、現象の実態が明らかでないために、主として概念的なモデルに基づいて組み立てられてきた。しかし精度を上げるためには、砂粒子の運動の実態を詳細に把握してその機構を取り入れることが必要である。ⅱ) 河床は決して平坦でなく、5.3 節に見たように河床波が発生して砂連さらに砂堆とさまざまな形状を呈する。河床形状が異なれば掃流力も砂の運動も異なるわけでこれを考慮しなければならない。ⅲ) これまで主に一様粒径あるいは平均粒径を考えて議論が行われてきたが、実際は

そうではない。異なる粒径の砂が混合している場合の考慮が必要である。

(3) 運搬物質量の比較

水流による物質輸送には、溶流、浮流、掃流があるが、いずれが重要であるかが問題になる。なお微細な wash load については芦田・中川[7]に説明が見出されるが、河床変動への影響は弱いのでここでは触れない。まず浮流物質と掃流物質の比率を、野満・瀬野[6]にしたがってスイスの4河川で見ると、3.0から6.9の範囲にあり、浮流物質が掃流物質よりも数倍大きかった。これは山地河川における比率であるから、日本の川においても同程度であろうと推測される。一方、平地の悠々たる緩流においてはこの比率は著しく大きく、10倍から50倍程度と見なされている。これには次のような事情が考えられる。物質の輸送は洪水時に多いが、この時浮遊して運ばれる砂泥は、河川水中の含有率が高くて、深くなった水深全体の流れと同じ速さで運ばれる。これに対して掃流砂礫は水流に比して非常に遅く、かつ掃流される土層の厚さも水深に比して著しく薄い。したがってアマゾン川、ミシシッピー川、長江、黄河などの大河においては、浮流物質量は掃流物質量に比べて比較にならないほど大きいと考えられる。

一方、溶流物質量と浮流物質量の比を％で比較すると、スイスの2河川では19：81と33：67であり、ナイル川とミシシッピー川ではともに29：71であった。この時掃流物質量は僅少であるから、浮流物質量に含めてある。これらの結果から野満・瀬野[6]は、平均的に見れば運搬物質全体の約70％は機械的作用で運ばれ、残り約30％は化学的に溶けて流されていると述べている。ただしこれらの比率も、河川、その部位、気候、地形、地質などによってかなり異なるであろう。また野満・瀬野は、地表に存在する種々の岩石に対して風化実験を行うと、岩石の種類によって多少の差はあるものの、化学的に溶解されるものと機械的に崩れるものの割合は、全体の3割と7割の程度になって、上記と矛盾しない結果になることを述べている。

7.4 川の流れの堆積作用

(1) 沈降速度

底質の堆積は粒子の沈降から始まる。最初に粒子の沈降速度について考える。粒子が小さい時の沈降速度 w_f は、粒子に働く重力 $(4/3)\pi(d/2)^3(\rho_s-\rho)g$ とストークスの抵抗則といわれる粘性抵抗 $6\pi\rho\nu(d/2)w_f$ の釣り合いから定まり、下記の式で与えられる。ν は動粘性係数である。この式はレイノルズ数 $Re = w_f d/\nu$ が1以下の時に成立する。

$$w_f = (\rho_s/\rho - 1)gd^2/18\nu \qquad (7.10)$$

レイノルズ数が大きい時には、抵抗係数 C_d を用いて、$(1/2)\rho C_d\pi(d/2)^2 w_f^2$ で表される流体抵抗が、上に記した粒子に働く重力と釣り合うとして次式を得る。

$$w_f = \sqrt{4/3\ (\rho_s/\rho - 1)gd/C_d} \tag{7.11}$$

抵抗係数は粒子の形状とレイノルズ数によって異なる。一方、流れが弱まって粒子が沈降し始める時の水平流速は、**図7.1** に描かれている。

(2) ふるい分け作用の堆積効果

上流で生成された岩・礫・砂は流れによって下流へ運ばれる間に、互いの衝突や河床の抵抗によって割れたり、磨耗して次第に小さくなる。粒子の沈降速度は前項に述べたようにその大きさや重さに関係するので、同じ強さの流れの中でも、大きく重いものは早く沈み、小さく軽いものは遠くまで運ばれる。したがって流水中の物体は、あたかもふるいにでもかけられたように礫、砂、泥と別々に分かれて堆積する。このふるい分け作用は川における堆積物の分布を考える場合に非常に重要である。一般に川の上流では侵食作用が活発で、その中で粒径の大きな砂礫が主体となって堆積し、下流に行くにしたがって堆積物の粒径は小さくなることが、多くの河川で認められる。

今、流れが (7.5) 式の限界流速の場合を考え、これを (5.6 a) 式の chézy の式に代入し、粒子を球で表すと河床勾配として次式を得る。C_h は chézy の係数である。

$$I = 4rg/(3C_d C_h^2) \cdot (\rho_s/\rho - 1)\cos\theta \cdot d/R \tag{7.12}$$

山間渓流ではこれと同形式の下記の式が用いられるという[6]。

$$I = (\rho_s/\rho - 1)d/(0.1 R C_h^2) \tag{7.13}$$

そうであると上記のように河床勾配は、粒子の粒径が大きくて水深(径深:R)が小さい上流側で急になり、粒径が小さくて水深が大きい下流側で緩やかになる。

実際に、川が山間地を抜けて平地へ出て間もない扇状地(**図 5.9**)では、まだふるい分け作用が不十分で、大小の砂礫が雑然と堆積しているが、粒径が大きい成分が多い。これと対照的に三角州(**図 5.11**)では、堆積物は十分にふるい分けされて粒径はよく揃っている。その主成分は粒径の小さい砂や泥である。特に海に出た場合には流れは急に弱くなるので泥の堆積が顕著になる。

河川内で侵食作用と堆積作用が釣り合った時、河床は平衡状態になるであろう。この状態の河川を平衡河川という。ただし実際には、河川の形状は洪水時に大きな変化を受け、これが平常時にゆっくりと修正されるという過程を繰り返しているので、真の平衡河川が存在するか否かは問題になる。地質の研究者たちの経験によれば、平衡河川の勾配はその運ぶべき土砂量ならびにその平均粒径が大きい時に大きく、水量が大きいと逆に小さくなるという。浮流砂量の研究に基づいて、これを認める結果が出されている[6]。

実際の河川における河床の縦断面曲線は後出の**図 9.3** に示されているが、全般的に河口付近では緩やかに、上流に向けて指数関数的に急上昇する傾向が認められる。高

い山地に生まれて低い海に注ぐ川の河床勾配が,下るにつれて漸次小さくなるのは当然のことと思われる。ここではふるい分け作用の影響を受けて生じる河床形状について考える(本間[10])。

今,底質を構成する物質は上流において生成され,川の途中に生成されることはない場合を考える。砂礫の重さを W とした時,距離とともに破砕や磨耗によって重さを減じる割合は,W に比例すると仮定する。そうすると下流に向けて x 軸をとった時,p を比例係数として下記の関係が想定される(Sternberg の法則といわれる)。

$$dW/dx = -pW \tag{7.14}$$

ところで流れで運ばれる砂礫の重さ W は流速に,したがって河床勾配 I に関係すると考えられる。そこで r と m を定数として $W = rI^m$ を仮定すると,上式は $dI/dx = -(p/m)I$ となる。原点における底面勾配を I_0 とすれば,積分して次式を得る。

$$I = I_0 \exp(-px/m) \text{ を得る。} \tag{7.15}$$

水平な基準面からの河床の高さを z とすれば $I = dz/dx$ である。(7.15)式をこの式に代入して x で積分すれば,原点の河床の高さを z_0 とした時,河床の高さの分布は次のようになり,指数関数的な変化をすることになる。

$$z = z_0 + mI_0/p\{1 - \exp(-px/m)\} \tag{7.16}$$

この式は大胆な仮定を用いて問題を含むが,実際の縦断面曲線が示す形状の特性をある程度表しているといえる。p の数値は砂礫の比重や形状などによって異なる(具体的な数値は本間[10]を参照)。m の値はほぼ2とされている。

(3) 長大河川の下流域における堆積

前項では堆積物の粒径が下流に向けて次第に細粒化してふるい分けが行われる場合を考えた。しかし,細粒化の過程をほぼ終えてもなおかつ流下を続けねばならない大陸の長大河川の下流部においては事情が異なるであろう。速水[11]は長江(揚子江)の場合にこの堆積過程を詳細に調べた。長江の浮泥は,通常は粒径が 0.01~0.05mm のものが 30~40% を占め,残りは 0.01mm 以下と非常に小さい。観測によれば浮泥の濃度分布は深さ方向にはあまり変化せず,底層付近にはそれよりも粒径が大きい砂が堆積している。速水は(7.3)式と異なるが,水底と水面からの距離に依存するという同様な特性を持つ鉛直拡散係数を用いて理論的な浮泥の濃度分布を求めて,実際に近い濃度分布になることを確かめた。これは図 7.2 の観測結果とも一致する。

一方,底質においては,水中の浮泥とは異なる大きな砂粒子が主体になる。速水[11]は長江の河口から 1,200km 以上の上流までの底質の組成分布を調べて図 7.4 を得た。支流の流入など流域に変化が生じたところには,組成分布に変化が見られる。だが変動区間は短く局所的であって,それを除けば斜線を付した 0.10~0.25mm の粒径を持つ細砂が底質の大部分を占めている。すなわち長江下流においては全体的に底質はほぼ一様な組成を持っているといえる。そしてこの組成は,長江の定常的な水理

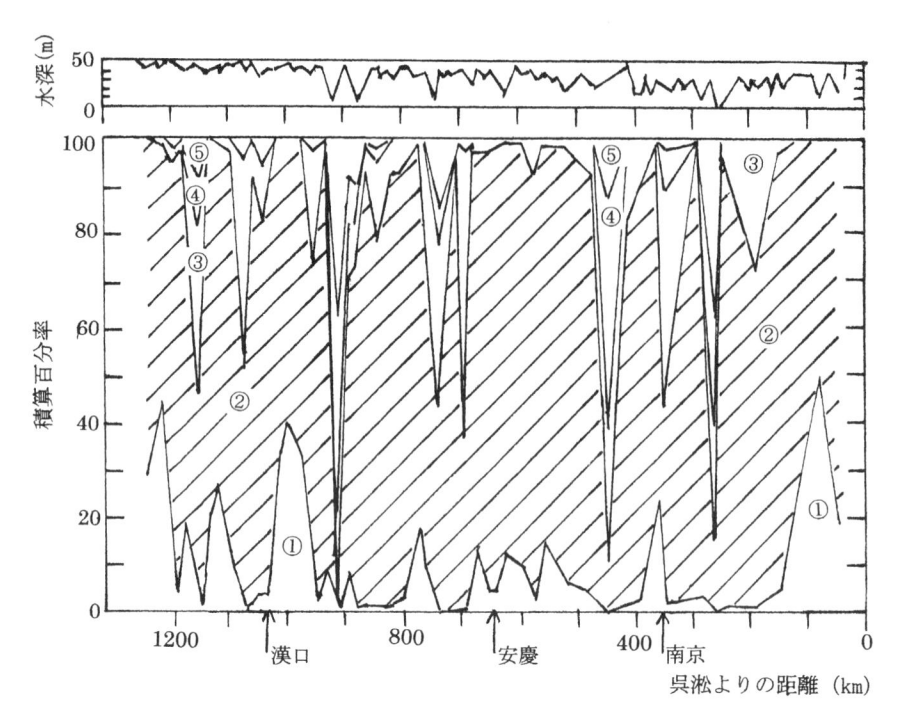

図 7.4 長江（揚子江）における底質の組成分布、①微砂（0.05～0.10mm）、②細砂（0.10～0.25mm）、③中砂（0.25～0.42mm）、④粗砂（0.42～1.00mm）⑤礫（＞1.00mm）、速水[11]の付図に加筆

条件のもとに理論的に想定される底質の組成に近いことを示した。

このことは、短期的には流れや運搬物質は変動していても、下流の底質はおおむね安定して平衡状態にあるという顕著な特性を持つことを教える。そしてこのような底質の特性は長江のみならず、ほぼ細粒化の過程を経て支流の影響を強く受けることなく、広大な大陸の平地を悠々と流れる長大河川の下流部に、多分に共通して見られることであろう。ただし近年、長江上流には三峡ダムの建設が進められて、運営の開始も遠くないと聞く。これが下流および長江が注ぐ東シナ海、さらに日本海にどのような影響を与えるかが興味を惹き、また心配されるところである（15.2 節参照）。

(4) 大陸棚における堆積速度

堆積の速度は、三角州の発達などから推測することは可能であるが、地域的に著しく異なる。そこで 7.2 節において地球陸面全体の平均の侵食速度が 1000 年に 5.6cm の程度であると述べてあるので、野満・瀬野[6]はこの値を基に大陸棚上における堆積

速度を見積もった．陸上で侵食されたものは絶えず海に流出するが，その中の一部は溶存物質として海水中に留まり，一部はプランクトンなどに摂取された後に深海沈殿物に化すものがある．だが大部分の92％程度は大陸棚に堆積するといわれる．大陸棚の面積は陸面の1/5の程度であるから，上記の流出量を陸棚にばら撒くとすれば，$5.6 \times 0.92/(1/5) = 25.8$cm となる．すなわち，大陸棚平均で1000年に26cm程度の厚さに堆積し，これが水成岩を生成すると考えられる．

7.5 山地における土砂生産とダムの堆砂

(1) 山地の土砂生産

　川の上流地帯における土砂の流入を考える．わが国の山地は変動帯に属し，かつ中緯度の多雨地域であるので，第四紀の地層が削剥される速度は0.1～1mm/年のオーダーであり，世界の大起伏山地と比較して1桁も大きく，それだけ土砂の生産は多いといわれる（池田[12]）．ちなみに前節の終わりに引用した地球表面全体における平均の侵食速度は，0.056mm/年である．さらに日本の山地を構成している地質はきわめて多様であり，度重なる変動で破砕されて砂山化している．したがって山地斜面から川への岩屑の流出は時間的にも空間的にもきわめて変動が大きい．これが日本の川を特徴づけている．水文過程における山地からの物質生産については奥西ら[13]の，斜面崩壊や土石流の発生などについては芦田[14]らの総説がある．

　山地における土砂の生産は地すべり，斜面崩壊，土石流，土石なだれ，崩落などによって発生している．これら山地崩壊の原因は，大雨の場合が多いが，融雪，地震，火山噴火，火山活動による火口湖の決壊などがある．崩壊したものはいったん谷に入って静止した後，出水時に掃流の形式で運ばれるのが普通である．そして当初は大きかった岩屑も，既に述べたように河川において掃流として運ばれる間に次第に細粒化していく．

　これと対照的にヨーロッパなどの安定した波状丘陵地域では，このような土砂の動きは少ないので，掃流土砂の生産はほとんどない（奥西ら[13]）．その代わり河川は主として蛇行に伴う側方侵食によって掃流土砂を獲得する．蛇行河川では掃流土砂は掃流力が小さい部分ですぐに堆積するので，1つの洪水による土砂の移動距離は意外に短い．蛇行でない場合にも，掃流土砂が作る砂礫堆が洪水の度に少しずつ下流に移動する場合が多い．

　わが国の顕著な山地崩壊の1例として，1984年の長野県西部地震による御岳崩れを挙げておく．この地震によって御岳の南斜面で巨大崩壊が起こり，崩壊土は土石流に類似した土石なだれとなって約13kmの距離を流下し，王滝川の本川の河床を約2kmにわたって40～60mも上昇させたという．そして御岳崩れ以後は上昇した河床

が川原を形成し、引き続く大量の土砂輸送と侵食・堆積の頻繁な繰り返しによって、水生植物や魚類などの生物はほとんど棲息できない環境になったといわれる。

(2) ダムの堆砂

　山地から川へ流出する土砂量の直接測定は困難を伴う。それゆえダムなどの貯水池へ堆積した土砂量を用いて推定することが行われている[8]。ところでダムの堆砂量が、そこに流入する河川流域の土砂生産量とどのような関係にあるかは明らかとはいえない。なおダムの堆砂問題は、ダムの使用可能な寿命と深く関係するばかりでなく、下流域さらに海域への土砂供給に重大な影響を与えるので、防災とともに環境の面からも非常に注目されている。そこでダムの堆砂について少し考えることにする。

　ダムの堆積量にはダムの上流側に堆積する土砂や、wash load として逃げていくもの、放水時に水とともに流出するものなどが除かれているために、上流流域の土砂生産量に対しては過少評価を与えることにまず留意しなければならない。ダムの堆砂量は流域の面積、地形、地質、降雨量、植生などに関係すると考えられるので、各種因子を考慮したいくつかの実験式が水理公式集[8]に掲載されているが、現象が複雑であるために精度が高いとはいえない。

　例えば、比堆砂量（単位流域面積当たりに1年間にダムに堆砂する量、Q_s、1000m³/年/km²）は、流域面積（A、km²）と貯水池の総貯水容量すなわち当初貯水容量（C、km³）との間に、$Q_s = \alpha \, (C/A)^\beta$ の実験式が紹介されている。α は地域による定数である。ただし実験式に対する観測データの散らばりは大きい。外国の例では β は0.8の程度で、堆砂量は流域面積の -0.8 乗に比例して減少する。日本の例では、-0.7 乗に比例して減少するというデータがある。流域面積が小さいと比堆砂量が大きいということは、険しい山地で急斜面が多くて地盤が崩落しやすい流域は、相対的に面積が狭いということに対応しているのかも知れない。一方、岡本・山内[15]は、建設省[16]が作成した「総貯水容量500万m³以上のダムに対する全堆砂率のTOP 50」という資料を基に、50ダムについて年堆砂量（1,000m³/年）と流域面積との関係を調べて、相関係数は0.173と低く、両者の関係は認め難いという結果を報告している。

　その一方で、比堆砂量がダムの規模に関係するという結果が報告されている。上記の実験式によれば、比堆砂量は貯水池の総貯水容量の β 乗に比例することを教えている。岡本・山内[15]がわが国のダムについて年堆砂量と総貯水容量の相関をとると相関係数は0.954と著しく高かった。そこで彼らは比堆砂量とダムの水の滞留率（総貯水容量／水の年間総流入量、ダムの回転率の逆数）との関係を見るために図7.5を作成した。ただし年間総流入量が入手できなかったので、図は滞留率の代わりに総貯水容量／流域面積を用いている。この図では両者の間に明瞭な直線関係が認められる。水がダムに流入すると流れが急激に弱まるので、含まれる土砂は沈降してダムの底に

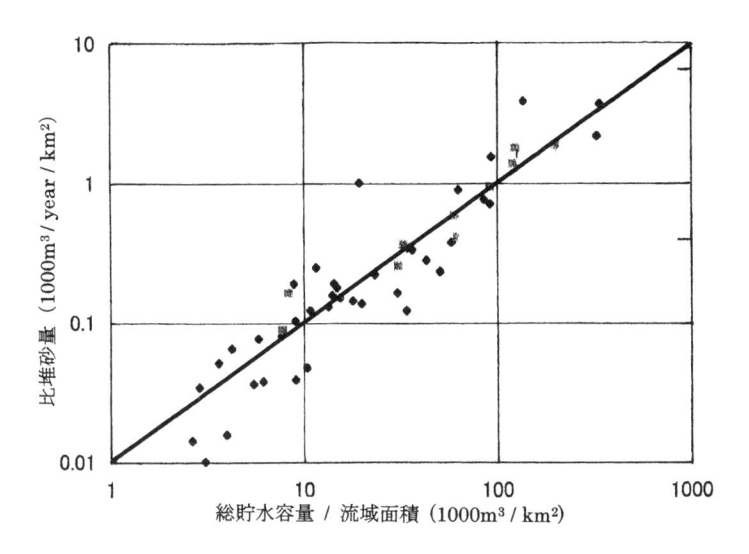

図7.5 ダムにおける比堆砂量と水の滞留指数（総貯水容量/流域面積）の関係、岡本・山内[15]の付図に加筆

堆積する。図7.5の結果は、ダムの水の滞留率が大きいとダムの土砂の捕捉率も大きくなることを示すものである。なお岡本・山内は、堆砂量と流域面積との関係が薄いことから、ダム湖の両側斜面からの土砂流入の可能性を示唆しているが、これは今後の検討を必要とする。

ちなみに上記のTOP 50のダムについて、年堆積率の頻度分布をとると図7.6を得る。この図はまたダムの寿命の分布を表すもので、寿命の値は図の上の横軸に記してある。これらのダムに対する平均の堆積率は1.1%/年であり、ダムの平均寿命は約90年になる。これは日本人の平均寿命をわずかに超える程度で、わが国のダムの寿命は意外に短い。

阪口ら[3]によれば、ダムの高さ1m当たり（単位堤体当たり）の貯水容量は、日本のダムは大陸にある世界最大級のダムの1/400から1/800と桁違いに小さいという。ゆえにわが国のダムの寿命がこのように短いのは当然のことであり、著しく効率が低いといわねばならない。したがってこの短い寿命を考えた時、膨大な経費と環境に大きな影響を与える大規模ダムの場合には、建設計画の段階でその機能が失われた時にどうするかを、予め十分に考慮しておくことが重要と思われるが、それはなされていないようである。常識的にはダムに溜まった砂を排除することであり、一部には実施されているが多くの困難な問題を抱えて容易ではない。ダムが抱える問題は17.2節(5)項で考察する。

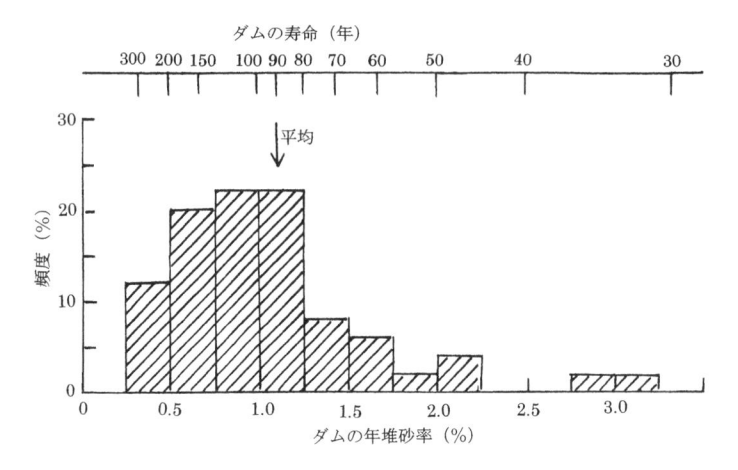

図 7.6　わが国の主要 50 ダムにおける流入土砂の年堆積率の頻度分布（黒部川出し平ダムの 5.16% ははみだして図示されていない）、建設省[16]のデータを基に作成

7.6　川から海への土砂流出量

　前節とは逆に、川の下流端から海へ流出する土砂量に注目する。この値は川が海に与える影響を考える場合に基本的に重要な要素であるが、この量がきちんと見積もられている例は見出し難い。すなわち河口においては川から流出するものの他に、潮流と波浪によって川に運び込まれるものがあり、かつ時間的変動が大きいので、川から流出するもののみを捉えるのは簡単でない。さらにこの土砂流出は主に洪水時に行われるので観測が非常に困難である。

　一方、安定した海岸においては、川から流出する砂と海岸を漂流する砂（漂砂）とは長期間では同程度であろうと推測されるので、漂砂量を用いて概略の値を推定することにする。わが国のそれぞれの地域を代表する比較的大きな河川が注ぐ開けた海岸の漂砂量を、宇多[17]の著書から拾うと**表7.5**のようになる。これによればわが国の大きめの川からは、1年間におおよそ 10 万 m^3 から 20 万 m^3 程度の砂が流出していることになる。ただし漂砂量の正確な見積もりは現象が複雑であるために非常に難しい。また沖の方へ流出した砂もあり得るであろう。

　それゆえ砂の実際の流出量は、これらの値よりも大きいことが当然考えられる。さらに砂浜が安定して、砂の流れが平衡状態にあるかどうかも問題になる。したがって上記で推定した川から海への砂の流出量はごく概略のもので、控えめの値であると考

表7.5 日本の各地海岸における年間の漂砂輸送量、宇多[17]による

海岸	流入河川	漂砂量（万 m³/年）
大洗海岸	那珂川	23～30
富士海岸	富士川	10～12.5＊
静岡・清水海岸	安倍川	10～13.5＊
駿河海岸	大井川	8＊
遠州灘海岸	天竜川	23
高知海岸	仁淀川	14
宮崎海岸	大淀川	11
能代海岸	米代川	18

＊急傾斜海岸で深海へ流出する部分が多いと考えられるので、実際はこの数値より大きいと推定される

えておかねばならない。さらに川の特性と条件によっては、この範囲を大きく超える場合もあり得るであろう。

具体例として、駿河湾北西部に注ぐ安倍川からの流出土砂量をまとめた田中[18]の結果を紹介しておく。**表7.5**によれば、安倍川海岸の漂砂量は年間10万～13.5万 m³である。一方、国土交通省（2001）が深浅測量結果から見積もると、漂砂量は10万 m³/年であった。さらに国土技術政策総合研究所（2007）は観測データを使った数値計算によって、20年間の平均値として、安倍川河口から15.9万 m³/年の土砂が流出し、そのうち1.8万 m³/年の土砂が河口テラス（**図13.2**参照）に堆積し、沿岸方向の漂砂量として9.1万 m³/年、沖方向の漂砂量として5.0万 m³/年を得たという。この流出土砂が河川内の大量な採砂によって激減したために、静岡・清水海岸に著しい海岸侵食が生じたが、その実態は13.5節（1）項に述べられる。

参考文献
(1) 松沢勲監修（1988）：自然災害科学事典，築地書館，572pp.
(2) 大草重康（1972）：土木地質学，朝倉書店，353pp.
(3) 阪口豊・高橋裕・大森博雄（1995）：日本の川，岩波書店，265pp.
(4) 芦田和男・池田駿介・澤井健三（1985）：河床形態，流砂の水理学（吉川秀夫編），丸善，155-190.
(5) 池田駿介・須賀堯三（1985）：彎曲部における河床形状，同上，221-247.
(6) 野満隆治・瀬野錦蔵（1959）：新河川学，地人書館，348pp.
(7) 芦田和男・中川博次（1985）：流砂量の算定，流砂の水理学（吉川秀夫編），丸善，113-153.
(8) 土木学会編（1999）：水理公式集，713pp.
(9) Rouse, H.（1937）: Modern conception of fluid turbulence, Trans. Am. Soc. Civ. Eng., vol. 102.

(10) 本間仁(1993):河川工学, コロナ社, 231pp.
(11) 速水頌一郎(1943):揚子江と黄河より見たる南北支那の自然環境, 太平洋の海洋と陸水(太平洋協会編), 岩波書店, 755-815.
(12) 池田宏(2000):山から海までの土砂礫の移動と粒径変化, 海洋, 32, 151-155.
(13) 奥西一夫・諏訪浩・斉藤隆志(2000):水文地形プロセスとしての山地からの物質生産, 海洋, 32, 138-144.
(14) 芦田和夫(1985):土砂生産と流出, 流砂の水理学(吉川秀夫編), 丸善, 345-362.
(15) 岡本尚・山内征郎(2001):ダムの堆砂量は何によって決まるのか, 応用生態工学, 4, 185-192.
(16) 建設省河川局開発課(1994):総貯水容量500万m^3以上のダムに対する全堆砂率のTOP 50, 朝日新聞1996年9月18日夕刊. この内容は上記文献(15)に記載されている.
(17) 宇多高明(1997):日本の海岸侵食, 山海堂, 442pp.
(18) 田中博通(2010):安倍川, 日本の河口(澤本正樹・真野明・田中仁編), 古今書院, 163-170.

第8章　川の変遷

　これまでは、現在の川において水がどのように流れ、どのような働きをしているかを調べてきた。そして川自身の働きで、川の流れ、河道、さらに流域の地形は一定を保つことなく、時間とともに変化することを理解することができた。それでは、現在の川はどのような経過をたどって形成されてきたのか、そして川は将来どのような姿になるかが問題になる。野満・瀬野[1]が川の成長の過程を論じているので、これを参考にして考えることにする。

8.1　川の一生

　新たな陸地が海底の隆起によって生じた場合を主体に考える。火山の噴火によって陸地が出現した場合も、火山活動がおさまった後にはほぼ同様な経過をたどるであろう。川の形成途中に陸地の昇降その他の変動が生じた場合は 8.3 節において考察する。陸地が海面上に姿を現して以来、川ができ始めてから十分に成長するまでの期間を、野満・瀬野[1]は4つの期間、すなわち幼年期、青年期、壮年期、老年期に分け、各期の特徴を、特に河谷の発達を中心にしてその経過を模式的に描いているので、それを図 8.1 に引用する。

(1) 幼年期の川 （図 8.1 の①）

　陸地ができて雨が降り注ぐようになると、自然の傾斜に沿って長短のいくつもの川が流れ出す。この最初の川は地形の傾斜のみにしたがって流れ、地層には関係しない。川はほぼ直線的で、互いにほぼ平行して流れ、支川はきわめて少ない。なお海底時代にできた地面の起伏に応じて、その窪みに水が溜まってたくさんの自然の湖沼や沢地が存在する。

(2) 青年期の川 （図 8.1 の②）

　幼年期を過ぎた青年期の特色は次のようである。

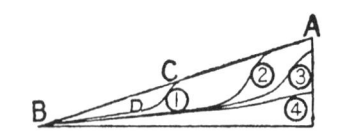

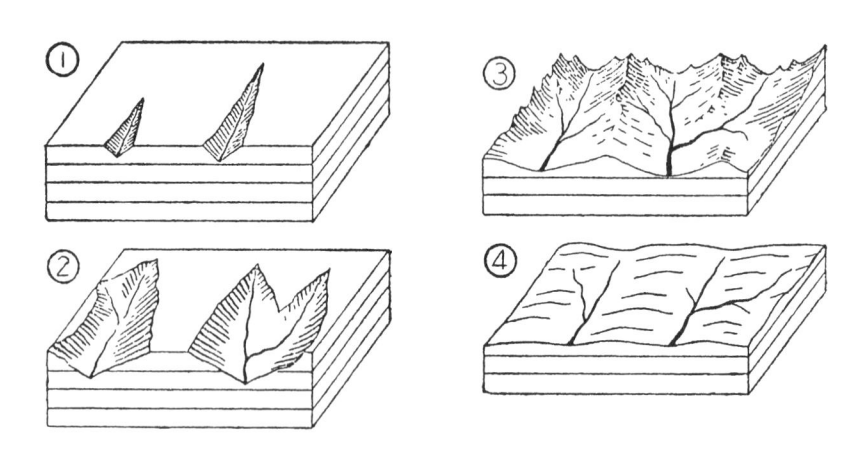

図 8.1　川の成長のモデル、①幼年期、②青年期、③壮年期、④老年期、野満・瀬野[1]による

ⅰ）渓谷もしくは峡谷の出現。侵食が活発に行われるのは水量が豊富な河口であるから、最初は河口付近に峡谷が出現し始め、それが年とともに上流に移っていく。峡谷が上流の方へ後退する一方で、河口の方は川幅が増え、勾配も緩くなる。
ⅱ）滝の出現。地層に硬軟の差がある時、峡谷が地盤の固いところまで後退すると、それ以上進むことが制限されて滝が発生する。
ⅲ）支流の発生。本流の谷が深く掘れると、その両側が谷の方へ傾いた斜面となる。それが風化や雨食で剥離した部分ができて、そこに支流が形成され始める。ただしその数はまだ少ない。そして支流の本川への合流点は瀑布や急湍となっていることが多い。
ⅳ）まだ湖沼が多数残っている。

(3) 壮年期の川 （図8.1の③）

　壮年期になると、上流の渓谷はいよいよ後退して山頂近くにまで及ぶようになる。上流を除いては滝も消失する。そして川のかなりの部分を占める中流域では、緩勾配となって土砂の輸送も減少し、平衡状態に近づく。川の蛇行も始まる。湖沼は土砂が堆積してほとんど消失する。一方、これまで低かった下流部では堆積が進んで氾濫平

野が広がり、河口部の三角州も形成され始める。

　このように本流が発達するとともに、支流が発達伸張する。支流も第2次、第3次の支流を作るようになり、上流山地は複雑な細い谷の集合となる。この結果、本来の台地は原形をほとんどとどめぬほどに侵食され、山頂は鋭く細くなり、平地を見出すのは困難になる。支川の発達に伴って分水嶺も判然となる。ただし支流の発達には地形、地質、雨量などの相違によって強弱が生じて、流域の争奪という現象も現れる。その際に川と川との間に侵食されずに残った地面は山になる。そこが硬い岩脈の地帯の場合には、山脈が形成され、それらは平行に並ぶ傾向がある。

(4) 老年期の川　(図8.1の④)

　老年期になると次のような状況が生じる。
ⅰ) 河谷の勾配は壮年期よりも一層緩やかになり、水流はますます遅くなる。
ⅱ) 河道の蛇行も顕著になる。
ⅲ) 侵食は物理的作用よりも化学的作用の方が勝るようになり、輸送されるものは砂泥よりも溶解物質の方が多くなる。
ⅳ) 流域全体が高低の差が少ない準平原の形になる。老年期になって川がほぼ平衡状態に達していたとしても、川の流れがあれば物が運ばれて土地はきわめてゆっくりと低下を続けていく。そして最後のころには川の流域には、地質的に侵食を受け難かったところは小丘として残るが、緩やかな起伏を持つ土地が広がることになる。このように平坦化作用の終局地形を準平原といい (次節参照)、わずかに残った小丘は残丘とよばれる。

8.2　川の輪廻

　河川とその流域は、前節に述べたような経過をたどると思われるので、地表上には老年期に属する地形が多く存在すると考えがちである。だが現実にはそうではなくて、準平原というべき地域は比較的少ない。これは、川は川自身の営力によって変化するばかりでなく、それ以外の営力の作用を受けて、途中で成長の中断・変化が生じるからである。野満・瀬野[1]は、現在地上にある河川の多くはまだ幼年期から壮年期の段階にあり、老年期にあるものはほとんどないと述べている。しかし地質学上の過去においては、地殻が安定して川が老年期に達することが可能であった時代も想定されて、古い地層の間には準平原の痕跡が認められるといわれる。わが国では、阿武隈山地や北上山地の高所に、また吉備高原などに、やや平坦な土地が広がっているのは、この準平原が隆起したものと考えられている (中野[2])。

　さて、川は今述べたように幼年期、青年期、壮年期、老年期と進んで準平原の地形

が形成されるが、次に述べる外的要因によって、侵食基準面（侵食が行われる陸地の始まり、一般には海面）の変化が生じて侵食が復活して若返り、新たに幼年期が始まることがある。このような川の循環形態を川の輪廻という。もちろん、老年期に至る前の段階で、幼年期にもどることもある。

8.3　川の成長に変化を与える外的要因

そこで川の成長に変化を与える外的要因について考える。ただし本書では主に現在の川を対象にして、沖積期以前のきわめて長い地質時代までは遡らない。

(1) 陸地昇降の影響
　川が老成している時に、地殻変動による陸地の隆起・沈降や、氷河活動に伴う海水面変動などのために、相対的に侵食面が上下した場合を考える。野満・瀬野[1]は3つの場合に分けて説明している。

ⅰ) 流域が全般的に上昇した場合。沿海が元来急深で海岸が急傾斜である場合には、川はたちまち若返り、侵食が河口から始まって急速に遡る。そのため上流が緩やかで、下流に渓谷や滝が見られることもある。これに対して、沿海が非常に遠浅である場合には、河口先のきわめて平坦であった海底が、海岸平野に化して著しく川が延長される。そのため川の勾配は前よりもかえって緩やかになり、川は若返るどころかむしろ老成が進むこともある。

ⅱ) 流域が全般的に沈降した場合。地形が起伏に富んだ上流部にまで海水が及ぶといわゆる溺れ谷となって、河谷の下部が没して入江や湾となり、元の支流が独立して別の川になることもある。リアス式海岸はこのようにして生じたものである。

ⅲ) 流域の一部分が隆起して、その周囲に傾斜が生じる場合。隆起が川の途中に生じた場合には、それより上流では勾配が減じ、場合によっては湖水を作ったり、川が逆行することもある。下流側では傾斜を増して多少とも若返る。隆起が川の水源より奥であれば、侵食力が増して、川は全般に若返る。局部隆起が海側にあると川の勾配は減じ、侵食力が弱まって老衰を早め、川の向きが逆になることもあるであろう。

(2) 火山、地震、および気候の影響
　突然の火山の噴火や地震の発生によって、川は顕著な変化を受けることがある。例えば溶岩流が河谷を横断すれば、流水を堰き止めて湖を作り、その水が溢れて出口に滝を生じることがある。北アルプスの焼岳の噴火で、梓川上流が堰き止められて上高地に大正池ができたことや、日光の中禅寺湖から流出する華厳の滝が形成されたこと

などはこの好例である。また溶岩や火山灰で河谷が埋め尽くされると、河道は著しく変化して、全く別の経路をとるようになったり、川が消失する場合もある。

　地震による断層や陥没によって、川の向きや発達が大きく変えさせられた例は多い。1984年の長野県西部地震で発生した大規模な山地崩壊の例は7.5節に紹介されている。またつい最近2008年の岩手・宮城内陸地震の際の地すべりによって、崩壊土砂が川を堰き止めた地点が数箇所発生して、その決壊による洪水災害が心配されたことはまだ耳新しい。なお地震に伴う地盤の隆起や沈降の効果は、前項で説明したことである。

　これらの他にも、川の成長中に気候が変化して、川の成長が影響を受けることがある。すなわち、

ⅰ）気候が湿潤気候に転化して雨量が増加すると、水量が増えて川の作用が強まり、川の発達成長が促進される。

ⅱ）逆に、乾燥気候に変化すれば、河川の発達は停滞し、はなはだしい場合には河川水がすっかり涸れて、谷底は風化や風が吹き寄せる土砂で埋められ、川が消失することがある。

　最近、人為的作用に基づく地球温暖化が問題になっている。温暖化によって海水面の上昇、降水量の変化、植生の変化などが生じて、河川にも大きな影響を与えると考えられている。

参考文献
(1)　野満隆治・瀬野錦蔵（1959）：新河川学，地人書館，348pp.
(2)　中野弘（1961）：地学概論，創造社，341pp.

第9章　日本の川と世界の川

世界の川と比較して、日本の川の特徴を理解することにする。これについては阪口ら[1]の解説があるので、主にこれを参考にして述べる。

9.1　川の規模

日本の主要な川を図 9.1 に、世界の主要な川を図 9.2 に示す。また、日本における主要河川の諸元と流域特性は表 9.1 に、世界におけるものは地域別に表 9.2 にまとめてある。

わが国では狭い国土に急峻な山が聳えて海岸に迫り、平野部は河川下流部にわずかに広がっている。したがって一般的に日本の河川は、高い山地から一気に平地へ下り、短い距離を走って海に注ぎ、河床勾配は急で流れは速い。日本において流域面積が最大の川は、関東平野を流れる利根川で、流域面積は 16,840km^2 である。川の長さでいえば、信州の山あいや盆地を抜けて越後平野を流れる信濃川が最長で 367km である。

図 9.3 には内外におけるいくつかの河川の縦断面曲線が描かれている。日本の河川では勾配は上流側において著しく急で、下流に向かうにつれてやや緩やかになる。また日本の多くの河川では、縦断面曲線が屈曲している。これは日本が地殻変動帯に位置して、地質の変化が激しく、また局地的な沈降と隆起が活発で、地形がモザイク状になっているためである。例えば盆地では河床勾配は緩やかであるが、盆地を抜けて峡谷に入ると急になっている。

広大な大陸を流れる大河は、いうまでもなく日本の河川に比べて桁違いにスケールが大きい。世界の川で最も流域面積が大きいのはアマゾン川で（図 1.2 (a) 参照）、日本最大の利根川の実に 419 倍もある。川の長さでいえば、世界最長はナイル川で、日本最長の信濃川の 18 倍に達する。流域平均幅（後出の (9.1) 式で定義された B）も、大陸の河川は日本の河川よりも 1 桁以上大きい。図 9.3 によれば、大陸の大河川は勾配が非常に緩やかで、曲線は指数関数に近い。これは広大な安定した陸地で河川が十分に発達した場合に見られるものである。

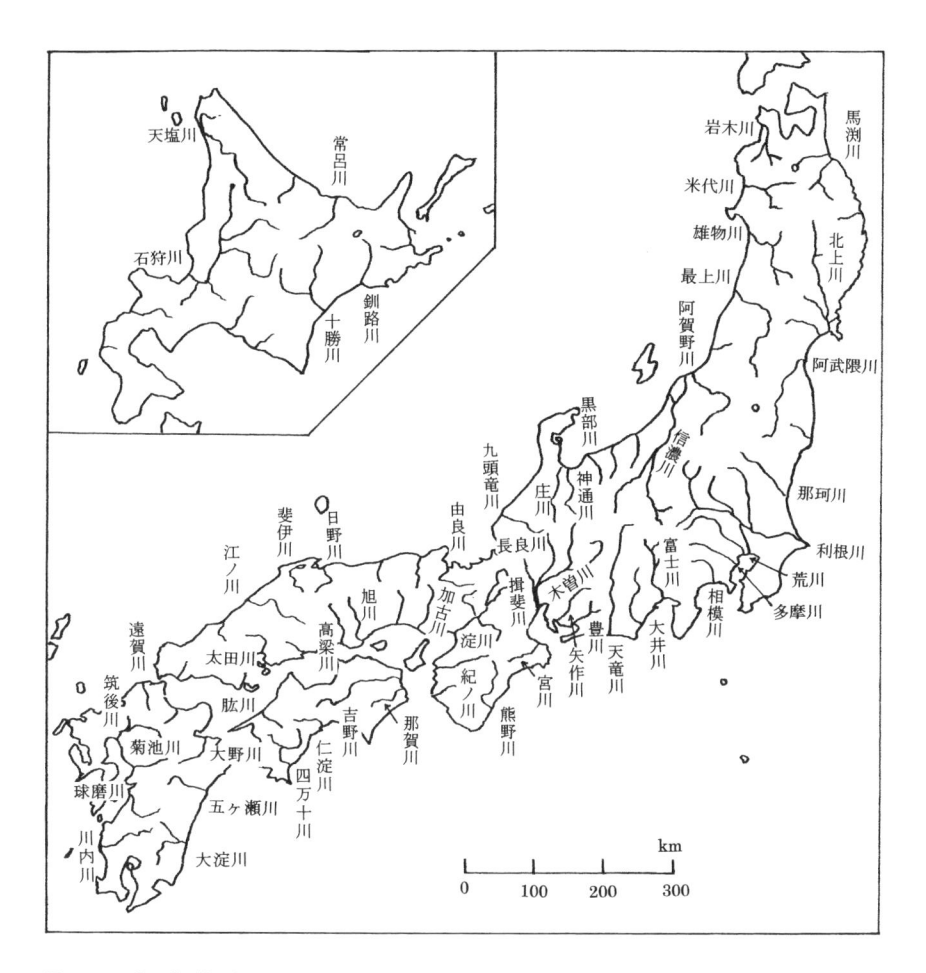

図 9.1 日本の主要河川

　アマゾン川では河床勾配がきわめて緩やかなため、前にも触れたが河口から3,800km 上流のペルーの町イキトスにおいても、海抜が 100m 程度に過ぎず、2,000トン級の外洋船が遡行しているという。一方、明治初期に日本が招いたオランダの河川技師デ・レーケは、1891 年 7 月に起きた富山湾に注ぐ常願寺川大洪水の視察の時、「これは川ではない、滝だ」といったという有名な話がある。悠然と流れる大陸の大河に比べての、日本の急勾配で短い河川の特徴をいみじくも示す興味深いエピソードといえよう。ちなみにダム堤体の高さ 1m 当たりの貯水流量は、7.5 節に述べたよう

第 9 章　日本の川と世界の川　　149

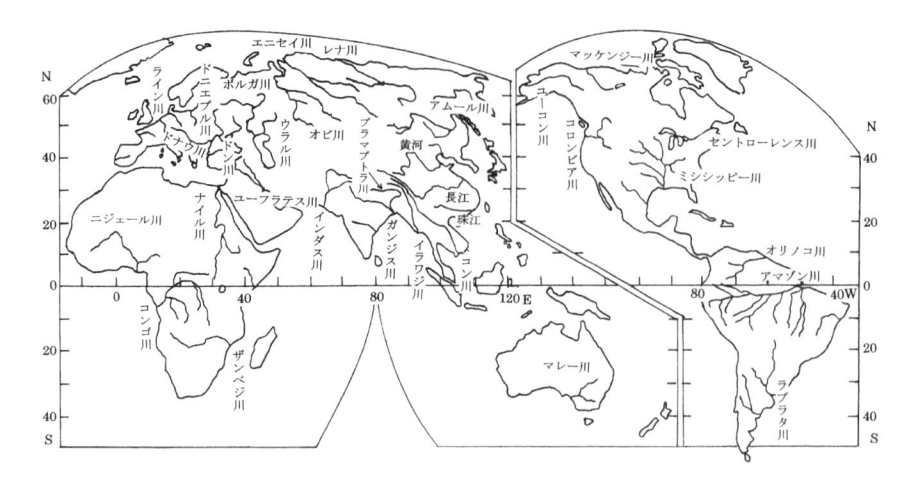

図 9.2　世界の主要河川

に、日本のダムは世界最大級のダムに比べると、1/400 から 1/800 と桁違いに小さい。日本の川はいかに急勾配であるか、これに伴って日本のダムの寿命がいかに短いかも理解できることである。

9.2　流域の形状

それぞれの河川は、地形によって定まるある範囲に降った雨を集めて流れる。この範囲を流域といい、隣り合う流域の境界線は分水界とよばれる。これが山の場合には分水嶺になる。多くの川の流域は図 1.2 や図 1.3 に示されたように、中心と見なされる川と、それにつながる多くの川から成り立って河川網（または河道網）を形成している。中心と見なされるものを本川または本流、その他を支川または支流という。

流域の地形的特性を表す量として、流域平均幅 (B)、流域形状係数 (F)、河川密度 (D) などが定義されている。流域面積を A、河川（本川）の長さを L_0 とした時、これらは次式で定義される。なお全河川長は本川長と支川長を合わせたものである。

$$流域平均幅 \quad B = 流域面積 / 本川長 = A/L_0 \tag{9.1}$$

$$流域形状係数 \quad F = 流域平均幅 / 本川長 = B/L_0 = A/L_0^2 \tag{9.2}$$

$$河川密度 \quad D = 流域の全河川長 / 流域面積 = \Sigma L / A \tag{9.3}$$

流域形状係数は流域を長方形で表現した時の幅と長さの比を表し、流域の扁平の程度を表す。ちなみに正方形の流域では $F=1$、半径が R で角度が θ 開いた扇形の流域

表9.1 日本の主要河川の流域要素．資料（3）による比流量は本表の平均流量と流域面積から求まるものとは異なる

* $m^3/s/100km^2$

河川名	番号	流域面積 km^2	長さ km	流域平均幅 km	流域形状係数	平均流量 m^3/s	比流量 *
利根川	1	16,840	322	52.3	0.162	256	2.89
石狩川	2	14,300	262	54.6	0.208	113	3.88
信濃川	3	12,050	367	32.8	0.089	518	5.12
北上川	4	10,250	249	41.2	0.165	391	4.11
木曾川	5	9,100	209	43.5	0.208	169	5.89
十勝川	6	8,400	178	47.2	0.265	71	2.74
淀川	7	8,240	75	109.9	1.465	163	3.90
阿賀野川	8	7,340	210	35.0	0.166	451	5.85
最上川	9	7,040	229	30.7	0.134	437	6.08
天塩川	10	5,590	261	21.4	0.082	110	4.86
阿武隈川	11	5,400	239	22.6	0.095	60	2.84
天竜川	12	5,090	250	20.4	0.081	135	5.16
雄物川	13	4,640	133	34.9	0.262	315	6.61
米代川	14	4,100	136	30.1	0.222	110	5.64
富士川	15	3,990	128	31.2	0.244	59	2.74
揖斐川	16	3,880	107	36.3	0.339	−	−
江の川	17	3,870	199	19.4	0.098	451	3.80
吉野川	18	3,650	194	18.8	0.097	76	4.18
那珂川	19	3,270	150	21.8	0.145	90	3.23
荒川	20	2,940	169	17.4	0.103	30	2.46
九頭竜川	21	2,930	116	25.3	0.218	105	7.02
筑後川	22	2,860	143	20.0	0.140	78	4.77
高梁川	23	2,740	117	23.4	0.200	44	2.90
神通川	24	2,720	120	22.7	0.189	151	7.03
四万十川	28	2,270	196	11.6	0.059	−	6.50
大淀川	29	2,230	107	20.8	0.195	125	6.56
球磨川	36	1,880	115	16.3	0.142	39	6.38
矢作川	37	1,830	118	15.3	0.131	19	2.97
仁淀川	45	1,530	124	12.3	0.100	81	7.30
多摩川	51	1,240	123	10.1	0.082	40	1.97
資料		(1)	(1)	(1)	(1)	(2)	(3)

(1)：岩佐[2]、(2)：理科年表[3]、(3) 阪口ら[1]

表 9.2　世界の主要河川の流域要素

* $m^3/s/100km^2$

地域	河川名	流域面積 100km²	長さ km	流域平均幅 km	流域形状係数	比流量 *
アジア	オビ川	29479	5200	567	0.109	0.51
	エニセイ川	25915	4130	627	0.152	0.76
	レナ川	23837	4270	558	0.131	0.65
	アムール川（黒竜江）	20515	4350	472	0.108	0.45
	長江（揚子江）	17750	6300	282	0.045	1.60
	黄河	9800	4670	210	0.045	0.20
	インダス川	9600	2900	331	0.114	0.84
	ガンジス川	9560	2510	381	0.152	1.68
	メコン川	8100	4500	180	0.040	1.23
	ユーフラテス川	7650	2800	273	0.098	0.31
	ブラーマプトラ川	6660	2900	230	0.079	3.54
	イラワジ川	4300	2090	206	0.098	3.00
アフリカ	コンゴ川（ザイール川）	36900	4370	844	0.193	0.94
	ナイル川	30070	6690	449	0.067	0.10
	ザンベジ川	13300	2740	485	0.177	0.52
オセアニア	マレー川	10806	2590	417	0.161	0.034
ヨーロッパ	ボルガ川	14200	3690	385	0.104	0.61
	ドナウ川	8170	2860	286	0.100	0.92
	ドニエプル川	5105	2290	223	0.097	0.39
	ドン川	4300	1970	218	0.111	0.30
	ライン川	2240	1320	170	0.129	1.45
	セーヌ川	778	780	100	0.128	0.72
北アメリカ	ミシシッピー川	32480	6210	523	0.084	0.27
	マッケンジー川	16680	4240	393	0.093	0.42
	セントローレンス川	12480	3060	408	0.133	0.86
	ユーコン川	9000	3700	243	0.066	0.66
	コロンビア川	6550	1850	354	0.191	0.88
南アメリカ	アマゾン川	70500	6300	1119	0.178	2.90
	ラプラタ川	31040	4700	660	0.141	0.61
	オリノコ川	9440	2060	458	0.222	1.84
資料		(1)	(1)	−	−	(1)

(1) 阪口ら[1]

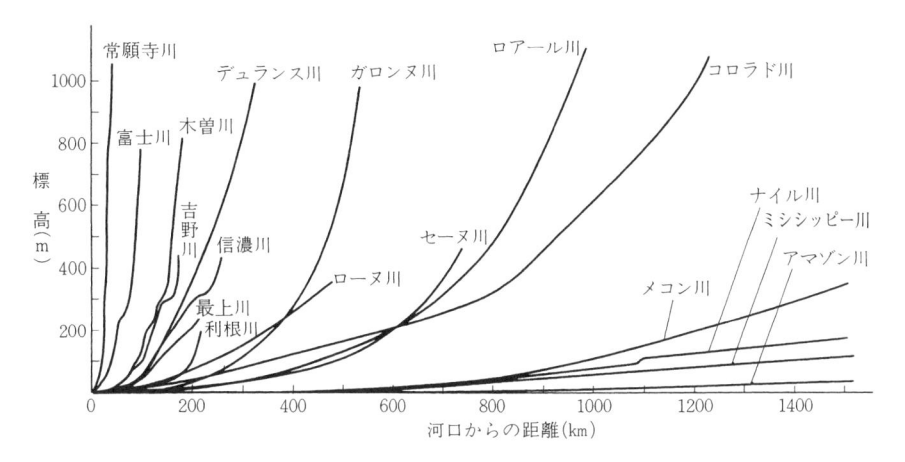

図 9.3 日本と世界の河川の縦断面曲線、阪口ら[1]による

の場合には、$L_0 = R$、$A = \theta R^2/2$、$B = \theta R/2$、$F = \theta/2$ で与えられる。θ が 90°、60°、30° および 15° に対して、F の値はそれぞれ 0.785、0.524、0.262 および 0.131 になる。

表 9.1 によれば、流域形状係数は日本の多くの川において 0.1 から 0.2 の間にある。淀川のみは 1.465 と極端に大きくて、特殊な流域形態の川である。一方、四万十川、多摩川などは流域が非常に細長い川といえる。大陸では、南米、アフリカ、シベリアの広大な大地を流れる大河では、形状係数は 0.1 から 0.2 の間にある。だがミシシッピー川、ナイル川、東南アジアの諸河川においては 0.1 以下で、特に長江と黄河においては 0.045 と意外に小さく、細長い特性の川といえる。

大小の支川が縦横に広がる河川の流域では、河川密度は大きい。日本の河川密度は、筑後川が 0.59、利根川が 0.28 であるが、ドイツの 4 河川では 1.10 から 1.69 の間にあった。野満・瀬野[4]によれば、河川密度は次のような傾向を持っている。砂地のような水の浸透しやすい地域では小さく、不透水性の地域では大きい。森林や草原は裸地に比べて大きい。また高地は低地より小さく、特に傾斜地では小さい。乾燥地帯は雨の多い地域に比べて小さい。また河川密度と流域平均幅はほぼ逆比例の関係にある。すなわち（9.1）式と（9.3）式を用いると、$BD = \Sigma L/L_0$ の関係を得る。ところで、河川の主流の長さ L_0 が大きいと、河川の総延長 ΣL も大きいと一般に考えられるので、両者の比例関係を仮定すると、上記の関係式から流域平均幅が大きくなると河川密度は逆に小さくなることが予想される。

これまで河川流域の地形的特徴を述べてきたが、流域面積、河川長、支川数とその合流、勾配などの関係をより定量的に表現することが行われていて、流域の地形形態に関して位数理論やマグニチュード理論というものがある。これらについては、例え

ば岩佐[(2)]を参照されたい。

9.3 出水の形態

前に示した図 6.1 は日本とアメリカにおけるそれぞれ 2 例の洪水のハイドログラフを比較したものである。洪水期間の総流量はアメリカの方が圧倒的に多いが、日本においては洪水のピークが著しく鋭く、また洪水の継続期間が短期間であることが特徴である。これは流域面積の大きさと河川勾配の違いが大きく影響している。

上流に洪水が発生した時、日本では洪水はその日のうちに、遅くとも 2 日のうちに下流に達してしまう。それゆえ雪の季節を除けば、出水の季節と降雨の季節とはよく一致している。しかし広大な大地を縫って長々と流れる大陸の河川の場合には大きく異なる。例えば、ヨーロッパ第 2 の長大な川で西から東に流れて黒海に注ぐドナウ川の場合には（図 1.2（b）参照）、ドイツ南部のウルムで発生した洪水が、700km 下流のオーストリアの首都ウイーンには 14 日後、900km 下流のハンガリーの首都ブタペストには 18 日後、1,400km 下流のルーマニアの首都ブカレストには 27 日後に達している。そして増水の規模は下流に行くほど小さくなり、2,400km 下流にあってデルタへの出口に位置するブライラでは、35 日後にようやく水位の上昇が見られるという。

メコン川、メナム川、イラワジ川、ガンジス川などの東南アジアの熱帯湿潤地帯を流れる大河では、夏の雨季には 1〜3 ヶ月を要してゆっくりと増水する。したがって水位が上昇するにつれて成長して水面にいつも穂が出る浮稲の栽培も可能である。洪水がおさまるには数ヶ月を要するといわれる。同じ熱帯のアマゾン川も同様で、堤防はほとんどないために、増水期には川は森林の中へ進入し、川幅は 100km、場所によっては数百 km に及ぶこともあるという。

これに対して砂漠地帯では雨は年に数回、数年に 1 回というところもある。ここでは平常は水が流れない涸れ川の場合が多い。アラビアから北アフリカ地方ではこれをワジ（涸れ谷）とよぶ。雨が降る時は天井も抜ける土砂降りで、あっという間に水が溢れて一面が大洪水になる。ワジとワジの間にある砂漠の村は、時に数日間孤立することもあるという。洪水が退く時間は長時間を要せず、その跡は短い期間に緑に覆われる。この洪水が人間のみならず、砂漠の草花、樹木、草食動物、肉食動物のあらゆる生き物にとって渇望される存在であることは、テレビの映像などでもよく紹介されることである。

前に、日本の河川網の形状をいくつかのパターンに分類した（図 5.12）。これを出水の観点から見てみる。樹枝状型流域は最も多く見られるもので、この場合は豪雨の時に、各支川の出水時刻が少しずつずれ、これらが合流した後の洪水は比較的緩和され、出水期間は長くなる。扇形型や求心型流域は、比較的同程度の大きさの複数支川

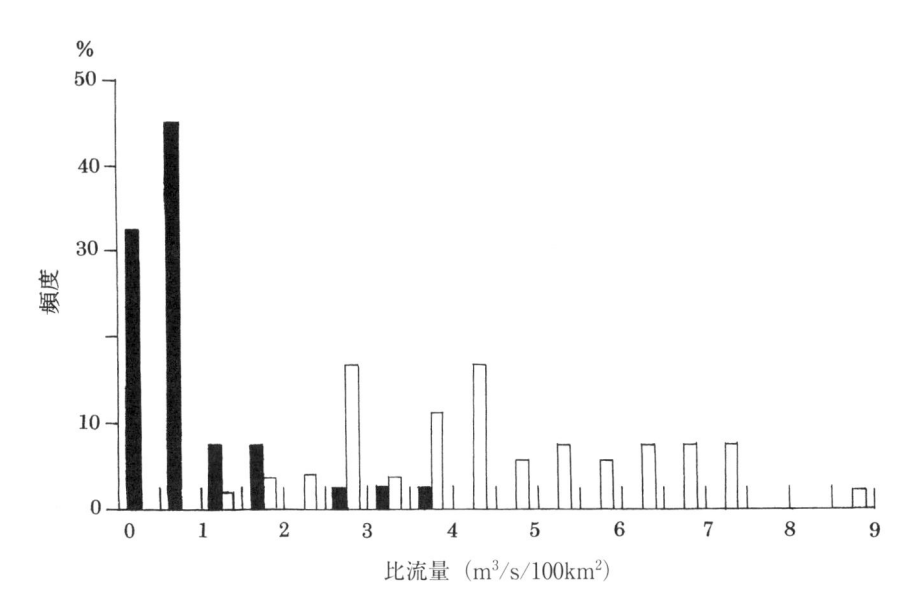

図 9.4 日本(白柱)と世界(黒柱)の河川における比流量の頻度分布の比較、阪口ら[1]のデータを基に作成

がほぼ同じ地点に集まって、急に大河となるような流域で、支川合流後には洪水量は急増するが、その割に出水期間は比較的短い。平行型流域や格子型流域は、同程度の大きさの河川が互いに平行して流れ、最後に合流してできる流域で、洪水流量は多く、出水期間も継続する傾向になる。国東半島にその典型例が見られる放射型流域は、個々の川が合流することなく単独に流れて、それぞれ流量は少なく、出水期間も短い。

9.4 比流量と河況係数

　川の単位時間当たりの流量をその流域の面積で割ったものを比流量といい、流域を流れる水の豊かさの程度を表す。すなわち比流量の大きな河川は、流域面積が同じであれば、単位面積当たりの河川への水の供給が多いことを意味する。流域面積が広大な大陸の大河では、一般的に年間総流量が日本の河川に比べて著しく多いのは当然であるが、比流量で比較を行うと事情は大きく異なる。なお比流量は季節によって大きく異なるが、ここでは年平均について考える。

　図 9.4 は日本の主要河川 54 と世界の主要河川 40 における比流量を、0.5m^3/

第 9 章　日本の川と世界の川　155

s/100km^2 の刻みで頻度分布を作成して比較したものである。黒柱が世界、白柱が日本を表す。世界では比流量は0〜4の範囲にあって、約80％は1以下と小さいが、日本においては1〜9の広い範囲にわたっていて、約70％は3.5以上の大きさである。日本の川は世界的に見て、水の豊富な川ということができる。日本の中においても、山が深く険しい中部山岳地帯から太平洋に流れ出る川や、多量の雪が積もる山岳地帯から日本海に流れ出る川は、他の地域の川に比べて比流量が大きい傾向が見られる。

　これに対して、世界の河川では総流量は著しく大きいが、比流量は日本に比べて全般的に小さい。世界で最も雨量が多い地域として知られるインドのアッサム地方を流れるブラマープトラ川の比流量は、世界の主要河川の中で最も大きいといわれるが、それでも3.54に過ぎない。次はミャンマーを貫流するイラワジ川が3.00、アマゾン川が2.90である。いずれも熱帯湿潤地帯に属していて、流域は森林が多い。これらの熱帯湿潤地帯では気候が乾季と雨季に分かれていて、雨の降る季節が限られているために、河川の比流量は日本の川に比べて小さくなっている。

　これに対して日本は、中緯度モンスーン地帯に属して、低気圧、梅雨、夏の雷雨、台風、秋霖などがそれぞれ雨をもたらし、さらに寒季においてもかなりの降雪があり、場所によっては世界的に稀な豪雪があることなど、雨や雪が年間に分散して降ることが影響して比流量が大きい。また年間を通して降水があるために、中緯度地帯の中では森林が豊かであって保水能力が高く、これが比流量を高めるのに寄与している。ちなみにわが国においては、侵食が激しくて崖が切り立った渓谷が樹木に覆われて、春から夏には緑が輝き、秋には紅葉に映えて清流が流れているところが多いが、このことは日本を訪れる欧米の人たちには大きな驚きであるといわれる[1]。例えば岩肌がむき出したグランドキャニオンを思い浮かべれば、景観の相違は理解できるであろう。

　一方、治水や利水の便からいえば、流量が年間を通して変化が小さい方が都合がよい。これを表す1つの指標として、年間の最大流量を最小流量で割った河況係数が定義されている。日本と世界のそれぞれ10河川における値が**表9.3**に載せてある。一般的にいえば河況係数が大きいほど、川の制御が困難になるといえよう。砂漠など乾燥地域の河川では、乾季には水が流れないから係数はきわめて大きい値をとる。わが国の河況係数は、同じ中緯度の湿潤地帯の河川に比べて一般に大きい傾向にあり、数値的には砂漠地帯の河川に近いものもある。日本列島では豪雨が発生しやすく最大流量は大きいが、流域面積が狭く、また少ない雨は集水域に吸収されて流出し難いので最小流量は小さくなりがちと思われる。それだけ日本の河川の管理や防災対策は容易でないことが理解できる。さらにこの狭い範囲への人口と生産地の集中が、この困難さに拍車をかけている。

表 9.3　日本と世界のそれぞれ 10 河川における河況係数、河川の下は地点名、阪口ら[1]のデータから抜粋

石狩川 橋本町 68	北上川 狐禅寺 28	利根川 栗橋 74	信濃川 小千谷 39	富士川 清水端 142	木曾川 犬山 106	常願寺川 瓶岩 1952	淀川 枚方 28	吉野川 中央橋 658	筑後川 瀬ノ下 148
ナイル川 カイロ 30	テネシー川 パデュカ 1000	コロラド川 グランドキャニオン 181	ミシシッピー川 セントポール 20	テムズ川 ロンドン 8	ドナウ川 ウィーン 4	ライン川 バーゼル 18	エルベ川 ドレスデン 82	セーヌ川 パリ 34	ローヌ川 サンモリス 35

9.5　侵食速度

　日本列島は豪雨の発生が多く、地面の傾斜が急であるといったが、このために大地は川の流れで侵食されやすくなっている。川が運搬した土砂量（m³）を、流域面積（km²）と観測期間（年）で割ったものは川の運搬能力を表す。単位は m³/km²/ 年 = mm/1,000 年である。後の単位から理解できるように、この量は流域が 1,000 年間に侵食される平均の速さを意味していて、川の侵食能力を表している。ゆえにこの量は侵食速度とよばれる。

　この単位を用いた時、世界の大河の侵食速度はナイル川が 13、ミシシッピー川が 59、アマゾン川が 58 である。一方、ヨーロッパのアルプスの山地河川ではこれらよりも大きいが、100～800 の範囲にあって 1,000 を超える河川はない。これに対してわが国では、中部山岳地域では特に大きくて 1,000 以上の河川が多く、黒部川では 6,872 にも達する。中部山岳地帯以外の山地はこれより小さく、西南日本の太平洋側の山地から流れ出る川や、東北日本の日本海側の山地から流れ出る川では、200～600 の範囲にある。その他の地域の川では 200 以下になっていて、利根川は 137 である。なお地球表面全体で見れば、野満・瀬野[4]によると、平均の侵食速度は 56mm/1,000 年の程度といわれる。

付　河川管理に伴う川の分類

　日本では行政的に河川は河川法によって公共物と定められており、河川管理の立場

から次のように分類がなされている。川の規模のみで定まっていないことに留意を要する。

一級河川：国土保全上または国民経済上，特に重要な水系で政令で指定したものに係わる河川（公共の水流および水面をいう）で国土交通大臣が指定したもの。
二級河川：一級河川水系以外の水系で公共の利害に重要な関係がある水系で都道府県知事が指定したもの。
普通河川：一級河川および二級河川以外のもの。
準用河川：普通河川のうち，市町村長が指定するもので，二級河川に関する規定が準用されるもの。

参考文献
(1)　阪口豊・高橋裕・大森博雄（1995）：日本の川，岩波書店，265pp.
(2)　岩佐義朗（1994）：河川工学，森北出版，158pp.
(3)　国立天文台編（2005）：理科年表，丸善，1015pp.
(4)　野満隆治・瀬野錦蔵（1959）：新河川学，地人書館，348pp.

第10章 河川感潮域の海洋波動と流動

平地を下ってきた河川水は、やがて海に遭遇する。河口付近の勾配が急な場合を除けば、流れは最初に川を遡ってきた潮汐波に出合い、次に塩辛い海水に接触する。河口から潮汐波が遡上する範囲を河川感潮域という。この領域における川の上・中流や海自体と異なる特徴的な河川流と海洋波動の振る舞いを調べる。これについては宇野木[1]の解説がある。

10.1 感潮域における潮汐波の遡上

図10.1に長良川筋の5地点における水位の時間変化を示す[1]。実線は建設省で得られた観測結果である。破線は次節に述べる計算法で、伊勢湾口の鳥羽の実測潮位を境界条件として、伊勢湾と木曾三川を含めた数値計算で求めたものである。感潮域の水位変動は上流側と異なって、潮汐に伴う周期変動が支配的であり、伊勢湾内と同様に半日周期の変動が卓越している。そして潮差（干満の高さの差）は河口の城南から上流に進むにつれて減少するとともに、山の前面は次第に険しく、後面は緩やかになって、波形の非対称性が増大している。この結果、上流に向けて上げ潮の時間が短く、下げ潮の時間が長くなっている。また満潮の時刻は上流がやや遅れるものの、全域がほぼ同時に満潮に達すると見なされる。これに対して、干潮の時刻は上流に向けて遅れ、遅れの時間は上流で急に大きくなる。

このような潮汐波の減衰と波形の非対称性は、河床の傾きと大きな底面摩擦、および (4.30 b) 式から理解できるように浅くなると波速が小さくなることによるものである。その際、河川流が存在しているために、河川流と潮汐波の非線形相互作用が大きく寄与している。なおラッパ状の河口で川幅と水深が次第に小さくなる特定の条件を満たす河川では、4.6節に述べた波の前面が水壁のように切り立った壮大なタイダルボアが発達する。中国の銭塘江では大潮期の満潮のほぼ3時間前に、海面が急激に約4.3mも上昇し、上昇速度は15分間に4mにも達するという（図4.7 (a) 参照）。

図10.1に示した水位曲線を東京湾平均海面（T.P.）を基準にして並べると図10.2

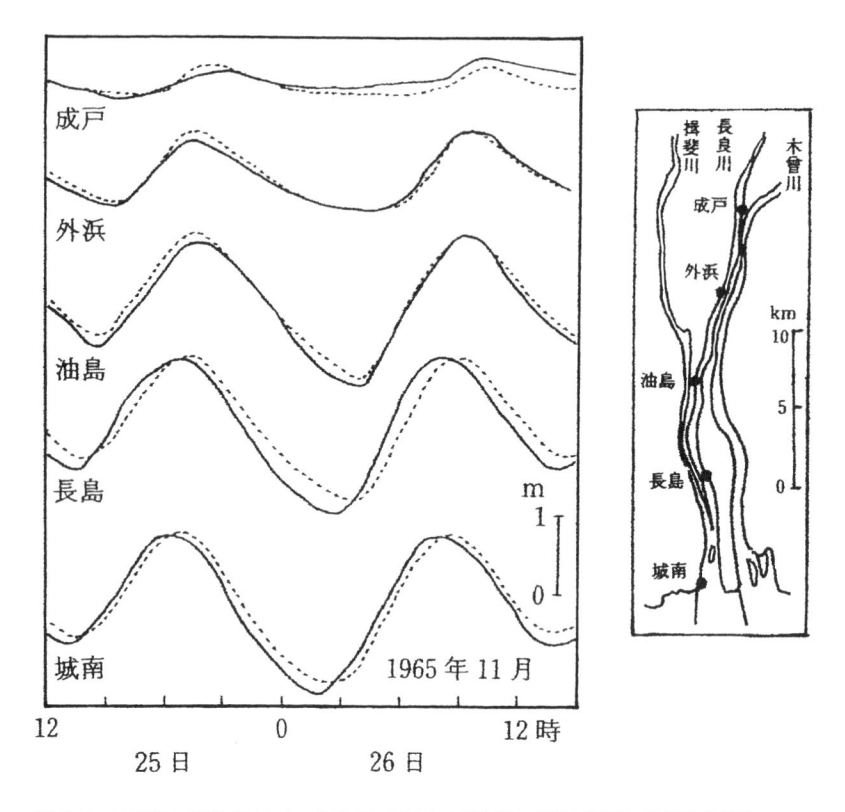

図 10.1　長良川の 1965 年 11 月の 5 地点における水位曲線、実線は観測、破線は計算[1]

(a) を得る。河床の上昇に伴って、河口から上流に向けて干潮面は上昇しているが、満潮面は感潮上限域までそれほど上昇せず、潮汐波の斜面上の這い上がり効果はそれほど大きくないことが認められる。これは風波や津波などと異なって、潮汐波の周期が半日と非常に長いためである。

今、木曾三川（木曾川、長良川、揖斐川）および静岡市の清水市街を流れる小河川の巴川について、東京湾平均海面以下の河積の河口距離に対する分布を描くと図 10.2（b）を得る。図には感潮域の上限の位置が示されているが、その位置はいずれの河川もこの河積がなくなる付近か、それより少し上流にある。東京湾平均海面は海域の平均水面（静水面）に近いので、この河積のなくなる地点、すなわち海域の静水面の延長が河床と交わる点を静水面交点とよぶことにする。静水面交点は海が静止している時に海水が河川内部に到達し得る上限を意味する。しかし図 10.2（b）の結果

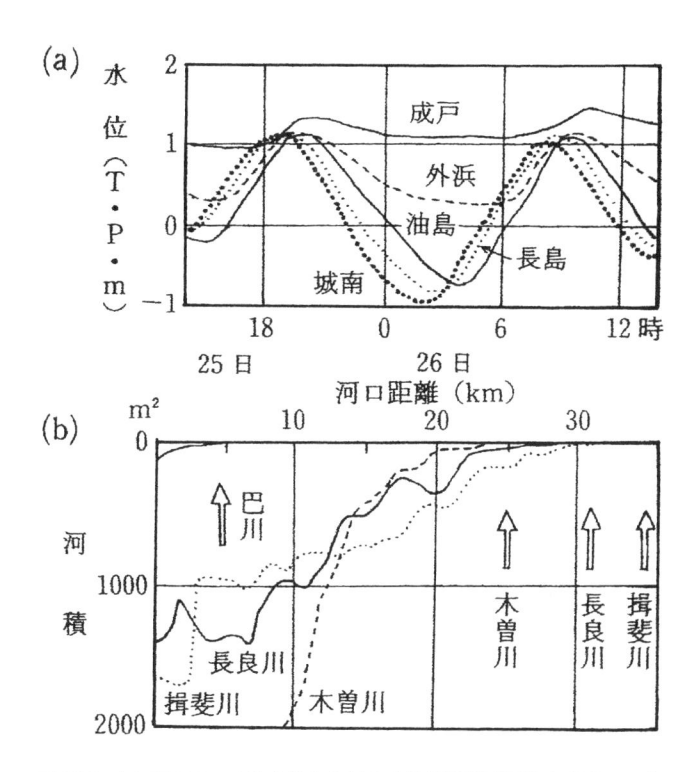

図10.2 (a) 図10.1の水位曲線を基準面（東京湾平均海面）に揃えての比較、(b) 4河川における河積の縦断面分布と感潮上限（矢印）[1]

は、海に潮汐変動があっても、進行する間に減衰して、この交点付近にくるまでに潮汐波はほぼ消えるので、この点が河川潮汐の遡上上限についての一応の目安を与えることになる。

　もちろん河口付近の傾斜が急で潮汐波の遡上距離が短い時は、潮汐波は減衰するいとまがなく、河口の満潮面の延長が河床と交わる点付近まで遡上する。また一般的には、感潮距離は一定したものでなく、大潮で長く、小潮で短く、河川流量の増大とともに短くなる。

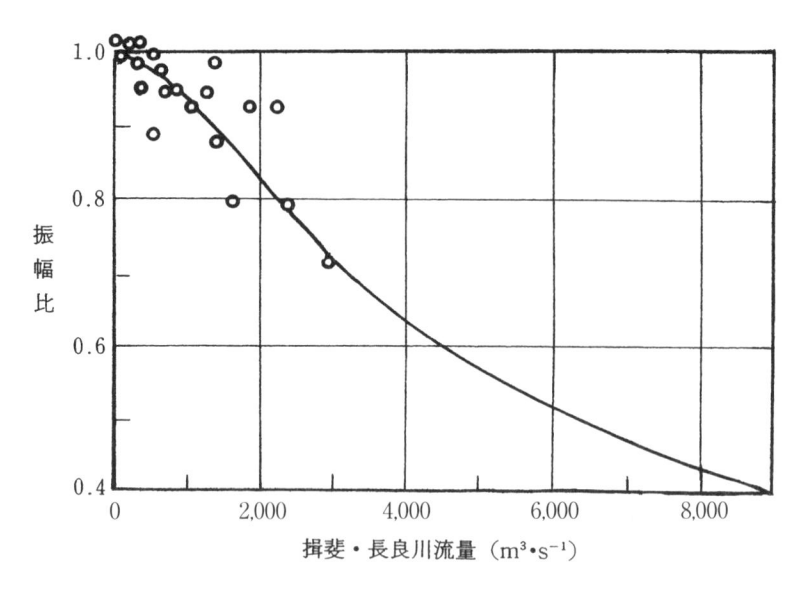

図10.3 揖斐・長良川の河口の城南における半日周潮振幅の河川流量に伴う変化、白丸は観測値、実線は伊勢湾を含めた数値計算の結果[1]

10.2 感潮域の水理計算における川と海の接続

　河川の上・中流域の水理計算では、常流の場合には計算区間の下流端に適当な境界条件を設定して計算を行う。ところが感潮域においては下流端の河口に境界条件を設けることはきわめて困難である。その理由は図10.3に示される。この図は揖斐・長良川河口の城南の潮汐と河川流量の関係を示したものである（宇野木[2]）。伊勢湾内の潮汐は同じであるにもかかわらず、河川流量の増大につれて河口の潮汐は著しく減少することが認められる。これは河川流と潮汐波との間に非常に強い非線形相互作用が働くためである。このことは潮汐のみならず、高潮や津波の場合も同様である。それゆえ、下流部における新たな河川改変が感潮域の水位や流れに与える影響を把握する際に、河川流量と外海側海洋波動の条件が与えられても、予め河口水位を知ることはできない。ゆえに水理計算を行う上で、河口条件を設定することもできなくなる。
　したがって計算領域を河川内にとどめず、河川の影響の及ばない海域にまで広げることが必要になる。10.4節に述べることであるが、わが国の河川の規模では計算領域を水深がおよそ20m付近の海域にまで広げれば、境界の水位に対して河川改変の影

響はほとんど及ばない。ゆえにそこに河川条件（地形や流量）と無関係に境界条件を設定することができる。河川が内湾に流入する場合には、河川とともに内湾も計算領域に含め、湾口に海洋波動の境界条件を設定することがほぼ合理的といえる。図10.1の破線で示した水位変化は、上記の考えで伊勢湾を計算領域に含め、鳥羽の潮位変化を伊勢湾口の境界条件として計算した結果である。計算結果は河川内の河口から感潮域上端までほぼ満足できることを示している。

　河川感潮域内の計算は運動方程式（4.5）式が基礎になる。これをzで積分して深さに関する平均値を求めれば（10.1）式を得る。この時（4.2 b）式と（4.9 a, b）式を用いている。Uは深さに関する平均流速、Dは基準面からの水面の高さ、hは水深である。ここでは高潮も考えて水面における風の応力τ_sも含まれている。なお風がない時の底面摩擦τ_bは（5.5 a）式で与えられるが、風があると後記のように修正を要する（(10.6) 式参照）。風の応力については高潮のところで説明する。

$$\frac{\partial U}{\partial t} + U\frac{\partial U}{\partial x} = -g\frac{\partial D}{\partial x} + \frac{\tau_s}{\rho h} - \frac{\tau_b}{\rho h} \tag{10.1}$$

　連続方程式としては（4.7）式を横断面全体に積分して（10.2）式を得る。ここでBは川幅、$Q = AU$は単位時間の断面流量、Aは河積である。

$$\frac{\partial D}{\partial t} = -\frac{1}{B}\frac{\partial Q}{\partial x} \tag{10.2}$$

（10.1）式と（10.2）式を連立させて、河川内の流れと水位を求めることができる。

　一方、海域においては2次元計算になり、一般にはコリオリの力を考慮しなければならなくなる。x、y軸を平均水面上に置き、平均水面から海面までの変位を$\eta(x, y, t)$で、海底までの深さを$h(x, y)$で表せば、各時刻における深さは$H = h + \eta$になる。深さ方向の平均流速のx、y成分をU、Vとすれば、単位幅当たりの海面から海底までの積分流量のx、y成分は、$M = HU$と$N = HV$である。この時、運動方程式は（10.3）式と（10.4）式で、連続方程式は（10.5）式で与えられる。水面と水底における摩擦応力の添え字xとyは、それぞれのx、y成分を表す。

$$\frac{\partial M}{\partial t} + H\left\{\frac{\partial U^2}{\partial x} + \frac{\partial(UV)}{\partial y}\right\} - fN = -gH\frac{\partial \eta}{\partial x} + \frac{\tau_{sx}}{\rho} - \frac{\tau_{bx}}{\rho} \tag{10.3}$$

$$\frac{\partial N}{\partial t} + H\left\{\frac{\partial(UV)}{\partial x} + \frac{\partial V^2}{\partial y}\right\} + fM = -gH\frac{\partial \eta}{\partial y} + \frac{\tau_{sy}}{\rho} - \frac{\tau_{by}}{\rho} \tag{10.4}$$

$$\frac{\partial \eta}{\partial t} = -\frac{\partial M}{\partial x} - \frac{\partial N}{\partial y} \tag{10.5}$$

　これらの基本式を基に、境界条件として上流側に例えば河川流量（計画高水流量など）を、河川の影響を受けない外海側（例えば湾口）に海洋波動に伴う水位変動を与え、河口において両水域の計算結果を接続するようにすれば、河川内と海域の水位と流れの時空間変化を求めることができる。

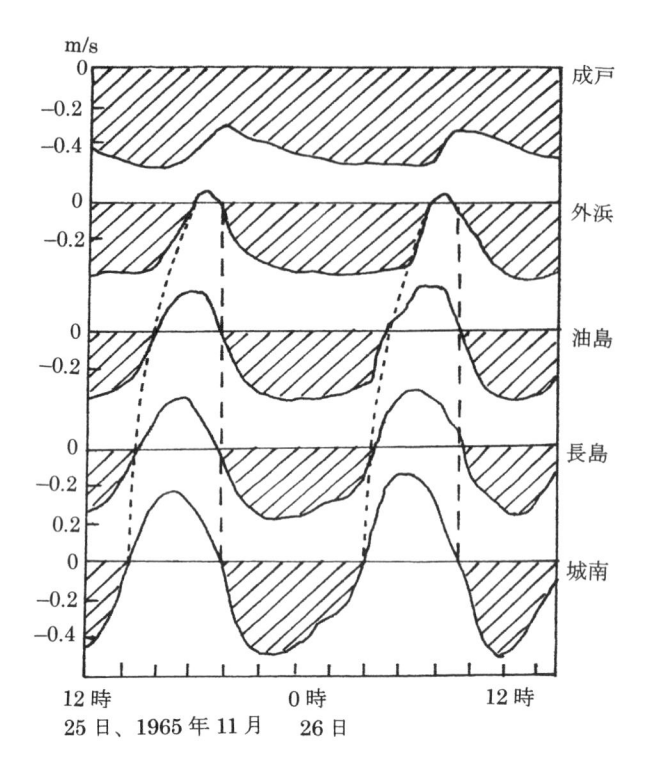

図 10.4　長良川の 5 地点（図 10.1 参照）における断面平均流速の計算値の時間変化[1]、斜線部は下げ潮

　長良川河口堰の建設計画に際して（建設省河川局ら[3]）、洪水、高潮、潮汐が重なった場合の河口付近の設計水位を求めるに当たり、河川流と海洋波動の強い非線形相互作用が正当に考慮されずに、上・中流に適用する方法を基礎に便宜的方法が用いられたことは疑問であり、問題を含むと考えられる。そこで宇野木・小西[4]はその問題点を指摘して、上記の感潮域の流動特性を考慮した数値計算の方法を用いる必要があることを示した。

10.3　感潮域の潮流

　河川下流部の流動は、洪水時は別にして、平常時は潮流に支配されている場合が多い。例えば 1965 年 12 月 8-9 日間の長良川伊勢大橋地点における平均河川流量は

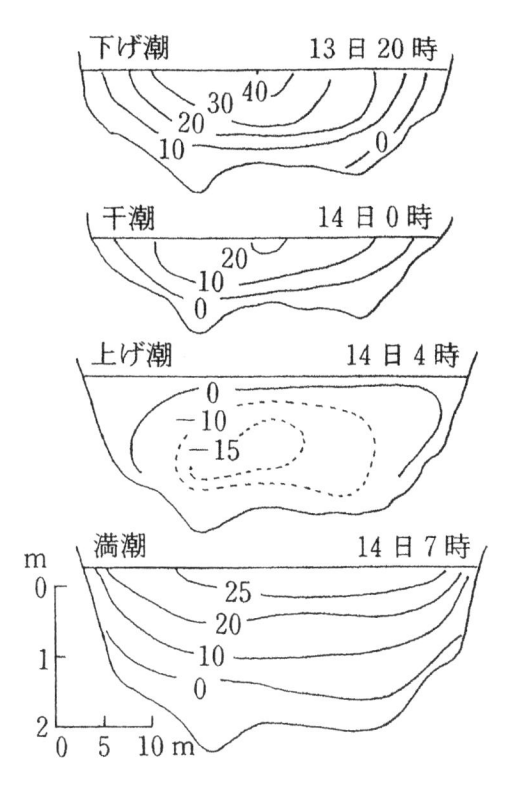

図 10.5 巴川稚児橋の下げ潮、干潮、上げ潮、満潮時における実測流速の横断面分布[1]、1970年11月13〜14日、単位：cm/s、正は下流方向の流れ

98m^3/s に対して、半日周潮流の振幅は 676m^3/s であって、前者の約 7 倍にも達する。しかも下流になるほど潮流の寄与は増大する。したがって、例えば河口堰の建設によって潮流がなくなるか激減すれば、下流部の流況は一変し、環境も大きく変化する。

通常の進行波の場合には図 4.6 (b) に示したように、水位と流れの変化は同位相である。ところが今の場合には、観測によれば感潮域の潮流と水位の間には 1/4 周期、すなわち $\pi/2$ の位相差がある。この時は水位が最も高い満潮時に流れが止まり、その後は干潮に至るまで下げ潮になる。下げ潮が最も強まるのは満潮と干潮の途中で水面が水平になった時である。同様に水面が最も低くなった干潮時に流れは止まり、その後は上げ潮に転じる。そして上げ潮が最も強まるのは干潮と満潮の間で水面が水平になる時である。この特徴は、後の 14.3 節の (2) 項に述べることであるが、内湾の潮汐は共振潮汐といわれて定常波の性格を持つことから生じている。この波が川に進

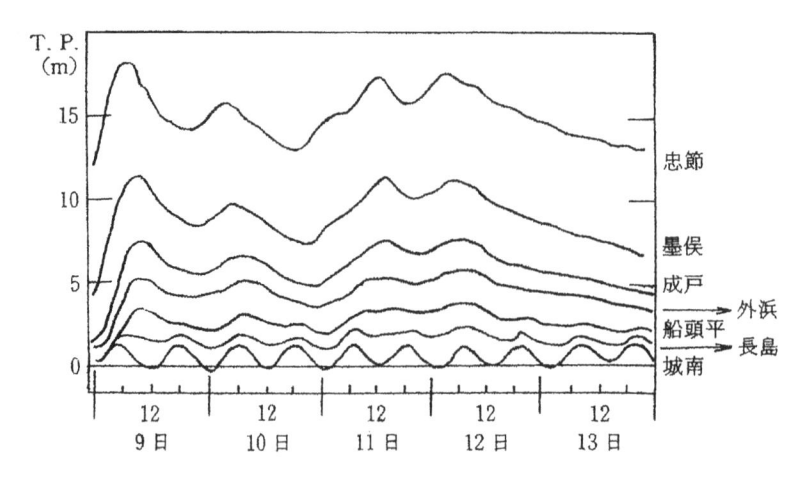

図 10.6　1976 年 9 月の洪水における長良川筋の水位変化、建設省河川局ら[3]による

入した河川潮汐も、基本的には定常波の性格を持つことになる。

　流速の川筋による変化は、図 10.4 に描かれている。これは長良川の場合に断面平均流速を数値的に求めたものである。斜線部は下流向きの流れである。図 10.1 に見たように、感潮域全体でほぼ同時に満潮になることに対応して、転流の際下げ潮の始まりは全域がほぼ同時である。一方、干潮の始まりは河口で早く上流で遅いので、河口側では上げ潮が始まっても、上流側ではまだ下げ潮が続いて水面は下がっている。これに対応して上げ潮の期間は上流に向けて短くなる。そしてある地点より上流では、河川流が潮流に勝って常に下流向きで転流がなくなる。ただし水面の潮汐変化に対応して流れも周期的に変動している。

　これまでは断面平均の潮流について述べたが、断面内における分布は上・中流域に比べて複雑である。図 10.5 は前に述べた静岡清水地区を流れる巴川稚児橋の下げ潮、干潮、上げ潮、満潮の 4 潮時における流れの断面分布の観測結果を示したものである。最強流部は下げ潮では表層にあり、上げ潮では中層に現れている。感潮域では上層は軽い河川水の、下層は重い海水の影響が強いので、上げ潮は下層から始まって流れは下層から中層にかけて強く、下げ潮は表層から始まってそこで流れは最も強くなる。ただしいずれの潮時でも、両岸と水底付近で流れは摩擦のために弱くなっている。

10.4　感潮域の洪水

　感潮域に下ってきた洪水の振る舞いは、その上流側と異なる点がある。洪水時に河

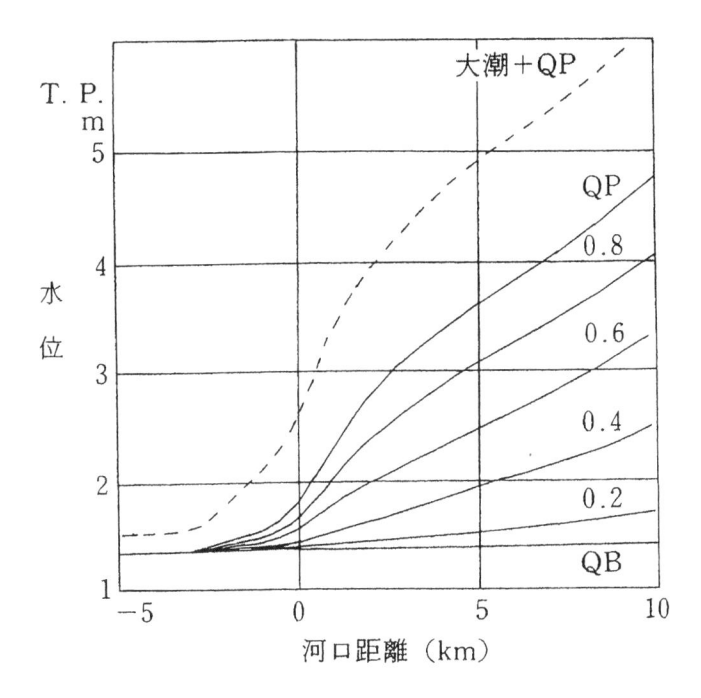

図 10.7 大潮に洪水が重なった時の長良川筋における最大水位の計算値の縦断面分布（実線）[1]、QP は計画高水量（本文参照）で、数値はそれに対する比率、破線は大潮と QP がそれぞれ単独にある時の値を算術的に加えたもの

川下流部の各点で観測された水位記録の例（建設省河川局ら[3]）を図 10.6 に示す。これは 1976 年 9 月の長良川筋におけるもので、洪水のピーク流量は忠節（河口より 50.2km）で 6,386m^3/s であった。洪水は 91 時間の長きにわたり、その間に 4 回もピークが現れている。ところが上流側のこの顕著な水面変動は、下流に近づくにしたがって平滑化されて小さくなる。特に河口の城南においては洪水の変動は微弱で、その存在は潮汐変動に隠されて認め難くなる。一方、平常の流量の場合に比べて、上流に向けての潮汐の減少も急激である。河川流と潮汐波の相互作用の効果がうかがえる。

今、大潮時の潮汐変動に各種流量が重なった時の、長良川下流部における最高水位の縦断分布を数値計算に基づいて描くと図 10.7 が得られる。大潮時の潮汐変動は伊勢湾口に境界条件として与えられている。図中で QP と付したものは、洪水流量が河川計画で予想されているもので、木曽川が 12,500m^3/s、長良川が 7,500m^3/s、揖斐川が 3,900m^3/s である。その他の数値は QP に対する比率である。QB は平水流量を表す。一方、破線で描かれているものは、大潮時の水位変動と流量 QP の洪水がそれぞ

第 10 章 河川感潮域の海洋波動と流動　167

れ単独にある場合の計算水位を，単純に重ね合わせたものである．

この図から，湾内の潮汐は変わらなくとも，同じ QP の流量に対して，両者が共存する時は（実線），両者が単独であるものを重ね合わせた結果（破線）よりもかなりに小さく，洪水と潮汐波の相互作用は安全側に働いていることが理解できる．

また流量 QP に対する水位と，流量 QB に対する水位との差は，上流 10km の地点では約 3.3m と著しく大きいが，河口においては約 0.4m と大きく縮小している．これは図 10.6 において，洪水による水位変化が下流部で目立たなくなったことに対応している．さらに海側の水深 20m 付近になると，QP と QB との間の水位差は 1～2cm に減少することも数値的に認められる．すなわち河川内部の変化は水深 20m 付近の海面水位にはほとんど影響を及ぼさないと考えてよい．したがって 10.2 節に述べたように，この付近に外部境界を設けることが許されるであろう．

10.5 感潮域の高潮

台風常襲地帯に位置するわが国は台風に襲われやすく，低地を流れる河川下流域にも高潮が氾濫して，しばしば大きな被害を与えてきたので，これについて考える．高潮を起こす台風の場合，多かれ少なかれ雨による出水を伴うのが一般的である．ところで最近では河川改修工事や流域の変化に伴って，洪水流量が増大するとともに，洪水の流出が早くなる傾向も見られるので，台風来襲時に高潮と洪水の発生が接近することも予想される．

(1) 高潮と洪水の発生がずれている場合

台風が襲来した時に高潮と洪水の発生がずれている場合を考える．図 10.8 (a) は 1979 年の 16 号台風時における長良川筋と名古屋港の水位を示したものである．黒丸が実測値，実線が計算値である．名古屋港の最高潮位は 30 日 24 時ごろに現れて，値は T.P.2.1m，潮位偏差は約 1.4m である．高潮による水位上昇は上流の方まで明瞭であり，実測値と計算値の一致は良好である．一方，洪水は 10 月 1 日午後に生じたが，実測値と計算値の間に上流側で相違が見られる．これは上流側の境界条件に実際の流量変化が入手できず，日平均流量を与えねばならなかったためである．

今，高潮のピークの高さとそれより前の 25 時間平均水面との差を高潮振幅と定義し，同様にして得られた名古屋港の高潮振幅との比をとり，その分布を図 10.8 (b) に示す．きわめて特徴的なことは，木曾川（K），長良川（N），揖斐川（I）とも，高潮は川筋に沿って河口よりも高まり，最大で河口の 1.2～1.4 倍程度にも増幅されていることである．そして高潮は河口から 10km 以上のところで最も発達し，その場所は木曾川，長良川，揖斐川の順に河口より遠くなっている．これは図 10.2 (b) に認め

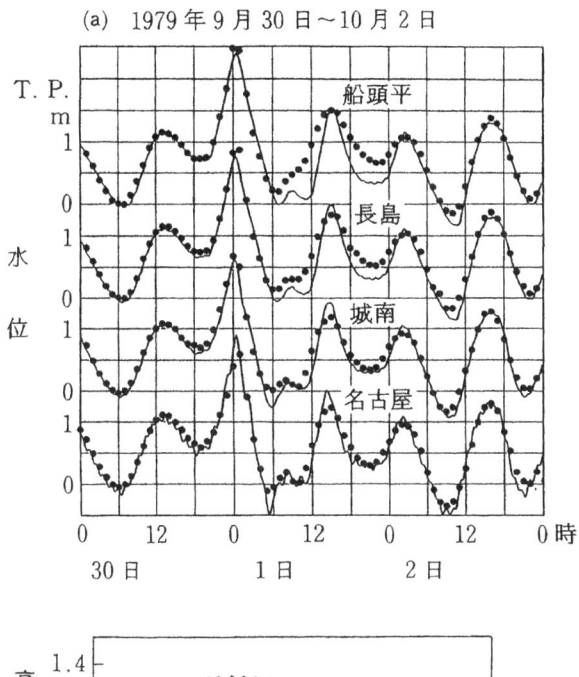

(a) 1979年9月30日〜10月2日

図10.8 7916号台風による高潮、(a) 名古屋と長良川筋の水位と実測値（黒丸）と計算値（実線）、宇野木・小西[4]による、(b) 高潮振幅比の分布、Kは木曾川、Nは長良川、Iは揖斐川、小西・木下[5]による

られるように、静水面交点の位置がこれらの川の順に上流に位置していることに対応する。河川内では水深が浅いために、河口よりも河川内部で高潮が発達し、その場所が静水面交点の位置に関係することに注意を要する。

なお河道における高潮の分布は、河床形状にも関係する。その関係が**図10.9**（a）に木曾川における2つの台風の場合が、(b) に江戸川における場合が描かれている

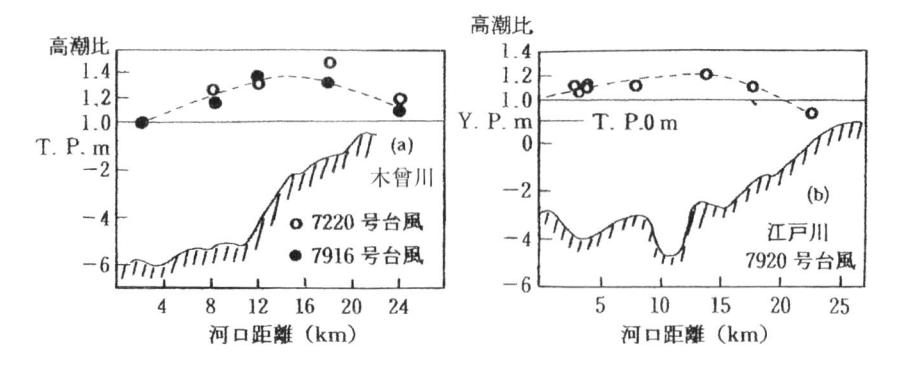

図10.9 高潮偏差の河口に対する比率と河床形状の縦断面分布、(a)は木曾川、(b)は江戸川、小西・木下[6]による

(小西・木下[6])。縦軸の高潮比は各地点における潮位偏差の、河口の潮位偏差に対する比率を表す。両河川とも高潮が最も高まるのは、河床勾配が急で水深が浅くなる地点付近であり、河口の1.2～1.4倍程度の大きさに達している。

(2) 高潮と洪水が重なる場合

1961年9月の第2室戸台風が来襲する前に、本州付近では前線に伴う雨で河川はかなり増水していた。この台風によって潮位偏差が大阪湾で2.6m、伊勢湾で2mもの顕著な高潮が発生した。この時の長良川筋における水位曲線の分布を図10.10に示す。上流側の成戸から油島までは、16日の初めと17日の初めに2つの顕著な洪水のピークが認められる。一方、下流側の吉の丸には、これら洪水のピークははっきりとしないで、代わりに16日正午ごろに顕著な高潮の発生が認められる。前に、潮汐波の遡上は河川流量の増大とともに困難になることを述べたが、同様なことが高潮にも成り立っていて、洪水時には高潮の遡上は制限されることになる。

高潮と洪水が重なると水位が異常に高まることが心配されるので、この問題を考える。そこで伊勢湾台風規模の暴風が吹き荒れる時の高潮を想定して、種々の河川流量を固定して上流から流した時の高潮を求め、長良川筋における最高水位の縦断面分布を描くと図10.11（a）が求まる（宇野木・小西[4]）。湾口潮位には伊勢湾台風当時の湾口鳥羽の観測水位をそのまま用いた。河川流量には、10.4節で紹介した木曾三川の計画高水量QPと、その比例部分を考えた。計算結果は実線で描かれている。QBは平水流量の場合である。なおこれと比較するために計画高水量QPと、高潮がそれぞれ単独にある場合の水位を計算して、両者を単純に加え合わせたものを破線で示しておいた。破線の値は、洪水と高潮の相互作用を考慮した実線の結果（QP）に比べて

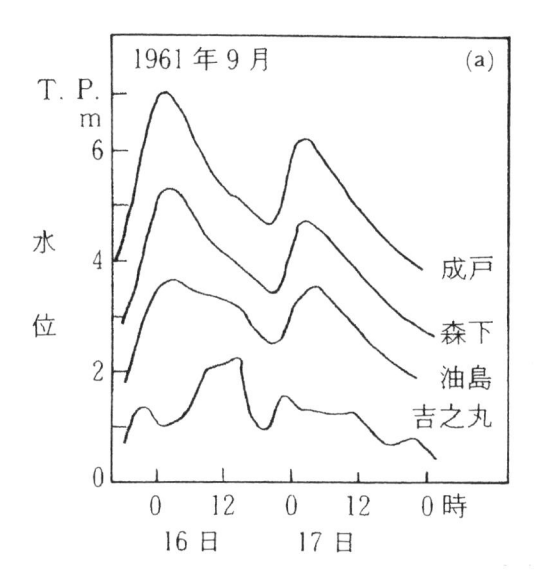

図 10.10 第2室戸台風時の長良川筋の高潮と洪水に伴う水位変化、小西・木下[5]による

はるかに大きな値を与えていて、相互作用は安全側に作用していることが理解できる。

ここで問題になるのは、高潮と洪水がどのような位相関係をもって重なる時に、水位が最も上昇するかということである。これに関して小西・木下[6]は次のように述べている。

図 10.11 (b) の (イ) の時刻 $t=T_1$ は潮汐の他に高潮のみがある時に、河床勾配変化点 (A) の付近で水位が最高になる時刻を表す。同図 (ロ) の時刻 $t=T_2$ は潮汐に洪水波が重なった時に静水面交点 (B) の付近で水位が最高になる時刻を表す。そして同図 (ハ) のように T_1 と T_2 の時刻が一致するように高潮と洪水が重なると、AB 間で最も水位が高まり、高水位の継続時間も長くなり、最も危険な状態が発生する。

(3) 風がある場合の底面摩擦

基本の (10.1) 式を用いて河川内の高潮を計算する場合に、底面摩擦 τ_b について特に注意すべき点があるので、宇野木・小西[7]にしたがって説明する。河川内の水理計算では Manning の式が広く使われている。この式に基づく底面摩擦は (5.5 a) 式で与えられる。しかし高潮の場合にはこの式を用いて計算しても、以下に述べる理由で計算値が低過ぎて、観測に合致する結果を得ることはできない。もともと底面摩擦は

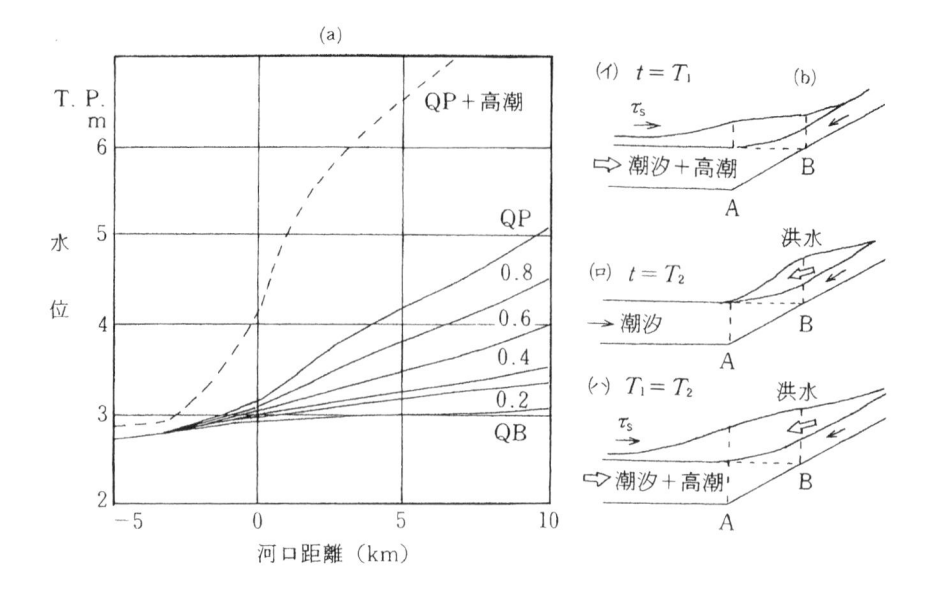

図10.11 (a) 伊勢湾台風級の高潮と洪水が共存する場合の長良川筋における水位の縦断面分布（実線)、破線は高潮と洪水が独立に存在する時の水位を加えたもの、宇野木・小西[4]による。(b) 最高水位を与える高潮と洪水の位相関係を示す図、A は河床勾配変化点、B は静水面交点、小西・木下[6]による

底付近の流れの鉛直勾配に関係する。ところが風がある場合とない場合では、平均流速は同じでも、流れの鉛直構造は全く異なるので、底面摩擦も異なるはずである。Manning の式は風がない場合の流れを対象にしている。したがって風による流れの計算の場合に、底面摩擦として Manning の式を基礎にした (5.5 a) 式を用いるのは、当然ながら問題を含む。

そこで風による流れの鉛直分布に注目する。風が上流に向かって吹く場合の、定常な吹送流の理論的な流速分布を図10.12に示す（上流に向けて x は正）。図中のパラメータ $T = h\tau_s/(\rho K_z U)$ は無次元の風の水面応力を表す。h は水深、τ_s は風の応力、K_z は鉛直渦動粘性係数、U は深さ方向の平均流速である。$T = 0$ は風がない場合である。底面付近の流れの鉛直分布は風の有無および強さによって著しく変化する。これに応じて底面の摩擦力は、風が強くなるほど増加する。今の場合はこの力は上流を向いて風と同じ方向である。なお (10.1) 式の τ_b は流れが底面に及ぼす力を表していて、底面が流れに及ぼす摩擦力は $-\tau_b$ であることに注意を要する。底が水平で水深が一様な水域における定常な吹送流の場合には、底面摩擦は $-\tau_b = \tau_s/2$ になることが知られている（例えば、宇野木[8]）。

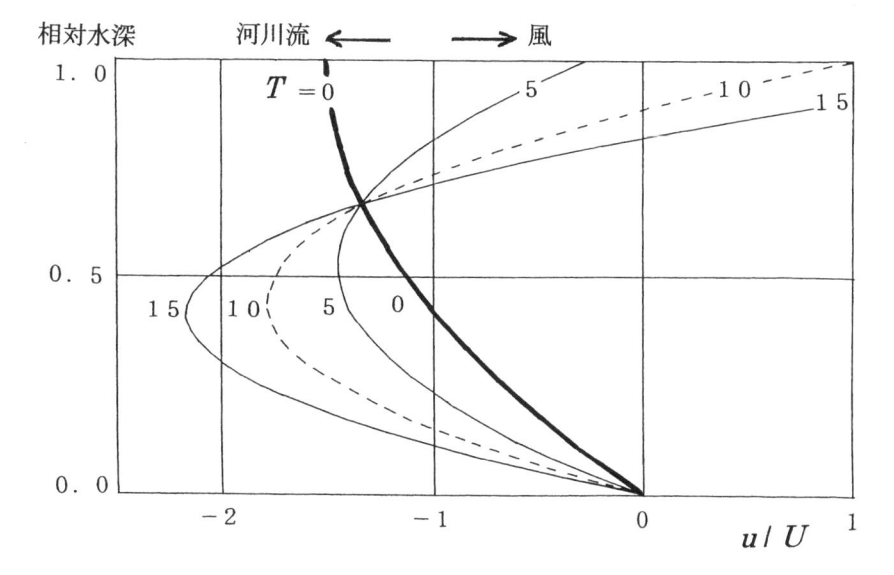

図10.12 風が上流に向かって吹く時の流れの鉛直分布、宇野木・小西[7]による。縦軸は相対水深、横軸は流速 u と深さ平均の河川流速 U との比、パラメータ T は無次元の風の水面応力、太線は風がない場合

　これらを考慮して河川高潮に対する底面摩擦の式として、宇野木・小西[7]は(10.6) 式を提案した。これは2つの項から成っていて、第1項は Manning の式に基づく (5.5 a) 式で、第2項は吹送流の鉛直勾配に関係するものである。

$$-\tau_b = -\rho K_z (\partial u/\partial z)_{z=-h} = \rho g n^2 h^{-1/3} U^2 + \beta \tau_s \tag{10.6}$$

β の値は観測結果と比較して決めねばならないが、2、3の検討例では $\beta = 1/2$ の程度がほぼ妥当なようである。なお海域の高潮計算の場合にも、底面摩擦に同様な考慮が払われねばならない（例えば宇野木[8]の7-4節）。ただし以上の取り扱いは、深さに関する平均流を対象にする場合で、流れの鉛直分布が計算できる3次元計算の場合には上記の考慮は必要ない。

10.6 感潮域の津波

　地震による津波が河川を遡上して被害を与えることがある。1854年の安政南海地震の時には、津波が大阪の木津川・安治川（図5.14 (c) 参照）に押し上がって、橋梁流失25、船舶損失1,496、水死者382の損害を与えたと伝えられる。津波の遡上に

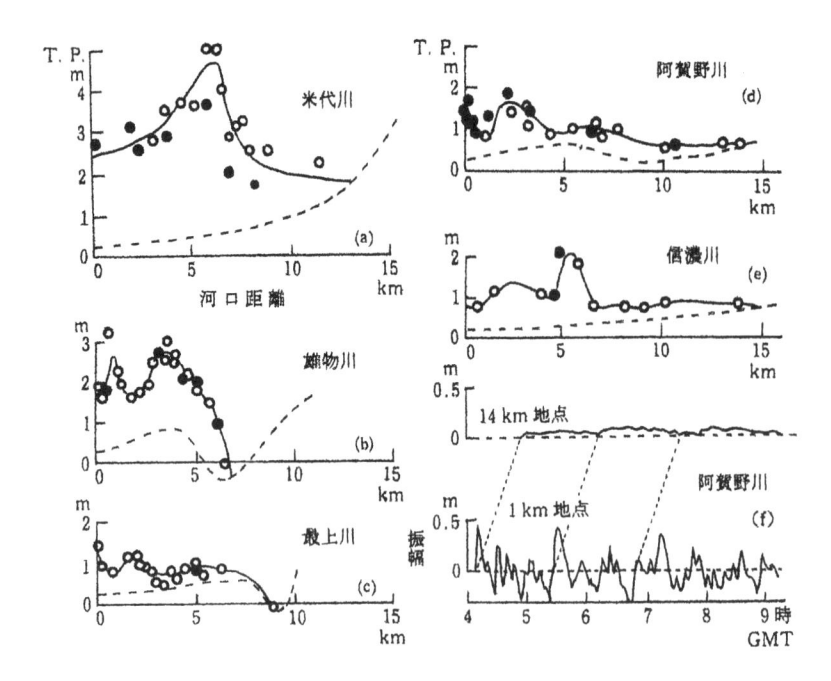

図 10.13 日本海中部地震の際の5河川における最大水位の分布（(a)〜(e)）、白丸は右岸、黒丸は左岸、破線は平常水位、(f) は阿賀野川の河口から1km地点と14km地点における津波記録、点線は対応する位相を結んだもの、阿部[9]による

際しては図 4.7 (b) に示すように、前面が段波状に切り立って激しい勢いで前進し、被害を大きくすることが考えられる。

1983年5月の震源が秋田沖の日本海中部地震の場合に、多数の河川で観測された津波の遡上距離と河床勾配の関係を調べると、散らばりは大きいが、当然のことながら河床勾配が小さいと遡上距離は長くなる傾向が認められる（宇野木[1]の図1-15 (a) 参照）。図 10.13 の (a)〜(e) は阿部[9]が日本海中部地震の際に日本海側の5河川において、痕跡調査に基づいて津波の高さの分布を求めたものである。およその高さの分布が実線で、平常時の水面が破線で描かれている。これらの中で震源に最も近い米代川で津波が最も高く、全体の傾向として震源から遠いと津波は低くなっている。

米代川、阿賀野川、信濃川の3河川では、津波の遡上距離はいずれも 13〜15km 程度で、上限における水面は河口の水面にほぼ近い状態である。これに対して雄物川と最上川においては、これら3河川に比べて遡上距離はかなり短く、しかも上限に向けて急激に減衰して水面も低い。これは途中に河川の取水が行われているために、津波

の遡上が妨げられたためと考えられる。

　河川内の津波の分布は単純な変化を示さず、図に見られるように遡上区間の途中で1つまたは2つの顕著なピークが存在することが注目される。これは阿部[9]が指摘しているように、河川内に定常振動が発生するためと考えられる。周期的に変化する波が流体振動系に進入してきた時、湾内の潮汐に見られるように、湾奥を振動の腹としてそこで水位が最も高まる定常振動が発生する。これが湾の共振潮汐である（14.3節参照）。一方、河川の場合には奥は閉じずに上流に向けて開いている。しかし河川流の存在、河床の上昇と強い摩擦抵抗のために、津波は減衰して適当な地点で消滅するであろう。この地点が振動の節となり、この点と河口との間に振動系を形成して強制振動が起きると考えられる。そして区間の途中が振動の腹になって、そこで津波は最も大きくなるはずである。特に入射波の周期がこの振動系の固有周期に近ければ、共振が生じて津波のピークは著しく高まる。

　このことを理解するために、図 10.14 の挿入図に示す一様河床勾配の河川を対象に、河床勾配 I_b、底面摩擦係数 C_b、単位幅の河川流量 q、および津波周期 T_w を種々組み合わせて理論的に検討した結果の1例が同図の曲線で示されている。この楔形の細長い水域の基本振動周期は、河川流がなくて摩擦も働かない時には $T_w = 5.23 T_0$ で与えられる。ここで $T_0 = \ell /(gh_m)^{1/2}$ である。図 10.14 は上記の基本振動周期に近い $T_w = 6T_0$ の場合である。この図は共振のために区間途中において振動の山が現れることを示し、観測結果と傾向は一致する。そして摩擦が大きく、また河床勾配が小さくなると、途中の振動の山は次第に小さくなり目立たなくなる。

　ところで津波は一般に単一周期でなく、スペクトル構造をなしている。阿部の解析によれば日本海中部地震津波の場合には、20分と80分の周期が卓越していた。前者は津波発生源に関係し、後者は津波の大陸棚伝播に伴うものと推測された。図 10.13 (f) に阿賀野川の河口1kmとその上流14km地点の水位の連続記録が示されていて、2つの振動周期が認められる。河口付近では周期の短い振動が顕著に現れているが、波長が短くて河川内部での減衰が早い。一方、80分の振動成分は波長が長くて減衰も比較的弱いので、上流側で目立つようになる。洪水時に津波が来襲する機会はきわめて少ないと思われるが、この場合の検討もなされていて（宇野木[1]）、両者の非線形相互作用のために河川内で津波の減衰が大きいことが認められる。

10.7　感潮域の波浪

　河口付近において、沖から進んできた波が流れに逆らって川を遡上する時、波の峰が険しく尖り、白く砕け、やがて波が消失していくのを見ることがある。これは波と流れとの間に強い非線形相互作用が働くためである。この相互作用は波が高く、流れ

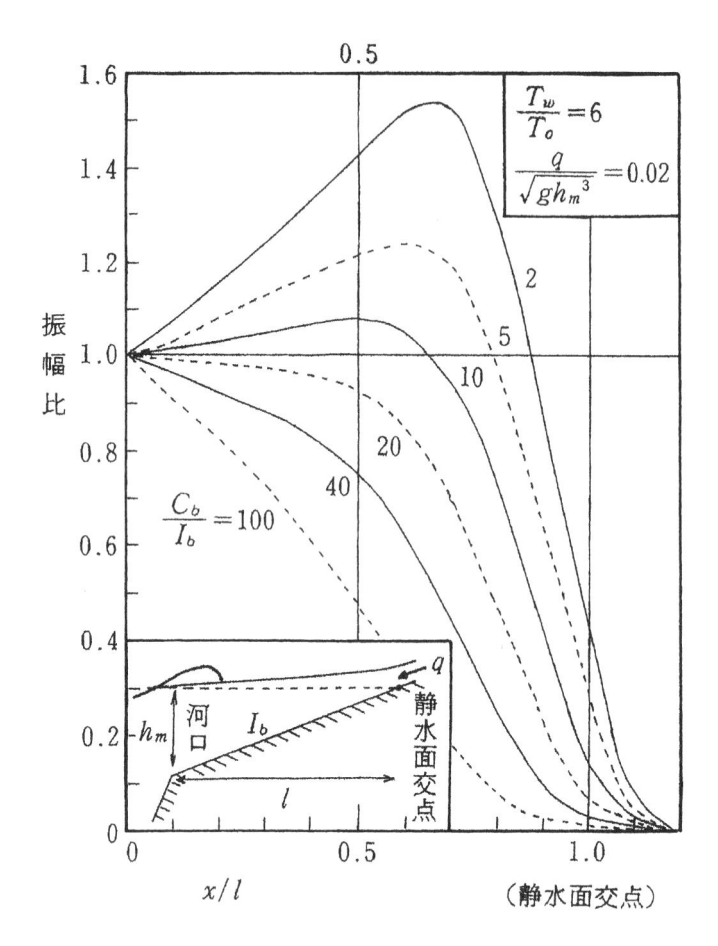

図 10.14 挿入図のモデル河川における河口に対する津波振幅比の分布（宇野木[1]）、図中のパラメータは底面摩擦係数（C_b）と河床勾配（I_b）の比を表す

が強いほど顕著である。河口付近で流れのために波が険しくなって、船の航行が困難なことも生じている。潮流や海流とぶつかってこのように険しくなった波は潮波とよばれる。川の流れが弱ければ相互作用も弱くて、波はそのまま遡ることができる。

水深を h、波長を L とした時、波速 C は静水域において（10.7 a）式で与えられる。特に水深が波長の半分より深い時の波は表面波または深海波とよばれていて、$\tanh(2\pi h/L) = 1$ と近似できるので、波速 C_0 と波長 L_0 は（10.7 b）式の関係になる。

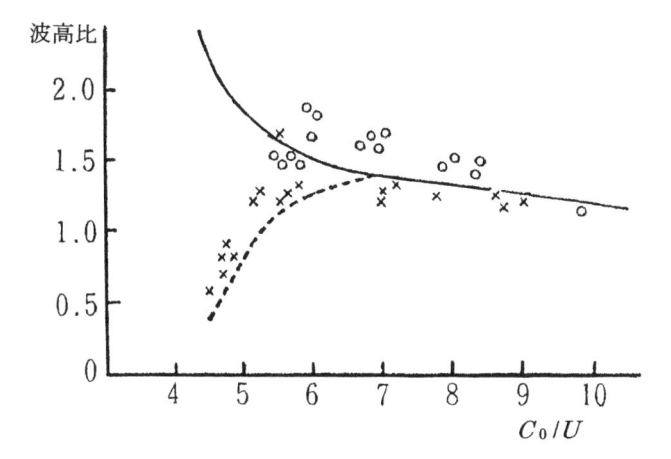

図10.15 表面波が流れに向かって進む時の波高の変化[1]、縦軸は沖波に対する波高比、横軸は沖波の波速と流速の比、実線は Unna の理論結果、Yi[10] の実験結果は波形勾配が 0.010〜0.013（○）と 0.010 より小さい場合（×）

$$C^2 = \frac{gL}{2\pi}\tanh\frac{2\pi h}{L} \qquad C_0^2 = \frac{gL_0}{2\pi} \qquad (10.7 \text{ a, b})$$

今、波が流れのない沖から、流速が U の川に進んできた場合を考える。沖波の波速は C_0、波長は L_0 とする。静止系から見た時の河川内における波速は $C-U$ である。波の周期 T は沖においても川においても変わらないので、次の関係を満足する。

$$T = L_0/C_0 = L/(C-U) \qquad (10.8)$$

(10.7 a, b) 式の L と L_0 を上式に代入すると下の式を得る。

$$C^2 - C_0(C-U)\tanh(2\pi h/L) = 0 \qquad (10.9)$$

これを解くと (10.10) 式を得る。水深が大きい時には (10.11) 式になる。

$$\frac{C}{C_0} = \frac{1}{2}\tanh\frac{2\pi h}{L}\left\{1 + \sqrt{1 - \frac{4U}{C_0}\coth\frac{2\pi h}{L}}\right\} \qquad (10.10)$$

$$\frac{C}{C_0} = \frac{1}{2}\left\{1 + \sqrt{1 - \frac{4U}{C_0}}\right\} \qquad (10.11)$$

(10.11) 式の表面波の場合について説明すると、$U = C_0/4$ ならば $C = C_0/2$ になる。表面波の場合には、波のエネルギーの伝播速度すなわち群速度は $C_G = C/2$ であるので次式を得る。

$$C_G = C/2 = C_0/4 = U \qquad (10.12)$$

すなわち川の流れが $C_0/4$ の速さで、波と反対方向に流れる場合には、波のエネ

ギーは流れを遡上することができない。この直前には波長は短くなっているので、波エネルギーは狭い範囲に詰まって波高は高くなっている。そして $U>C_0/4$ になれば、(10.11) 式の平方根の中が負になって波は砕けてしまう。ただし Yi[10] の実験によれば、図 10.15 が示すように、$U=C_0/7$ の付近から既に部分砕波が始まり、波は $U=C_0/4$ になると完全に砕けてしまう。なお図中の実線は部分砕波がないとした場合に得られる波の増幅率の理論曲線である。破線は実験結果を基に砕波が始まる限界を示すもので、流れが強いほど低い波高で砕波が起こることを示す。

今は一様流の場合を調べたが、流れが空間的に変化する場合は Longuet-Higgins・Stewart[11] によって研究がなされている。またこれまでは、波が流れに正面からぶつかる場合を考えたが、側方に速度勾配があるシア流に斜めに波が進入する時には、波は曲げられて屈折し、全反射が起こり得る。一方、海の波は多くの成分波から成っていてスペクトル構造をなしている。この時は側方から流れに入射する短い成分波は、砕波や全反射のために流れを通り抜けることができない。だが長い成分波は通り抜けるので、流れのこちら側は波立っていても、流れの向こう側の水面は滑らかである。流れによる波の変形については水理公式集[12]にも解説がなされている。

参考文献
(1) 宇野木早苗 (1996)：感潮域の水面変動，河川感潮域―その自然と変貌（西條八束・奥田節夫編），名古屋大学出版会，11-45.
(2) 宇野木早苗 (1968)：河川潮汐の研究，第 1 報，第 15 回海岸工学講演会講演集，226-235. (1969)：同上，第 2 報，第 16 回講演集，377-384.
(3) 建設省河川局・建設省土木研究所・水資源開発公団 (1992)：長良川河口堰に関する技術報告.
(4) 宇野木早苗・小西達男 (1997)：河川感潮域の流動特性に基づく設計水位について，沿岸海洋研究，34，161-172.
(5) 小西達男・木下武雄 (1983)：高潮の河川遡上に関する研究，防災科学技術センター研究報告，第 31 号，67-87.
(6) 小西達男・木下武雄 (1985)：高潮の河川遡上に関する研究，第 2 報，防災科学技術センター研究報告，第 34 号，13-42.
(7) 宇野木早苗・小西達男 (1999)：河川感潮域の高潮計算における底面摩擦の評価，沿岸海洋研究，36，177-183.
(8) 宇野木早苗 (1993)：沿岸の海洋物理学，東海大学出版会，672pp.
(9) Abe, Kuniaki (1986): Tsunami propagation in rivers of the Japanese Islands, Cont. Shelf Res., 5, 665-677.
(10) Yi, Yuan-Yu (1952): Breaking of waves by an opposing currents. Trans. Amer. Geophys. Union, 33, 39-41.
(11) Longuet-Higgins, R. S. and R. W. Stewart (1962): The changes in amplitude of shortwaves, Jour. Fluid. Mech., 10, 529-549.
(12) 土木学会編 (1999)：水理公式集，713pp.

第11章 河川感潮域における循環・混合・堆積

　河川流がなく、海も静止している時、海水は川筋の静水面交点にまで達する。例えばかつての木曾三川では、図 10.2 の河積の縦断面分布が示すように、静水面交点は木曾川、長良川、揖斐川の順に河口から 20 数 km から 30 数 km の地点に位置して、この範囲は河川下流の主要部を占めていた。前章ではこの水域における水位変動を調べたが、本章ではこの水域に上流から河川流が流下し、海から潮汐波が進入してきた時、どのような循環や混合が生じ、堆積環境が生まれるかを調べる。本章の話題については、例えば奥田[1][2]の解説がある。なお塩水がどのような濃度で、どの深さまで、どこまで遡上するかは、河川水の取水や河川周辺域の塩害などを考える場合に基礎的に必要な情報である。

11.1　感潮域の循環形態

　海水は塩分を含んで河川水よりも重く、塩分が多いほど密度が大きい。塩分 (S) は海水 1kg 中に溶解している固形物質の総量を表し、パーミル (0/00、すなわち g/kg) で与えられる。現在は、塩分は電気伝導度の測定から換算されるので実用塩分と名づけられて無次元であるが、数値は上記の塩分（絶対塩分）と同じと考えてよい。なお古い文献には塩素量 (Cl) が用いられているが、これは $S = 0.03 + 1.805 \times Cl$ の関係がある。

　海水の密度 ρ は水温、塩分、圧力に関係する。ただし密度の変化は小さいので、海洋学では変化部分を拡大して、一般に密度の代わりに (11.1) 式で定義されるシグマーティ σ_t を用いる。ρ が SI 単位の場合は左側の式を、c.g.s 単位の場合は右側の式を用いて、数値は同じ値になる。

$$\sigma_t = \rho - 1,000 \text{(SI 単位)} \qquad \sigma_t = (\rho - 1) \times 1,000 \text{(c.g.s 単位)} \qquad \text{(11.1 a, b)}$$

密度と塩分の関係はほぼ直線的であるが、密度と温度の関係には非線形性が存在し、よく知られているように淡水は 4℃ で密度最大である。また密度は圧力にも関係し、深海ではその効果を考慮する必要があるが、沿岸ではそれを無視してよい。

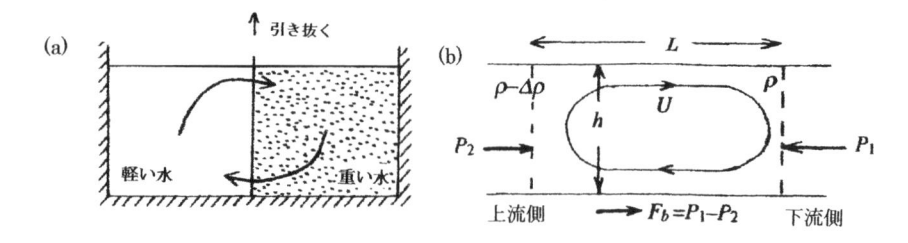

図 11.1 (a) 重い水と軽い水を分けた水槽の仕切りを取り去った時の水の動き、(b) 河川感潮域の循環説明図

今、図 11.1 (a) に示すように、軽い水と重い水が仕切りを挟んで並んでいる時に、仕切りを外すと水平方向に圧力勾配が生じ、この不安定を解消するために軽い水は上層に、重い水は下層に向かう流れが発生する。密度の不均一分布から生まれるこのような流れを密度流という。密度流の水理学的特性については、玉井[3]の詳しいテキストがある。

河川感潮域の場合には、軽い河川水は表層を海方向に、重い海水は下層を上流方向に向かおうとする鉛直循環が発生する。そこで図 11.1 (b) に示すように長さ L、水深 h の水域を考え、密度の代表値を下流側で ρ、上流側で $\rho - \Delta\rho$ とする。この水域に対して単位幅について下流側からは全水圧 $P_1 = \rho g h^2/2$ が、上流側からは全水圧 $P_2 = (\rho - \Delta\rho) g h^2/2$ が、働いている。一方、流速を u とした時、底面には単位幅当たり摩擦 $F_b = \rho K_z du/dz \cdot L$ が作用している。z 軸は鉛直上方を向き、K_z は鉛直渦動粘性係数である。風がなくて定常状態では次式の釣り合いが成り立つ。

$$P_1 - P_2 = F_b \tag{11.2}$$

今、鉛直循環流の代表的大きさを U として、$F_b \sim \rho K_z (U/h) \cdot L$ と近似する時、上式から次のような関係式が導かれる（宇野木[4]）。α は無次元の比例係数である。

$$U = \alpha \Delta\rho g h^3 / (\rho K_z L) \tag{11.3}$$

したがって水域両端の密度差と水深が大きいと、鉛直循環流が発達することが分かる。一方、鉛直混合が強く、水域の長さが大きいとこの循環は発達し難い。混合が強いと海水はよく混ざって密度差を解消する働きをするので、循環は弱くなる。今、水域の一点で染料を流した時の濃度分布の標準偏差 σ は、拡散係数が D で経過時間が t の時には $\sigma^2 = 2Dt$ で与えられる。粘性も運動量の拡散によるものである。それゆえ現在の問題では、混合水が深さ h にわたり一様になる時間は h^2/K_z のオーダーと考えられるので、混合作用が強くても水深が十分に大きければ混合は進まないで循環は維持される。なお今の場合は鉛直混合のみを考えたが、実際は水平混合も同時に考慮する必要がある。

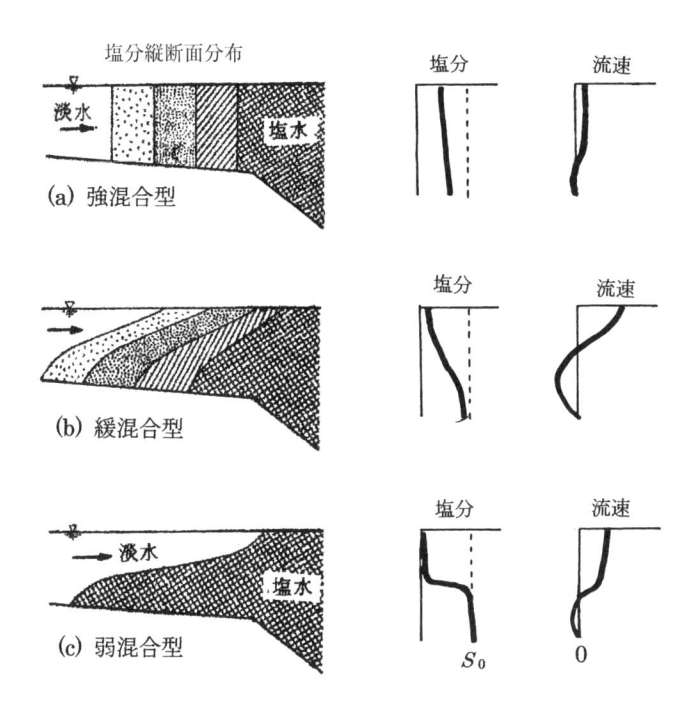

図 11.2　河川感潮域の循環タイプ：(a) 強混合型、(b) 緩混合型、(c) 弱混合型、左：塩分縦断面分布、中央：塩分の鉛直分布、右：流速の鉛直分布（正は河口向き）、S_0 は河口塩分

(11.3) 式において、K_z は潮流の強さに関係し、$\Delta\rho$ は河川流の強さに関係する。感潮河川は、河川水と海水の密度差による成層化の働きに比べて、潮流の混合作用の効果が強い場合を強混合型、弱い場合を弱混合型、その中間を緩混合型と大まかに分類されている。それぞれの特性は模式的に図 11.2 に示される。図において左側に塩分の鉛直縦断面分布が、中央に塩分の鉛直分布が、右側に流速の鉛直分布（下流向きが正）が描かれている。弱混合型の典型的な場合には、塩水が水底に沿ってくさび状に遡上する塩水くさびが現れる。ただし、河川流量が非常に多い洪水時には河口まで淡水に覆われることも生じる。

これらの型の区分についてはいくつかの考え方があるが、ここでは Hansen・Rattray[5] が理論的考察を加えて、測定量を用いて分類した結果を図 11.3 に示す。図の縦軸は海底と海面の平均の塩分差 δS を深さ平均の塩分 S_m で割ったもの、横軸は表面の平均流速 u_s と断面の平均流速 u_f の比である。タイプ 1 は強混合型で、この型で 1b には少し成層が見られる。タイプ 2 は緩混合型で、タイプ 3 は弱混合型である。

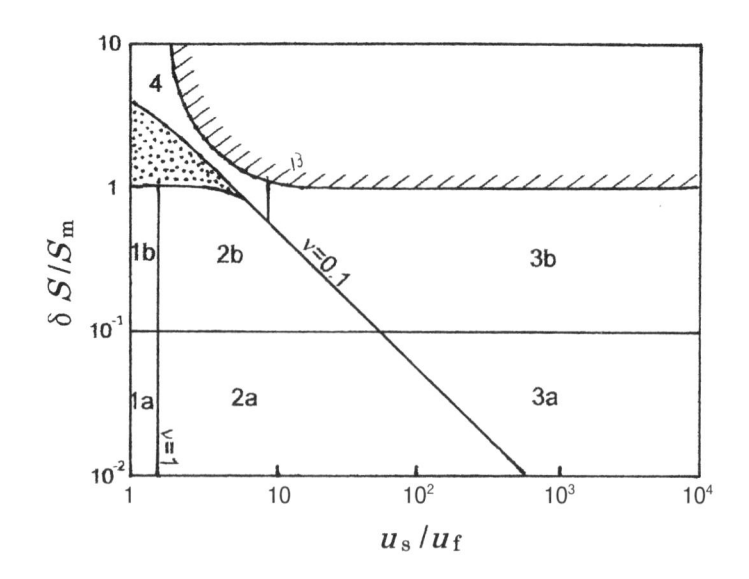

図 11.3　Hansen・Rattray[5] による河口循環型の分類図、ν は上流への全塩分フラックスの中で水平拡散が占める割合

3b は下層が深いフィヨルドに対応する。タイプ 4 はきわめて成層が強い場合で塩水くさびが現れる。これらそれぞれの混合型の特徴は次節以降で説明がなされる。

わが国の主要河川について、須賀[6] は感潮河川の長さと大潮における潮差を指標にして分類を行って、かなり明瞭な弱混合型は 19%、緩混合型は 61%、かなり強い緩混合型は 14%、強混合型は 6% であると報告している。ただし同じ河川でも混合型は一定したものでなく、大潮・小潮と河川流量の多少によって変化することに注意を要する。

11.2　強混合型の感潮河川

強混合型の感潮河川は、河川流に比べて潮流が非常に強くて鉛直混合が活発であるために、図 11.2（a）に示すように塩分の分布は上下方向に一様で、河口から上流に向けて塩分は次第に薄くなる。わが国ではこの典型例が、潮汐が最も大きい有明海に注ぐ筑後川に観測されている。今、河川横断面内では一様な 1 次元の感潮河川を考え、塩分の分布は潮汐周期で平均した時定常であるとする。原点を水域の入り口において上流方向に x 軸をとる。潮流は平均値はゼロであるが、鉛直方向には拡散による一様

化の効果を果たし、x方向に水平渦動拡散係数$D(x)$の強さで拡散を行うと考える。なお水深を$h(x)$、単位川幅当たりの河川流量をqとする。

塩分をSとした時、定常状態において塩分の輸送に関して (11.4) 式が成り立つ。これは任意断面において、単位時間に単位川幅当たりに河川流によって下流方向に運ばれる塩分量(左辺)と、拡散によって上流方向に運ばれる塩分量(右辺)が釣り合っていることを表す。

$$qS = -h(x)D(x)dS/dx \tag{11.4}$$

これの解は次式で与えられる。S_0は原点の塩分である。

$$S = S_0 \exp\left\{-\int_0^x qdx/h(x)D(x)\right\} \tag{11.5}$$

この式に基づいた強混合型の理論としては、Arons・Stommel[7]の理論が有名で、多くの本に紹介されている(例えば奥田[1]、宇野木[4])。彼らは潮流に伴う水平拡散係数は、水粒子の潮流振幅と潮汐流程の積に比例すると考えた。その論文では水深hが一様で、長さがLの感潮域の奥を原点にして下流方向に向けてx軸をとっているので、本節の座標系を用いると$D = 2ra_m^2\sigma(L-x)^2/h^2$を用いたことになる。$a_m$は潮汐の振幅(水域内で一定と仮定)、$\sigma$は潮汐の周波数、$r$は係数である。この結果彼らの解は本節の座標系を用いて (11.6 a) 式で与えられる。$X = x/L$であって、$S_0 = (S)_{x=0}$である。

$$S = S_0 \exp\{-FX/(1-X)\} \qquad F = qh/(2ra_m^2\sigma L) \tag{11.6 a, b}$$

無次元数Fはフラッシング数とよばれて、塩分分布がこのFのみで定まることが注目される。ただし彼らの解は基本的には水深が一定で、長さLが潮汐の波長よりも短い水域の共振潮汐の理論を用いて求めているので、河川感潮域よりもむしろ河川が流入する内湾を対象にしたものと考えた方が妥当と思われる。この時は原点を湾口に置いたことに対応する。

一方、わが国の河川感潮域では図 10.1 と図 10.2 に示すように、上流に向けて水深は浅くなり、潮汐は漸次減衰していくので、この特性を考慮する必要がある。そこで図 11.4 の右上内挿図に示す底が一様に傾いた河川感潮域を考え、水深分布に (11.7) 式を与える。潮流は河口で最も強く、上流に向けて弱くなり、上流端で消えることを考慮して、潮流に起因する水平拡散係数として (11.8) 式を仮定する。ここで河口における水深をh_0、拡散係数をD_0としている。河床勾配は$s = h_0/L$である。

$$h(x) = h_0(1 - x/L) \tag{11.7}$$
$$D(x) = D_0(1 - x/L) \tag{11.8}$$

これらを (11.4) 式に代入して積分すると次式を得る。

$$S = S_0 \exp\{-GX/(1-X)\} \qquad G = q/(sD_0) \tag{11.9 a, b}$$

この解は (11.6 a) 式と全く同じ形であって興味深い。ただし塩分分布はFに代わり無次元数Gによって定まる。なお Arons・Stommel[7]の考えを適用すると、a_0を

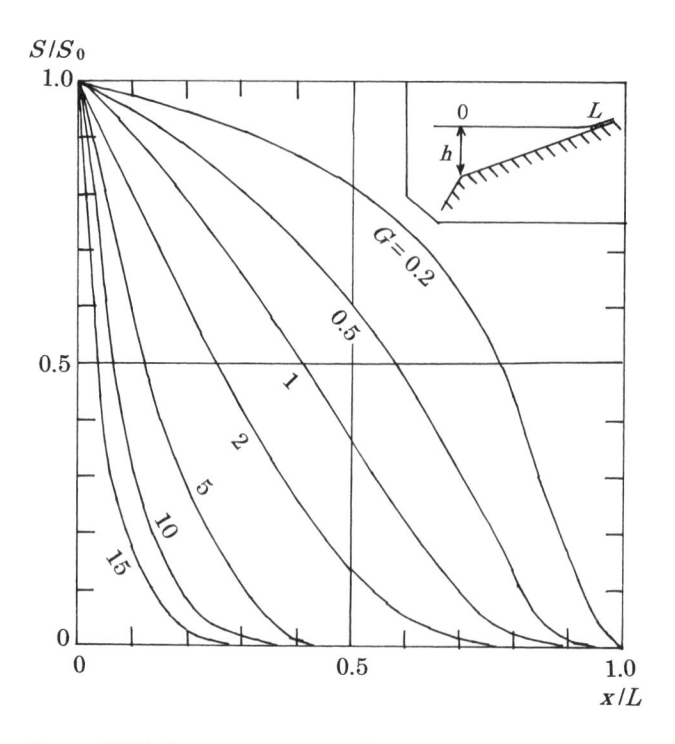

図 11.4 強混合型のモデル河川下流域（内挿図）における塩分の分布、パラメータは (11.9 b) 式の G の値

河口の潮汐振幅として、$D_0 = 2ra_0^2 \sigma L^2/h_0^2$ を考えたことになり、$G = qh_0/(2ra_0^2 \sigma L)$ になる。

　図 11.4 に種々の G の値に対する計算結果が示される。これによれば河川流量が少ないほど、水平拡散係数が大きいほど、また河床勾配が大きいほどに塩分の相対的分布は上流の方に広がり、そうでなければ塩分は河口付近に留まることになる。ところで通常考えられるパラメータの値を当てはめた時、塩分の遡上はそれほど顕著でないことが分かる。実際には、鉛直混合が強い場合でも、底面付近では平均的に上流側に向かう弱い流れが認められることが多く、これが塩分の広がりに影響していると想像される。すなわち全層一様という考えは厳密には成り立たず、次に述べる緩混合のように鉛直2次元の取り扱いが必要になる。このことは (11.6 a) 式の解の場合にも当てはまることである。

11.3 緩混合型の感潮河川

　川が緩混合型になっている例は、わが国では太平洋岸に注ぐ川にしばしば見出される。この場合には、深さ方向に流速も塩分も、したがって密度も変化して鉛直循環が存在し、これらを求めるためには運動の場と物質の場を連立して解かねばならない。河川感潮域の主軸に沿って上流方向に x 軸を、鉛直上方に z 軸をとる。水平速度を u、鉛直速度を w、圧力を p、塩分を S、密度を ρ、鉛直渦動粘性係数を K_z、水平と鉛直の拡散係数を D_x と D_z、基準の密度（例えば淡水の密度）を ρ_0 として、基本式は次のように与えられる。

$$\partial p/\partial x = \partial/\partial z(\rho_0 K_z \partial u/\partial z)、\qquad \partial p/\partial z = -\rho g \qquad (11.10 \text{ a, b})$$

$$\partial u/\partial x + \partial w/\partial z = 0 \qquad (11.11)$$

$$u\partial S/\partial x + w\partial S/\partial z = \partial/\partial x(D_x \partial S/\partial x) + \partial/\partial z(D_z \partial S/\partial z) \qquad (11.12)$$

$$\rho = \rho_0(1 + \beta S) \qquad (11.13)$$

（11.10 a, b）式は x 方向と z 方向の運動方程式、（11.11）式は連続方程式、（11.12）式は塩分輸送の方程式である。（11.13）式は ρ と S の 1 次関係を仮定した状態方程式で、β は密度の塩分依存性を規定する定数である。ここでは密度が変化する効果は重力が関係する項のみに考慮するというブシネスクの近似（例えば宇野木[4]）を用いている。以上の 5 つの式を用いて未知量 u、w、p、ρ、S を求めることになる。だが理論的解析は一般に難しいので、特別な条件下の解を求めるか、数値的に解を求めることが行われる。

　理論解として Hansen・Rattray[8] の結果を紹介する。彼らは観測事実を参考にして塩分や流速の鉛直分布が流下方向に同じ形をとるという仮定の下に相似解を求めた。結果の 1 例を図 11.5 に示す。図の縦軸は相対水深で、横軸は断面平均流速（河川流）u_f を基準にした流速である。図中の曲線に付した数値は、（11.14）式で定義される無次元数 R_{a*} と塩分の x 方向の勾配に関係する無次元数 γ の積、すなわち γR_{a*} である。この時水平拡散係数を $D_x = D_{x0} + u_f(x - x_0)$ と仮定し、$x = x_0$ における塩分を S_0 としている。

$$R_{a*} = \beta S_0 g h^3 / K_z D_{x0} \qquad (11.14)$$

図 11.5 によれば、γR_{a*} の値が大きくなるほど、上層では下流方向への流れが、下層では上流方向への流れが強くなって、鉛直循環が発達することが分かる。これに対応して、R_{a*} の値が大きいほど上下層の塩分差が大きくなり、密度成層が強まっている。

　数値計算の例としては Festa・Hansen[9] の結果を紹介する。この時（11.15 a）式で定義される R_a と、鉛直方向の渦動粘性係数と渦動拡散係数の比を表す（11.15 b）式のプラントル数が用いられる。ΔS は河口の海水と上流の淡水の塩分差である。

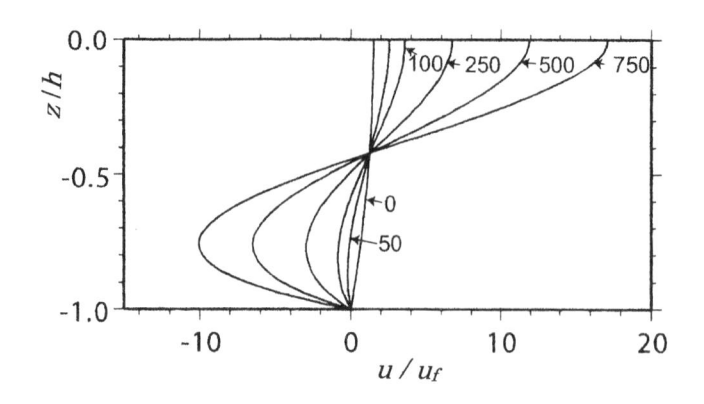

図11.5 水深一定 (h) の緩混合型感潮域における流速の鉛直分布、数値は γR_{a*} の値、Hansen・Rattray[8] の理論による

$$R_a = \beta \Delta S g h^3 / K_z D_x \qquad P_r = K_z / D_z \qquad (11.15 \text{ a, b})$$

図11.6に計算例を示す。上図は塩分の鉛直分布を、下図は流線を描いたものである。流線0は河口水底から底に沿って遡上して淀み点 (STG) に達し、その後上昇しながら河口にもどる。その他の河口下層から発した流線も、淀み点より下方のそれぞれの地点にまで遡上した後に、上昇しつつ上層を河口にもどっている。一方、流線0より上層にある水は上流より下流に向かって流れ、淀み点より下流では、河口に向かうにつれて層の厚さを減じて流速が強くなっている。流速は流線間の間隔が狭いほど大きい。

塩分の分布を示す図11.6の上図では、塩分値として河口水底の値を1、上流の河川水の値を0としている。当然のことであるが、塩分の分布範囲は海水遡上の上限である淀み点付近までである。塩分は拡散作用のために水底から表面に向けて減少し、その中間の深さで塩分の鉛直勾配がやや大きくなっている。

なお本節で定義された R_{a*} や R_a は、熱対流における著名なレーリー数にちなんで、それぞれ河口レーリー数と称される。R_a や γR_{a*} (γS_0 が R_a の ΔS に対応) は密度勾配の存在によって循環を強めようとする作用と、摩擦や拡散によってそれを弱めようとする作用の比に関係する量である。以上のことは、単純な考察により導かれた (11.3) 式と比較した時、水平拡散項の有無を除けば本質的には同様な内容を含んでいる。

水深や河川流速が変化する場合も計算されているが、他の条件が同じであるならば水深が大きくなるほど、また河川流量が少なくなるほど、下層流と塩分の遡上範囲は上流側に移る結果になって、これまでの結論を支持している。ただし現実問題に対処

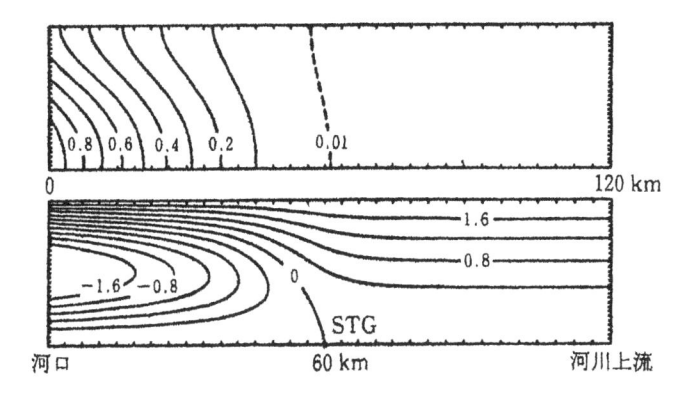

図 11.6 水深一定の緩混合型感潮域における塩分の鉛直分布（上）と流線（下）、$R_a=3\times10^9$、$A=10^6$、$P_r=10$（水平方向と鉛直方向の渦動粘性係数の比）、$K_z=1\mathrm{cm}^2/\mathrm{s}$、$H=10\mathrm{m}$、$u_f=2\mathrm{cm/s}$、Festa・Hansen[9]の数値計算による

する場合には、渦動粘性係数や渦動拡散係数の値が明らかでない場合が多いので、現地観測がきわめて重要になる。

11.4　弱混合型の感潮河川

　弱混合型の典型である塩水くさびは潮汐が小さい場合に生じるので、日本海に注ぐ河川に見られる。太平洋岸においても、小潮の時に生じる場合が少なくない。塩水くさびの長さは河川流量に大きく依存して、流量が少ない時には上流にまで塩水が進入している。潮流が弱くても、河川流量が多いと混合が強まるので塩水くさびは発達しない。
　塩水くさびの境界面は、面に働く剪断応力と圧力傾度力のバランスにより上流から下流に向けて上昇している（図 11.2 (c)）。そして上下層で密度差があるために、境界面は比較的安定しているように考えられるが、しかし超音波で見ると内部波が発生して境界面が波打ち、乱れが生じ、下層水が上層に取り込まれる様子も認められる。これは上下層の間に流速差があるために、シア流の不安定が生じるためである。乱れの発生によって下層の水が上層に取り込まれることを連行加入という。一般的には連行加入は噴流（ジェット）のように、強い流れに周辺の水が取り込まれることを指している（図 12.1 (b) 参照）。
　塩水くさびの境界面の上層では下流に向けて厚さを減じ、かつ下層水の連行も加わ

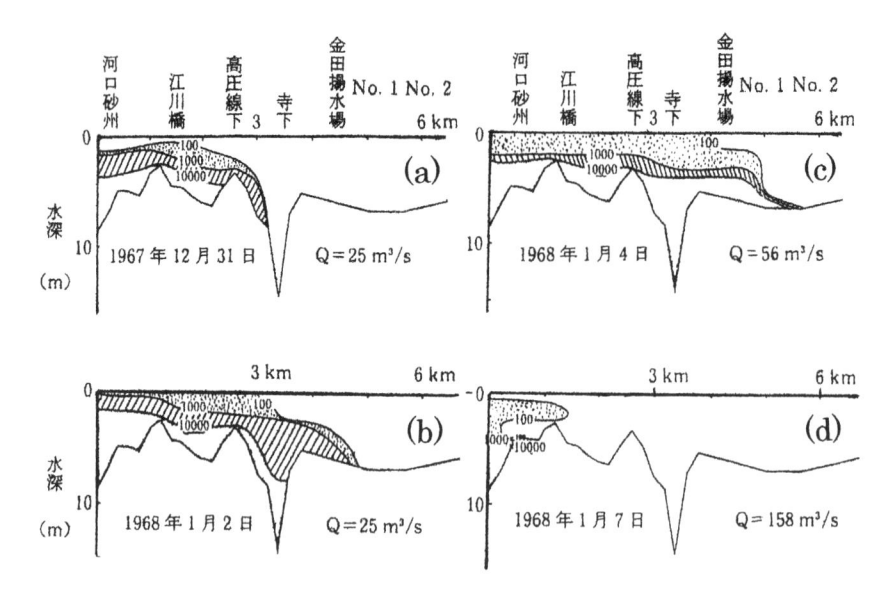

図 11.7 江の川における塩水の進入状況、Q は河川流量、等値線は塩分（mg/ℓ）、奥田・金成[10]の部分

るために流量が増え、川幅の変化が小さければ流速は次第に大きくなる。また上層の水も下層の塩水を取り込むために多少の塩分を含むようになり、塩分も下流に向けて徐々に増大する。一方、塩水くさびの境界面下側の水は、上側の流れに引きずられるとともに連行により取り去られるので、これらを補給するために塩水くさびの底層には、河口から上流に向かう流れが生じている。

島根県の江の川における奥田・金成[10]の観測結果の一部を抜粋して、図 11.7 に塩水進入の実態を示す。図には河口から上流 6km 余りの範囲における塩分分布が示されている。図の (a)、(b)、(c) によって塩水が上流へと遡上する状況が認められる。その際河床に大きな窪みがあるが、塩水は窪みに差しかかるとそれを埋めつくしてからさらに上流へと進んでいる。この間には河川流量は $20〜56\text{m}^3/\text{s}$ と少なかったが、その後雨が降って河川流量が $158\text{m}^3/\text{s}$ になった図 (d) の時には、塩水は河口付近にまで押し返されていた。なお窪みに残されていた塩水も浚われて河口へ流されている。今の事例では、河口から進入した塩水は潮汐によって何回も前進後退を繰り返しながら遡上し、その間に境界面での連行加入や風の作用を受けるので、塩分の鉛直分布は不連続的に変化していない。奥田[1]は多くの観測結果を基に、教科書通りに鮮明な境界を持った塩水くさびは容易には存在し難いと述べている。

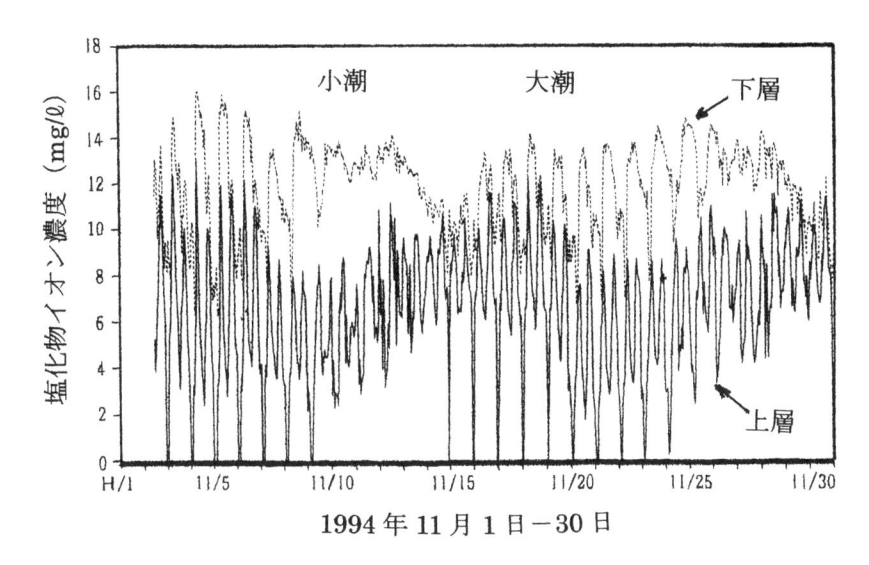

図 11.8　長良川の河口 6km 上流地点における 1ヶ月間の塩化物イオン濃度（mg/ℓ）の変化、奥田[1]による（原資料は建設省・水資源開発公団）

塩水くさびの問題では、境界面における剪断応力と連行加入の大きさを把握することが必要であり、種々検討がなされている。そしてこれらを基に、河川からの取水などの実際的問題に応えるためにも、塩水くさびの厚さ、長さ、形状などを求める理論的および実験的研究が少なくない。これらの詳細については、例えば奥田[1]、玉井[3]、水理公式集[11]、Ippen[12] などを参考にしていただきたい。

11.5　変動する混合形態

上記の諸節では河川感潮域を 3 つの型に分けて説明を行ったが、形成条件から理解できるように、対象河川が常に 1 つの型に属するとは限らず、潮汐や河川流量に応じて混合の型が変動することに留意する必要がある。

図 11.8 は長良川河口から 6km 上流地点の 1ヶ月間にわたる上層（実線）と下層（点線）の塩素イオン濃度の変化を描いたものである（奥田[1]）。上層と下層の塩分値の開きが大きい時が弱混合型に、値が接近している時が強混合型に、中間が緩混合型に対応している。そして水位変動が大きい大潮期に強混合型が、小さい小潮期に弱混合型が発生する傾向が見られる。実際には潮汐の他に、河川流量の変動や風の作用に

よっても混合の形態は変化することに留意を要する。

なお図11.8の事例では、水位に1日2回の満干潮の高さが異なる日潮不等が顕著であった。これに対して塩分濃度には図に示されるように、上層では潮汐の日潮不等の影響が明瞭に認められるが、下層では1日周期の変動が顕著で、半日周期の変化は微弱であることが注目される。その理由は今後の検討が必要である。

11.6 感潮域における堆積環境の特性

河川感潮域には上流と著しく異なった堆積環境が出現する。その1つは、上流から流れてきた砂泥は、河口付近において海から進入してきた波浪と往復運動を繰り返す潮流の作用を受けて、河口閉塞を伴う激しくて面倒な地形変化を生じることである。もう1つは、感潮域では河川水が海水と接触して多量の懸濁粒子が生成され、これらが下流側から進んできた懸濁粒子とともに、前節までに述べてきた感潮域の循環系に応じた堆積と分布を生じることである。前者の問題については13.1節で議論することにして、本節では後者の特性について考察する。

(1) 凝集作用による懸濁粒子の生成

懸濁粒子とは、一般に0.45μmのフィルターを通過しない粒子を意味して、フィルターを通過する溶存物質と区別される。河川水と海水が接触するところでは、個々の粒子がくっつき合って大きな粒子になる凝集作用（フロッキュレーション）が起こることが広く知られている。凝集作用による生成物はフロックとよばれる。凝集の過程については前田[13]や山本[14]を参照されたい。凝集が行われるメカニズムとして2つの作用が考えられる。1つは、電荷を帯びた粒子が引き合うことによる化学的な作用である。他は、河川水中の微生物が塩分の違いなどで死滅し、それらが出す粘液物質で粒子同士が凝集する生物学的な作用である。そして羽状のフロックは粒子同士が衝突してくっつき、さらに大きさを増す。このようにして生成された懸濁粒子の直径は、数μm程度の粘土粒子に比べて著しく大きく、数十から数百μm、時にはそれ以上の大きさにもなる。また懸濁粒子には生物の遺骸細片なども含まれるであろう。

水中における微細粒子の沈降速度は、ストークスの抵抗則に基づく (7.10) 式で与えられて、水との密度差が大きいほど、また粒径の2乗に比例して増大する。フロックは水を多く取り込んでいるために個々の粘土粒子よりも密度は小さいが、粒径の2乗に比例する効果が勝って、その沈降速度は元の粒子に比べて著しく大きくて堆積が促進される。一方、流れが強くて乱れが大きい時には、脆いフロックは落下途中に破壊されやすく、また底に堆積したものも再び巻き上げられる。このように水中の懸濁粒子は新たに形成されたものと、巻き上げられた古いものが重なって濃度も高くなり

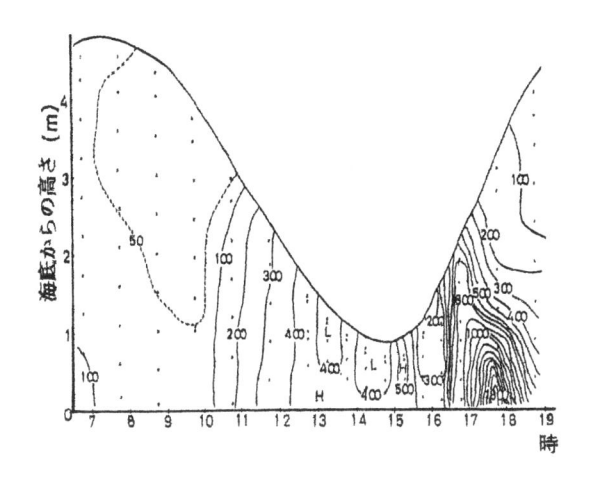

図 11.9　有明海八田江における濁度（ppm）の鉛直分布の時間変化、1985 年 7 月 30 日、杉本[15]による

得る。なおこの中には海から運ばれてきたものも含まれている。

(2) 懸濁物質の輸送と堆積

　わが国において潮汐が最も大きな有明海に注ぐ筑後川と六角川の中間に位置する八田江という小河川の 1 点で観測された、濁度の鉛直分布の潮時変化を図 11.9 に示す（杉本[15]）。ここでは潮流がきわめて強いために底質の巻き上がりが激しく、最大濃度は 1,800ppm に達する。そして 10.3 節に述べたように感潮河川の下層においては、上げ潮が下げ潮よりも流れが強いので、巻き上がりの効果で最大濃度は上げ潮の時に発生している。

　ところで感潮域の鉛直循環の一部として、下層では海から上流に向かう流れが存在するので、これと往復する潮流が重なった流れによって、海域の懸濁物質や感潮域に形成または存在する懸濁物質は、巻き上がりや沈降を繰り返しながら徐々に上流側に運ばれる。この上流への輸送量には、図 11.9 に見られるような上げ潮期と下げ潮期の懸濁物質濃度の相違が大きく影響するであろう。そしてこれらは上流向きの流れが弱まった付近に集中して底に堆積し、河川感潮域の特徴的な濁度最大域を形成する。ただしその出現状況は感潮域の循環形態に応じて異なっている。

　図 11.10 に杉本[15]にしたがって、弱混合型と緩混合型の場合における懸濁物質の分布と堆積の状況を模式的に示す。図 (a) は弱混合型の場合で、濁度最大域は塩水くさびの尖端付近に出現する。ここでは上層から下層へ沈降する懸濁粒子の量は、下層で下流側より運ばれてくる量よりもかなり多い。これに対して図 (b) の緩混合型

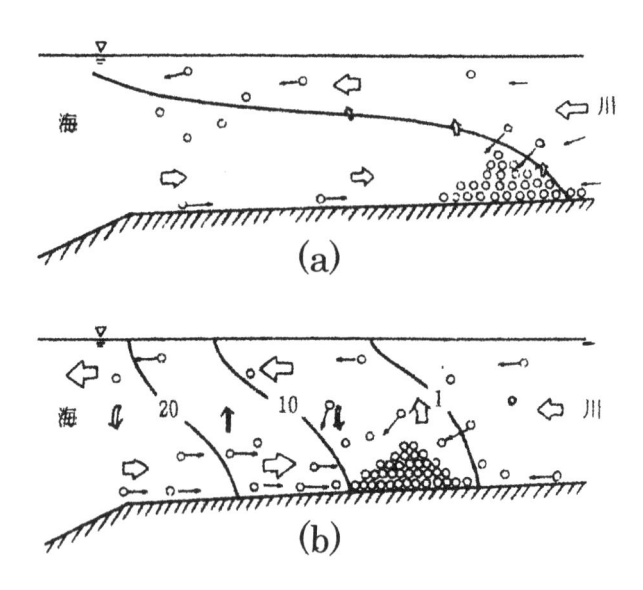

図 11.10 河川感潮域における濁度最大域の出現に関連する鉛直循環流、塩分と懸濁物質の分布模式図、数値は塩分、杉本[15]による、(a) 弱混合型、(b) 緩混合型

の場合には、濁度最大域は図 11.6 の下図に示した淀み点（STG）の付近に現れる。そして弱混合型の場合と異なって下流側から運ばれてくる懸濁粒子の量の方が上層から沈降する量よりは多い。

ここで懸濁物質が上流方向へ運ばれる機構について、今少し詳しく考察する。この輸送には特に下層の流れが重要であって、既に述べたように平均的には上流向きの成分が存在する。ただし、懸濁物の輸送には底質の巻き上がりの寄与が大きいので、巻き上げや沈降が始まる臨界速度の効果も考慮する必要がある。これについて Postma[16] の考えを述べる（奥田[2]を参照）。

図 11.11 において横軸に水平距離を縦軸に流速をとる。懸濁粒子に対する臨界速度を U_c とする。今、干潮時に A 点にある水が上げ潮に伴って上流に向けて動き始め、AB'C'E の速度変化をしながら、満潮時に E 点に達して静止したとする。この A 点の水が B 点上にきた時に臨界速度に達するので、B 点の底質は動き始め、懸濁粒子として水とともに遡上を始める。だがこの粒子は C 点上にきた時には流速が臨界速度に減じるので、それ以後は沈降して D 点に堆積する。次に、下げ潮が始まって D 点の粒子が動き出すのは、それより上流側にある F 点の水が D 点上にきて臨界速度に達した場合である。この水は FD'G'I の流速変化を経て干潮時に I 点に達して静止

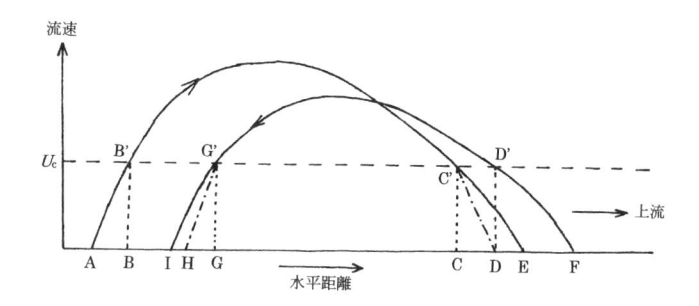

図 11.11 Postma[16]による堆積粒子の遡上のメカニズム、1潮汐周期の間に粒子はB点からH点まで遡上する

する。一方、この水とともに流れてきた粒子は、G点上にきた時に臨界速度になるので沈降を始め、H点に達して堆積する。すなわち1潮汐周期の間にB点にあった粒子はH点にまで移動したことになる。このような過程を繰り返して粒子の遡上が行われる。

一方、感潮域の水底に多量に堆積した底泥には、意外にも動き難い性質を持つものが生じることに注意を要する。例えば、長良川河口堰周辺の底泥は、河川流量が500m^3/s もの強い出水の場合にも一掃されることはなかったという（村上ら[17]）。図7.1が示すように微細粒子はもともと動き難いものであるが、このように水質が悪化した感潮域では、有機物を含むシルトや粘土の微小粒子は堆積後時間が経過すると、川底の微生物などが出す物質の働きなどにより、互いに固く結ばれて粘性が強くなり、動きにくさが増すと考えられている。

(3) 流動泥層の出現

この濁度最大域と関連して、最近非常に高濃度の粘性を持った流動泥と称される異常な粒子の集塊の出現が注目されるようになった（奥田[2]）。これは水質の悪化や港湾の埋没などに深刻な影響を与えるといわれる。このような流動泥層の出現は、経験的に満潮憩流時の後に急速に発達することが知られている。この出現は原理的には水底近くの層に上から沈降してくる泥粒子の量が、下に落ちて堆積する量よりも大きい時に発達すると考えられる。この状態は特に乱れが弱まった憩流時後に発生するといわれる。しかし流動泥の詳しい実態およびその発生機構と挙動については、今後の研究に待つところが大きい。

以上に述べた過程を経て形成された河川感潮域は、特異な物質循環と生態系を形成していて、自然環境としても、生産面でも貴重である。その詳細は西條・奥田編[18]に詳しい。

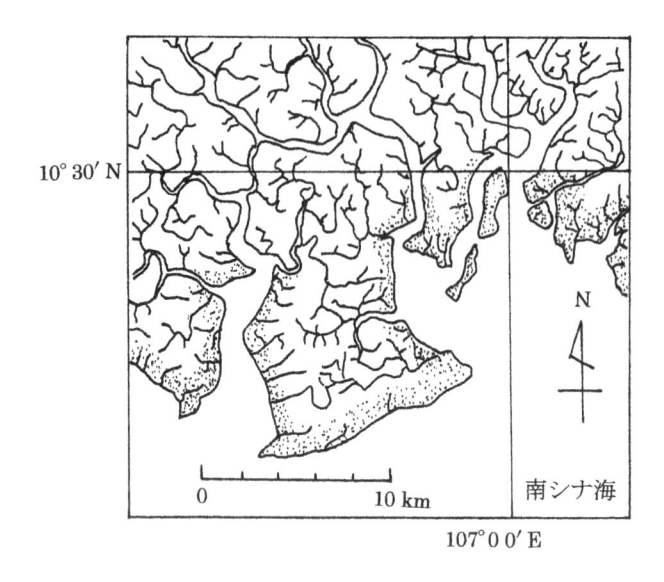

図 11.12　ベトナム南部のロンホア地区にあるマングローブ林の地形、松田[20]の付図に加筆

11.7　マングローブ林の感潮域

　これまで対象にしたわが国におけるような温帯の河川と、水理特性が著しく異なるマングローブ林の感潮域を取り上げる。マングローブは熱帯・亜熱帯の入江や河口域の干潟（潮間帯）に群落を作る塩性植物の総称である。わが国においても沖縄の先島諸島に見ることができる。最も一般的なマングローブ林はR型といわれるもので、潮汐周期で海水が遡上する感潮河川（クリーク）の岸に沿った泥湿地（スワンプ）に群落を形成し、河口を通して外海から遡上する海水が満潮時にクリークの岸を越えて氾濫し、干潮時には干出するものである（図11.12）。マングローブ林感潮域の物理特性と、それと周辺環境との関係は松田ら[19][20]が解説を行っている。
　マングローブ林感潮域は、同一規模の通常の感潮河川に比べて、平常における満潮と干潮の間の氾濫水量がきわめて多い特徴を持っている。これは、クリークは多くの支流で形成されて総延長が長く、一方、スワンプは広く、樹木と地上根が密集しているためである。1潮時間におけるこの膨大な氾濫水量の出入を支えるために、感潮河川内では非常に強い流れが生じる。本海域はこのような特異な環境にあるので、その物理特性は通常の感潮河川で得られた知見の枠内にはおさまらず、既往の知見からの

推測(外挿)のみでは理解し難いところがあると指摘されている。

　クリークのこの強流が種々の物質を広い範囲に分散させ、またクリークの底に溜まる泥土を吐き出して河口の閉塞を抑える。さらに大小無数のクリークはスワンプの奥部に新鮮な外海水、溶存酸素を送り込み、一方、栄養塩、貧酸素水、腐食土壌を外海に運び出す。したがってこれらの感潮域水路網はあたかも人体の生命を維持する毛細血管にたとえられ、心臓の役割は外海から進入する潮汐波が受け持っている。

　またマングローブ林の環境の成立には、海水の流動・拡散および底質の移動・侵食・堆積などの非生物作用と、種々の生物作用とが密接に関係して、相互作用が行われていることが重要である。例えば、樹木の形状、地上根、巣穴の凹凸などが流体抵抗を変え、それによる流れや底質の変化が、逆に動植物、藻類、ベントスなどの成長、活動、維持に影響を与えている。このためにマングローブ感潮域は、生物に由来する生物地形の性格を持つといわれる。

　松田[20]によれば、潮汐周期でしかも広域にわたる毎日の陸上への浸水現象は、一過性の高潮や洪水による浸水の経験からは、推測できない現象を生じている。それゆえマングローブ感潮域は、地球温暖化による海面上昇がもたらす毎日の浸水現象を理解する上で、有用な実験地になるであろうと述べている。

参考文献

(1) 奥田節夫(1996):感潮河川における流れと塩分分布,河川感潮域—その自然と変貌—(西條・奥田編),名古屋大学出版会,47-83.
(2) 奥田節夫(1996):感潮河川における堆積環境,同上,85-105.
(3) 玉井信行(1980):密度流の水理,技報堂出版,260pp.
(4) 宇野木早苗(1993):沿岸の海洋物理学,東海大学出版会,672pp.
(5) Hansen, D. V. and M. Rattray (1966): New dimensions in estuary classification, Limnol. Oceanogr., 11, 319-325.
(6) 須賀尭三(1979):土木研究所資料,1537号,7.
(7) Arons, A. B. and H. Stommel (1951): A mixing length theory of tidal flushing, Jour. Amer. Geophys. Union, 32, 419-421.
(8) Hansen, D. V. and M. Rattray (1965): Gravitational circulation in straits and estuaries. Jour. Mar. Res., 23, 104-122.
(9) Festa, J. F. and D. V. Hansen (1976): A two dimensional numerical model of estuarine circulation: The effects of alternating depth and river discharge., Estuarine and Coastal Marine Science, 4, 309-323.
(10) 奥田節夫・金成誠一(1968):江の川塩水楔遡上調査報告,江の川河川調査報告書,防災研究協会,1-20.
(11) 土木学会編(1999):水理公式集,713pp.
(12) Ippen, A. T. (1966): Estuary and Coastline Hydrodynamics, McGraw Hill, 546-629.
(13) 前田勝(1990):河口域における化学物質の粒子化と輸送,沿岸研究ノート,28,16-24.
(14) 山本民次(2008):川が海の水質と生態系に与える影響,川と海—流域圏の科学,築地書館,58

-69.
(15) 杉本隆成 (1988)：第1章, 河口・沿岸域の環境特性, 河口沿岸域の生態学とエコテクノロジー (栗原康編), 東海大学出版会, 3-17.
(16) Postma, H. (1967): Sediment transport and sedimentation in the estuarine environment, Estuaries IV, 158-179.
(17) 村上哲生・西條八束・奥田節夫 (2000)：河口堰, 講談社, 188pp.
(18) 西條八束・奥田節夫編 (1996)：河川感潮域―その自然と変貌―, 名古屋大学出版会, 248pp.
(19) Mazda, Y., E. Wolanski and P. V. Ridd (2007): The role of physical processes in mangrove environments, Terrapub, 598pp.
(20) 松田義弘, (2008)：マングローブ林と河川と海, 川と海―流域圏の科学, 築地書館, 258-267.

第12章　海へ流出した河川水の挙動

世界では地形的に川と海の境界がはっきりしない場合もあるが、日本では代表的河川の信濃川、利根川、木曾川などに見られるように、河口の位置はほぼ明確に示すことができる。このような川から海へ流出した河川水の挙動を調べる。もちろん川と海は接続しているので、前章に述べた感潮域の循環は海の循環とつながっている。だが海の規模は河口幅よりも非常に大きいので、本章では海の部分に注目して考察する。

12.1　河川水の静止海への基本的な流出形態

河口から流出した河川水は密度流となって、海水に希釈されながら薄い層を形成して海面を広がっていく。この河川水の塊は河川水プリュームとよばれる。だが第14章に述べるように、内湾・沿岸では潮流、風、外海の影響などを受けたさまざまな流れがあり、地形も複雑である。それゆえこれらの影響を受け、また河川流量も大きく変化するので、現実の流出河川水の挙動は複雑多様であり、時間的にも変動し、さらに季節的にも大きく異なる。このことは例えば、多くの川における流出状況の観測に基づいた高橋[1]や関根ら[2]その他の多数の報告から知ることができる。

そこで最初に、風も流れもない静止した直線状海岸を持つ深い海に軽い河川水が流出した場合、すなわちその振る舞いが河川自身の流出条件によって規定される時の基本的な水平流出形態を、杉本[3]にしたがって模式的に図 12.1 に示す。これは4つのタイプに大別される。図 (a) は河川流量が少なくて慣性が弱く、成層状態が強い場合で、流系はポテンシャル流に近く放射状に広がる。図 (b) は洪水時の多量の河川水が勢いよく流出して噴流（ジェット）の状態を呈する場合である。この時流れは乱流状態で、乱れによる連行加入を生じて周辺の海水を取り込み、進行に伴って流量を増して流れの幅も広がる。しかし強い乱れによってエネルギーを消耗し、次第に流れは遅くなって噴流状態ではなくなる。

一方、幅や流量などの河川の規模が大きくなると、地球自転に起因して流れの右方向（北半球の場合）に作用するコリオリの力が効果を発揮するようになる。このため

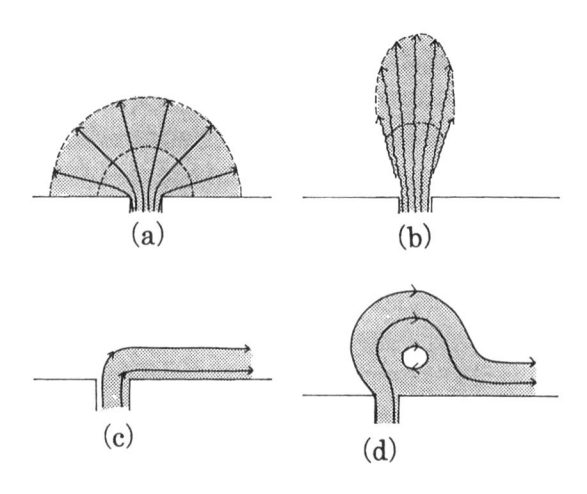

図 12.1　静止した海への河川水流出パターンの模式図、杉本[3]による

図（c）に示すように、流出した水は河口を出て右方に曲がり、その後岸に沿って狭い幅を保って進行を続ける。河川流量が著しく増大すると、強い慣性のために図（d）に描かれているように河川水はいったん沖の方へと突き出る形をとる。だが後記の理由で時計回りの環流を形成し、これが岸に出合った後には図（c）の場合と同様に、岸を右に見て岸沿いに進行していく。

次に鉛直断面で見れば、河川感潮域における緩混合型循環の延長として、図 12.2（a）に示すように上層は湾奥から湾口に、下層では湾口から湾奥に進む鉛直循環が生成される。これはエスチュアリー循環（流）とよばれる。エスチュアリーとは河川水の影響を受けた海域を意味し、通常河口域と訳されるが、実際はこれよりも範囲が広くて東京湾のような内湾も含まれる。エスチュアリー循環は河口循環や河口密度流とよばれることもある。また海面の風や加熱・冷却の作用で生じる循環などに対比して、重力循環とも称される。

ただし実際には、河川流出に伴う循環は3次元構造をとる。この時図 12.2（a）は、湾の横方向に積分した流れに対する鉛直循環と考えることができる。Simpson[4]は3次元の流動形態として、図 12.2（b）の流系を模式的に示した。彼はエスチュアリーを限定的に考えて、代わりに ROFI（Region Of Freshwater Influence、河川影響域）という用語を提案している。図 12.2（b）が示す流系においては、上層では河川水を含むプリュームが岸を右に見て岸に沿って外海に向かい、下層では外海水が湾奥に向かって進入している。湾口に達したプリュームは、他の流れがなければ地球自転の効

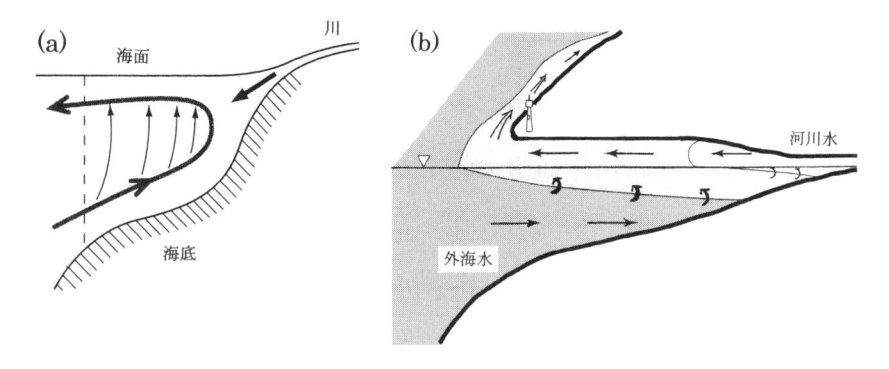

図 12.2　エスチュアリー循環、(a) 鉛直断面内の循環、(b) 3次元循環

果でやはり右に曲がって外海の海岸に沿って進むはずである。なお湾のように横幅が限られている場合には、地球自転の効果で上層の外に向かう流れは湾口に向かって右側に卓越し、下層の内に向かう流れは湾の左側に卓越する傾向が見られる。なおエスチュアリー循環は、この3次元の流系全体を意味しても用いられる。

12.2　流出河川水に対する地球自転の影響

図 12.1 の (a) や (b) の場合は直感的に理解できるが、幅や流量など川の規模が大きくなった時に現れる (c) や (d) の場合には、地球自転の影響についての理解が必要になる。

(1) 地球自転が影響する時空間スケール

最初にどの程度の時空間スケールになると、地球自転の影響、すなわちコリオリの力が効果を現すようになるかを考える。付録 A.7 によれば、現象の時間スケール（例えば変動周期）が、(12.1) 式の慣性周期 T_i よりも大きい時にコリオリの力を考慮しなければならなくなる。$f = 2\omega \sin\phi$（ϕ は緯度、ω は地球自転の角速度）はコリオリパラメータである。

$$T_i = 2\pi/f \tag{12.1}$$

慣性周期は赤道の無限大から極の 12 時間と、赤道から両極に向けて減少する。緯度 30 度、35 度、40 度における値は、24.0、20.9、18.7 時間であるから、日本付近では約1日程度以上の変動周期を持つ現象では、コリオリの力の影響を考えねばならなくなる。

一方、コリオリの力が効果を及ぼす空間スケール（例えば波長）は、密度一様な海においては**付録 A.7** に述べるように、(12.2) 式に示すロスビーの変形半径 λ_R よりも大きいことが必要である。$C = (gh)^{1/2}$ は (4.30 b) 式の深さ h の水域における長波の波速である。

$$\lambda_R = C/f \tag{12.2}$$

水深を 20m とすれば λ_R は緯度 35 度で約 170km になり、わが国の内湾規模に比べてかなり大きい。ゆえにわが国の内湾においては、密度変化を考えなくてよい順圧的（バロトロピック）な現象、例えば潮汐に対してはコリオリの力はそれほど効果的でない。

これに対して成層した海では、現象の空間スケールが (12.3) 式に示されるロスビーの内部変形半径 λ_{Ri} よりも大きい時には、コリオリの力を考慮することが必要になる。

$$\lambda_{Ri} = C_i/f \tag{12.3}$$

C_i は内部波の波速である。2 層の成層海を考え、上層の深さを h_1、下層の深さを h_2、2 層の相対的密度差を $\varepsilon = \Delta\rho/\rho$ とすれば、**付録 A.8** に示すように波速は次式で与えられる。

$$C_i = \{\varepsilon g h_1 h_2 / (h_1 + h_2)\}^{1/2} \tag{12.4}$$

例えば、水深 20m、上層の深さが 5m、$\varepsilon = 1/1{,}000$ の時、$C_i = 0.192$m/s であるので、緯度 35 度において $\lambda_{Ri} = 2.30$km となる。これはわが国の主要内湾の湾幅に比べるとかなり小さい。ゆえにわが国の内湾規模の海域においては、密度成層が関係する傾圧的（バロクリニック）な現象、例えば内部潮汐、風に伴う湧昇や外海水の湾内進入、大規模な河川水プリュームなどに対しては、コリオリの力は無視できない影響を及ぼすことになる。

（2）ポテンシャル渦度保存則の効果

地球自転が流出した河川水に及ぼす影響を理解するには、ポテンシャル渦度保存則が有用である。そこでまず渦度について説明する。水面に落ちた木の葉が、**図 12.3** (a) に示すようにくるくる回転しながら流れるのをよく見かける。これは一様でない流れ（横方向に流速が変化する流れ、シア流）においては、流体の微小部分が回転していることを表す。回転軸は鉛直方向である。この回転角速度の 2 倍は渦度と定義される。数式的には水平流の x、y 成分を u、v とした時、渦度の鉛直成分は (12.5) 式で与えられる（**付録 A.9** 参照）。鉛直上方を z 軸の正にとった時、水平面上の回転が低気圧性すなわち反時計回りの時、ζ は正と定めてある。したがって**図 12.3** (a) の流れの渦度は負である。

$$\zeta = \partial v/\partial x - \partial u/\partial y \tag{12.5}$$

今、力学の基本原理である角運動量保存則を、密度や運動が深さに関して一様な厚さ

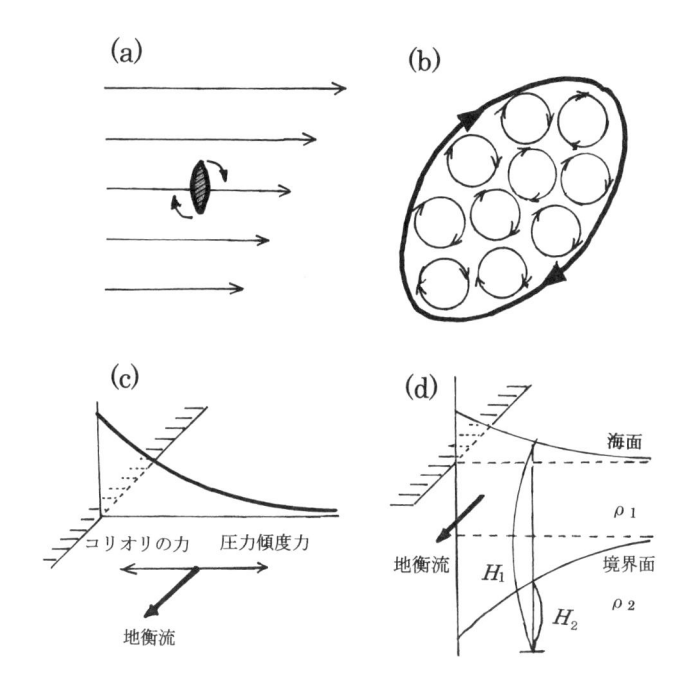

図 12.3 (a) シアー流中の微小粒子の回転、(b) 負の渦度の集合は負の循環（高気圧性の環流）を形成する、(c) 岸に沿って進む地衡流に伴う力のバランスと海面傾斜 (d) 2層の海の場合

h の水柱に適用すると、**付録A.9** によれば次のポテンシャル渦度保存則が成り立つ。

$$(f+\zeta)/h = 一定 \tag{12.6}$$

左辺はポテンシャル渦度または渦位とよばれる。f は惑星渦度、ζ は相対渦度、$Z=f+\zeta$ は絶対渦度といわれる。ポテンシャル渦度保存則は、絶対渦度 Z を持つ水柱が水平に動いてその厚さ h が変化する時、Z/h が一定に保たれることを意味する。これは完全流体に成り立つヘルムホルツの渦定理を地球流体（海洋、大気、惑星大気など）に適用したもので、地球流体にとってきわめて重要な法則になっている。

さて現在の問題に返ると、河川水は河口から海に出て急に広がるので層の厚さ h は当然薄くなる。それゆえ（12.6）式を満足するためには、分母の減少に伴って分子も減少しなければならない。f は海域が広大でなければ一定と考えられるので、流出水の渦度 ζ が減少する。したがって、河川内で流れが一様で $\zeta=0$ とすれば、流出水は負の渦度を獲得することになる。ところで負の渦度を持つ流体粒子の集まりは、**図12.3**（b）に描かれるように時計回りの環流を形成する。それゆえ流出河川水は河口

を出ると時計回りの、すなわち高気圧性の環流になることが可能である。

　流量がそれ程多くない場合には環流は発達せず、河川水プリュームは図 12.1（c）のように岸に沿う流れにややなだらかに移行する。しかし流量が多いと図 12.1（d）のように沖に突き出て高気圧性環流となった後に、河口右側の陸岸に当たって岸に沿う流れに移行する。

(3) 地衡流平衡の流れ

　いずれの場合にも北半球では、河口を離れると岸を右手に見て岸に平行に進む流れとなる。この時コリオリの力は岸の方を向いている。流れが定常である時、これに釣り合う力は圧力傾度力であって、これは沖の方を向くことになる。この圧力傾度力を生み出すために、図 12.3（c）に示すように海面は沖から岸に向けて高くならねばならない。圧力傾度力とコリオリの力が釣り合う流れを地衡流（大気の場合は地衡風）といい、この状態を地衡流平衡という。ちなみに地衡流である黒潮は本邦南方を東に進むので、図の場合と逆の海面の傾きとなり、本邦陸岸は黒潮の沖側に比べて海面が1m程度低くなっている。

　ところで、エスチュアリーでは流出河川水の下に重い海水があるので、2層構造をなして境界面が存在する。下層が静止している状態を考えると、下層の等圧面は水平でなければならない。図 12.3（d）に示す記号を用いると、下層の圧力は $p = \rho_1 g(H_1 - H_2) + \rho_2 g H_2 = $ 一定である。それゆえ海面と境界面の勾配比は（12.7）式で与えられる。ここで x 軸は岸から沖を向いている。相対密度比 ε は 10^{-3} のオーダーである。

$$\mathrm{d}H_1/\mathrm{d}x / (\mathrm{d}H_2/\mathrm{d}x) = -(\rho_2 - \rho_1)/\rho_1 = -\varepsilon \tag{12.7}$$

したがって海面と境界面の傾きは逆で、岸に向けて境界面は大きく下降するが、海面の上昇はそれに比べて非常に小さい。両面が静止状態から変位した範囲、すなわち有意な流れが存在する範囲は、岸からロスビーの内部変形半径の程度と見なされる。なお下層に流れが存在する時は、境界面の傾きには両層の速度が関係してくる。

12.3　河川水流出の実態

(1) 海面上の形態

　ここで実際に観測された流出直後の広がりの実態を見ることにする。流出水の広がり方は前に述べたように多様であるが、その若干例を図 12.4 に示す。図（a）は柏村と吉田[5]が渇水期の石狩川河口付近における流線を描いたもので、図 12.1（a）に近い流出状況が認められる。そして流量が多くなると流線は不安定になり、図 12.1（b）のように噴流タイプに近づくという結果を報告している。

　一方、信濃川でブイ追跡と細密な断面観測を行った川合[6]は、流出は連続的という

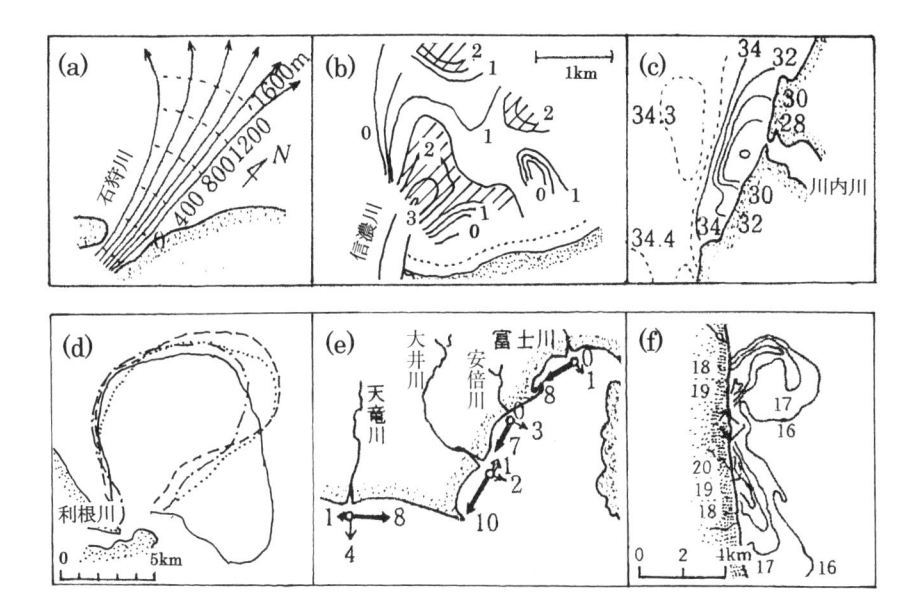

図12.4 河川水の流出、(a) 石狩川河口の表層流線、柏村・吉田[5]による、(b) 信濃川河口における塩分30の等深線 (m)、川合[6]による、(c) 川内川河口の表面塩分の分布、高橋[1]による、(d) 利根川における4例の河川水流出範囲、関根ら[2]による、(e) LANDSAT画像13例に基づく遠州灘と駿河湾における河川水プリュームの進行方向（左、右、沖の3方向）の出現回数、宇野木・岡見[7]による、(f) 福島第1原子力発電所の前面海域における水温の分布、1982年11月11日、福島県資料による

よりも間欠的と見なした方がよいという結果を得た。1例を図12.4 (b) に示す。これは信濃川の河口前面における塩分30‰の深さの水平分布を描いたものである。今、希釈水の厚さが1.5mより大きい範囲を斜線で示し、これが河川水プリュームを代表すると考える。プリュームは連続的に分布せず、途切れて断続的に分布していることが注目される。川合は希釈水の形状や分布を解析して、これは急速に広がった河川水が連行、収束、発散などによって変形して左右非対称になり、肥大した部分が分離したために生じたと考えている。彼はこの流出パターンをハートブレイクモデルと名づけた。

一方、流出した河川水が沖の方へ広がらずに、岸沿いに流れる例は非常に多い。その1例を高橋[1]が得た図12.4 (c) に示す。これは鹿児島県川内川におけるもので、河口を出た河川水は岸に平行に細長く伸びている。ここでは前の両河川に比べて潮流が強いので、河川水は潮流によって往復運動をする間に、希釈された河川水は小水塊に分離して、長い時間をかけて沖の方へと拡散している。なお図ではどちらかといえ

第12章 海へ流出した河川水の挙動　203

ば、河口の左側よりも右側の方へ河川水が延びる傾向が見えるが、コリオリの力の影響があるのかも知れない。

図 12.4 (d) は関根ら[2]が利根川で得た 4 事例である。いずれの場合も河川水はほぼ真っ直ぐに沖側に流出している。1 例のみは河口のやや沖で右方に張り出しているのが注目を惹く。関根らはこれらの分布に対して、流出河川水の慣性（非線形）の効果、沖の海の流れの移流効果が本質的であり、地球自転の影響も無視できないと述べている。

図 12.4 (e) は宇野木・岡見[7]が LANDSAT 画像 13 例に基づいて、遠州灘と駿河湾の 4 つの河川の流出方向を河口の左側、沖方向、右側に分類して統計したものである。天竜川の流出水は河口を出て左方向に流れることが多いが、これは黒潮の影響を受けて東へ流れる沿岸の流れによるものであろう。一方、駿河湾内の 3 河川のすべてにおいて、流出水は河口の左方向や沖方向に進む場合よりも、右方向に逸れて南下する例が圧倒的に多い。これには黒潮の離岸・接岸に応じて湾内に発生する時計回りや反時計回りの環流の影響もあるであろうが、コリオリの力の影響が大きいことを推測させる。

原子力発電所における大量の温排水の広がりは、軽い水の流出という点で河川からの流出形態を理解する上で参考になる。図 12.4 (f) に示される流出状況は図 12.1 (d) の大規模な河川からの流出と相似な形状を示し、地球自転の影響を示唆している。ただし広がりの状況は周辺の流れの影響を強く受けるので、いつもこのようになるとは限らず多様である。

(2) 鉛直循環

図 12.2 (a) に河川水流出に伴う上層流出・下層流入の鉛直循環を模式的に示したが、この循環の存在は水温や塩分の分布から推測されることが多い。流れの直接測定でも認められるが、一般に測流点は限られている。ここでは中国工業技術試験所が広島湾で全 56 測点、7 層、2 潮汐期間にわたって測流した結果に基づいて得た恒流の分布を図 12.5 に示す（上嶋[8]）。観測時期は 9 月である。地形が複雑であるにもかかわらず、上層の図 (a) においては湾の中心線に沿って湾奥の太田川から湾口に向けて強い流れが存在することが明瞭に認められる。一方、下層の図 (b) においては、海底地形の複雑さを反映して流れは単純でないが、上層と逆に湾口から湾奥に向かって流れる傾向は認められる。

(3) 湾奥に現れる時計回りの大きな循環

わが国の主要内湾の奥部には温暖期に、これまでに示された河口前面の環流よりも規模が大きな時計回りの環流が出現している。その例を図 12.6 に示す。図 (a) は海上保安庁の伊勢湾の恒流図に基づくもの（佐藤[9]参照）、図 (b) は夏季の東京湾にお

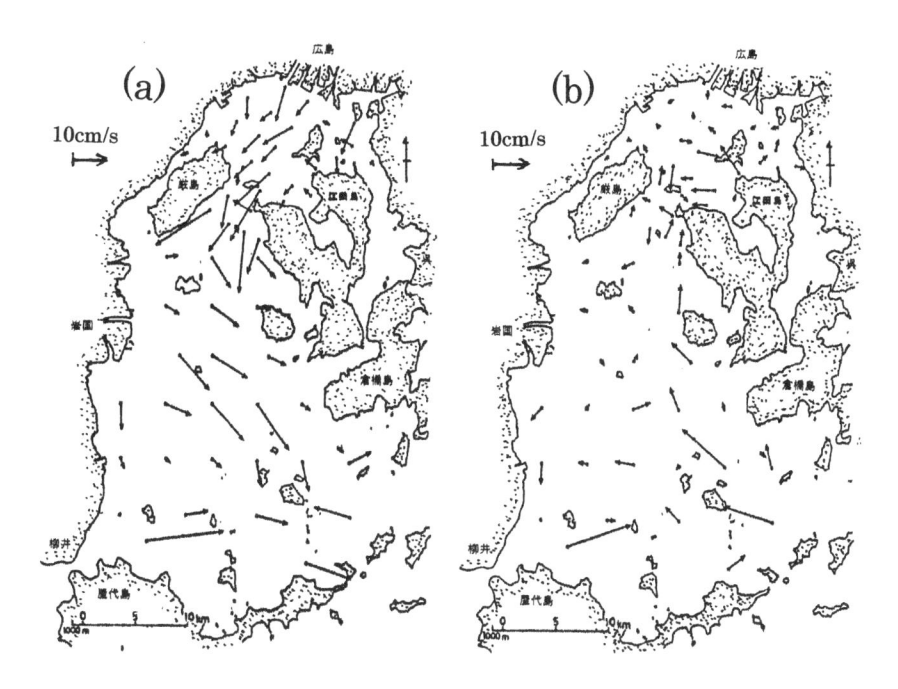

図 12.5　広島湾における恒流の分布、(a) は上層、(b) は下層、上嶋[8]による

けるものである（村上・森川[10]）。後出の図 14.8 に西宮沖環流と記されたものは大阪湾の例であり、これは上層のみに出現して冬には消えるという（藤原ら[11]）。

　これらの循環は流出水量が多い時、河口付近で岸に沿って進む流れとして捕捉し切れなかった部分が沖に出てきたものと思われる。そこで軽い水塊が静止した海の表層に加わった時に何が起こるかを考える。本来、重力は周囲と密度の異なる水塊を水平に広げるように作用し、水平発散を生じる。これに対して回転力であるコリオリの力は、回転する独楽が立って回り続けることができるように、場を占める水と異なる密度の水塊を鉛直に立てて存在範囲を限定するような働きをする。水平発散の流れがあるとコリオリの力によって、海水は右方向の力を受けて時計回りの回転を始める。定常状態になってかつ速度が小さく遠心力が無視できる場合には、水塊の中心を向くコリオリの力と、外側を向く圧力傾度力が釣り合ってこの環流は維持される。

　しかし実際には水面に軽い水塊が加わった時、重力波によって外に逃げ出す部分があるので、時計回りの環流が形成されるためには、逃げ出す水量が無視できるほど当初の水塊は大きくなければならない。しかし通常の河川流量の程度ではこの条件を満たすのは難しく、上記の水平発散のみによる環流の維持は期待し難いようである。け

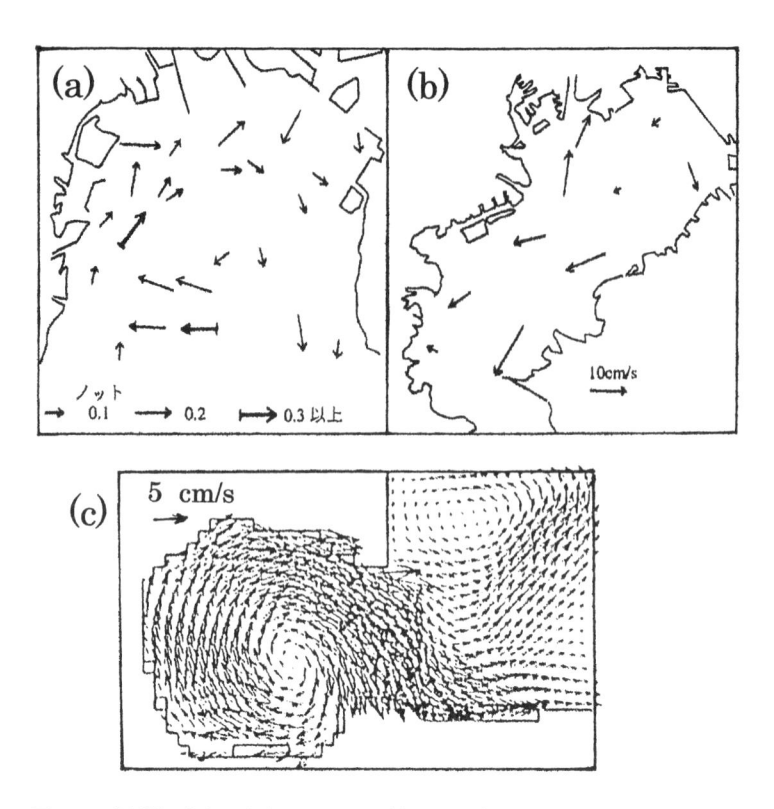

図 12.6　成層期の大きな時計回りの環流、(a) 伊勢湾奥部の 6～8 月における表層の恒流、海上保安庁の恒流図による、(b) 東京湾の夏季における上層の恒流、村上・森川[10]による、(c) 噴火湾の 8 月における診断モデルで求めた恒流（5～20m 層）、佐藤ら[12]による

れども水塊が当初から回転成分を持っていれば、水塊はそれ程大きくなくても、環流を維持することが可能であろう。

　この可能性は、ポテンシャル渦度保存則を考えると 2 つ存在する。1 つは前に述べたように、河口から海へ流出する時に厚さを減じるので、水塊は負の渦度を流出時に獲得している。もう 1 つは、図 12.2 (a) に示す鉛直循環のために湾奥部は上昇域になっている。この上昇は湾奥では水深が浅く幅が狭くなるために強められるであろう。この上昇のために押し上げられた河川水を含む上層の水は、厚さを減じてやはり負の渦度を獲得することができる。上記の大きな時計回りの環流は、これらの効果によって獲得された負の渦度が集積して形成されたと推測される。

　一方、北海道の噴火湾においても夏季の表層に大きな時計回りの循環が存在するこ

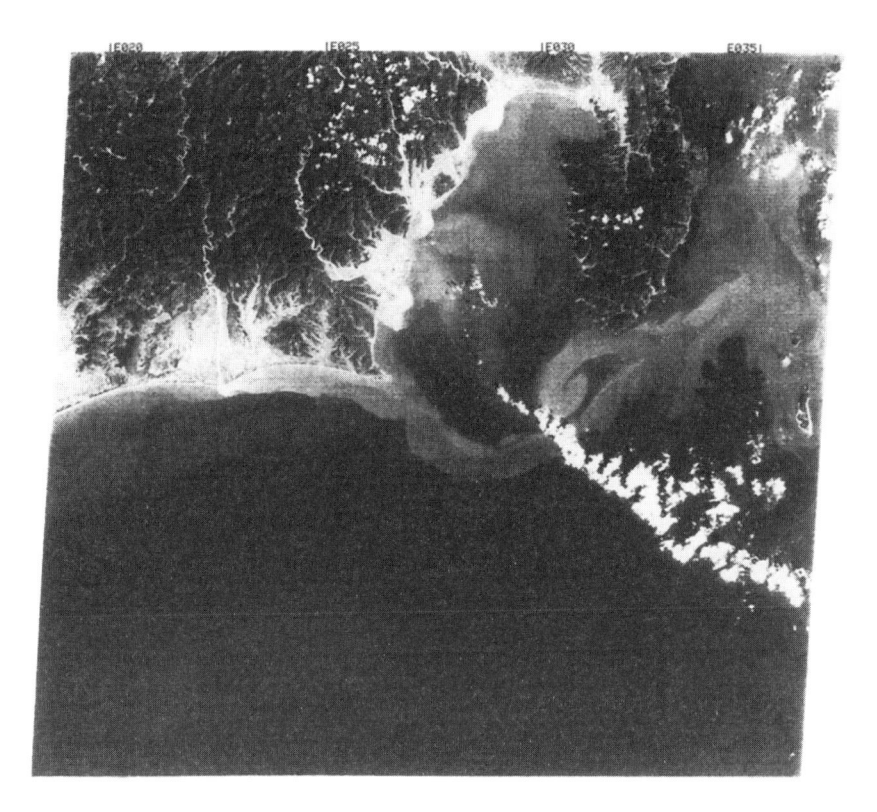

図12.7 洪水3日後の東海沿岸における河川水流出を示すランドサット画像(1979年10月22日)、宇宙開発事業団地球観測センター提供

とが以前から知られていた。これは湾内に淡水が供給される4～6月の間に形成され始め、少なくとも8月には湾全体に広がる循環に発達する。佐藤ら[12]が診断モデル（観測された密度場を基にこれに対応する流れの場を推定するモデル）で求めた流系を図12.6 (c) に示すが、その存在は明瞭に認められる。ただし噴火湾の場合は中心となる大きな河川は存在せず、湾周辺に多くの小河川が分布して流入し、かつ循環は湾全体を覆っている。したがって上記の考察からはこの循環の発生を説明することは困難である。そこで佐藤ら[12]は湾の周辺に連続流出源を設定し、既に存在する成層の場に低密度水が供給される場合のMcCreary・Zhang[13]の考えを取り入れた数値実験を行って、この特異な循環の発生を説明している。

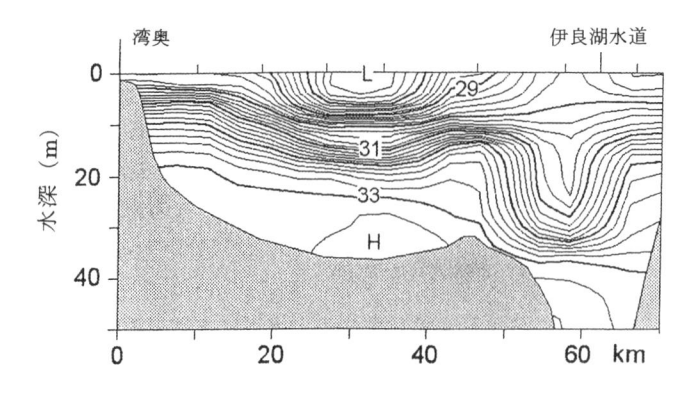

図12.8 東海豪雨から半月後の伊勢湾縦断面における塩分の分布（2000年9月27日）、藤原[14]による

（4）流出量が異常に大きな洪水時の循環

　流出量がきわめて莫大な異常な洪水を考え、その1例を図12.7に示す。これは東海地方の大規模な洪水の時のLANDSAT画像を表し、大量の河川水が駿河湾や遠州灘に流れ込んだ状況を、海水が含む濁りを対象にして写したものである。駿河湾に流出して白く輝いて見える河川水プリュームは、すべての川において河口を出て岸を右に見て南下していてコリオリの力の影響がうかがえる（図12.4（e）参照）。それとともに湾中央に出て時計回りの大きな渦となった河川水プリュームも認められる。これは河川流量が大量である時、岸付近で捕捉し切れなかった河川水が沖に出て、獲得した負の渦度を集積して時計回りの渦を形成したと考えられる（前節参照）。

　駿河湾西岸を南下した河川水は、遠州灘に沿って東流してきた河川水と駿河湾口の御前崎沖で合流し、沿岸部の黒潮の流れに乗ってさらに東へと運ばれている。黒潮の流れは蛇行し、大きな渦を伴っている。このようにして海流に流されて外洋に出た河川水のその後の挙動については、第15章に例が示される。

　伊勢湾においては、洪水時に木曾三川から流れ出た流木などが、伊勢の津、宇治山田方面へ漂着することは古くから知られていた。約8,500億円の被害を生じた2002年9月の東海豪雨の際にも、衛星写真によると木曾三川から流出した濁水が、当初は南東に進むが、右方向に曲がって三重県側に向かい、やがて三重沿岸に沿って南下していたと報告されている。これらは伊勢湾北部における時計回りの環流の存在を示唆するものである。なおこの洪水から半月後の伊勢湾縦断面における塩分の分布を図12.8に示す（藤原[14]）。湾の上層は顕著な低塩分水に占められていて、洪水からかなりの期間を経ても、伊勢湾の広大な範囲に洪水の影響が残っていることが認められる。特に湾中央の上層に出現する厚いレンズ状の低塩分水は、ここに強い高気圧性の環流

が発生していることを推測させる。なお湾口付近では強い潮流のために別の特異な海洋構造と循環が認められる。

12.4　大規模流出の場合の理論と実験

河川水プリュームの実態についていくつかの実例を前節に紹介し、流出形態は条件に応じて多様に変化することを知った。一方、この問題に関しては、温排水の流出を含めて多くの理論的・実験的研究がなされている。ここでは規模が大きな河川水プリュームを対象にして、若干の研究例を基に観測のみでは得難いその挙動をより詳細に理解することに努める。

(1) 線形理論の例

河川水が勢いよく海に流出した直後には非線形性が強く、連行加入が生じて流れは複雑になり理論的解析は難しい。そこで高野[15]は、河口を少し離れたところでは非線形の慣性項は無視できると考えて、この海域を対象に圧力傾度力、コリオリの力、鉛直方向と水平方向の渦動粘性が釣り合うとの条件の下に、定常な線形解を求めた。この時河川水と周囲の海水との混合は河口のすぐ前面で終了していて、対象海域においては混合水の密度は一定に保たれると仮定した（解法は宇野木（1993）：沿岸の海洋物理学に紹介）。

理論の結果が図 12.9 に描かれている。図（a）は混合層の厚さ $h(x, y)$ がゼロになる場所、すなわち河川水と海水が接する潮目の位置を示している。ここで b は河口幅の半分、K_H は水平渦動粘性係数であり、潮目の曲線に付した無次元パラメータ R は次式で与えられる。

$$R = fb^2/K_H \tag{12.8}$$

潮目の位置が R のみに依存し、流量に関係しないことが注目される。これは慣性項を無視しているためである。なお R の逆数は水平エクマン数である（後出の（12.9）式参照）。

図（a）において点線は $f=0$ の場合の潮目であるが、河口を挟んで左右対称である。f が存在すると非対称になり、河口を出た河川水は地球自転の効果で右に曲げられる。その時 R の値が大きくなるほど、すなわち川幅が広く水平混合が弱いほど、右岸により接近するように広がる。なお R は b の 2 乗に比例するので、地球自転の効果は川幅が広いと顕著になることが分かる。図 12.9（b）は混合層の厚さを描いたものである。$f=0$ の場合には混合層の分布は左右対称で厚さは河口直前で最も大きく、河口を離れるにつれて幅が広がり厚さは減少する。しかし f が存在すると、図が示すように混合層は幅を広げながら、深い部分は深さを減じて右方へ移って岸に平行な状態へ

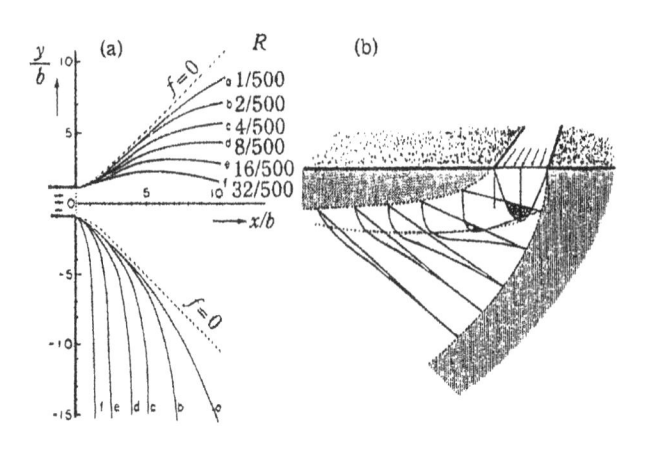

図 12.9　高野[15]の河川水流出の理論結果、(a) 無次元パラメータ R (12.8 式、水平エクマン数の逆数) に依存する左右の潮目の位置、(b) 流出後の混合層の形態変化

近づく。

(2) 数値実験の例

　流出水の非線形性を考慮するには、数値実験によらねばならない。図 12.10 に大量温排水を想定した放水口付近の計算結果を示す。これは松野・永田[16]によるもので、図 (a) は基本場が回転していない場合、図 (b) は反時計回りに回転している場合である。放水口を挟んで、回転がない場合は密度と流れの場は対称的だが、回転がある場合は非対称で右岸側に偏っている。力のバランスは放水口付近では複雑だが、岸に直交する方向には圧力項、非線形の移流項、鉛直・水平混合に関係する摩擦項が釣り合っている。放水口を離れたところで岸に直交する方向には、圧力傾度力とコリオリの力が釣り合っている。図 (c) は上下層の境界面 (2m) における鉛直速度の水平分布を示したものである。放水口の近傍に強い湧昇域があり、激しい連行加入が起きている。湧昇域の周辺は沈降域である。放水口右側の陸岸沿いは、幅の狭い帯状の沈降域があって、最も強い沈降域はその尖端に生じて、強いフロントが形成されている。

　これまでは陸岸が横に長く延びた場合であったが、通常の湾のように湾幅が限られている場合はどうであろうか。図 12.11 は前図よりも広い範囲を対象に、遠藤[17]が得た数値実験結果を模式的に描いたものである。湾幅がロスビーの内部変形半径よりも大きければ本質的には変わりはない。すなわち、河口直前では下層からの連行加入が激しく行われ、加入水を含む表層のプリュームは沖に出て時計回りの環流を形成した後に、河口の右岸側に回って岸に平行に進むようになる。そして海岸が折れている

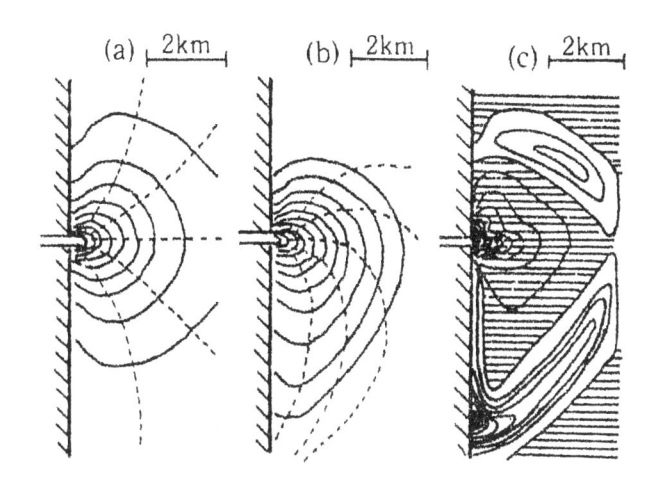

図 12.10 松野・永田[16]の数値実験結果、$Q=80m^3/s$ の 浮力加入開始後 48 時間目の状態、(a) 非回転の場合の等密度線（実線）と流線（点線）、(b) 回転がある場合、(c) 海面下 2m における鉛直速度の分布、陰をつけた部分が湧昇域

場合でも、曲がってそのまま岸に沿って進行を続ける。地衡流平衡にある流れは安定していて壊され難い性質を持っている。一方、下層では、特に右側の下層では上層と反対に河口に向かう流れが生じている。

（3）河口前面の海底地形の影響に関する実験

河口前面の地形が河川水の流出に及ぼす影響について考える。田中ら[18]は数値実験によって駿河湾に流入する諸河川の流出形態を詳細に比較した。そして富士川の河川水プリュームは高気圧性の環流を形成して沖の方へ効果的に河川水を運んでいるが、同湾の大井川の流出水は岸に沿って流れる傾向が強いことを見出した。両河川の流量はほぼ同じ（夏季に $125m^3/s$ と $140m^3/s$）であるが、地形的に富士川では水深が河口から急に深くなるのに対して、大井川では狭いながら大陸棚が存在している。

図 12.12 (a) と (b) に実験の一部を示す。図 (a) の急傾斜海岸の富士川の場合には低塩分水が遥か沖にまで延びている。これに対して図 (b) の大井川の場合には低塩分水は狭い陸棚付近に捉えられている。これは河口付近の地形が流出に及ぼす影響を検討した Yankovsky・Chapman[19]の結論を支持している。ただし図 12.7 に示した大洪水の場合には、富士川のみならず大井川を含むその他の河川においても流出水は岸にとらわれるだけでなく、高気圧性環流として沖に出て河川水を運んでいるので、流出形態は河川流量に深く依存して変化することに留意を要する。

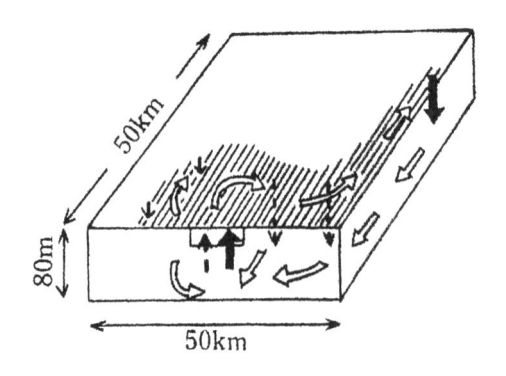

図 12.11　湾奥からの浮力付加に伴う循環模式図、遠藤[17]による

　次に、伊勢湾奥に注ぐ木曾三川の河口前面にはやや広い平らな河川陸棚が広がり、その前面は水深が10m以上も急激に深くなっている。規模は小さいが、このような河口前面における水深急変の効果に注目する。図 12.12（c）は木曾三川河口部の水理模型を用いて、水面に浮かべた多数の浮標の動きを追跡したものである（宇野木[20]）。流量は計画洪水量できわめて多量である。実験によれば三川とも流出水はこの水深急変部付近で大きく蛇行し、その後に沖の方へ流れ去っていることが注目される。
　この実験は非回転かつ非成層で行われた。ゆえに地球自転の影響はないが、この現象も基本的には渦度ポテンシャル保存則に基づく（12.6）式にしたがって出現したと推測される。すなわち複雑な地形のために、河川内部において既に流れは渦度を持っているであろう。そしてこの流出水が水深急変部に進んでくると、正の渦度ができて反時計回りの環流を形成し、これが浅い方へもどると逆に負の渦度が生まれて時計回りの環流が生成され、蛇行現象が生じたと考えられる。なお蛇行の発生については今後の確認が必要である。

（4）エクマン数と海底地形の影響に関する実験

　アメリカ東海岸のデラウェア湾やチェサピーク湾では、これまでの場合と異なって、外海水の流入域が下層のみでなく上層にまで及んでいる。これを理解するために、図 12.13 に示す三角形の断面形状を持つ湾を対象にして、数値実験によってエクマン数がエスチュアリー循環に及ぼす影響が調べられた（笠井[21]）。この結果は海底摩擦の影響とともに、断面地形がエスチュアリー循環に及ぼす影響を教えてくれる。
　エクマン数は（12.9）式で定義される。h は水深、K_z は鉛直渦動粘性係数である

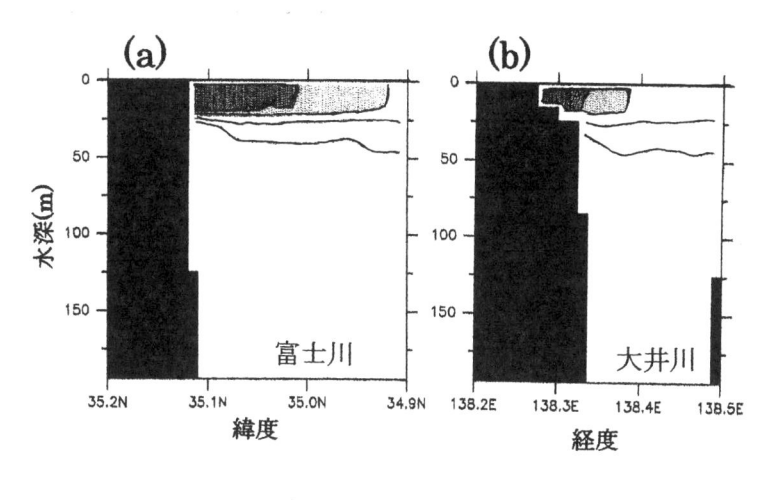

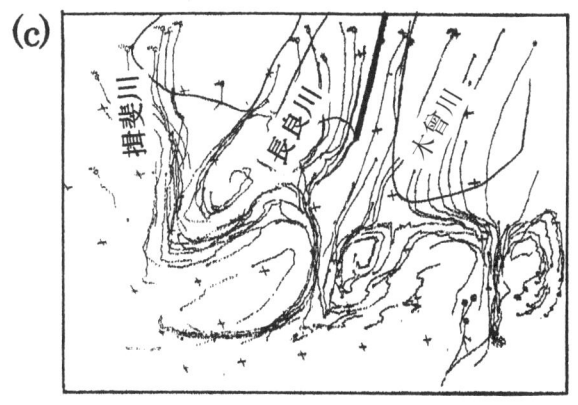

図12.12 流出河川水に対する河口前面の地形の効果、夏季の (a) 富士川と (b) 大井川における河口前面の塩分計算値の縦断面分布、塩分が33.0より低い領域が濃く、33.5より高い領域が薄い、田中ら[18]による、(c) 水理模型実験による木曾三川の洪水時の流跡線、三川の合計流量は 16,920m³/s、京大防災研究所の実験記録を読み取って作成、宇野木[20]による

(なお正確にはこれは鉛直エクマン数で、水平エクマン数は (12.8) 式の R の逆数である)。

$$E_v = K_z/fh^2 \tag{12.9}$$

代表的流速を U とすれば、単位質量の海水に働く摩擦力 $d(K_z du/dz)/dz$ の大きさは $K_z U/h^2$ に比例し、コリオリの力は fU の程度であるから、エクマン数は摩擦とコリオ

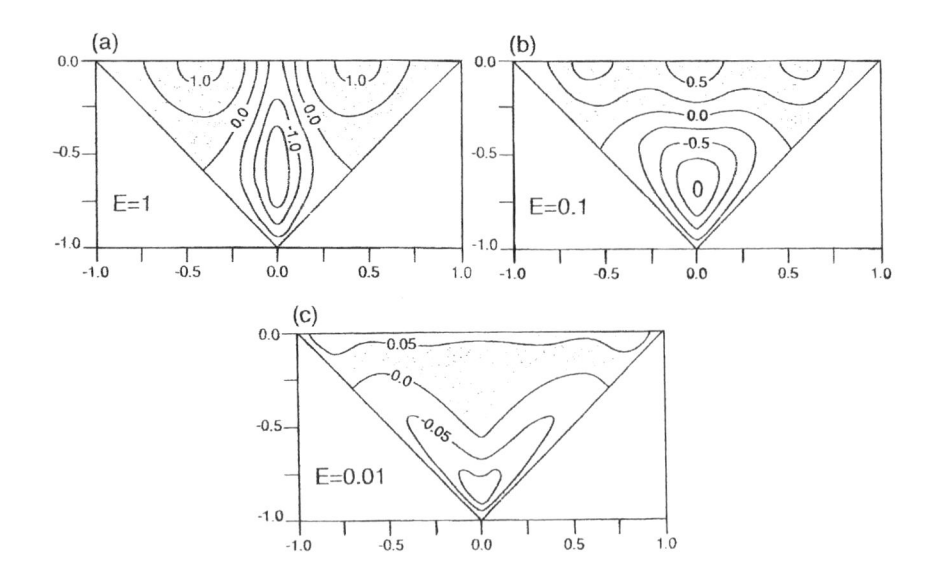

図12.13 三角形断面のエスチュアリーにおける無次元流速の分布、鉛直エクマン数が (a) E=1、(b) 0.1、(c) 0.01 の場合、横軸は相対水平距離、縦軸は相対水深、流速が正は流れが沖向き、笠井[21]による

リの力の比に関係する無次元量である。なおコリオリの力が働く流れの場において、摩擦応力の作用面から影響が及ぶ範囲はエクマン（境界）層とよばれて、その範囲は(12.10)式の h_E で代表される。これをエクマン層の厚さという（なおエクマン層は海底付近の他に、風の摩擦応力が働く海面付近にも現れる、(14.12)式参照）。

$$h_E = (2K_z/f)^{1/2} \tag{12.10}$$

実験結果の図12.13において、エクマン数が大きい場合（$E_v>1$）には、図(a)が示すように全層がエクマン層に含まれて、上層の流出は両側の浅海部を占め、流入は中央谷部の全層にわたっている。エクマン数が $E_v \sim 0.1$ の場合には、図(b)によれば粘性の影響が強く効く下層にのみ流入が現れ、上層は地衡流バランスするような流出の場になっている。図(c)のエクマン数がさらに小さい場合（$E_v<0.01$）には、流入となるエクマン層は底層に押しやられ、大部分の層は地衡流的な流出になる。

流入域が下層のみでなく上層にまで及ぶデラウェア湾やチェサピーク湾では、$E_v>1$ であるので図12.13(a)で説明することができるとされる。一方、伊勢湾では $E_v \sim 0.1$ であって図(b)に相当する例が示されている。鉛直拡散係数は成層状態に依存し、値は季節的にかなり異なる。ゆえに上記の結果はエスチュアリー循環の季節による変化にも関係するであろう。また今は三角形型の鉛直断面に注目したが、実際に

は内湾の地形は多様であるので、それに応じて循環の形態に変化が生じる。

これまでに述べてきた理論や数値実験において、渦動粘性係数、特に鉛直渦動粘性係数が重要な役割を果たしていることが認められる。渦動粘性のもとになる潮流の乱れは、運動量や物質のかき混ぜを行って摩擦を生じ、また密度場に変化を与えて河川水の挙動に影響を与えている。なお潮流が密度場に与える影響には、この他に潮流が一様でないことも関係している。例えば潮流が表面から下方に向けて減少している時、潮流に運ばれる流出河川水は表層では早く沖に到達するが、その下方になるほど到着が遅れるので、密度成層を生じて密度流に変化を与えることになる。潮流が河川水流出に及ぼす影響については、万田[22]がまとめて報告を行っている。

12.5　河口フロント

河川水が流出して海水と接触する前面では、塩分、水温、密度、流れなどが不連続的に変化する場合が多い。これを河口フロントという。このフロントは河川流量が多い暖候期に顕著になり、また一般に不連続性は水温よりも塩分に明瞭に現れやすい。河口フロントの縦断方向の観測例を上嶋[8]にしたがって図 12.14（d）と（e）に示す。これは広島湾に注ぐ太田川河口前面におけるもので、(d) は上げ潮、(e) は下げ潮の場合である。河川水の前面では両潮時とも密度（σ_t）が急激に変化していて、明瞭なフロントを形成している。ただしフロント面を挟む上層と下層の流れの相違は、強い潮流が重なっているためにそれほど明らかではない。

Bowman・Iverson[23]はフロントの構造を次のように説明している。図 12.14（a）に示すように、z 軸を鉛直上方にとり、上層の厚さを h_1 とし、下層はこれに比べて十分に深いとする。上層と下層の密度を ρ_1 と ρ_2、流速を u_1 と u_2、表面流速を u_s、境界面の抵抗係数を γ_i とした時、表面と上層、下層の流速は (12.11) 式で与えられる。理論から想定される流速の鉛直分布は図 12.14（a）に示される。

$$u_s = 3\rho_1 K_z / (2\rho_2 \gamma_i h_1) \qquad u_1 = u_s(1 - 3z^2/h_1^2) \qquad u_2 = -2u_s \quad (12.11\ \text{a, b, c})$$

これに上げ潮と下げ潮の潮流を加えたものを、それぞれ図 12.14（b）と（c）に描いておいた。この結果は図 12.14 の（d）と（e）の太田川河口前面における観測事実を比較的よく説明している。なお河口フロントを含めてフロントの力学については柳[24]の議論がある。

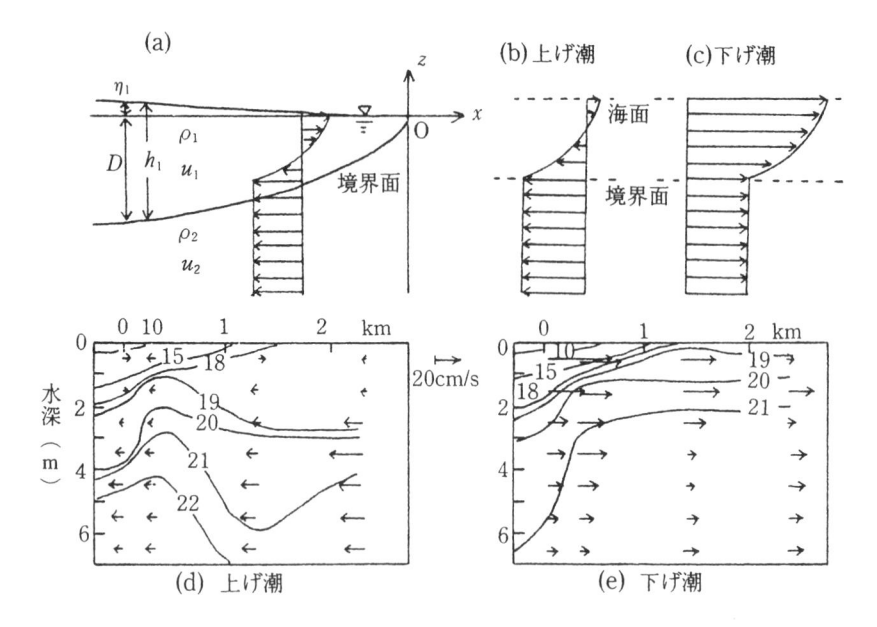

図 12.14 (a) 河口フロント付近における (12.11) 式に基づく流速分布、(b) と (c) は上げ潮と下げ潮における流速分布、(d) と (e) は広島太田川河口前面の上げ潮と下げ潮における σ_t と流れの鉛直断面分布、上嶋[8]による

12.6 エスチュアリー循環の重要性

(1) 循環流量の河川流量に対する比率

上層流出・下層流入のエスチュアリー鉛直循環の流量は、水と塩分の連続条件からボックスモデルを用いて求めることができる。いくつかの河川に対する結果を**表12.1**にまとめて示す（宇野木[25]）。季節や条件による違いはあるが、エスチュアリー循環の流量は河川流量の数倍から 10 倍、条件によっては 20 倍以上にも達していて、非常に発達した流れであることが分かる。

このように河川流量の何倍もある強い循環がどうしてできるのであろうか。その発生機構は力学的には緩混合型感潮河川の循環の場合と同様であるので、ここではエネルギー的に考察する。図 11.1 (a) に示したように、水槽内に軽い水（河川水）と重い水（外海水）を並べて仕切りを外すと、不安定を生じて軽い水は上方へ重い水は下方へ動いていく。この時最初に比べて全体の重心が次第に下方に下がって位置エネルギーが減少する。エネルギー保存の原則から、減少した位置エネルギーが運動エネル

表12.1 エスチュアリー循環流量の河川流量に対する比率、宇野木[25]による

海域	季節	河川流量 R (m³/s)	循環流量 Q (m³/s)	流量比率 Q/R	出典
東京湾	夏 冬	396 124	2,201 1,635	6 13	海の研究、1998 宇野木
伊勢湾	夏 冬	800 250	3,000 6,000	4 24	海の研究、1996 藤原他
三河湾	夏 冬	137 60	1,169 1,272	9 21	海の研究、1998 宇野木
大阪湾	夏	130	3,300	25	沿岸海洋研究、1994 藤原他
大阪湾	秋	120	4,520	38	沿岸海洋研究、1993 湯浅他
広島湾	年	87	* (最大)	7 14	沿岸海洋研究、2000 山本他

ギーに転化されてこの顕著な運動が生じるのである。だが図11.1（a）の場合は摩擦によってエネルギーを失ってやがて運動は止む。一方、エスチュアリー循環の場合には、河川水の連続流入によってエネルギーが供給されて摩擦に打ち勝って循環が継続されることになる。この時流速と流向の異なる上下層の間には乱れが発生し、連行加入が行われて循環流量の増大に寄与する。

表12.1によれば、エスチュアリー循環流量と河川流量の比は冬に大きく夏に小さい。これは夏には密度成層が強いために鉛直方向の輸送や混合が抑制されるためである。またわが国南岸の湾に対して、冬の北寄りの季節風はこの循環を強め、夏の南寄りの季節風は弱める働きをしていることも寄与しているであろう。ただし夏には河川流量自体が多いために、比率は小さくても鉛直循環の流量はむしろ夏の方が冬よりも多い場合が生じる。

一方、山尾ら[26]は伊勢湾の浅海定線観測データを基にして、毎月のエスチュアリー循環流量と河川流量の関係を調べて、相関係数は0.58と散らばりはやや大きいが、やはりエスチュアリー循環流量は河川流量の増大に伴って増大していることを見出した。ただし前者と後者の比率は一定でなく、例えば河川流量が500m³/sの時6.9倍、1,500m³/sの時は3.9倍となっていて、河川流量が増大すると比率は減少する傾向が見られた。

さらに山尾ら[26]は、伊勢湾における数回の洪水の場合について、河川流量とエス

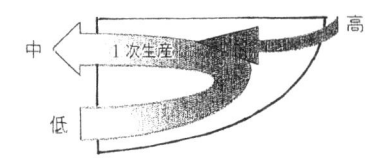

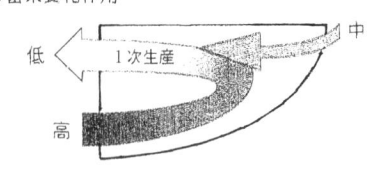

図 12.15 エスチュアリー循環の機能、(a) 河川水が沖合下層水よりも栄養塩濃度が高い場合、(b) 河川水が沖合下層水よりも栄養塩濃度が低い場合、山本[27]による

チュアリー循環流量との関係を調べた。その結果、4例については洪水流量の数倍の流量を持つエスチュアリー循環の発生が認められた。ところが、上層流出・下層流入の循環流量をプラスとすれば、別の2つの洪水においてはわずかながらマイナスの値が得られた。この時洪水の5〜10日後には、湾奥の下層水は外向きとなって通常と逆の密度流が発生していたのである。これは洪水後の低塩分水の移動に伴う過渡的な質量分布によるものであった。洪水発生後の海況と流況、したがってエスチュアリー循環は単純でなく複雑に変化していることが分かる。

(2) 沿岸の水質・生態系・生物生産を支えるエスチュアリー循環

前項に示したようにエスチュアリー循環は流量が多いために、海域の物理環境の形成に基本的に重要な働きをしているが、また海域の水質、生態系、生物生産にとっても重要な役割を果たしている。その詳細については山本[27]の解説があるので参照されたい。ここでは**図 12.15** を示して、その一端を知ることにする。図 (a) は河川水の栄養塩濃度が高くて、沖合の下層水の濃度が低い場合である。この場合は強いエスチュアリー循環が存在すると、沖の下層からは濃度の低い水が供給されて、流入河川水がもたらす富栄養化による過度の赤潮と貧酸素水の発生を妨げる働きをする。

一方、自然状態が残された河川の場合には、沖合の下層水に含まれる栄養塩濃度が流入河川水の濃度よりも相対的に高いことが多い。沖合では表層で生産された有機物が底層に沈降して分解され、栄養塩濃度が高くなるためである。この場合（**図 12.15** (b)）には、河川水のみでは不足した栄養塩を、エスチュアリー循環は沖の底層から補給して、湾内の1次生産に寄与している。すなわちエスチュアリー循環は、河川による栄養塩の負荷が大きい場合は浄化作用を果たし、負荷が少ない場合は補給して1次生産を維持するように働き、いずれにしても内湾における生態系の恒常性や生物生産の維持に大きく寄与している。

ただし河川からの栄養塩負荷と海域底層の貧酸素化との間には時間の遅れがあることに留意しなければならない。馬込ら[28]が周防灘で調べたところ、河川流量増大時

に多量の栄養塩が湾内へ流入してから，1次生産や酸素消費を伴う分解過程を経て，浅海底層で貧酸素水塊が形成されるには約2週間を要したという。これは見かけ上，河川流量が少ない時に貧酸素水が発生していることになる。またエスチュアリー循環が弱いほど酸素の低下は著しく，貧酸素水の出現までのタイムラグは長くなる傾向が見られて，貧酸素水塊の形成にエスチュアリー循環が大きく影響していることが理解できる。

　このようにエスチュアリー循環は沿岸の海洋環境の形成に基本的に重要な働きをしているので，取水などによる河川流量の減少は海域の環境に望ましくない顕著な影響を与えることになる。次章に取り上げる砂の問題を含めて，沿岸海域の環境を維持するために必要な河川流量の確保が強く望まれる所以である（山本・清野[29]）。

参考文献

(1) 高橋惇雄（1974）：海へ流入直後の小河川水の分散について，沿岸海洋研究ノート，12，12-18．
(2) 関根義彦・木下章・松田靖（1988）：関東・東海地区の主要河川水の流出状況の航空機観測，沿岸海洋ノート，25，165-176．
(3) 杉本隆成（1988）：第1章，河口・沿岸域の環境特性，河口沿岸域の生態学とエコテクノロジー，東海大学出版会，3-17．
(4) Simpson, J. H. (1997): Physical processes in the ROFI regime, Jour. Mar. Sys., 12, 3-15.
(5) 柏村正和・吉田静男（1966）：河口を出る淡水の流れ，第13回海工集，268-271．
(6) Kawai, H. (1988): Divergence and entrainment in a river effluent: the heartbreak model, Jour. Oceanogr. Soc. Japan, 44, 17-32.
(7) 宇野木早苗・岡見登（1985）：LANDSAT画像から見た駿河湾・遠州灘沿岸の流動，水産海洋研究，47・48号，1-10．
(8) 上嶋英機（1986）：瀬戸内海の物質輸送と海水交換性に関する研究，中工試研究報告，1，179pp．
(9) 佐藤敏（1996）：伊勢湾表層の循環流について，沿岸海洋研究，33，221-228．
(10) 村上和男・森川雅行（1988）：東京湾の長周期流れの特性について，沿岸海洋研究，25，146-155．
(11) 藤原建紀・肥後竹彦・高杉由夫（1989）：大阪湾の恒流と潮流・渦，海岸工学論文集，36，209-213．
(12) 佐藤千鶴・磯田豊・清水学（2003）：夏季噴火湾表層に形成される時計回りの循環流，沿岸海洋研究，40，181-188．
(13) McCreary, J. P. Jr. and S. Zhang (1997): Coastal circulations driven by river outflow in a variable-density $1\frac{1}{2}$-layer model, Jour. Geophys. Res., 102, 15535-15554.
(14) 藤原建紀（2004）：洪水時の物質輸送による伊勢湾の環境変化，月刊海洋，36，196-199．
(15) Takano, K. (1954): On the salinity and the velocity distribution off the mouth of a river, Jour. Oceanogr. Soc. Japan, 10, 92-98; 11, 147-149.
(16) Matsuno, T. And Y. Nagata (1987): Numerical study of the behavior of heated water discharged into the ocean, Part 1: the effect of earth's rotation, Jour. Oceanogr. Soc. Japan, 43, 295-308.
(17) 遠藤昌宏（1977）：浮力の投入による密度流の3次元構造，海洋秋季大会要旨集，26-27．

(18) Tanaka, K., Y. Michida, T. Komatsu and K. Ishigami (2009): Spreading of river water in Suruga Bay, Jour. Oceanogr., 65, 165–177.
(19) Yankovsky, A. E. and D. C. Chapman (1997): A simple theory for the fate of buoyant coastal discharge, Jour. Phys. Oceanogr., 27, 1386–1401.
(20) 宇野木早苗 (1967)：木曾三川河口付近の流動について，沿岸海洋研究ノート，6, 27–40.
(21) 笠井亮秀 (2003)：河川水と海水の接合点，沿岸海洋研究，40, 101–108.
(22) 万田敦昌 (2003)：河口域周辺の流れと密度場，沿岸海洋研究，40, 109–119.
(23) Bowman, M. J. and R. L. Iverson (1978): Estuarine and plume fronts, Oceanic Fronts in Coastal Processes, Springer-Verlag, 87–104.
(24) 柳哲生 (1992)：沿岸フロント付近の流動構造，沿岸海洋研究，29, 215–228.
(25) 宇野木早苗 (2005)：河川事業は海をどう変えたか，生物研究社，116pp.
(26) 山尾理・笠井亮秀・藤原建紀・杉山陽一・原田一利 (2002)：河川流量の変動にともなう伊勢湾のエスチュアリー循環流量・栄養塩輸送量の変化，海岸工学論文集，49, 961–965.
(27) 山本民次 (2008)：川が海の水質と生態系に与える影響，川と海―流域圏の科学，築地書館，58–69.
(28) 馬込伸哉・磯辺篤彦・神薗真人 (2002)：周防灘における貧酸素水塊の流入河川水に対する応答，沿岸海洋研究，40, 59–70.
(29) 山本民次・清野聡子 (2008)：海域を考慮した河川の管理，川と海―流域圏の科学，築地書館，270–280.

第13章　川から海へ運ばれた土砂の挙動

わが国では一般に河川の傾斜は急で、激しい降雨量をもたらす気象擾乱も多いので、多量の土砂が下流に運ばれて河口付近に堆積する。さらにこの土砂は海浜の流れによって漂砂として周辺に運ばれて広い砂浜や砂丘を形成し、白砂青松の美しい自然を生み出した。漂砂は岸近くの波や流れによって砂が動かされる現象、または動かされる砂自体を意味する。一方、波が穏やかな閉鎖的な内湾では川から海に運ばれた土砂は堆積して干潟が発達する。このようにして形成された沿岸の浅海域は、河川が供給する豊富な栄養塩を利用して生物生産力が高く、われわれの生存にとってきわめて貴重な水域になっている。また広い砂浜は高波や津波の来襲から陸地を護る自然堤防の役割を果たしている。だが近年取水による河川流量の減少、ダムの建設や河床からの採砂によって海に運ばれる土砂が減少して、海岸侵食に苦しむところが多くなった。また川からの過大な栄養塩の流入とともに、砂浜や干潟の消滅のために浄化作用が弱まって、赤潮や底層の貧酸素水塊が発生して水質が悪化し、海の生産力が衰えた海域も多くなり問題になっている。重要な機能を持つこの川から海へ流出する土砂の挙動について考える。

13.1　変動する河口地形

　川が運ぶ土砂は、一般に礫、粗砂、細砂、シルト、粘土などの多様な粒径の土砂から構成されている。波が大きい海岸に注ぐ川の河口付近では、細砂より細かい粒径成分は河口で急速に拡散する。一方、細砂より大きい粒径成分は河口付近に堆積する。このようにして河口に堆積した土砂が、長期間の間に河口平野や三角州を形成することは既に5.5節に述べた。

　だが短期間で見れば河口の地形は大きく変動している。河口の土砂の動きには川の流れだけでなく、外海から押し寄せる波浪や潮流が強く影響し、これらは短期的にまた季節的に変動するので、地形変化は上流側と異なる経過をとって複雑である。特に時折訪れる洪水や暴浪によって水と砂の流れは激しく変動して、河口付近の地形は劇

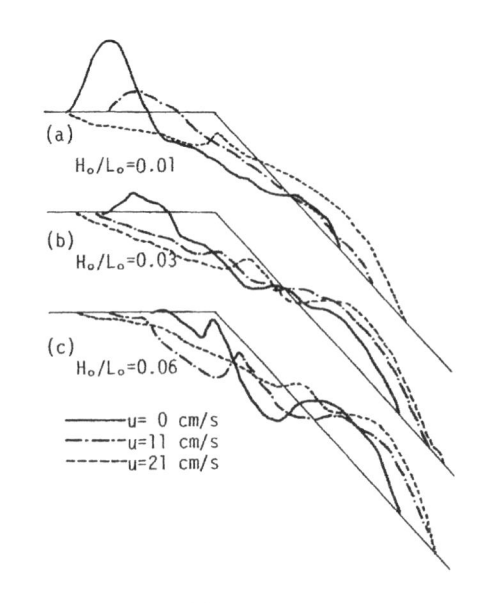

図 13.1 河川流（u）と波形勾配（H_0/L_0）が河口地形に及ぼす効果に関する2次元移動床実験結果、篠原ら[3]による

的に変化する。河口の地形変化については、河口閉塞を中心に例えば野田[1]が解説を行っている。

須賀[2]は河口地形を水理量に注目して河川流型、波動流型、潮流型に大別した。河川流型では河川流量あるいは河床勾配が大きいために掃流力が強く、河川流量によって河口特性が定められるものである。波動流型は河川流量とその変化も小さく、かつ潮流が弱くて、波浪の影響が大きい場合である。潮流型は主に入退する潮流によって河口が維持されるものである。もちろんいずれと区別し難いものも多く、また同じ川でも河川流量や波の状況に応じて変化する。河川流型と潮流型では河川は直流して海に注ぎ、波動流型では河川流は河口に発達する砂州に曲げられて側方に偏流して海に注ぐ傾向が強い。日本全国の265河川について調べたところ、河川流型が61例（23%）、波動流型が同じく61例（23%）、潮流型が55例（21%）、区別できないものが88例（33%）であった。これらの中で潮汐が小さい日本海側では河川流型が、潮汐が大きい九州側では潮流型が比較的多く見られ、太平洋側では3つの型が同程度に現れている。

陸から河川流が、海から波浪が進行してきた時の河口の地形変化を、横方向の変化を考えない2次元波動水槽を用いた移動床実験を行った篠原ら[3]の結果を**図 13.1**に

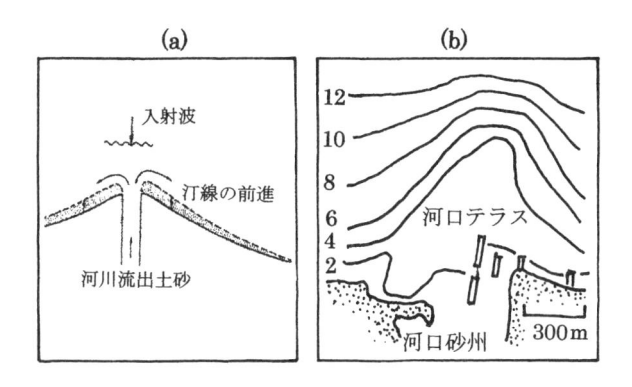

図 13.2 (a) 河口デルタ前面の汀線の前進と側方への砂の輸送、宇多[4]による、(b) 相模川河口沖のテラスの水深分布（m）、1991 年 8 月 26 日、宇多ら[5]を基に作成

紹介する。図には底質粒径と海底勾配を同じにして、河川流速と入射波の波形勾配を変化させた場合の海底地形が比較されている。図 (a) の波形勾配が小さい場合は、河川流がないと波の作用で河川内に砂の堆積が、海側で侵食が生じる。だが河川流が強くなると、河川内の堆積は減じ、海側は侵食が堆積に変わってくる。そして図 (b)、(c) が示すように、波形勾配が大きくなるにつれて、河川内の侵食と、海側の堆積の傾向は強まる。特に河川流が強くなると、川から運び出される砂は増大し、海側の堆積は顕著に、堆積域も沖に延びる。

だが実際には、河口から流出した砂が側方へ岸沿いに運ばれていくことを考えねばならない。これは沖波が河口へ向けて斜め方向から進んできた場合に生じる。なお河口の真正面から波が進んでくる場合でも、砂の堆積のために河口の海岸が直線状でなければ、波はやはり斜めに入射することになり、横方向へ砂は輸送される。図 13.2 (a) には河口デルタが形成されている時の状況を示し、このことが認められる。側方へ運ばれた砂が作る砂浜については 13.3 節で考察する。

今は河口から流出する砂に注目したが、一方で、砂は河口に向けてその正面からと側方からも運ばれてくる。正面から河口に向かう砂は波浪によって沖から運ばれてくるが、輸送量は波が高く険しいほど大きい。側方の海岸からは海浜流によって沿岸漂砂として運ばれてくる。海浜流と沿岸漂砂については後節で考察する。河川流や潮流が強い時は、外から運ばれてくるこれらの砂は河口に堆積することはできず、上流からの流出砂とともに沖に流される。だが河川内の掃流力が弱い時には河口に堆積する。堆積は流れが弱い河口の川岸から始まり、次第に成長して河口を閉塞するようになる。この時側方からの沿岸漂砂が多いと河口を横切る河口砂州が発達する。

そこで、河口砂州が存在する時に洪水の大出水が発生した場合を考える。河口は河口砂州で狭められて出水量を捌き切れず、洪水は砂州を乗り越えてやがて砂州を切り裂いて直進し、砂州は消失する。この時砂州の土砂および上流からの流送土砂は、河口沖に運ばれて堆積する。この状況は図13.1の実験で示された流れが強い時の河口前方に現れる海底の高まりから理解できる。このようにして形成された堆積地形は河口テラスとよばれる。図13.2（b）に宇多ら[5]にしたがって相模湾に注ぐ相模川河口付近の地形が示されているが、河口沖では等深線が沖側に張り出して、$-4m$以浅には平坦部が発達している。これが河口テラスである。

洪水前後の地形を比較した観測によれば（例えば宇多ら[5]）、洪水時に河口砂州からフラッシュされた砂は、河口テラスの前面付近に堆積するが、洪水後には波の作用でテラスの砂は再び徐々に河口へもどってくる。条件によって大きく異なるが、ごく大まかにいえば洪水後の河口テラスの形成には数時間から日のオーダー、砂がテラスから河口にもどる作用が活発な期間は週のオーダー、さらに元の海岸砂州を形成するのには月のオーダーと考えられている。このように砂の移動にサイクルが存在することはきわめて重要である。一方において、河道掘削によって潮流などの流れの流通がよくなったために、河口テラスが消滅し、沿岸漂砂の流れも順調で河口閉塞が消えたという報告も多い（例えば仙台湾に注ぐ七北田川の場合[6]）。

なお図13.2（b）に河口砂州が見られるが、この砂州の尖端に川の内部へかぎ状に曲がったフックとよばれる特徴的な地形が認められる。これは沖から進入する波によって砂州の先端部分の砂が河川内へ運び込まれて形成されたもので、河川内への波の影響を示している。このフックは後出の図によれば、日野川（図13.3）ではあまり見られないが、相模川（図13.4）では発達している。

川から運ばれてきた底質はさまざまな粒径のものを含んでいるが、流れが緩やかになる河口付近で分級されて、一般に沖に向けて礫・砂・泥の順に堆積していく。ある海岸で泥質堆積物が多くなる部分の最も浅いところを結んだ線を、泥線という。泥線は波の作用が及ぶおよその限界を示しているといえる。ただし泥線の深さは波の状態とともに、河口付近の海底勾配、さらに潮流や海流の存在にも関係する。泥線の深さは、瀬戸内海の諸河川では数m前後の場合が多く、紀伊水道西岸の吉野川・那賀川では$-10m$前後、東岸の紀ノ川・日高川では$-20m$前後といわれる。一方、泥線が九頭竜川では$-90m$、利根川では$-200m$以深という報告もあるが、これには波以外の影響が大きいと推測される。

さて河口砂州が発達すると河口が閉塞状態になる。冬季の日本海の河川において、河川流がほとんどなくて海が荒れる時に、一夜にして高さ3mの砂浜が生じて河口が閉塞されることも珍しくないという。河口が閉塞されると河川水が順調に疎通できなくなり、水位が高まって堤内への浸水や内水の排除が難しくなる。また河口における舟運の困難や、漁獲の減少や閉鎖水域における環境問題なども生じる。河口の地形変

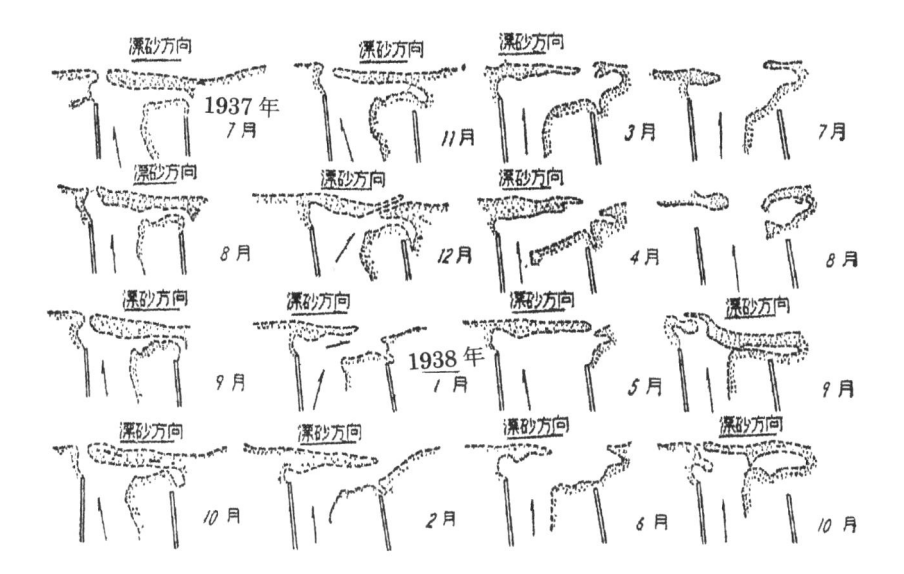

図 13.3　日野川の河口地形の変化、豊原による（富永[8]から引用）

化、特に河口閉塞は影響が大きく、これを避けるための河口処理は重要な技術的問題になっている。

　河口砂州の形成と変化の過程は、上述のように河川流量、波浪、潮流、海浜流などとともに、砂の粒径や付近の海底地形などが関与するので、複雑微妙であり、河川によって状況はかなり相違する。それゆえ河口閉塞については多くの研究がなされているが（例えば椹木[7]、野田[1]）、残された課題は多い。さらに河口利用と河口閉塞を避けるために、河口付近に数多くの施設と工事が実施されるために、事情は複雑さを増すことになる。それゆえわれわれの理解は不足していて、河口閉塞に対する対策は確立されているとはいえず、現状は苦労と経験と知識が積み重ねられている状態のように思われる。

13.2　河口における地形変化の時系列

　河口において現実に生じた地形変化の時系列を、日本海側と太平洋側の2例について紹介する。

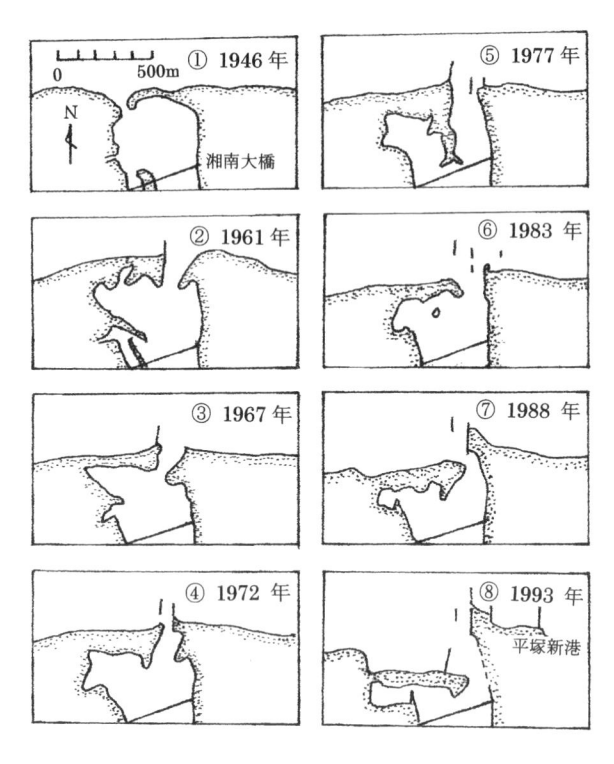

① 1946年　湘南大橋
② 1961年
③ 1967年
④ 1972年
⑤ 1977年
⑥ 1983年
⑦ 1988年
⑧ 1993年　平塚新港

図13.4　相模川の河口地形の変化、宇多[9]に掲載の航空写真を基に作成

（1）日本海に注ぐ日野川河口の場合

　図13.3に鳥取県美保湾に注ぐ日野川河口の16ヶ月間にわたる地形変化を示す（富永[8]）。この図から河口の地形はいかに変化に富むかが理解できる。日野川は日本海に面して潮汐が小さく、潮流の影響は小さい。河口砂州の変化に注目すると、1937年7月から11月までは砂州は河口を横切って右岸側から左岸側に延び、12月から翌年5月までは逆に左岸側から右岸側へと延びて、それぞれ河口を狭めている。これは季節による卓越風の変化に伴って、海岸沿いの漂砂の方向が両季節で逆になることが主因と考えられる。河口砂州の消長に伴って河口幅も変化をしているが、特に1938年6月には梅雨時の洪水によって河口砂州が破られて河口幅が大きく広がっていることが注目される。だが9月になると再び右岸側から左岸側へと砂州が延びてくる。図に示した期間は昭和前期の河川の改変がまだ激しくなかった時代で、河口両岸の堤防を除けば特別の河口処理の施設は見当たらず、地形の変化は自然の営みにした

がっているといえる。

　だが戦後の経済成長の時代になると、日本各地にダムや河口堰の建設、浚渫、採砂、取水などが活発に実施されて、河川流量も流下砂泥量も大きく減少して、河口の地形もこれらの人為的影響を強く受けて著しく変化することが多くなった。

(2) 太平洋に注ぐ相模川河口の場合

　そこで太平洋側の相模湾に注ぐ相模川河口に注目する。長期間の海岸地形の変化を見るには過去の航空写真を比較することが有用である。宇多[9]は1946年から1993年までに得られた8枚の航空写真を用いて、相模川河口付近の地形変化を考察しているのでこれを紹介する。本節では8枚の航空写真から、湘南大橋より南方の河口周辺の小範囲における陸岸・河岸の概略の位置を求め、これを**図13.4**に示した。

　終戦直後の1946年の図①の場合には、河川からの供給土砂が豊富であったかつてのわが国の典型的な河口の姿が見られる。すなわち外海に面する海岸に沿っては幅約100mの砂浜が東西方向に長く続いていて、河口周辺付近には砂丘が存在していた。河口には右岸側から左岸側に延びる長さ約370mの細長い砂州が形成されていて、河口幅は著しく狭まっている。1961年の図②の時代になると、洪水対策のために左岸側に不透過構造の導流堤が建設されたので、河口地形は大きく変化した。すなわち左岸側から導流堤に向かう砂州が発達した。これに対して右岸側の砂州は縮んだ。

　1967年の図③によれば、外海の海岸線は東側も西側も侵食されて、1961年に比べて大きく後退している。1972年の図④においては右岸側にも導流堤が建設されて、西から延びてきた砂州とつながった。

　1977年の図⑤における顕著な特徴は、フックが発達して長さ約300mの長大な砂嘴が左岸導流堤の先端部から河口と反対方向の川の上流へと伸びたことである。これは上流からの砂の供給が減少して、砂は波の作用で海側から河川内へと流入したことを教えている。なお河口東側の海岸では汀線は後退して、前浜の幅が非常に狭まり、ほぼ消失したところも生じ始めた。1983年の図⑥においては、前図に見られた上流に向かう長い砂嘴は洪水によって流出し消失した。海側の海岸侵食は進み、東側では汀線の後退量は最大で50mに達した。このために護岸工事区間が長く延びてきた。

　1988年の図⑦において、東側海岸の前浜は完全に消失して護岸が直接波にさらされる区域の延長は約550mに及んだ。一方、この護岸区域の西端に接続する左岸側の河口砂州は、約40mも引き下がって川の上流側に移動した。これと対照的に、右岸側では右岸導流堤の尖端にまで砂州が延びている。これは漁船の航路保持のために河川内部で浚渫された土砂が運び込まれて投棄されたためである。最後の1993年の図⑧の場合には、左岸側の河口砂州の上流側への移動はさらに顕著になり、左岸導流堤は孤立状態になった。なお西側海岸では平塚新港の建設も始まっている。

　以上に述べた地形変化の主因として宇多[9]は、上流部に建設された相模ダムによる

土砂の流下の停止、砂利採取による細砂以上に大きな砂の極端な減少、および航路維持のための河口部の浚渫により、河川から供給される砂が著しく少なくなったことを挙げている。なお洪水時に河口の外へ運び出されて河口テラスに堆積した砂は、平常時には波の作用で河口内部へと運び込まれる。そして外向きと内向きの砂のバランスによって河口砂州が形成されて維持されるが、上流側からの砂供給の減少に伴って、新しいバランスを保つために上記のように河川内部で河口砂州は上流へ遡ることになると考えられる。これについては宇多ら[5]の研究がある。

13.3 流出砂が作る砂浜

砂浜を形成する砂の起源はいろいろあるが、ここでは川から流出した砂が主因の砂浜を考える。川から流出した砂の一部は河口に留まり、一部は沖に出て堆積する。残りは漂砂として岸に沿って動き、周辺の海岸に砂浜を形成する。水が一方向に流下する河川の場合と異なって、海浜の砂は主に往復運動をする波によって動かされるので、その動きは複雑である。

(1) 波に伴う水の運動

海浜付近の砂を動かす要因には、潮流や風による吹送流も含まれるが（第14章参照）、やはり波が主体であるので波に伴う水粒子の運動に注目する。図 13.5 (a) には沖波が岸に近づく時の水粒子の動きが描かれている。沖では水粒子は円軌道を描いているが、岸に近づくと深さの制限を受けて軌道は平たい楕円になり、さらに浅いところにくると鉛直運動は著しく小さくなって水平運動が卓越する。これらはそれぞれ深海波、中間（水深）波、浅海波とよばれて、存在範囲は図中に示されるように水深 h と波長 L の比（相対水深）の大きさで大まかに区別される。なおこの現象には海底摩擦は関係していないことに注意を要する。摩擦があると底付近で水の動きは小さくなる。

波の進行速度は深い沖から浅い岸に近づくにつれて小さくなる。その大きさ C は一般に水深と波長（または周期 $T=L/C$）に依存し、(13.1 a) 式で表される。g は重力加速度である。この式は深海波の場合には (13.1 b) 式のように変形されて周期のみに関係し、周期が小さいと波の進行は遅くなる。浅海波の場合には (13.1 c) 式（長波の式）のように変形されて、周期には関係せずに水深の平方根に比例し、浅くなるにつれて遅くなる。

$$C=\sqrt{\frac{gL}{2\pi}\tanh\frac{2\pi h}{L}}, \qquad C=\frac{gT}{2\pi}, \qquad C=\sqrt{gh} \qquad (13.1\ \text{a, b, c})$$

さて上記の図 13.5 (a) は、波が低い場合であって水粒子の軌道は閉じているが、

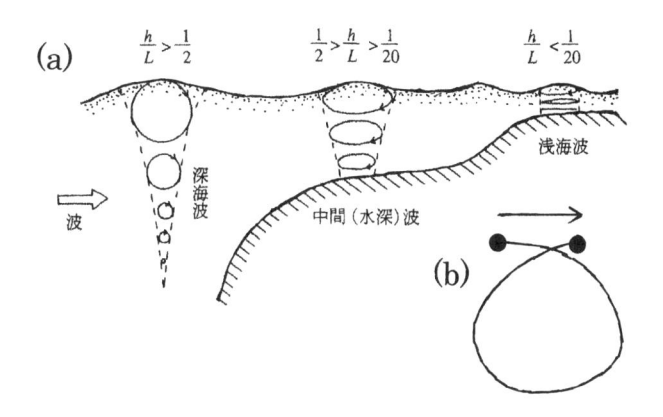

図 13.5 (a) 波に伴う水粒子の軌道の模式図と、相対水深（h/L）に基づく深海波、中間（水深）波、浅海波の概略の存在範囲、(b) 有限振幅波における1周期間の水粒子の軌道とストークスの質量輸送

　波が高くなると水運動の非線形性のために軌道は閉じなくなる。すなわち図 13.5 (b) に描かれているように、軌道の山にある時の前進に比べて、谷にある時の後退は小さく、波の1周期の間に水粒子は少しずつ波が進む方向へ前進することになる。この流れはストークスの質量輸送とよばれる。

　次に、岸に向かって波が斜めに入射して砕波する場合を考える。この時、水粒子も砂面を斜めに打ち上げられるが、砕波した後には水位が低い海の方へ自然に流下する。この過程が繰り返されると、水粒子はジグザグ運動をしながら岸沿いに漸次前進することになる。この場合やストークスの質量輸送のように、周期的に変化する波の場合にも、平均的に見れば一方向に進む流れが発生することは、砂の動きを考える場合に非常に重要である。

　また波は屈折して水の動きに変化を与える。波が海岸に斜めに入射する場合には、図 13.6 (a) に示されているように波面（波峰線）は次第に岸に平行になり、ほぼ同時に岸に打ち上げるようになる。これは同一波面上で深所に存在する部分は速く進んで、浅所の遅い部分に次第に追い付くためである。一方、海岸が屈曲している場合には図 13.6 (b) に描かれているように、屈折の結果突出した岬付近に波が集まって波は高まり、凹入した入江の海岸には波は広がって穏やかになる。入江は波が静かでよい海水浴場であるのに、岬の尖端は波が荒くて白波が立っているのはこのような事情による。なお海岸は直線状であっても、岸に沿って海底の起伏があれば屈折のために波の高さも一様でなくなる。

第 13 章　川から海へ運ばれた土砂の挙動

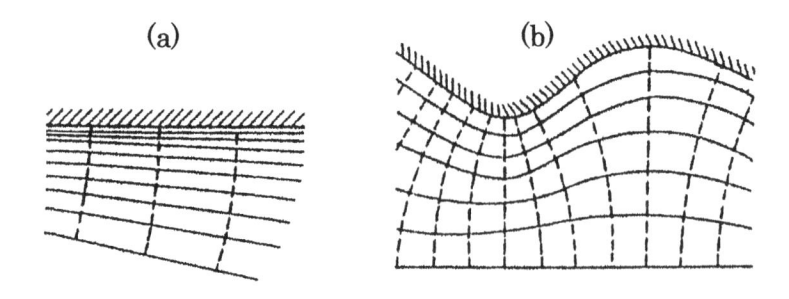

図 13.6　浅海における波の屈折の模式図、直線海岸（a）と屈曲海岸（b）の場合

（2）海浜流の形成

　波が作る砕波帯付近の流れを海浜流とよぶ。斜めに入射する波は汀線付近に岸に沿う流れを作ることを前に述べたが、また図 13.7 に模式的に示す海浜流系が形成される。流系は沖から砕波帯に向かうストークスの質量輸送、岸に沿って流れる並岸流（または沿岸流）、岸から沖にもどる離岸流（リップカレント）から成っている。なお離岸流の先頭部にある離岸流頭から外に出た流れの一部は、岸の方にもどって循環流を形成する。以下にこれの形成機構を考える。

　前に波が高い時に生じるストークスの質量輸送について説明したが、高い波の場合には波運動の非線形性のために、波の進行方向に直交する鉛直断面を通って、1 周期平均では差し引きして波の進む方向に運動量が輸送される。一般に任意の面を通っての運動量の付加は、ニュートンの運動の法則によれば、その面を通して外から内部へ力が働いていることを意味する。上に述べた進行波も鉛直断面を通して応力を及ぼしている。Longuet-Higgins・Stewart[10]はこの応力にラジエーション・ストレスの名称を与え、その大きさを求めた。ここでは簡単に波応力とよぶことにする。この大きさは波高の 2 乗に比例する。一方、波が進む側の流体は、鉛直面を通して進んできた側の流体に逆方向に同じ大きさの波応力を及ぼしていることはいうまでもない。波応力の概念が提出されて以来、波に起因する海浜付近の諸現象が理論的に理解できるようになった。

　例えば、荒波が次々と押し寄せて砕ける海岸では、平均水面が全般的に高まることが経験される。定常状態においてこの水面の高まりを維持するためには、図 13.8（a）の A 点の水柱において、この水面の高まりから生じる沖向きの圧力傾度力 F_p に釣り合う力が必要で、この働きをしているのが岸向きの波応力の合力 F_w である。すなわちごく浅い砕波帯では波は砕けて波高はほぼ水深の程度に抑えられるので、波応力は汀線に向けて減少する。このために A 点の水柱の両側鉛直断面に働く波応力の合力 F_w は、圧力傾度力とは逆に岸を向いて、岸付近の水面の高まりを支えることが

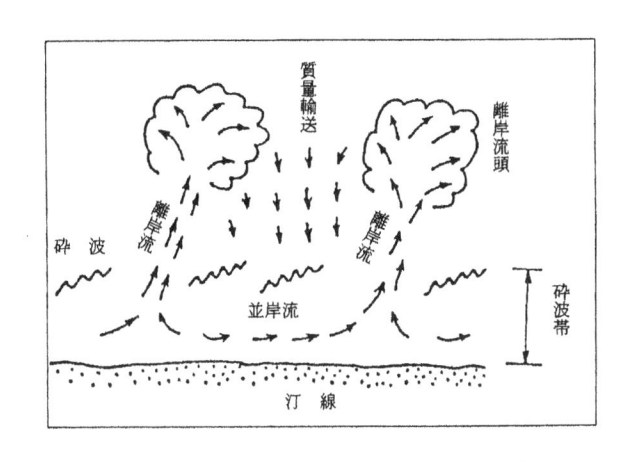

図 13.7　海浜流系模式図、Shepard-Inman による（堀川[11]より引用）

可能になる。

　一方、砕波帯の外側では沖から砕波帯に向けて平均水面は低くなっている（図 13.8 (a)）。なぜなら波が岸に接近する時、浅くなって波が狭いところに押し込められるために高さを増し、それに応じて波応力も増大する。そこで図 13.8 (a) のB点における水柱に働く波応力の合力 F_w は、鉛直両面に働く応力の差し引きから沖向きになる。この結果 F_w に釣り合う圧力傾度力 F_p は岸向きになり、砕波線に向かって平均水面が低下する。このような砕波帯周辺の平均水面の分布は観測や実験によって認められている。

　今、図 13.8 (b) のように入射する沖波の高さが海岸に沿って変化している場合を考える。砕波線の内側では上に述べたところから、高い波の入射部分は低い入射部分よりも平均水面が高いので、前者から後者に向かって岸に沿う流れ（並岸流）が生じる。一方、砕波帯の外側では相対的に波が高いほど平均水面が低いので、砕波線の内側と逆に、低い波領域から高い波領域への流れが生じる。この結果砕波線を含む領域では平均の流れとして、図 13.8 (b) に示されるような環流すなわち海浜流系の形成が期待される。入射波が岸沿いに一様でない理由にはいろいろな要因が考えられている。離岸流は砕波によって岸近くに堆積した海水が、局所的に集中して沖にもどる部分であり、流れが強いのでこれに巻き込まれて溺死する例は多い。この場合には、流れに逆らわずに横方向に泳いでいけば、難を逃れることが可能である。

　Harris は海浜流系を図 13.9 に示す3つのタイプに大別した[11]。彼の調べでは発生頻度は、対称セル (a) が38％、非対称セル (b) が52％、並岸流系 (c) が10％で

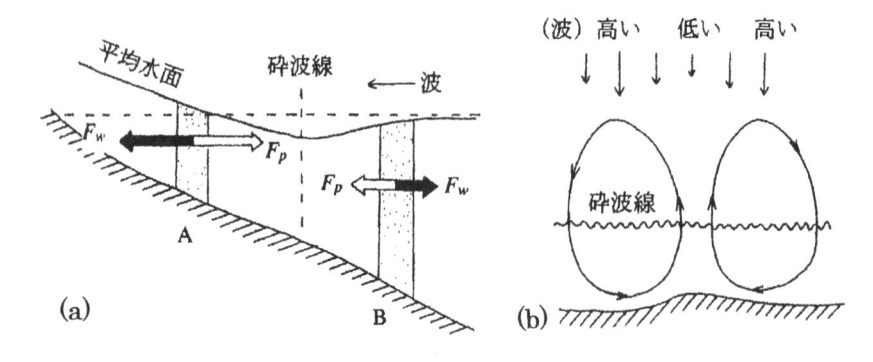

図 13.8 (a) 汀線付近の平均海面の傾きと、水柱に働く圧力傾度力 (F_p) と波応力 (F_w) のバランス (b) 岸に平行に波高が変化する入射波が作る海浜流系の模式図

あった。タイプの相違は波の岸への入射角に関係し、この順に入射角が大きくなっている。波が岸に斜めに入射する場合には岸沿いの海浜流が発達する。したがって波を作る風の卓越方向が季節によって変われば、海浜流の向きも変化し、逆になることもある。

(3) 砂浜の形成

最初に述べたように、河川からの流出砂を主な起源とする砂浜を考える。波が岸に対して斜めに河口を離れる方向に入射する時、上述の水の運動に伴って川から流出した砂は漂砂として運ばれて河口を遠ざかり、流れが弱まった場所で沈降する。だがこの砂も以前にそこに堆積していた砂とともに、新たな波によって再び動かされて移動し、岸に近づき、このような過程を繰り返してついに岸に打ち上げて砂浜を作る。

図 13.10 (a) は海浜の断面形状を模式的に示したものであり、各部分の名称も付してある。バーは沿岸砂州 (longshore bar) を表す。ただし断面形状は固定したものでなく、波の変化に伴って絶えず変動している。海浜は図 13.10 (b) に示されるように、断面形状において沖寄りに沿岸砂州が発達したものと、岸寄りにステップが存在するものに大別される。前者は冬型海浜、暴風海浜、あるいはバー型海浜と名づけられている。一方、後者は夏型海浜、正常海浜、あるいはステップ型海浜とよばれる[11]。

これらの名称からも推測されるように、バー型海浜は入射する波が荒い、すなわち波形勾配が比較的大きな時に現れる。これに対してステップ型海浜は、波形勾配が比較的小さな時に現れる。したがって大まかには、波が荒い冬季には海浜の砂は削られて沖の方に運ばれて沿岸砂州を作り、波が穏やかでうねりが多い夏季には、沿岸砂州

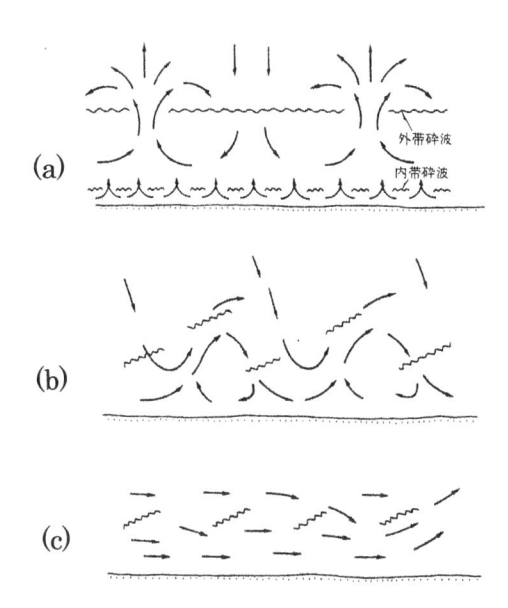

図 13.9 海浜流系の 3 形態、Harris による（堀川[11]より引用）、(a) 対称セル、(b) 非対称セル、(c) 沿岸流系

は縮小して、砂が岸にもどってステップを作るということが考えられる。

他方、岸に沿う方向の沿岸漂砂量を調べた Saville の実験によると[11]、入射波の波形勾配が小さい時は漂砂量の大部分は汀線付近に生じている。そして波形勾配が大きい場合には、漂砂量は汀線付近には少なく、それより沖側の砕波点付近に顕著であるという結果が得られている。これは沿岸方向の漂砂についての実験結果であるが、上記の波形勾配の大小に伴うバーやステップの発生条件と傾向は一致している。沿岸砂州の発生限界について当初は波形勾配 (H_0/L_0) が 0.025〜0.030 の時とされたが、その後に他の要因も考慮する必要があることが分かった。図 13.11 の実線は多数の資料を基に、岩垣と野田[12]が波形勾配に砂の大きさも加えて発生限界を定めたものである。ただし現実には新潟海岸で観測されているように、バー型海浜とステップ型海浜が 200m 程度の間隔で交互に現れている例もあり、単純にこの海岸が侵食性か堆積性かと決め付けることは困難である。

以上のようにこれまではごく単純化して述べたが、実際の海岸地形はそれ程単純でなく、また時間的にも変動し、実態はもっと複雑で多様であると考えねばならない。海岸地形の形成過程には多くの要因が関係していて、数多くの詳細な研究がなされている。これらについては、例えば堀川[11]を参照されたい。

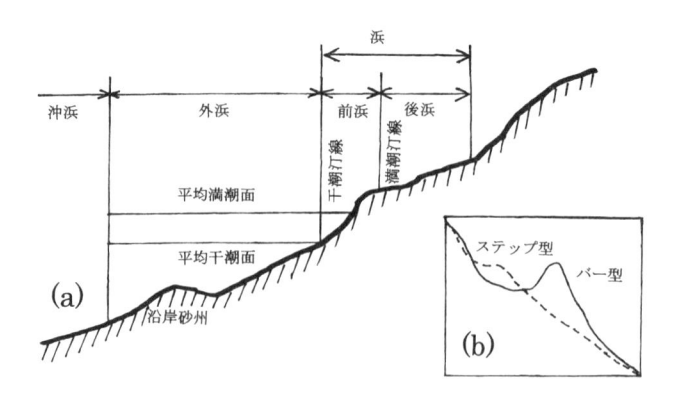

図 13.10 (a) 海浜断面地形の模式図、(b) 実線はバー（沿岸砂州）型海浜、破線はステップ（段）型海浜

　沿岸漂砂量 Q_x の推定は容易でないが、これと波のエネルギーフラックスの沿岸方向成分 E_x との間に $Q_x = \alpha E_x^n$ の関係を想定して、定数 α と n の値が多く報告されている。これらは堀川[11]にまとめて示してある。ただし第一義的にはそうであっても、沿岸漂砂量はこの他に波形勾配、海底勾配、底質の粒径と比重などにも関係している。

　宇多の推定によれば、わが国において地域を代表する河川が流入する海岸の年間の漂砂量は 10 万 m^3 から 20 万 m^3 の程度と考えられる（表 7.5）。そして海岸線が安定している時は、沿岸の漂砂量と川から流出する砂量とはバランスしているはずである。7.6 節においてはこの考え方で漂砂量から河川からの土砂の流出量を推定した。ただしそこでも述べているように、漂砂量の推定は簡単でなく、また沖に流出する土砂もあるので、上記の数値よりかなり大きい漂砂量も考えられるのである。一方、合田[13]は世界各地海岸における沿岸漂砂量を報告している。日本と同規模のものもあるが、中には正味の漂砂量がインド西海岸のように 100 万 m^3/年を、スリランカのように 150 万 m^3/年を超す海岸もあり、わが国よりもはるかに大規模に砂が輸送されている海岸も存在する。

13.4　内湾の干潟

　これまでは主に河川の砂泥が波の荒い外海へ流出する場合を考えたが、ここでは波が穏やかな内湾に流出する場合を考える。この時は細砂などとともに、シルトや粘土などの細粒子は無機の懸濁物質として川の前面とその周辺に堆積して干潟を形成する。なお植物プランクトンや動物プランクトン起源の有機の懸濁物質も堆積物の中に多く

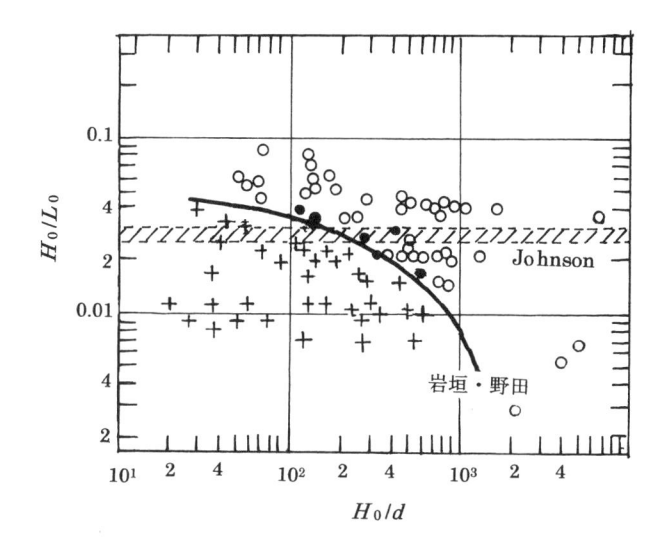

図 13.11 岩垣・野田による沿岸砂州の発生限界（実線）、○はバー型海浜、＋はステップ型海浜、●は不確定な海浜、斜線域は Johnson による発生限界、H_0 は沖波波高、L_0 は沖波波長、d は砂の粒径、岩垣・野田[12]を基に作成

含まれる。干潟は干潮で海水が沖に引いた時に海底が姿を見せる浅い海域を意味する。海の深さを示す海図の基本水準面は、船舶の航行の安全を考えて一般に潮が最も引いた時の汀線の位置に定められているので、水深 0m の線が干潟の沖の限界と考えることができる。

干潟は川からの砂泥の流出が多く、潮差が大きく、波の作用が弱く、また海底勾配が小さな沿岸に発達する。このような条件を満たして、わが国の最大規模の干潟は潮差が最大の有明海に見られる。有明海奥部の干潟の分布を図 13.12（a）に示す。1950 年代の有明海全域における干潟の面積は、大潮時には 238km^2、小潮時には 110km^2 にも達し、その範囲は海岸線から 4km 程度で、最大で 6、7km 沖にまで及んだところがあったという。

流出砂泥に対する波の選別作用が十分に行われないために、干潟には細かい粒子を多く含む泥状の底質が広がる。前述の砂浜と異なって底土は透水性が低く、潮が引いても水は泥の中に長く滞留するので、泥干潟は干潮時にも豊富な間隙水を保持している。このような干潟における生物環境の特性は、例えば加藤[14]が解説を行っている。

井上・宮地[15]は有明海奥部に 57 隻もの漁船を定置して、12 時間または 24 時間にわたる同時連続観測を行って干潟域の特性を調べた。これによる下げ潮最盛期の流れ

を図 13.12 (b) に、干潮時の塩分分布を同図 (c) に示す。潮流は上げ潮、下げ潮ともにおおむね湾の主軸方向に流れている。図 13.12 (c) の塩分分布で特に注目を惹くのは、低塩分の河川水は潮流とともに沖に向けて広がるのではなく、干潟前面を境界にしてその内部で横方向に広がる傾向が強いことである。これに関しては杉本[16]は、干潟が発達した地形においては潮流と河川流に伴って、干潟と同規模の水平渦流もしくは水平環流が発生するためであるとした。すなわち干潟には単に平らな泥地が広がるだけでなく、その間には深みの澪がいく筋も走っている。上げ潮の初期には海水は澪筋沿いに遡上し、後期には海水は全般に高まって干潟の上に溢れる。この時ベルヌーイの定理 (4.8節) から理解できるように、流れが速い澪筋は平坦面よりも海面が低いので、干潟を横切って澪筋に向かう流れが生じる。下げ潮時にも同様である。このようにして1周期の平均として干潟スケールの水平環流が生じる。このような流れの特性は、上記の一斉観測によって認められる。

杉本[16]がこの環流による分散係数（流れと乱れが複合した拡散効果）を見積もったところ、$10^6 cm^2/s$ の程度になり、単に潮流の鉛直分布から定まる分散係数より1桁も大きいという結果を得た。そしてこの水平分散効果を考えれば、上記の塩分の特異な分布は説明できることを示した。この結果は干潟内の物質や生物の分布を考える上できわめて重要である。なお井上・宮地[15]は、上記の大規模な一斉観測はノリ漁業者の、自ら海を知り、永続的に漁場を守るという強い意志が働いて初めて可能であったことを指摘している。

川から流出して干潟に堆積する懸濁物質量は洪水時に著しく増大する。その1例として田中ら[17]が、2000年9月に発生した東海豪雨の際に矢作川から流出した懸濁物質に関する観測結果を紹介する。この時東海豪雨後のわずか1週間における懸濁物質の流出量は25万トン以上に達した。これは1年間の同河川からの懸濁物質の流出量約30万トンの83％にも相当する。この懸濁態の流出物質の主体は陸上起源の土壌物質であった。

ところで洪水時における懸濁物質の堆積面積は、矢作川が注ぐ知多湾（干潟と周辺海域）の55％に及んだが、堆積した懸濁物質量は12.4万トンで、上記の流出量の半分程度に過ぎず、かなりの相違が見られた。これには推定誤差も含まれるであろうが、推定対象外の河川内において、海水と接触して急激に生産されたフロック (11.6節) が大量に堆積したことが考えられる。なお参考のために栄養成分の窒素とリンに分けて、東海豪雨時の負荷量を平水時に想定される年間負荷量と比べると、窒素においては2.5年分、リンにおいては3.3年分に相当し、いかに洪水時の負荷量が大きいかが理解できる。

干潟は生態系が豊かで生物生産が高いことは広く知られている（例えば加藤[14]参照）。干潟の重要な役割について佐々木[18]は、豊かな漁場、稚仔魚の保育機能、渡り鳥の休息地、水質浄化機能を挙げている。知多湾と渥美湾から成る三河湾は、わが国

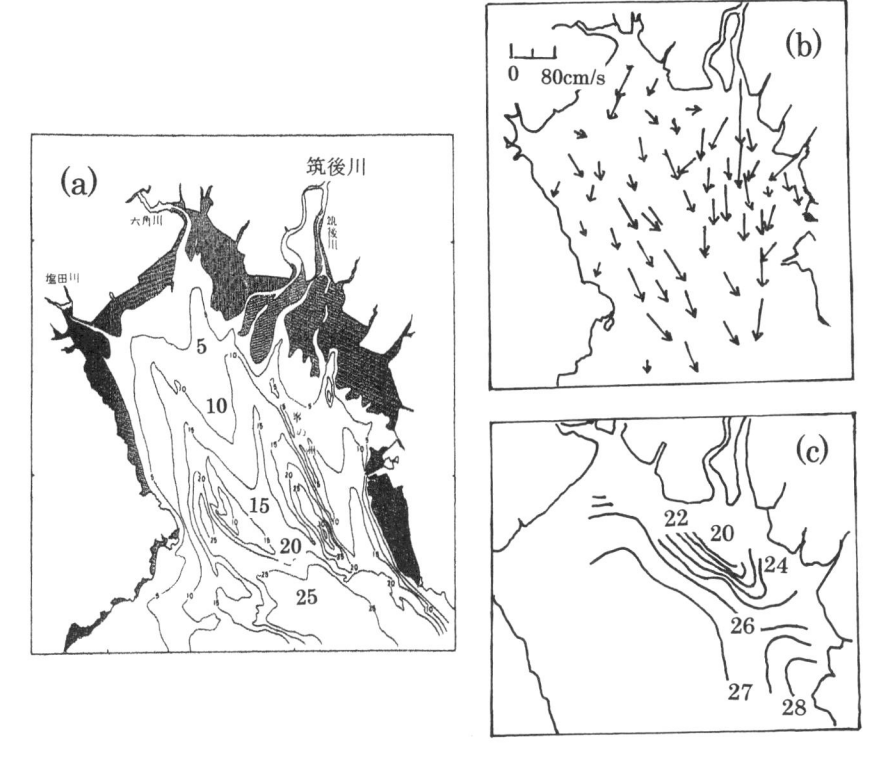

図 13.12 (a) 有明海奥部の海底地形（水深，m）と干潟（影の部分），(b) 下げ潮最盛期の流れ（1975年7月24日12時30分），(c) 干潮時の表面塩分の分布（1974年8月7日16時），井上・宮地[15]による

においてかつては東京湾に次いで生物生産が非常に高い海域であったが、これには干潟が発達していることが大きく寄与していた。わが国最初の水産試験場も三河湾のほとりに設置されたのである。だが現在三河湾は、主要内湾の中で環境基準達成率が最も低く、COD の平均濃度が最も高く、わが国で最も汚濁が著しい海域になっている。干潟の水質浄化機能を先駆的に研究して明らかにした佐々木[18]は、三河湾沿岸の激しい埋め立てによって広大な干潟が喪失して浄化機能が大きく低下したことが、環境悪化の1つの重要な原因になっていることを示した。埋め立て面積が湾面積に占める比率は、三河湾は 6.6% もあり、東京湾に次いで2番目に大きいのである。

　その他のわが国の主要内湾においても、近年沿岸開発に伴う埋め立てが活発に行われて干潟面積が著しく減少した。例えば東京湾における干潟面積は、1936年には

136km^2 もの広さであったが、2002年にはわずか19.5km^2 に過ぎず、1936年時の14%にまで減少している。このようなことが海域の環境悪化を推進させた重要な一因と判断される。なお埋め立てによる湾の面積の減少と浚渫による水深の増大が、湾の基本振動周期を小さくして（14.3節）、後出の図14.7に示すように潮汐・潮流の減少を惹起し、環境悪化に拍車をかけていることを忘れてはならない（宇野木・小西[19]）。干潟を含む浅海域の水質、生態系、生物生産に対する重要性を考えて、その保全が肝要である。

他方、マングローブ林やsaltmarshにも澪またはクリークがあり、潮汐に伴って干出・冠水を繰り返している。これらの低湿地も干潟と同様に氾濫原の性格を持っているので、これらに共通した特性の把握が有用であろうと金澤・松田[20]は指摘している。

13.5　流出砂の減少に伴う海岸侵食

四面海に囲まれて長い海岸線を持つわが国は、古くから海岸侵食に悩まされていたが、近年は自然要因に加えて人為的要因も重なった海岸侵食が増えている。海岸侵食の発生要因は多くあるが、宇多[4]はその要因として次の7項目を挙げている。
(1) 卓越沿岸漂砂の阻止に起因する海岸侵食
(2) 波の遮蔽域形成に伴って周辺海岸で起こる海岸侵食
(3) 河川供給土砂量の減少に伴う海岸侵食
(4) 海砂採取に伴う海岸侵食
(5) 侵食対策のための離岸堤建設に起因する周辺海岸の侵食
(6) 保安林の過剰な前進に伴う海浜地の喪失
(7) 護岸の過剰な前出しに起因する砂浜の喪失

本節では、(3) 項の河川から海への流出砂の減少が原因の海岸侵食について考える。流出砂の減少には河川流量の減少も深く関係している。(3) 項に関係する人為的要因には、ダム、砂防ダム、河口堰の建設、採砂、取水その他がある。これらに該当して侵食が顕著な海岸として、例えば宇多[21]は次の15海岸を並べている。すなわち、小川原湖海岸、仙台湾沿岸、湘南海岸、西湘海岸、富士海岸、蒲原海岸、清水海岸、駿河海岸、遠州海岸、伊勢湾沿岸、高知海岸、皆生海岸、下新川海岸、新潟海岸、標津海岸である。なお海岸侵食の要因は単独でなく、複数の要因が重なっていることが少なくないことに留意する必要がある。ここでは事例として、太平洋側では安倍川が注ぐ静岡・清水海岸と、日本海側では信濃川が注ぐ新潟海岸の特徴的な2例について実態を紹介する。

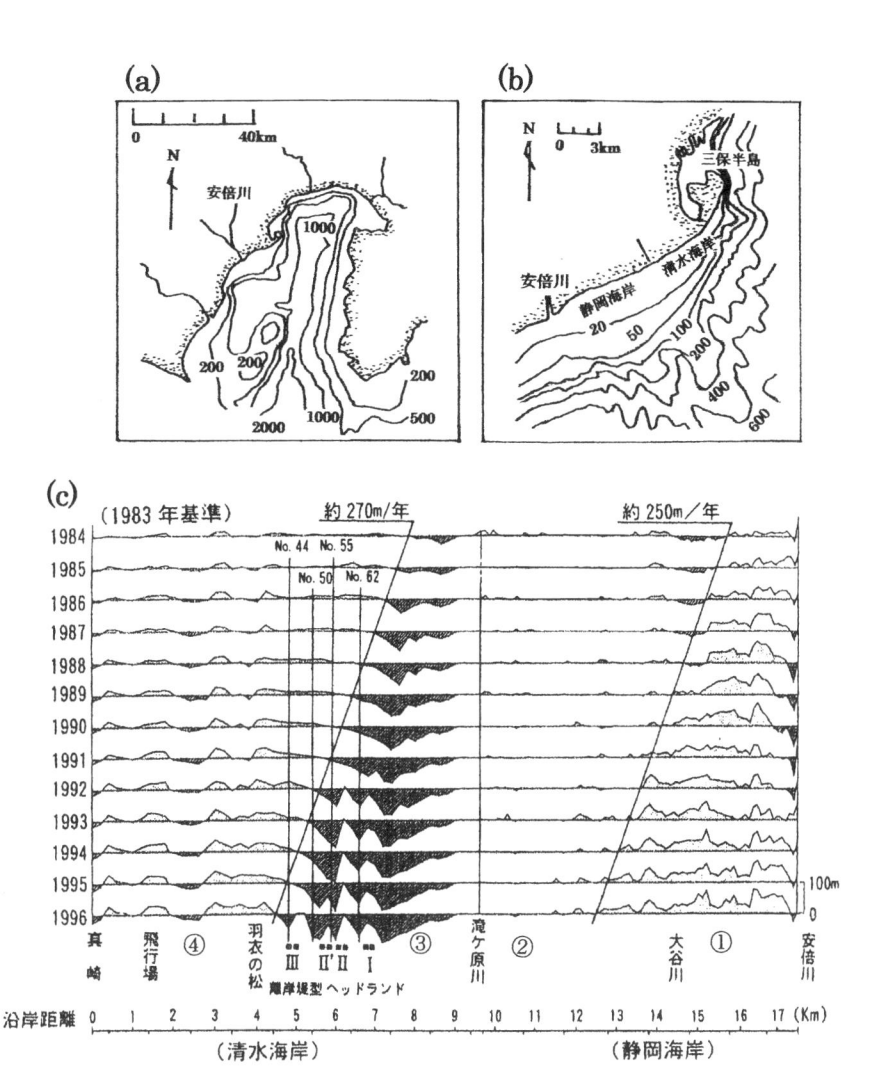

図 13.13 (a) 駿河湾の海底地形（水深、m）と安倍川、(b) 静岡海岸と清水海岸の海底地形（水深、m）と三保半島（砂嘴）、(c) 1983 年を基準にした静岡・清水海岸における汀線の変化、基準線より上が堆積、下が侵食（影の部分）、宇多[4]による

第 13 章 川から海へ運ばれた土砂の挙動　239

(1) 安倍川の流出土砂量の変動と海岸地形の変化

　安倍川は、源流部の「大谷崩れ」から駿河湾岸までの距離 53km に対して 1.2km の高度差があるほどの急流で、わが国有数の荒れ川である。したがって流出土砂も多く、江戸時代末期から 1945 年ごろまでは、毎年 44 万 m^3 ほどの土砂を安倍川が運び出していたと推定されている。駿河湾は図 13.13（a）に示すように、湾口最深部が 2,500m、湾奥でも 1,000m の水深のトラフが入り込む深い海で、沿岸部の海底勾配はきわめて急である。

　したがって外海の高いうねりは南方から高さを減ずることなくそのまま湾奥に達する。そして駿河湾北西岸に位置する静岡・清水海岸では、波は海岸線に斜めに入射するので、この波による漂砂は年間を通して岸に沿って北東向きに流れる（図 13.13（b））。上記の莫大な流出土砂のうち、微粒子は沖へ運搬されて沈降し、粒径の大きな砂礫はうねりの砕波に伴う激しい攪乱流と海浜流によって、主として跳躍と転動の形式で岸沿いに運搬される。このためにこの海岸の砂礫の粒径は、一般の砂浜に比べて著しく大きい。漂砂の流れはいくつかの海底谷を埋めて幅広い砂浜を作って進み、まだ埋め尽くされない海底谷に達すると進行を停止し、地形に応じて砂嘴を形成する。羽衣の松で有名な三保半島はこのようにして形成された大きな砂嘴であり、半島の先端は現在でも年平均で 2、3m ほど浜幅が広がっているという。ところが近年の人為的影響で安倍川からの流出土砂量が激しく変化したので、海岸地形も大きく変化した。宇多[4]、斉藤・小菅[22]、静岡河川工事事務所の資料などを参考にしてその実態を紹介する。

　上流からの流出砂礫が多い安倍川では川底が高まりやすく、これまで頻繁に洪水が発生していた。この対策として 1902 年から砂防ダムの建設が始まり、現在までに大小合わせておよそ 60 基が建設されたので、流下砂礫は減少傾向になった。さらに東京オリンピックと高度経済成長の建設ブームのために、骨材として 1955 年から安倍川の川原から膨大な量の砂利が首都圏に運び出されるようになった。この結果、川底が急に下がり、堤防や橋脚の基礎も洗掘されて危なくなり、農業用水の取水も困難になるなど河川内に多くの障害が生じた。この時、平均して川底は 1.3m ほど低くなったという。同時に海においても安倍川からの砂礫の供給がほとんどなくなったために、深刻な海岸侵食が発生した。河口付近の侵食は 60 年代の半ばから激しくなり、削られる範囲は 1 年に数百 m の速さで北東方向へ広がっていった。この侵食対策として、河口から三保半島先端に至る海岸の、河口側の半分は延々と消波ブロックや離岸堤のブロックでほとんど覆い尽くされる状態になり、かつて運動会が可能であったほどの砂浜の姿は消えた。

　このような事態をとどめるために、1968 年から安倍川からの砂や砂利の採取が制限されるようになった。認められる採取量は当初約 17 万 m^3/ 年の程度であったが、次第に厳しくなり、1995 年からは 1 万 m^3/ 年と制限された。この採取制限と、上流

側の砂防ダム群が満杯に近い状態になって下流への土砂の流れも増加してきたので、安倍川の川底は年平均で約 2cm ずつ上昇してきたといわれる。そして安倍川河口から海へ年間 3.4 万〜15.2 万 m^3、平均 10.1 万 m^3 程度の砂礫が流出するようになり[4]、河口付近では侵食が止まって砂の堆積も始まった。

　図 13.13（c）に宇多[4]にしたがって、1983 年を基準にして 1984 年から 1996 年までの、安倍川河口（右端）から美保半島先端の真崎（左端）に至る海岸全域における汀線の変化を示す。各年において汀線が基準線より上にある場合は 1983 年に比べて前進（堆積）、下にある場合は後退（侵食）を表す。図によると海域は、汀線の変化状態から明らかに①、②、③、④の 4 領域に分けることができる。

　安倍川河口に近い領域①では、採取制限後に砂礫の流出が始まってから堆積が進んで侵食を阻んだブロックも砂に埋まり、砂浜が形成されつつある状態を示す。この領域の先端は約 250m/ 年の速さで北東方向へ伝わっている。これに対してこの堆積域の先端から北東側の領域②においては、安倍川からの新たな流出砂礫の影響はまだ及んでいない。そして海岸を覆い尽くした護岸施設の効果で汀線は何とか保たれて変化が見えないが、前浜は存在しない。これらと対照的により北東方の護岸施設で覆い尽くされていない領域③の海岸では、砂礫の供給がないために汀線の明瞭な後退が認められる。もともと清水海岸の侵食は安倍川の砂利採取に端を発したもので、この変化は河口から始まった海岸侵食が、羽衣の松の一歩手前までようやく延びてきたことに対応するものである。この領域で侵食が進む速さは約 270m/ 年である。なお汀線後退の形状が鋸歯状になっているのは、適当な距離を隔てて設置された護岸堤によるものである。そしてこの侵食域の先端より三保半島の先端に至る領域④では、安倍川における当初の莫大な砂利採取の影響はまだ及んでいないことが認められる。現在名勝地・羽衣の松の前面に広がる砂浜を守るために、ヘッドランド工法や漂砂下流における突堤の建設などとともに、砂を他所から運び入れる養浜工事などが行われている。ヘッドランド工法とは、両側の岬（ヘッドランド）に挟まれた海岸が比較的安定していることを考慮して、対象海岸の左右両端に離岸堤を設置し、トンボロ現象によってそれぞれが小さな岬になることを期待して侵食を防ごうとする工法である。

　以上のように莫大な量の砂利採取という人為的行為で始まった海岸侵食も、採取を止めると再び流出が始まり、河口から砂浜がもどり始めた。そして新たに流出した砂礫が三保半島の先端にまで達すれば、本海岸の侵食はおさまったと判断できるであろう。それに要する期間は、前に述べた堆積域の前進速度を用いると数十年の程度と推定される。ところが意外にも、部分的に安倍川の川底が高くなったことを理由にして、2000 年度から年間 10 万〜15 万 m^3 程度の砂利採取が再び開始されるようになった。砂利の採取禁止後に再び海に流出を始めた量の年平均値は 10 万 m^3 の程度であることを考えると、この新たな砂利の採取がどのような結果をもたらすか憂慮されるところである。

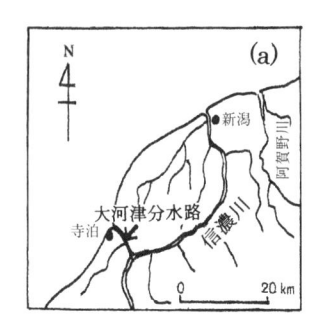

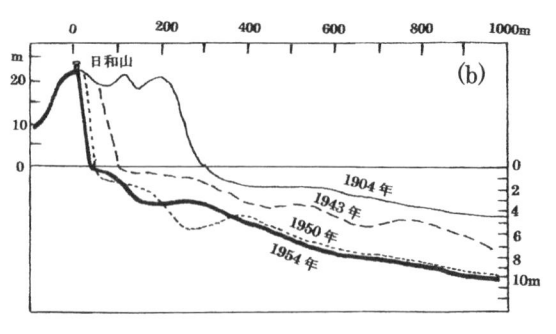

図 13.14 (a) 信濃川と大河津分水路、(b) 信濃川河口の日和山から沖に向かう断面における地形の変化、陸と海で鉛直軸のスケールが異なる、中田[24]を基に作成

(2) 信濃川の分水路建設に伴う海岸地形の変化

　日本で最大の長さを誇る信濃川は、下流部で広大な新潟平野を貫いて流れた後、新潟地点で日本海に注ぎ込む（図 13.14 (a)）。この平野はもともと低湿地が多く、古くから広範囲かつ大規模な水害で大きな被害を受けてきた。1600 年から 1899 年までの 300 年間に大洪水による被害は 74 回、ほぼ 4 年に 1 回の割合で発生しているという。この洪水を防ぐために江戸時代からさまざまな対策がとられてきた。現在に至るまでの対策の概要は阪口ら[23]によって述べられている。

　これら対策の中で建設に最も困難を極め、完成後に最も効果が大きかったのは大河津分水路の建設であった。分水路あるいは放水路といえば、新潟平野には江戸時代を中心に小規模ではあるが、実に 14 本の放水路が掘られていたのである。わずか 100km 足らずの海岸線にこのように多数の放水路が集まっているのは、おそらく世界に類を見ないことであろうといわれる[23]。これは、この平野は緩勾配の沃野であるが、排水が悪いことが悩みであり、大雨、洪水の水を早く海へ排水するために最適の手段としてこの方法が用いられたのである。この中で大河津分水路の建設は 1907 年に開始され、当時東洋一の大工事と注目されて、幾多の困難を乗り越え 24 年を要して 1931 年に完成した。これの完成によって新潟平野はようやく洪水から免れることができて、現在日本有数の穀倉地帯としての名声を博している。だがその成功の副作用として、砂の流出が著しく減少した河口の新潟海岸は激しい海岸侵食が、分水路が通じた寺泊海岸は多量の砂の堆積が生じた。そこで分水路建設に伴う流出土砂量の変化がもたらす地形変化について考察する。

　図 13.14 (a) に示すように、信濃川は下流部で日本海の海岸線にほぼ平行に走っているが、大河津分水路の分流点は河口から約 55km 上流の日本海に最も近い地点に位置して、そこから分水路は信濃川と直角方向に約 10km の流路をとって日本海に注

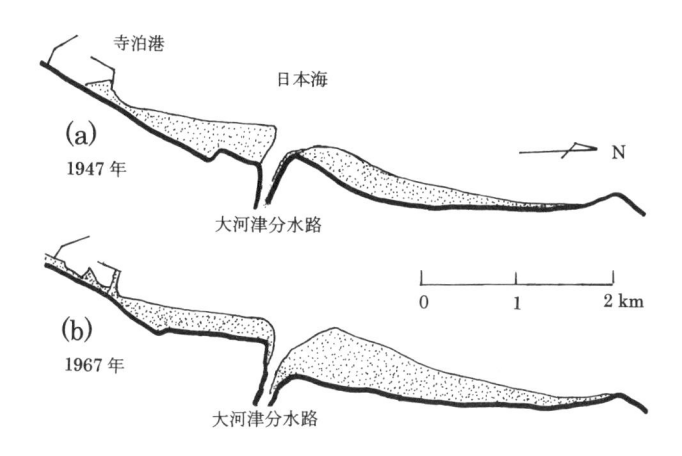

図 13.15　大河津分水路の出口の寺泊海岸における 1947 年と 1967 年の汀線の比較、宇多[4]に掲載の航空写真を基に作成

いでいる。流量配分は、本川には平水時に 270m^3/s までを流し、それを超える流量の時にだけ分水路の堰を開いて洪水流量を日本海に流している。これまで新潟海岸は、洪水時に信濃川から流出する莫大な砂によって涵養されていて、北原白秋の詩にも詠われた雀が遊ぶ広大な砂山と砂浜が広がっていた。だが大河津分水路の完成後、上記のように洪水時に砂の大部分が洪水流とともに分水路に流れて河口まで届かなくなったので、冬季の強い季節風による激浪に襲われて、新潟海岸に著しい海岸侵食が生じることになった。

さらに困ったことに、新潟平野には急激な地盤沈下が生じたので、これが砂量の激減による汀線の後退をさらに加速させたのである。この地盤沈下の主原因は、水溶性天然ガス採取を主目的とする地下水の大量揚水であって、1958 年から 1970 年の間に最大の地点で約 1.7m もの沈下をもたらした。この地盤沈下も 1970 年から天然ガスの採取が中止されたので鎮静化している。

図 13.14（b）に信濃川河口西側の砂丘および海底の地形の変化を示すが、激しい海底の侵食と海岸線の後退を知ることができる。河口付近では最大約 365m も海岸線が後退していて、海岸近くにあった新潟測候所もはるか海中深く沈んでしまった。侵食は河口に近いほど顕著であり、西海岸でいえば河口から約 6km 離れた地点まで汀線の後退が生じている。この激しい海岸侵食を防ぐために、中田[24]が述べているように、無数の消波ブロックの投入、離岸堤、護岸、突堤、養浜などのさまざまな工法を駆使しての懸命な工事が実施されて、ようやくその侵食は食い止められている状態である。だが油断はできないであろう。

一方、大河津分水路の海への出口である寺泊海岸では、大量の土砂が分水路から流れ出てきて河口周辺に堆積した。この海岸の状況を宇多[4]にしたがって紹介する。図13.15の（a）と（b）に航空写真に基づいて1947年と1967年の海岸線の位置が示されているが、河口の両側に広大な砂浜が形成されたことが認められる。1967年は1947年に比べてさらに汀線が前進しているが、この年における北岸と南岸の汀線の位置は非対称で、北岸側の方が汀線の前進が著しい。これは漂砂の流れが北向きに卓越していることを教える。砂浜の拡大とともに後背地への飛砂による被害が顕著になったので、海岸線に平行に保安林の造成が活発に行われるようになった。

　その後、南端の寺泊港で防波堤が旧汀線から900mも沖に突き出る工事が実施されたので、防波堤の北側の海岸に大きな波の遮蔽域が形成された。この結果、2001年の航空写真によると、港のすぐ北側では汀線は最大で480mも沖に向けて前進した。だが港を離れた波の遮蔽域になる北方の海岸では、逆に海岸を削って砂は防波堤の方に流れるようになり、長い距離にわたって汀線が後退する傾向が生じている。

　このように大河津分水路の建設は海岸に大きな地形変化をもたらした。阪口ら[23]は大河津分水路工事に関連して次の旨を述べている。川への大規模工事は、人体にたとえればいわば大手術を施したもので、手術目的を果たすことができたとしても、必然的に有機体である川とその流域に何らかの副作用を起こすものである。大河津分水路工事以降、さまざまな経験を積み、研究が進められた現在では、それを予見し、さらにそれに対して事前に対策を施すことこそ、これからの河川技術者が目標とすべきことであろう。傾聴すべきことである。

（3）流出砂の減少が河口前面の堆積物組成に与える影響

　河川からの流出土砂の減少は、その前面海域の堆積物組成にも影響を与えるはずであるので、これについて触れる。八代海に注ぐ球磨川において、その支流の川辺川におけるダム建設が問題になっているが、本流においても既に市房ダム、瀬戸石ダム、荒瀬ダムが建設されていて、これらが八代海の環境に与える影響が指摘されている（宇野木[25]）。最初のダム建設以来2000年までの46年間におけるダム堆砂量は483万m^3、河床からの採砂量は220万m^{3}であり、合計703万m^{3}もの大量の砂が八代海に届かなくなっている[25]。

　そこで道前・石賀[26]は、球磨川流域の多数地点と球磨川河口前面の干潟を含む浅海部の数地点において、希土類元素の組成分析を行った。結果の1例を図13.16に示す。図は亜鉛（Zn）と臭素（Br）の相関を示すものである。×印で示す河口前面海域における相関関係は、球磨川流域内におけるものと明らかに異なっていて、ここの堆積物組成は球磨川流域以外の影響を強く受けていることが推測できる。彼らは種々検討した結果、球磨川の前面海域には、球磨川から運搬されている堆積物に匹敵する、もしくはそれ以上の物質が他の地域から運ばれていると結論した。別の起源のものは、

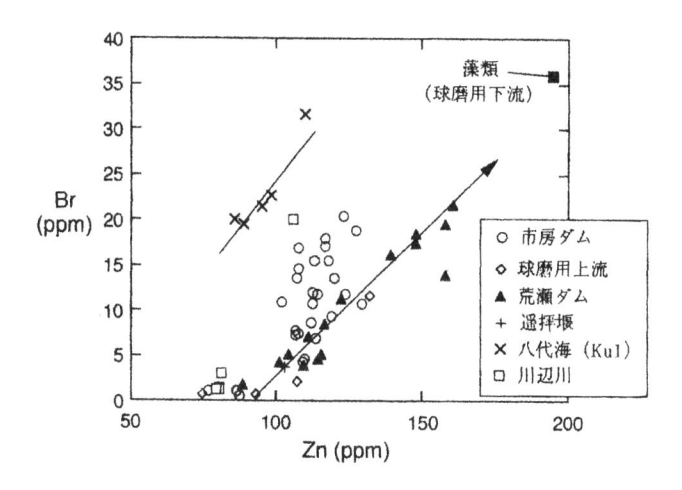

図 13.16 堆積物中の亜鉛（Zn）と臭素（Br）の相関関係、球磨川前面海域（×印）と球磨川流域（その他の記号）との比較、道前・石賀[26]による

八代海西部の天草諸島の堆積物に由来していて、これが強い潮流によって運ばれていると推論した。そしてこのように球磨川自体の寄与が少ない理由は、上記のようにダムや採砂のために球磨川からの土砂の流出が著しく減少したためとしている。河口前面の干潟においてすらも、河川起源の堆積物が堆積物全体の半分かそれ以下と少ないことは意外に思われる。

参考文献
(1) 野田英明（1974）：河口閉塞と漂砂，水工学に関する夏季研修会講義集，B-7-1～14.
(2) 須賀堯三（1972）：河口問題と現地調査，水工学に関する夏季研修会講義集，A-6-1～18.
(3) 篠原謹爾・椿東一郎・斉藤隆（1960）：河口付近の砕波の性質と海岸形状について，九大応力研所報，15，115-127.
(4) 宇多高明（2004）：海岸侵食の実態と解決策，山海堂，304pp.
(5) 宇多高明・清田雄司・前川隆海・古池鋼・芹沢真澄・三波俊郎（2005）：等深線変化モデルによる河口砂州の変形の再現と予測，海工論文集，52，576-580.
(6) Khang. T. T.・田中仁（2006）：河口テラスの縮退が漂砂系の連続性に及ぼす影響について，海工論文集，53，616-620.
(7) 椹木亨（1965）：河口閉塞機構に関する基礎的研究，第 1 報，第 12 回海工集，162-167；(1966)：第 2 報，第 13 回海工集，151-155；(1968)：第 3 報，第 15 回海工集，195-202.
(8) 富永康照（1966）：河口処理について，水工学に関する夏季研修会講義集，B コース，12-1-26.
(9) 宇多高明（2007）：川が沿岸の地形と底質に与える影響，川と海―流域圏の科学（宇野木・山本・清野編），築地書館，36-44.

(10) Longuet-Higgins, M. S. and R. W. Stewart（1964）：Radiation stress in water waves, a physical discussion with application, Deep-Sea Res., 11, 529–562.
(11) 堀川清司（1991）：［新編］海岸工学，東京大学出版会，384pp.
(12) Iwagaki, Y. and H. Noda（1962）：Laboratory study of scale effects in two-dimensional beach processes, Proc. 8th Coastal Eng. Conf., ASCE, 194–210.
(13) 合田良実（2008）：耐波工学―港湾・海岸構造物の耐波設計，鹿島出版会，430pp.
(14) 加藤真（1999）：日本の渚，岩波新書，220pp.
(15) 井上尚文・宮地邦明（1977）：有明海湾奥部における多数船による同時観測，沿岸海洋研究ノート，14, 42–52.
(16) 杉本隆成（1974）：内湾における陸水の分散・流出過程，沿岸海洋研究ノート，12, 47–55.
(17) 田中勝久・豊川雅哉・澤田知希・柳澤豊重・黒田伸郎（2003）：土壌流出によるリン負荷の沿岸環境への影響，沿岸海洋研究，40, 131–139.
(18) 佐々木克之（1997）：干潟・藻場の重要な働き，とりもどそう豊かな海・三河湾（西條八束監修），八千代出版，172–196.
(19) 宇野木早苗・小西達男（1998）：埋め立てに伴う潮汐・潮流の減少とそれが物質分布に及ぼす影響，海の研究，7, 1–9.
(20) 金澤延幸・松田義弘（1977）：氾濫原の流れ，沿岸海洋研究，40, 121–129.
(21) 宇多高明（1990）：わが国の海岸侵食の現状とその問題点，地理，35（6），34–43.
(22) 斉藤晃・小菅晋（1988）：駿河湾の波と漂砂，沿岸海洋研究ノート，26, 1–10.
(23) 阪口豊・高橋裕・大森博雄（1995）：日本の川，岩波書店，265pp.
(24) 中田博昭（1991）：新潟西海岸の侵食対策，水工学に関する夏季研修会講義集，B-8-1～21.
(25) 宇野木早苗（2005）：河川事業は海をどう変えたか，生物研究社，116pp.
(26) 道前香緒里・石賀裕明（2002）：堆積物の元素組成から見た球磨川，川辺川流域の環境評価，島根大学地球資源環境学研究報告，21, 17–29.

付記

2010年になって、澤本正樹・真野明・田中仁編で「日本の河口」（古今書院、285pp.）が出版されて、27河川について河口地形、河口部の土砂移動と河口地形変動、河口への人為的影響などが解説されている。わが国の河口の実態を理解する上で有用である。

第14章 内湾・沿岸の流系

　内湾は陸岸、外海、海面、海底の4つの境界に囲まれ、境界を通して運動量、エネルギー、物質などの交換を行っている。すなわち陸岸からの軽い河川水の流入とともに、海面を通しては短波や長波による放射や、蒸発・降水に伴うエネルギーや物質の交換があり、風の力も受けている。また外海から潮汐や波浪が進入し、海流の影響も受ける。一方、開けた沿岸は側方に広がって直接外海に接し、内湾よりさらに外海の影響を強く受ける。このために対象海域には河川域と異なる多種多様な流れが見出される。これらの特性を理解するには、さまざまな外的条件の効果を把握する必要がある。外的条件の中で河川が与える影響は既に第12章に取り上げたので、本章ではその他の要因がもたらす流れについて考察する。これらに関しては例えばBowden[1]、柳[2]、宇野木[3]などの著書がある。

14.1　海洋構造の季節変化

　海の流れは密度成層に依存することが多く、これは季節的に大きく変化する。沿岸の海水密度に対して、圧力変化の効果は無視できるほど小さく、ほとんど水温と塩分によって定まるので、水温、塩分、密度の分布、すなわち海洋構造の季節変化に注目する。

　まず、ほぼ月に1回程度の長期間の海洋観測結果に基づいて、海洋の平均的な季節変化について大要を理解する[3]。東京湾中央部における水温、塩分、密度（σ_t）の鉛直分布を図14.1（a）、（b）、（c）に示す。1、2月には海面冷却のために鉛直対流が発達し、また強い北寄りの季節風のかき混ぜも加わって、鉛直方向に水温・塩分の一様化が進んでいる。だが底層には外洋水の影響が及んでいるため、下層の方がやや暖かく温度逆転が見られる。これによる密度の下方への減少は、下方に向かっての塩分の増加で補償されて密度逆転は生じていない。

　やがて3月後半には海面の加熱が始まり、表面温度は上昇する。海面の加熱が進むにつれて混合も弱まり、暖められた表面水と下層水の間に温度が急変する層いわゆる

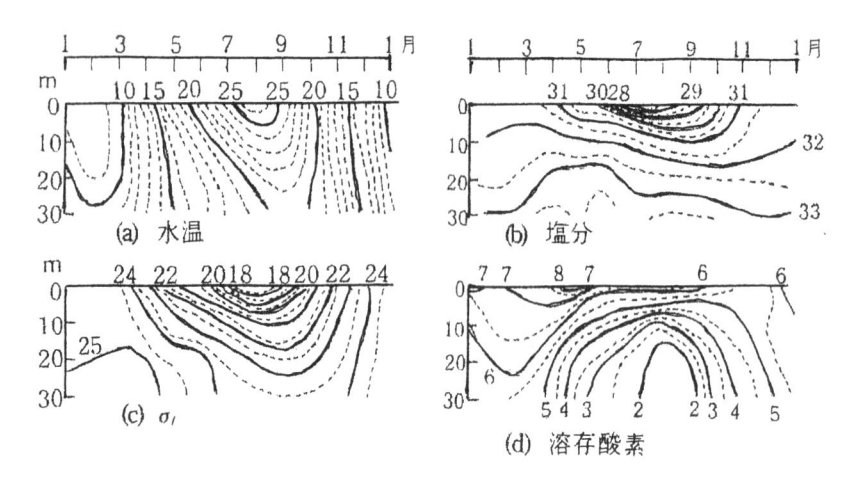

図 14.1 東京湾中央部における水温（℃）、塩分、密度（σ_t）、溶存酸素（mℓ/ℓ）の長期平均の年変化、宇野木[3]による

温度躍層が形成される。図 14.1 は長期間の平均であるために変化は顕著でないが、実際には不連続的な変化も見られる。最高水温の起時は、表面は 8 月であるが、安定成層のために深さとともに遅れ、30m 層では 9 月になる。9 月には海面の冷却が始まり、10 月には水柱全体で水温がほぼ一様になる。ただし塩分や密度は深さ方向に一様でないことから、上下の混合が十分に行われたことを意味するのではないことに留意を要する。これ以降は表面と底層の間で温度逆転を保って、水柱全体が冷え続け、翌年 2 月の水温最低期に至る。

塩分は、エスチュアリー循環によって表層は河川の影響を受け、底層は外海の影響が強いので、年間を通して表層から底層に向けて高くなる。また河川流量の季節変化は大きく、底層の塩分の季節変化は小さいので、年間における塩分の変動幅は表層から底層に向けて減少する。塩分の季節変化の特徴は、上層では寒冷期に塩分が高く温暖期に低いことに対して、下層では逆に寒冷期に塩分が低めであることである。これは寒冷期には、鉛直混合が盛んであるので上層の影響が下層に及ぶためと考えられる。以上の結果、水温と塩分の相関関係は冬と夏は逆であって、寒冷期には高温は高塩分に対応して正の相関であるが、温暖期には高温は低塩分に対応して負の相関である。

密度の鉛直分布の季節変化は図 14.1（c）に描かれている。寒冷期には上下の密度差は非常に小さく、成層の安定性は弱く、わずかな海面冷却で容易に対流が生じる。温暖期には上下の密度差が大きく、成層は安定している。この成層の安定は上下方向の物質輸送に大きな影響を与える。その 1 例は図 14.1（d）に示す溶存酸素の季節変化に見ることができる。温暖期には海面から底層への酸素供給が抑制されるとともに、

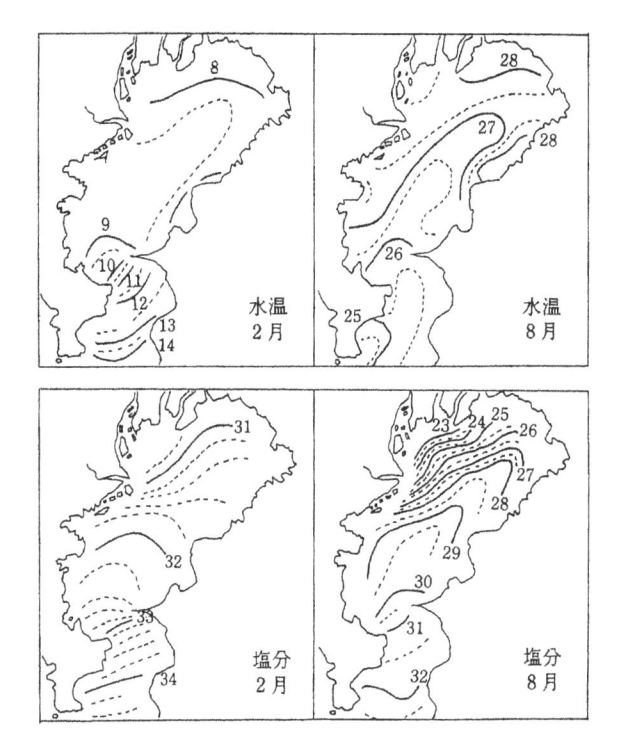

図 14.2 東京湾表層の2月と8月における水温（℃）と塩分の分布、宇野木[3]による

底層においては上方から沈降してきた有機物の分解に伴う大きな酸素消費があるために、海底付近に顕著な貧酸素水塊が発生して生物環境に悪影響を与える。

図 14.2 に2月と8月の表層における水温と塩分の水平分布を示す。水深が小さい浅海部では海面の加熱冷却の影響を強く受けるので、水温は湾奥から湾口に向けて、夏季には低く冬季には逆に高くなる。塩分の方は河川水の湾奥部への流入に対応して、年間を通して湾奥から外海に向けて値が増大する。水温や塩分の急激な変化が顕著に認められるのは、温暖期には河口付近に、寒冷期には湾口付近である。前者は河口フロント、後者は沿岸熱塩フロントとよばれる。ただしフロントにおける密度の変化は両フロントで著しく異なる。河口フロントでは急であるが、沿岸熱塩フロントでは連続的でむしろ前後域に比べて密度がやや高めである。河口フロントについては 12.5 節において既に説明した。沿岸熱塩フロントについては 14.7 節で考察する。化学・生物過程を含めて沿岸フロントの全般については柳[4]編の著書を参照されたい。

一方、海域の淡水の収支には海面における降水量と蒸発量が関係する。しかし見積もりの結果、両者の大きさはそれ程変わらないので、差し引きとして海面を経由する淡水量は、わが国主要内湾においては河川流量に比べて近似的には無視できる大きさである（宇野木[3]）。したがって内湾の海洋構造の形成と季節変化、およびこれが関係する流動に対して、河川水の流出の影響がきわめて大きい。

14.2　内湾の流系

　内湾で目立つ海水運動は、風による波浪と周期的に変化する潮汐・潮流であるが、その他の原因でも海に流れが発生している。これらは絶えず変動しているが、その変動周期は一般に潮汐周期よりも長い。潮汐周期より長い期間で平均して得られた流れは平均流、恒流、残差流などとよばれる。この流れは密度流、吹送流、潮汐残差流に大別される。
　密度の不均一分布によって生成される密度流の代表的なものは、第12章に述べた河川水の流出に伴う流れ、すなわちエスチュアリー循環である。それ以外の密度流として海面の加熱冷却によるもの、海流の変動その他に伴う海洋擾乱の進入によるものなどがある。一方、海面を吹く風によって波浪の他に流れが発生する。これは吹送流とよばれて、その発達は風の強さと連吹時間、風域の広さに依存する。また海域の成層状態からも大きな影響を受ける。さらに強い潮流の非線形性と地形の効果で、潮汐周期の平均流がまとまった流系を形成することがある。これを潮汐残差流という。
　一般に周期的な潮流は、流速が大きいので混合作用の効果は大きいが、水粒子は1潮汐周期後にはほぼ元の位置にもどるので、物質の水平輸送に対する効果はそれ程大きくない。一方、恒流は一方向に流れ去っていくので、流速が小さくても物質輸送にとって大きな役割を果たす。ただし恒流は文字通りに一定したものでなく、季節的に、またもっと短い期間で変動している。なお性格が異なる流れが互いに影響し合うことも生じている。

14.3　潮汐・潮流・潮汐残差流

　人々に馴染みの深い潮汐は、内湾の海洋環境の形成に深く関係する。潮汐の用語は潮位変化を指す場合と、潮流を含めて潮汐の現象全般を指す場合がある。潮汐は天体の月による太陰潮と太陽による太陽潮が主体であり、これに地球上の気象現象に起因する気象潮が重なっている。太陰潮は月が地球に及ぼす引力から、月と地球との共通重心の周りを地球が公転する際に必要な力を差し引いた残りの力、すなわち起潮力が

海水に作用して生じたものである。太陽潮についても同様である。起潮力は天体の運動の複雑さを反映して多数の周期成分を持っているので、潮汐もこれに応じて周期を異にする多くの分潮から成り立っている。それらの中で一般に最も重要なものは次の4分潮である。それらの名称と周期は、M_2分潮（主太陰半日周潮、12.42時間）、S_2分潮（主太陽半日周潮、12.00時間）、K_1分潮（日月合成日周潮、23.93時間）、O_1分潮（主太陰日周潮、25.82時間）である。添え字2は半日周潮、1は日周潮を表す。また分潮名は分潮の振幅を表すのにも用いられる。潮汐については彦坂[5]の解説があり、一般向けの解説は柳[6]と小田巻[7]が行っている。

（1）日本近海の潮汐

図14.3（a）は4分潮の振幅和、$z_0 = M_2 + S_2 + K_1 + O_1$の日本周辺における分布を示す。これは4分潮の位相が揃った場合の潮位で、各地で現れる最高満潮位または最低干潮位の値に近い。ゆえに船舶の航行安全を考えて、海底の深さを示す海図の基本水準面には原則としてこの値が用いられる。陸上の高さの基準面（東京湾平均海面）が全国共通であるのに対して、海図の基準面は地点によって相違することに注意を要する。図14.3（a）によればわが国沿岸で潮汐が最も大きい海域は有明海である。湾奥では潮差（満干潮の高さの差）が最大6m程度に達したこともある。次は瀬戸内海西部と中部である。最も小さいのはz_0が20cm前後の日本海で、太平洋南岸の1/5かそれ以下である。

半日周潮と日周潮が重なると、午前と午後の満潮や干潮の高さが異なる日潮不等が生じる。日潮不等の程度を知るために、図14.3（b）に日周潮と半日周潮の振幅の比、$F = (K_1 + O_1)/(M_2 + S_2)$の分布が描かれている。わが国の沿岸で日潮不等が最も弱いのはFが50％以下の九州西岸である。太平洋岸ではFは100％以下、日本海沿岸は100％以上である。両海域とも北に向かうにつれて値が大きくなる。北海道の西岸とオホーツク海沿岸で値が最も大きく、日周潮が卓越する。

潮汐は海洋を進む長い波であって、図14.4に日本近海におけるM_2分潮の同時潮図（同時に満潮になる場所を連ねた線の進行を示す図）が載せてある。この潮汐波は日本の南方を東から西に進んだ後、南西諸島を抜けて東シナ海・黄海を北上する。しかし図に示すようにいくつかの海域に分かれて、それぞれの海域では興味深いことに同時潮線は潮汐周期で反時計回りに回転している。これはコリオリの力を受けた長波のケルビン（Kelvin）波の働きである（付録A.10参照）。無潮点とよばれる回転の中心では振幅はゼロである。日本海には4つの海峡から潮汐波が進入してくるが、海峡が狭く浅いので全般的に潮汐は小さい。その中で対馬海峡からの進入波の影響が最も大きい。なお同時潮図は分潮によって異なる。

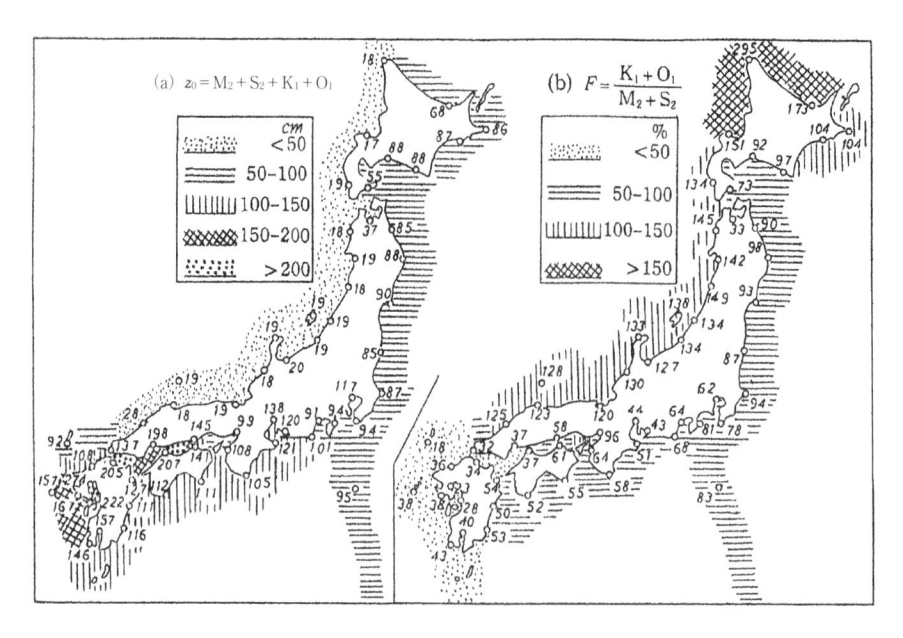

図 14.3 （a）日本沿岸における主要 4 分潮の振幅和（z_0、cm）と、（b）日周潮と半日周潮の振幅比（F、%）、宇野木[3]による

（2）内湾の潮汐

内湾の潮汐は、上記の外海の潮汐波が内湾に進入して湾水を揺り動かしたものである。それゆえ一般の振動体の強制振動と同じく、内湾の自由振動周期（固有周期）と進入潮汐波の周期が近いと共振のために湾内の潮汐は発達し、そうでなければ発達しない。このようにして生成された潮汐は共振潮汐とよばれる。

今、長さ L、一様水深 h の 1 次元矩形湾を考える（図 14.5（a））。原点を湾奥に置き、湾口に向けて x 軸をとる。基本式は（4.29 a, b）式である。境界条件に湾奥で（14.1 a）式を、湾口で（14.1 b）式を考える。解は（14.2 a, b）式で与えられる。

$$x=0 : u=0 \qquad x=L : \eta = a_m \cos \sigma t \qquad (14.1 \text{ a, b})$$

$$\eta = a_m \frac{\cos kx}{\cos kL} \cos \sigma t \qquad u = \frac{C a_m}{h} \frac{\sin kx}{\cos kL} \sin \sigma t \qquad (14.2 \text{ a, b})$$

ここで σ は潮汐の振動数、k は波数、C は（4.30 b）式の長波の波速で $C=\sigma/k$ の関係がある。なお潮汐の周期は $T=2\pi/\sigma$ である。この波は定常波であって上下に振動して、4.5 節に述べた波が持つ進行性を示さない。わが国の内湾規模では、湾全体が同時に満潮または干潮になり、振幅は湾口から湾奥に向けて大きくなる。一方、矩形湾の自由振動の基本周期 T_1 は、図 14.5（b）に示すように波長が湾長の 4 倍に相当

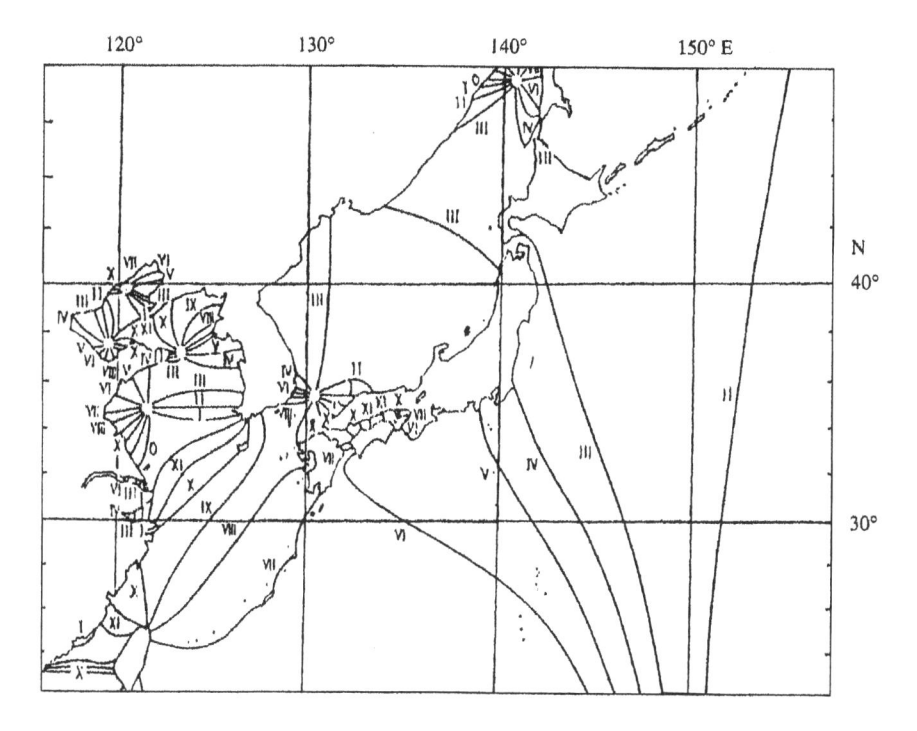

図14.4 日本近海におけるM_2分潮の同時潮図、ローマ数字は月が東経135°の子午線を通過してからの太陰時（24時間50.6分を24等分したもの）、小倉による

するので次式で与えられる。
$$T_1 = 4L/C = 4L/(gh)^{1/2} \tag{14.3}$$
したがって湾内の潮汐振幅の湾口に対する増幅率Rは、(14.2 a) 式より次式となる。
$$R(x) = R_0 \cos kx \qquad R_0 = 1/\cos kL = |1/\cos(\pi/2 \cdot T_1/T)| \tag{14.4 a, b}$$
この結果によれば、進入潮汐の周期Tが湾の固有周期T_1に近い時に潮汐が大きく増幅されることが分かる。なお$T=T_1$の場合には増幅率は無限大になるが、現実には摩擦の効果や、運動が激しくなるとそれを抑える非線形作用のためにこのようにはならない。北アメリカ東岸のファンディー湾では固有周期が12時間に近いので、大潮差は約13mにも達して世界で最も潮汐が発達している。東アジアでは韓国西岸の仁川の大潮差8m余が顕著である。潮汐が著しく発達したところでは、例えばフランスのランスやカナダのファンディー湾などでは、大きな干満差を利用する潮力発電が行われている。

例として図14.6 (a) に、東京湾のM_2分潮の振幅（実線）と位相（破線）の分布

第14章 内湾・沿岸の流系 253

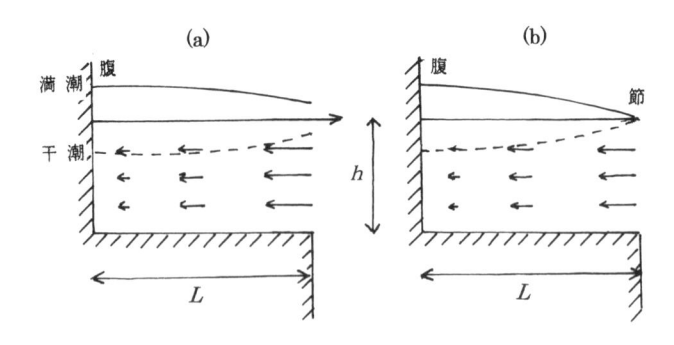

図 14.5 (a) 内湾の共振潮汐、流れは上げ潮の状態、(b) 内湾の自由振動

を示す。振幅は湾奥に近くなるほど大きくなっている。一方、満干潮の時刻は上の理論では湾内同時であるが、実際には湾口から湾奥に向けて遅れが認められる。しかし遅れの時間は分潮の周期に比べて小さく、近似的には湾内同時に満干潮になると見なされる。この多少の遅れには摩擦とコリオリの力の影響が考えられる。コリオリの力が働くと前項に述べたように同時潮線が反時計回りに回転するが、東京湾は狭いので1回転はせず、満潮の時刻が西側よりも東側がやや早くなる程度である。

(3) 人為的な潮汐の減少

ところでわが国の主要内湾の東京湾、伊勢湾、大阪湾などにおいては、近年潮汐が減少していることが注目される（宇野木・小西[8]）。図 14.7 (a)、(b) にその例を示す。これは近年の顕著な海岸埋め立てによる湾面積の減少と浚渫による水深の増加によって、(14.3) 式によれば湾の固有周期 T_1 が減少したためである。この結果 T_1 と T との開きが大きくなり、(14.4) 式が教えるように潮汐の増幅率が小さくなった。これに伴う潮流の減少が、近年の激しい沿岸開発による湾内の環境悪化を加速させたと推測される。

図 14.7 (c) には有明海湾奥の大浦と湾口の口之津における M_2 分潮の振幅と、その比すなわち海域の増幅率の経年変化が示されている（宇野木[9]）。近年有明海では付属する諫早湾に大規模干拓事業が実施され、諫早湾西部が長さ 7km の潮受堤防によって 1997 年に締め切られた。振幅の減少には堤防締め切りによる有明海の面積の減少と、近年外海の潮汐が減少していることが半分程度ずつ寄与している。増幅率は堤防建設の開始前と建設後には数値は異なるがともに一定であり、建設中には一方的に減少を続け、堤防締め切りの前後で急に減少している。この増幅率は 3 年間の移動平均値であるから変化は均されているが、締め切り時の実際の変化はもっと急激であ

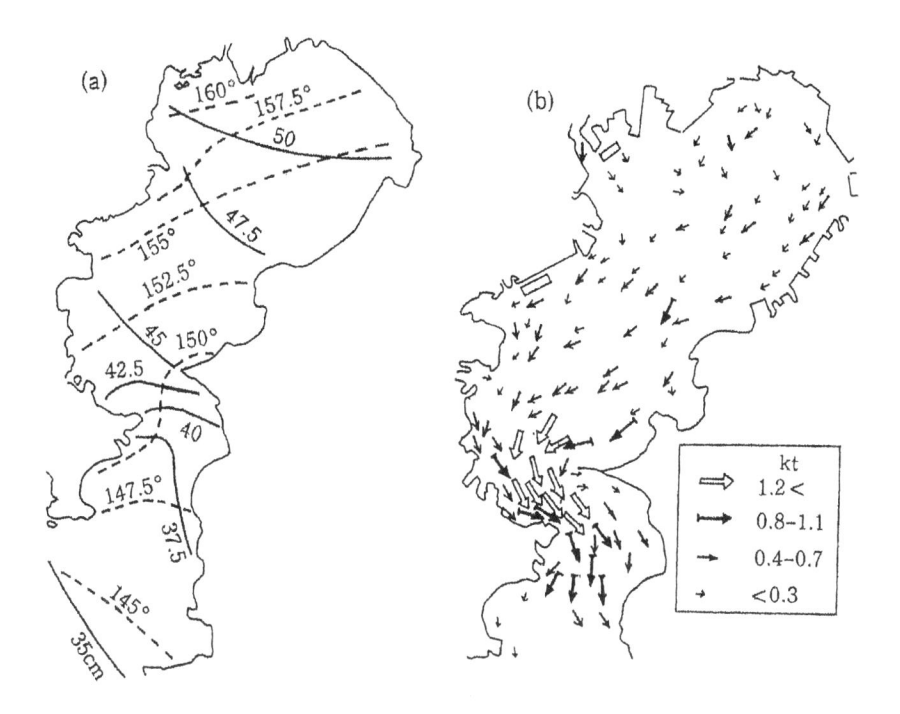

図14.6 東京湾の潮汐と潮流の分布、(a) M_2 分潮の振幅（実線、cm）と遅角（破線、月が135°E の子午線通過後の満潮時の位相角）、(b) 海上保安庁の潮流図から作成した下げ潮最強時の流況 （ノット）、宇野木[3]による

る。外海の変化は基本的に増幅率には影響を与えないので、この増幅率の減少は有明海内部の変化によると判断される。以上のことから堤防締め切りによって有明海の共振潮汐が弱まったことが理解できる。

　潮受堤防は諫早湾に注ぐ一級河川本明川やその他の河川の前面を締め切って河川水を蓄えるので、いわば長大河口堰ということができる。ただし堤防の水門は外部水面が内部水面より低い干潮時にのみ開かれるので、内部は淡水に満たされたきわめて閉鎖性の強い河口湖であり、水質汚濁が著しい。現在有明海異変と称されるように、有明海の環境、生態系、底面漁業は著しく悪化して危機的状況にあり、その再生が強く望まれている。潮受堤防の外の有明海に異変を生じた原因として、水門から大量に排出される顕著な汚濁水、潮流の減少、締め切りに起因すると思われる流出河川水の道筋の変化、密度成層の変化その他が考えられて、長大河口堰が海洋環境に与える影響として注目される[9]。なお有明海異変の実態は、日本海洋学会編（2005）の「有明海

第14章　内湾・沿岸の流系　255

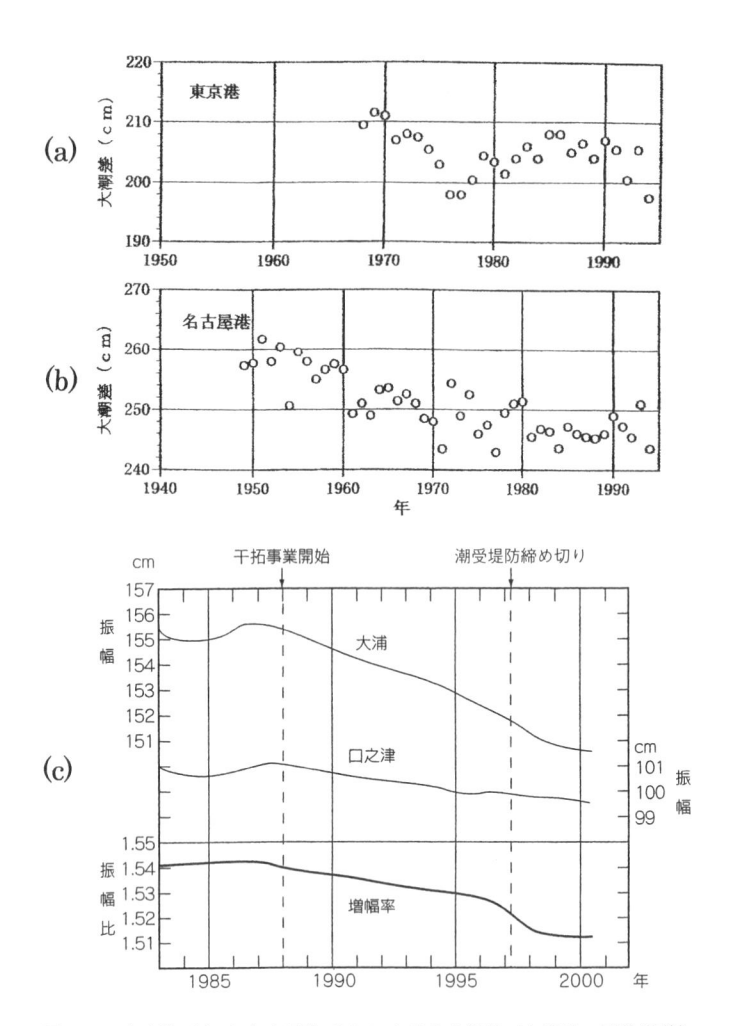

図14.7 東京港（a）と名古屋港（b）における大潮差（大潮時の平均潮差）の経年変化（宇野木・小西[8]）、(c) 有明海における大浦と口之津の M_2 分潮の振幅とその比（増幅率）の経年変化（宇野木[9]）

生態系再生をめざして」（恒星社厚生閣、211pp.）や筆者によるもの（宇野木[9]）などに詳細に述べられている。

(4) 内湾の潮流

　矩形湾の共振潮汐の潮流は（14.2 b）式で与えられる。水位と流れの位相関係を見ると、4.5節に述べた進行波では同位相であったが、定常波ではこれと異なり$\pi/2$の位相差がある。したがって共振潮汐において、干潮から満潮までは湾内全体が同時に上げ潮になり、満潮から干潮までは同時に下げ潮になる。また上げ潮、下げ潮は平均水面時に最も強く、満干潮時に止まる。これを憩流という。空間的には潮流は湾口で最も強く湾奥に向けて弱くなる（図 14.5（a））。これは湾内の任意断面を考えた時、1潮時に断面を往復する流量は、これより奥の水面の昇降量に等しくなければならないためである。図14.6（b）に示す潮流の分布はこのことを支持している。なお東京湾の場合には湾口が狭くなっているので、この効果で湾口の潮流はより強められている。

　周期的な分潮流の水平面上のホドグラフは楕円を描く。これを潮流楕円という。潮流楕円が上層と下層と大きく異なることがあるが、一般にこれは次節に述べる内部潮汐の効果と考えられる。なお有明海で上層が強い場合と下層が強い場合があったが、小田巻[10]は河口循環流と潮流の組み合わせを考えると、これを説明できる可能性があることを示した。

　著しく強い潮流は2つの海域を結ぶ狭い海峡に見出される。ここの潮流流速uは水門の場合と同様に、海峡両端の水位差がΔzの時（4.57）式すなわち次式から求まる。

$$u = k\sqrt{2g|\Delta z|} \tag{14.5}$$

係数kは摩擦が無視できれば1と見なせるが、海峡が長くなると1より小さくなる。この値は観測によって定められる。転流は海面差がなくなった時刻より少し遅れる[3]。(14.5) 式は海峡の潮流の簡便な予測法に利用される。

　紀伊水道と播磨灘を結ぶ鳴門海峡は、日本三大潮流の1つとして知られており、流速は10ノットに達する。これは海峡両端の潮位に5時間余りの位相差があり、一方が満潮の時他方は干潮になり、大きな水位差が生じるためである。最大の水位差は1.4mである。これを（14.5）式に入れてkを1とすれば、10.2ノットになり実際とよく一致する。

　また島や海岸地形の起伏によって潮流が乱されて大小の渦が生成され、これらが潮時によって変動する。上記の鳴門海峡に発生する渦は鳴門の渦潮として著名である。規模の大きなものは地形性渦流とよばれる。これらの渦が海水交換に及ぼす効果が注目される。

(5) 潮汐フロント

　成層期に潮流が弱い海域と、強い潮流によって成層が壊された海域とが接していると、その境界に潮汐フロントが生じ、海水交換に影響を与える。このフロントは最初

にアイリッシュ海の水深が急に深くなる大陸棚縁の潮流が強い付近に見出された。一方、わが国周辺の潮流が弱い陸棚縁ではこのような現象は見出せず、柳らによって同種のフロントは瀬戸内海などの潮流が強い海峡の周辺付近に多く出現していることが見出された（柳[2]）。なお潮流によって成層が壊された海域が、河川水の流出が多くて成層している海域と接していてもフロントは生成されるので、成層期でない季節にも同様な性質のフロントが存在することがある。次の図 14.8 に示す大阪湾西部の潮汐残差流（沖ノ瀬環流）と東部の循環流（西宮沖環流）との間には、南北の長さが時に 30km にも達する顕著なフロントが存在することが観測されている（例えば上嶋ら[11]）。このフロントは平坦な東部海域から西の方へ急に深くなる 20m の等深線にほぼ沿って走っている。

(6) 潮汐残差流

潮流が強くて地形が急変している海域では、流れの非線形性のために上げと下げの流向流速が同じにならず、1 潮汐周期で平均した時に環流が現れる。これを潮汐残差流という。この存在は海上保安庁の研究者によって以前から指摘されていたが、海水交換に与える重要性が注目されてその生成機構が活発に研究された（例えば柳[2]）。この例は多いが、きわめて顕著な例は図 14.8 に示した大阪湾西部に現れる時計回りの環流で、沖ノ瀬環流と記されたものがそうである。これは明石海峡の強い潮流に起因するもので、下層にも及び、かつ年間を通して存在する。ただし非線形性が強い場合に、物質への分散効果を考える際に潮流と潮汐残差流を分離して取り扱うことは問題を含むとの指摘もなされている。

14.4　内部波と内部潮汐

成層した海では隠れた波、内部波が発達する。河口付近で泳ぐと溺死しやすく危険だといわれる。これは河口付近の流れが速くて複雑であることの他に、軽い水が重い海水の上に広がっているので、水を掻く力が境界面付近の水を揺り動かして内部波を起こすのに費やされて、推進力が得られずに力尽きるためである。海氷の融けた高緯度の海を進む船が、進むことに困難を覚える例も同様な事情による。これらの現象を死水というが、船の推進力が弱い時代に船乗りに恐れられたひき幽霊とか海坊主などはこの現象に関係するであろう。潮汐周期の内部波は内部潮汐といわれる。

密度がわずかに異なる水（$\varepsilon = (\rho_2 - \rho_1)/\rho$ で差を表す）が重なる境界面付近の波の運動では、浮力が作用するために重力の効果は $g^* = \varepsilon g$ の程度と著しく弱い。g^* は reduced gravity とよばれ、g の 10^{-3} のオーダーに過ぎない。重力の効果が小さいので、わずかな力の作用でも波の上下運動はきわめて大きくなる。松山・寺本[13]が得

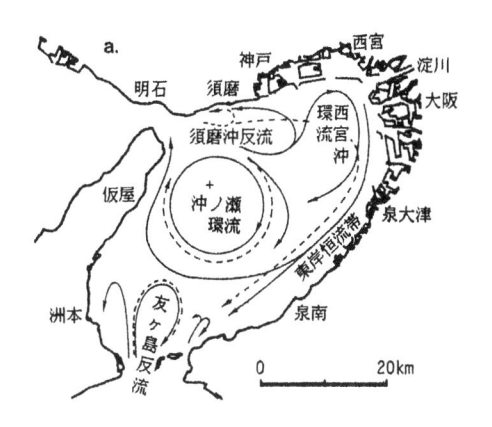

図14.8 大阪湾の恒流系、実線は上層、破線は中下層、藤原ら[12]による

た図14.9（a）が示す内部潮汐の波高は50m程度に達する。海域によっては100m以上との報告もある。

付録A.8によれば、水深に比べて波長が長い内部波の場合には、深さh_1とh_2の2層に成層した海における波速は（12.4）式で与えられて、成層の影響を受けない長波の速度 $\{g(h_1+h_2)\}^{1/2}$ に比べて非常に小さい。一般の波長の場合にも表面重力波に比べて内部波の波速は非常に小さいので、周期を同じにした場合波長は著しく短い。ゆえに波高が大きく波長が短い内部波は、波形勾配が険しくなって砕波しやすい。既に述べた連行加入の現象には、境界面に発生した小スケールの内部波の砕波も寄与している。連続した成層の場合にも内部波は生成され、また砕波しやすい。内部波の砕波は乱れを生成し、渦動拡散作用によって流れに影響し、海洋構造の形成や物質の広がりに重要な働きをしている。

目に見えない内部波の存在は、図14.9（a）のように等温線の上下変動から認められることが多い。長波性の内部波に伴う流れの分布を模式的に図14.9（b）に示す。海面の変位と境界面の変位は逆位相であって、前者の大きさは後者に比べてεの程度と非常に小さい。進行する内部波では水は両層とも、上面の変位が山の時に波の進行方向に、谷の時に逆の方向に流れている。ゆえに上下層で流れは逆になる。だが流量は同程度であるので、断面流量は上下が消し合って第1近似ではゼロになり、これがεのオーダーの表面変位に対応する。定常波の場合には波形と流れの間には$\pi/2$の位相差がある。上層と下層の流れを比較した観測例を図14.9（c）に示す[13]。潮流の観測結果で、上層と下層で強さや方向が大きく異なり、また季節的な変化が大きいことがあるが、これは内部潮汐の表れと考えられる。

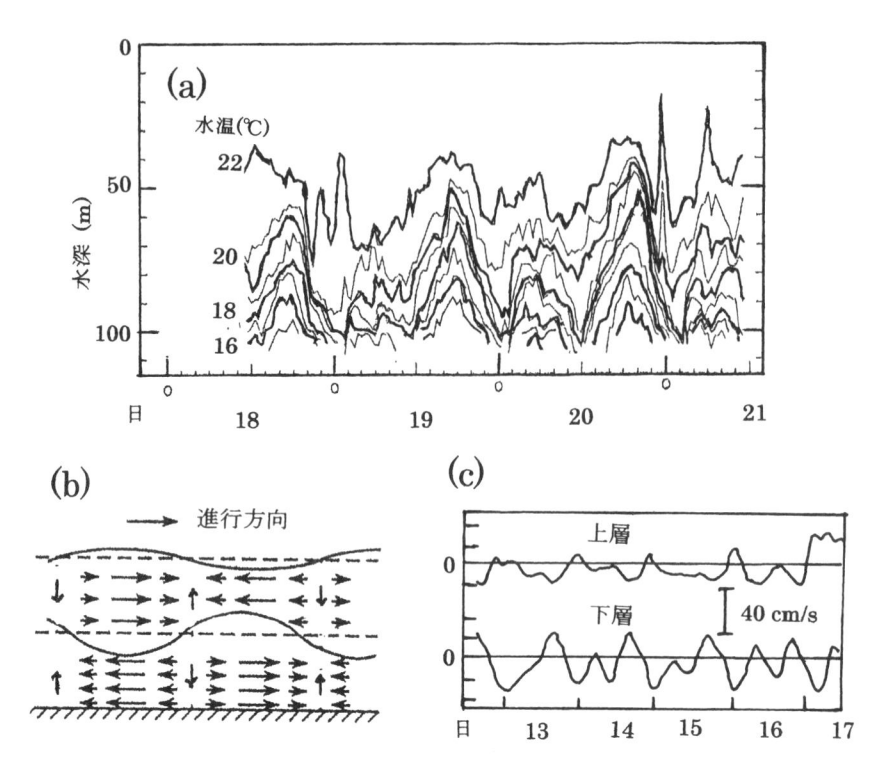

図14.9 (a) 内浦湾の1点における各水温（℃）の深度の時間変化、1974年10月18〜21日、松山・寺本[13]による、(b) 長い進行性内部波に伴う界面変位と流れの関係、(c) 内浦湾の内部潮汐に伴う上層（海面下5m）と下層（102m）の流れの東西成分の時間変化、1972年11月12〜17日、松山・寺本[13]による

　上に述べた内部波の特性は、境界条件を満足するモード波に対するものである。一方、連続成層の場合には、局所的に平面波として進む内部波を考えることもできる。これを基本波という。この波のエネルギーは成層の強さ、コリオリの係数（すなわち緯度）、および波の周期で定まる特定の方向にのみ伝わるという興味深い性質を持っている（例えば宇野木[3]参照）。エネルギーの伝わる経路を特性曲線という。松野[14]にしたがって図14.10に、福島県沖の2つの潮時におけるM_2分潮流の断面分布を示す。観測された潮流は水平的にも鉛直的にも通常の潮流では考えられない複雑な分布をしている。それぞれの図に見られる2本の曲線は波エネルギーの特性曲線を表す。両図とも太線はすべて岸向きの流れの層をきれいに通過し、細線は逆に沖向きの流れの層のみを通り抜けて、複雑な潮流の分布を説明してくれる。特性曲線が直線でない

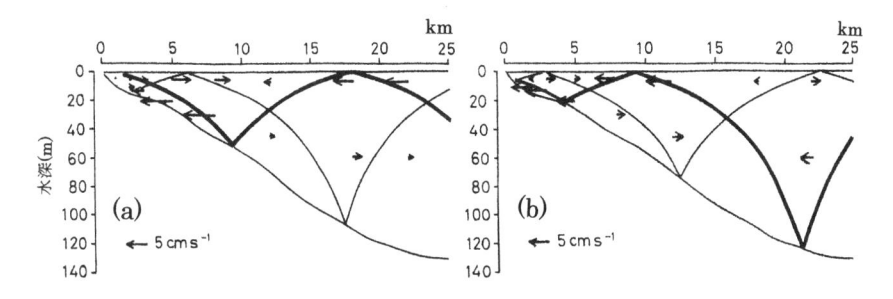

図 14.10　福島県沖における M_2 分潮流の測定値（東西成分）と特性曲線の関係，(b) は (a) から位相 90°（約 3 時間）後の状態，松野[14]による

のは成層の強さが一様でないためである。両図の潮汐の位相差および数値計算の結果を参照すると，陸棚端から大陸斜面にかけて内部潮汐が発生して，これが岸に向けて進入していると考えれば，この観測結果が理解できる。

　伊豆半島を挟んで東西に位置する相模湾と駿河湾は地形的に似た深い湾であるが，上層の内部潮汐として相模湾には半日周潮流が，駿河湾には日周潮流が卓越するという対照的な相違が見られる。いずれもその起源は北太平洋を西に向かう潮汐波が，海底から高く隆起した伊豆海嶺にぶつかって発生した内部潮汐にある。ところが自由な内部潮汐波として存在できるのは，日本付近では半日周潮のみである。それゆえ伊豆海嶺で発生した半日周期の内部潮汐波はそこから四方に広がっていく。一方，1 日周期の内部潮汐波は内部ケルビン波（**付録 A.10**）としては存在できるが，これは陸岸を右に見る方向にしか進むことができない。したがって伊豆海嶺で発生した 1 日周期の内部潮汐波は，伊豆海嶺・伊豆半島を右に見て駿河湾に進入することができるが，相模湾には進入できない。このような事情で，駿河湾には 1 日周期の内部潮汐が，相模湾には半日周期の内部潮汐が出現することになる（大脇・松山[15]）。一方，観測によれば駿河トラフの深海底には，内部潮汐の巣といえるほど内部潮汐流が発達しているが，湾口付近では日周潮，湾北部では半日周潮が卓越している。伊豆海嶺を起源として特性曲線を用いてその解釈が試みられている。

14.5　吹送流

　わが国の内湾規模はロスビーの変形半径よりは小さく，内部変形半径よりは大きい。ゆえに内湾の吹送流に対して，非成層期には海底の地形変化の効果が顕著でコリオリの力の効果は小さい。一方，成層期には海底地形が変化する効果は弱く，コリオリの

力が効果を発揮する。沿岸海域の吹送流について、理論的には例えばCsanady[16]の解説がある。柳・高橋[17]は数値実験でコリオリの力や成層の効果を検討している。これは黄海・東シナ海を想定した大規模海域を対象にしている。風速は同じでも風の効果は継続時間、地形条件、成層状態によって大きく異なる。

(1) 狭い海域の吹送流

海面の風応力は風速をWとした時（4.24）式より$\tau_s = \rho_a \gamma_s^2 W^2$で与えられる。海域が狭く風の吹送時間も短くてコリオリの力が無視できる場合を考える。現象は横方向には一様であり、鉛直渦動粘性係数K_zは一定とする。定常状態を考えると、水深hが一様な場合の流れは、（4.26）式において$u_0 = 0$であるので（14.6）式のようになる。ここで海底を$z = 0$としている。この時流れは海底から海面に向けて直線的に増加する（図 14.11 (a)）。

$$u = \tau_s z / \rho K_z \tag{14.6}$$

これは陸岸がない場合である。しかし風が岸の直角方向に吹く場合には、流れはせき止められて海面の変位ηを生じる。線形で定常な場合の運動方程式は（4.5）式から（14.7）式のようになる。ηは海面変位で、海面勾配は$I_S = \partial \eta / \partial x$である。

$$-g \partial \eta / \partial x + \partial / \partial z (K_z \partial u / \partial z) = 0 \tag{14.7}$$

海底と海面の境界条件は（4.25 a, b）式で与えられ、定常であるので海底から海面までの積分流量はゼロの条件が加わる。この時の解は（14.8）式で与えられる。V_sは表面流速、海面勾配は（14.9 b）式になる。流速分布は深さに関して放物線状である（図 14.11 (b)）。

$$u = V_s / h^2 \cdot z(3z - 2h) \tag{14.8}$$

$$V_s = h\tau_s / 4\rho K_z \qquad I_s = 3/2 \cdot \tau_s / \rho g h \tag{14.9 a, b}$$

ただしこれは岸を離れた場所の解で、岸の近傍では鉛直循環を考慮して鉛直2次元の取り扱いが必要である。

図 14.11 (c) は8013号台風の強風が陸に向けて吹きつけた時の広島湾の横断面における流速分布を示す（上嶋[18]）。鉛直方向には同図 (b) とほぼ同様な流速分布になっている。水域の長さをLとした時の水面の上昇量は、（14.9 b）式により次式で与えられる。

$$\Delta H = 3/2 \cdot \rho_a \gamma_s^2 W^2 L / \rho g h \tag{14.10}$$

上昇量は風速の2乗に比例し、湾が長いほど、水深が浅いほど大きくなる。この式は経験的に定まる係数を乗じて、台風などによる高潮の推定に利用される。

(2) 海底地形の影響

浅い内湾の吹送流に対する海底地形の影響を、東京湾を例にして紹介する。冬季の東京湾には以前から時計回りの大きな環流の存在が知られていたが、1ヶ月間の測流

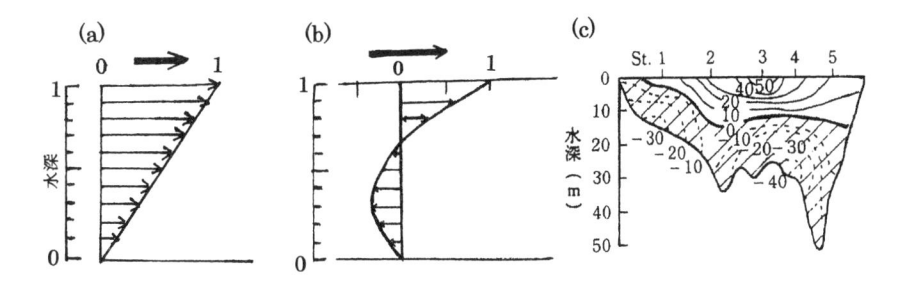

図 14.11 (a) 鉛直 2 次元の吹送流の鉛直分布、表面流速との相対比、(b) 岸がある場合、(c) 8013 号台風（1980 年 9 月）時の広島湾奥部横断面における吹送流の分布（cm/s、潮流を除く）、上嶋[18] による

結果は上下層ともこれを支持している。図 14.12（a）に上層の結果を示す。長島[19]は同図（b）の水深分布に基づいて、北寄りの風による吹送流を 1 層モデルで計算して同図（c）を得た。計算結果は観測結果をほぼ満足して、冬季東京湾で千葉県寄りに卓越する時計回りの環流は、北寄りの季節風によるものと考えられる。海水の単位体積に及ぼす風の力は τ_s/h である。風が湾奥から湾口に向かって一様に吹く時、この力は湾を横切る方向に見て、最深部で最も小さく、両岸に向けて増大する。ただし力の回転（curl τ_s/h、流れの回転と同様）は両側で逆であって、この力の分布は最深部より東側の海域には−の渦度を、西側の海域には＋の渦度を生成する。これらの渦度の集積は広い千葉県側の海域には時計回りの、神奈川県側の狭い海域には反時計回りの環流を生じ、冬季の循環系の形成を説明してくれる。

次に横断方向の鉛直断面内における流れの分布を見る。冬季の東京湾に北寄りの風が吹く時、観測によれば浅い千葉県側では全層で南流で最強部は表層に生じ、深い神奈川県側では大部分が北流で最強部は下層に卓越している。これは浅くて広い千葉県側では、風の力は全層に及んで風と同じ方向に流れる。しかし神奈川県寄りの深層では風の効果は弱まり、海面傾斜に伴う圧力傾度力が勝って風と逆向きの流れが形成されたと考えられる。長島[19]は東京湾中央横断面の実際の水深分布を用いて湾軸方向の風による吹送流を計算して、図 14.12（d）の流速分布を得た。これは観測結果をよく説明している。

以上の結果は吹送流に対する海底の地形効果の重要性を示す。ただしこれは成層がない場合で、温暖期の成層した内湾では海底地形の変化が躍層のために表層に影響を及ぼし難くなり、流れの分布は寒冷期の場合と著しく異なることに留意を要する。その実例は同じ東京湾の北寄りの風の場合について、後出の図 14.17 に示される。

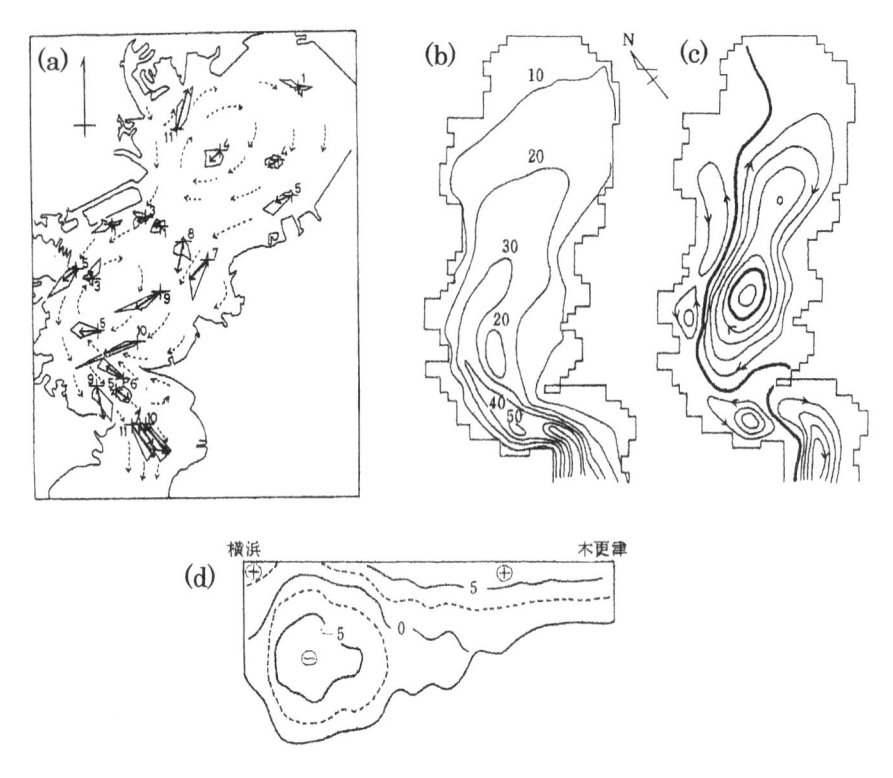

図14.12 (a) 東京湾の冬季1ヶ月間 (1979年1～2月) における25時間移動平均流の頻度分布と全期間の平均流、宇野木[3]による、(b) 東京湾の水深分布 (m)、(c) 1層モデルで計算した東京湾の北東風による循環、(d) 東京湾の横浜—木更津横断面に直交する風による計算流の断面分布、流速は無次元値で風の方向を正、(b)、(c)、(d) は長島[19]による

(3) 開放型沿岸における吹送流

　外海に面した陸岸近くの海域における流れの理解は、実用上必要であるが知識は著しく不足している。ここには内湾に比べて弱い潮流、風による吹送流、淡水流入による密度流、海流や陸棚波（**付録 A.11 参照**）の伝播などの、多種多様な流れが出現して複雑である。それぞれが重要であるが、ここでは日常的に発生する吹送流について考える。これについて理論的解説は見出されるが[16]、実態についてのわれわれの知識は乏しい。最近中野ら[20]が鹿島灘に面する東海村沿岸で2年間にわたり風と流れの連続観測を行った結果を基に、沿岸域の吹送流の実態を理解することにする。ここの陸岸はほぼ南北に走っていて、測流点は岸より4km弱の地点に位置する。河川水の流出のために成層しているので、表層の3層 (0.5m、1m、3m) の流れが調べられ

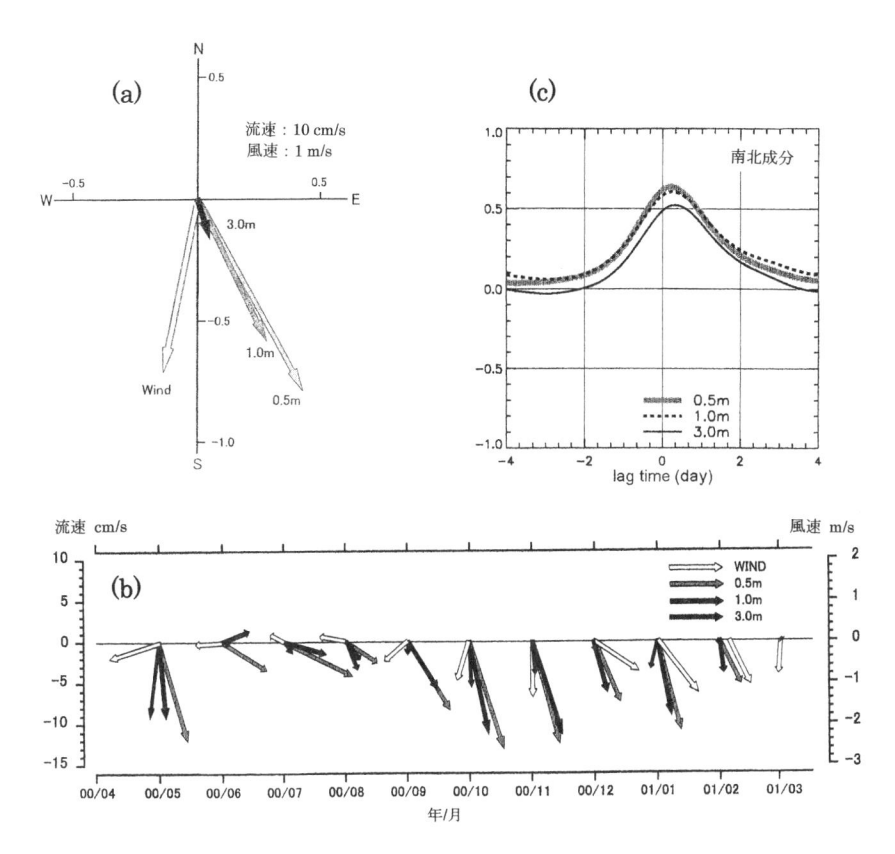

図 14.13 (a) 東海村沖の 2 年間（2000 年 5 月～2002 年 3 月）における平均の風と 0.5m、1m、3m 層の平均流との比較、(b) 各月（2000 年 5 月～2001 年 3 月）における同様な比較、(c) ローパスフィルターを掛けた 2 年間の風と 3 層の流れとの南北成分の相互相関、中野ら[20]による

た。
　風と 0.5m 層の流れとの間には 2 年間を通して相関係数は 0.64 もあり、表層の流れは風と密接に関係している。ベクトル平均した風と 3 層の流れを比較して図 14.13 に示す。図 (a) は 2 年間の平均、図 (b) は月平均の年変化である。平均的には風も流れも岸に平行な南向きの成分が卓越している。流速は深くなるほど弱くなり、通年平均で 3m 層は 0.5m 層の約 1/5 になる。また深くなるにしたがって流向が右に偏する傾向が、特に月平均で明確に認められる。また図 (c) には風と流れの南北成分同士の相互相関が示されるが、風に比べて流れのピークの出現時刻が、わずかながら下層に向けて遅れることが注目される。

以上の観測結果は、風によって表面の流れが形成され、風の表面摩擦が漸次下方に伝わって下層の流れを駆動していることを教える。その際、深くなるにしたがって流向が次第に右偏することはコリオリの力の効果を推測させる（次項参照）。ただし表面流は次項の広い海域の吹送流理論では風の右に偏するはずであるが、風の左に偏している。これには陸上の風速計が海上の流速計と 4km 以上も離れているので、観測風が海上風を十分に表現していない可能性があると考えられる。風が成因の沿岸の流れには、今述べた風が直接生起する吹送流の他に、風が岸に平行に吹く場合にエクマン輸送（(14.11) 式）のために岸沖方向に海面傾斜が生じ、それによる圧力傾度力とコリオリの力のバランスを満たす岸に平行な地衡流が含まれる。この流れは深さに関して一様性が強いが、今の場合には深さに伴う流れの減衰が大きいので、その寄与は小さいと判断される。

　流れと風のパワースペクトルはよく似ていて、両スペクトルとも 1 日周期と半日周期の付近に特に顕著なピークが存在し、エネルギー密度のピーク値は 1 日周期が半日周期の数倍か 1 桁程度大きい。ちなみに潮汐における $(K_1+O_1)/(M_2+S_2)$ の振幅比はこの付近で 0.9 の程度であり（図 14.3）、半日周潮が大きめである。この観測結果は、本海域では海陸風が発達しているので、この風が調和分析で求まった 1 日周期の S_1 分潮流（気象日周潮流）に大きく寄与していることを示唆する。ただしこの気象分潮流と他の潮汐起源の分潮流との明確な分離には、本観測のような長期間の測流が不可欠である。

(4) 広くて深い海域の吹送流

　風が広くて深い海の上を吹く場合を調べる。この時陸岸や海底の影響が無視できて、かつ風が長時間吹いて流れが定常で水平的に一様であると考える。岸の影響がないので海面の傾きもない。海域が広いのでコリオリの力が重要になる。今、図 14.14（a）に示す単位表面積をもって海底にまで及ぶ鉛直水柱を取り上げ、これに働く力の釣り合いを考える。海底摩擦は無視できるので、関与する力は海面の風の摩擦応力 τ_s と、水柱の各部分に作用するコリオリの力の合力で、この 2 つの力が釣り合っている。

　ある深さの流速を v とすれば、単位体積の海水に働くコリオリの力は北半球では流れの右方向で $f\rho v$ の大きさである。流れは深さ方向に変化しているであろうが、水柱全体でベクトル的に積分した流量を Q_E とすれば、これは単位幅の鉛直断面を単位時間に通過する流量を表す。したがって水柱全体に働くコリオリの力の合力は $f\rho Q_E$ になり、この力が風の応力 τ_s と釣り合うことになる（図 14.14（a））。ゆえに総流量は次式で与えられる。

$$Q_E = \tau_s/f\rho \tag{14.11}$$

そして Q_E の向きが図 14.14（a）に示すように風の右方向であれば、それに働くコリオリの力は風の応力の反対方向を向いて釣り合うことができる。全体の流量が風の方

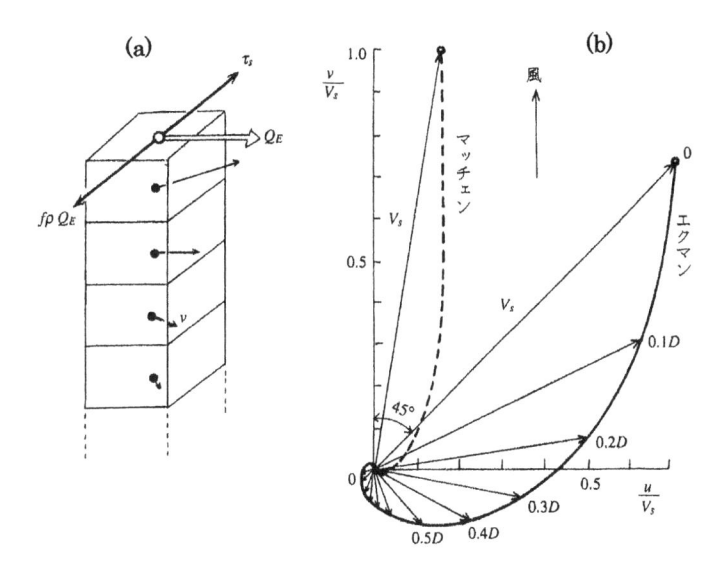

図 14.14 (a) エクマン輸送 Q_E、および風の摩擦応力 τ_s とコリオリの力の合力の釣り合い、(b) Ekman と Madsen の螺旋、V_s はそれぞれの表面流速、$D = \pi h_E$ は摩擦深度

向でなくてそれに直交するということは一見奇妙なことで、回転系の流れが常識では判断し難いという好例である。この流量 Q_E はエクマン輸送とよばれ、風が関係する海の諸現象できわめて重要な働きをしている。

　風による流れの鉛直分布については有名なエクマン（Ekman）の吹送流理論があり、これは**付録 A.12** に紹介してある。理論の結果が北半球の場合について**図 14.14** (b) の実線で示される。この曲線は各深さの流速ベクトルを同一水平面に投影して、ベクトルの尖端を結んだもので流れの鉛直分布を示す。海面では風の右 45 度の方向に流れ、流向は深さとともに右に偏して螺旋状に回転する。この曲線をエクマン螺旋という。風の応力は漸次下方に伝わるが、同時に海水は右方向にコリオリの力を受けるので、流向は深さとともに右回りの螺旋を描くように変化するのである。流速は深さに関して指数関数的に減衰している。吹送流が有意な範囲は次式に示すエクマン層の厚さ h_E の程度である。K_z は鉛直渦動粘性係数である。

$$h_E = (2K_z/f)^{1/2} \tag{14.12}$$

風が吹き出してからの流れの時間経過は、この理論では大略 1 慣性周期で定常に近い状態に達する。なお（14.11）式の関係はエクマンの理論でももちろん成り立っている。

エクマンの理論では K_z は一定と仮定しているが、実際はそうとは限らない。海面近くでは渦運動は制限されるので、例えばマッツェン (Madsen) は K_z が海面からの距離に比例するとの仮定を用いて解を求めた。その結果は図 14.14 (b) の破線で示される。この場合は表面流が風となす偏角は小さく、深さ方向の減衰はより急で、定常状態にも早く達する。

それでは現実の海ではどうであろうか。浅海での観測例はいくつかあるが、底の影響がない深い海での観測は容易でない。数少ない例として、チェレスキン[21]はカリフォルニア沖の数百 m までの流れを測定して、エクマン螺旋の存在を確認し、エクマン深度として 25m あるいは 48m という値を報告している。わが国の近海では、最近吉川ら[22]が対馬海峡において ADCP や HF レーダーを用いた観測結果によれば、やはりエクマン螺旋が認められ、風に対する流れの遅れは 11〜13 時間であった。以上のようにエクマンの理論をおおむね支持する結果が得られている。そしてエクマン層の厚さとして、外洋では 30〜50m の程度が考えられる。一方、船などの事故で流出した油の進行方向が風となす角度が 10 度かそれ以下と小さいことや、流れの風に対する応答が数時間と比較的速いとの観測例もあって、マッツェンの理論の方が実際に近いと考えられる場合もある。現場の観測と理論を比較する場合には、観測条件が理論の前提と合致しているかどうかが問題になる。

(5) 吹送流とエスチュアリー循環

風が河口循環に及ぼす効果もこれまで検討されている。例えば 11.3 節に紹介したHansen・Rattray は理論的な相似解のもとに、下流向きに吹く風は河口循環を強め、上流向きの風は弱めることを示した。これは両者の重ね合わせとして理解できる。ところで風が吹くと、風の混合作用で成層の弱化あるいは破壊とともに、流動場におけるシアの変化に伴って乱流場も変化し、渦動粘性係数も自ずと変化するはずである。それゆえこれまでのように鉛直渦動粘性係数を予め与えることは適当でなく、いわゆる閉じた系に対する計算モデルを用いる必要が生じる。郭ら[23]はこの種のモデルを用いて、アメリカ東岸のチェサピーク湾を対象に、4つの異なる風向の場合の流れを計算して比較した。同じ強さの風が吹いても、風向により河口循環流に与える影響は大きく異なった。この時成層構造の変化には相違は少なかったが、乱流場は風向に対して異なる応答を示した。したがって鉛直渦動粘性係数が異なって、流れの場に変化を与えたことになる。密度流と吹送流の非線形相互作用を考慮する際に、このような影響も考える必要があることが示唆された。

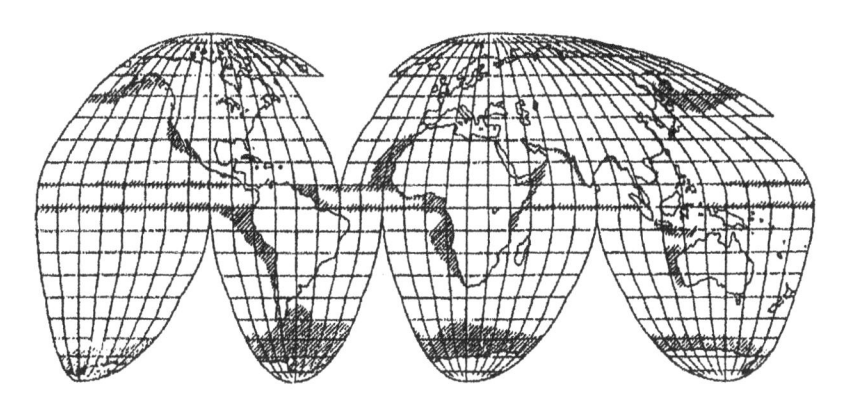

図 14.15　世界の湧昇域、LaFond による

14.6　湧昇

　世界的に下層からの海水の湧昇が顕著な沿岸は、図 14.15 に示すようにカリフォルニアからオレゴンにかけての北アメリカ大陸の西岸域、ペルーからチリにかけての南アメリカ大陸の西岸域、アフリカ大陸の北西岸域と南西岸域などである。これらはすべて大洋東端の沿岸に沿っていて、湧昇域が幅狭く延びている。これを沿岸湧昇という。広い海洋では一般に表層の水は貧栄養で、下層の水は底層に沈降した有機物が分解されて栄養塩が豊富である。したがって栄養に富む水が下方から次々に供給される湧昇域では、光合成が活発に行われて、生物の生産性が非常に高い。例えば、沿岸湧昇域を中心とする全世界の湧昇域は海洋の表面積の 0.1％に過ぎないが、世界の漁獲量の約半分を生産しているという見積もりもなされている。湧昇域は生物にとってはもちろん、人類の生存にとっても貴重な海域である。

(1) 沖に向かう風による湧昇

　風が陸から沖に向いて吹く時は、図 14.16（a）に示すように岸付近の水が沖に吹き払われ、それを補償するために下層から底層の水が湧昇してくる。底層水が汚濁していなければ、上記のように沿岸の生物生産が高くなる。一方、わが国の沿岸開発が進んだ夏季の内湾にしばしば見られるように、底層に貧酸素水塊が存在すると、沖向きの風によって貧酸素水塊が湧昇して岸付近で大量の魚介類が斃死する青潮の現象が発生する。青潮の名前は、貧酸素水塊に含まれていた硫化水素が上昇して大気に接すると、酸化されて硫黄の単体が生じて水が青白く見えることに由来する。しかし沖向

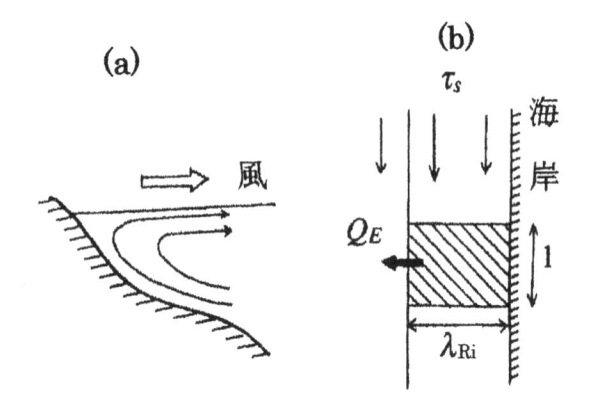

図14.16 (a) 沖向きの風による湧昇、(b) 岸を左に見て吹く風による沿岸湧昇の関係図

きの風による湧昇は風の吹き初めか、風の連吹時間が短い場合であり、局地的なものであることを認識しなければならない。風の連吹時間が慣性周期を超えるようになると、コリオリの力の効果で岸に平行に吹く風による湧昇が発達する。

(2) 大陸の西岸に発達する沿岸湧昇

図 14.15 に示した世界の顕著な沿岸湧昇の海域では、北半球においては岸を左手に見て岸に平行に吹く風が、南半球においては岸を右手に見て岸に平行に吹く風が、すなわち赤道方向を向く風が卓越している。この時、低温高塩分の水が数十 m の深さに位置する躍層を破ってそれよりも深い層から湧昇してくる。

このような風の場では図 14.16 (b) に示すように（北半球の場合）、コリオリの力の効果で平行風によって表層の水が沖へ押しやられるので、これを補うために下層から海水が上ってくる。この現象における湧昇速度、湧昇域の幅、風に対する応答の速さなどについて、最初に力学的な理解を与えたのは吉田[24]であった。吉田によれば湧昇域の幅は（12.4）式に示すロスビーの内部変形半径 λ_{Ri} の程度である。これは次のような事情による。12.3節の（3）項にも触れたように、回転する独楽の場合と同様に、回転力であるコリオリの力は周囲と密度が異なる湧昇水を、岸付近に鉛直に立てて存在域を限る働きをする。この時は地衡流平衡が成り立っているので、鉛直水柱の大きさ、すなわち湧昇域の幅はロスビーの内部変形半径の程度になる。

岸に平行に吹く風によって沖に押しやられる海水量は、海岸の単位長さ、単位時間について（14.11）式のエクマン輸送 Q_E である。一方、湧昇域の平均の湧昇速度を w とすれば、海岸の単位長さ、単位時間当たりの水の湧昇量は $w\lambda_{Ri}$ である。したがっ

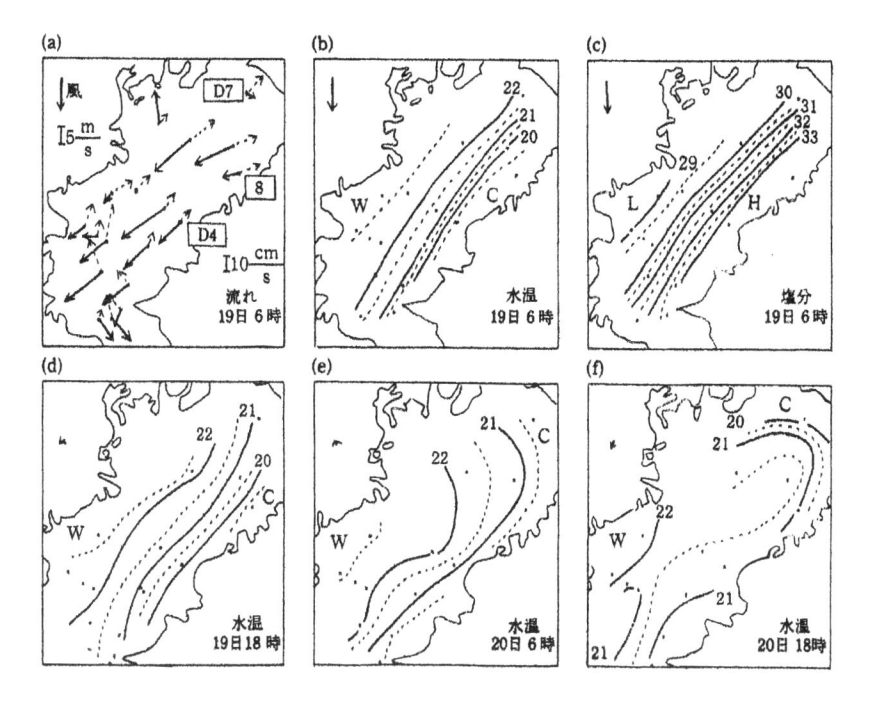

図 14.17 北寄りの風の連吹による東京湾の湧昇、最盛期の 1979 年 7 月 19 日 6 時における (a) 流れ(実線は上層、破線は下層)、(b) 水温、(c) 塩分の分布、(d)、(e)、(f) はそれ以後の 12 時間ごとの上層水温の水平分布、宇野木[3]による

て両者を等しいとすれば平均の湧昇速度として次式が求まる。τ_s は風の応力である。
$$w = Q_E/\lambda_{Ri} = \tau_s/(\rho f \lambda_{Ri}) \tag{14.13}$$
これを大洋東端の代表的湧昇域にあてはめると、湧昇速度は 10^{-2} cm/s のオーダー、湧昇幅は 10km から数十 km の大きさになる。また風が数日間吹き続くと躍層の下の冷水が表層に上ってきて湧昇域が出現する。これらの値は実際に現れる沿岸湧昇を説明してくれる。そしてこのような機構によって限られた時間と限られた範囲に生じた沿岸湧昇域は、風が止むと海洋擾乱となり、**付録 A.10** に述べる内部ケルビン波として (12.5) 式の内部波の波速で、岸沿いに北半球では岸を右に見て遠くへ伝わっていく。内部ケルビン波の幅も λ_{Ri} の程度である。

なお図 **14.15** によれば、赤道を挟む狭い海域にも湧昇が発達している。これを赤道湧昇という。ここでは偏東風が卓越するので、その北と南の両側海域の表層ではいずれも極向きのエクマン輸送が生じ、赤道域が発散域になって海水が湧昇してくるのである。

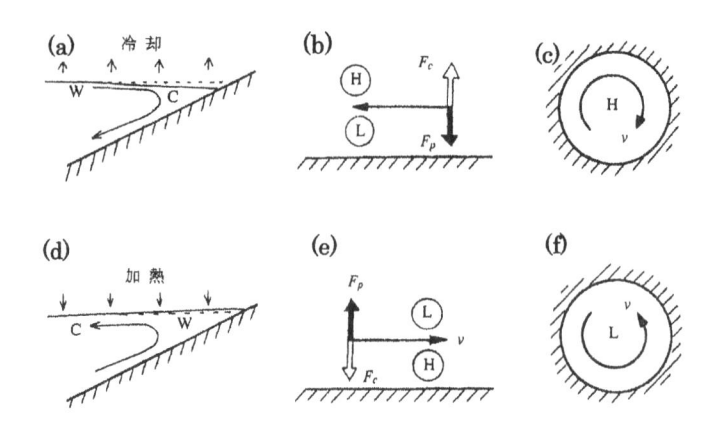

図 14.18　海面一様冷却の場合の (a) 鉛直循環、(b) コリオリの力 (F_c) が作用する場合の表層流、F_p は圧力傾度力、(c) 中心部が深い閉鎖水域の表層環流、(d)、(e)、(f) は海面一様加熱の場合

(3) 内湾の岸に平行な風による湧昇

　内湾における成層期の内部変形半径は数 km の程度である。したがって湾幅がこれよりも大きい内湾においては、風の連吹時間が慣性周期を超えるようになるとコリオリの力の効果を考慮しなければならない。それゆえ内湾においても岸に平行な風によって、前項の大陸西端におけるものと同様な性格の、ただし規模が小さな湧昇が出現する。吉田[24]が述べたように「少しオーバーにいうなら、いつでも、どこにでも、沿岸湧昇は起こり得る」のであり、その例はわが国に多く見出される。

　その 1 例を図 14.17 に示す（宇野木[3]）。これは東京湾の成層期に湾の東岸に平行な北寄りの風が 2 日間吹き続いた場合である。図の (a) は風の最盛期における上層と下層の流れ、(b) と (c) は同時期の上層の水温と塩分の水平分布である。低温高塩分の湧昇域は東岸に平行に幅狭く延び、その沖側には湧昇フロントが出現していて、大陸西岸の湧昇の状況とよく似ている。湧昇域の幅はロスビーの内部変形半径の程度である。一方、東京湾の西岸側ではエクマン輸送で運ばれてきた表層の高温低塩分水が堆積している。

　流れはよく発達していて、図 14.17 (a) によれば上層では湾内ほぼ全域で湾の主軸方向に 20～30cm/s の流速で湾外へ流出し、下層では逆に 10～15cm/s 程度の流れが湾奥に向かっている。この流速分布を、図 14.12 (a) の冬季の同様な北寄りの風による流れのパターンと比較すると、著しく異なっている。このことは海域が成層していると、一様でない海底地形の影響は上層に及び難いことを示している。図 14.17 の (d)、(e)、(f) は湧昇最盛期以後 12 時間ごとの、風が弱まってからの上層の水温

分布を示す。東岸側に生成された湧昇域が北岸側に伝播していく様子が認められる。伝播速度はほぼ内部波の速度で、この擾乱は内部ケルビン波の性格を持つと考えられる。この湧昇の生成と伝播の観測結果は、東京湾をモデルにした松山ら[25]の数値実験によって確認されている。以上のことから、東京湾に大きな被害を与える青潮の原因となる湧昇現象を全体的に理解するには、単に青潮が発生する湾奥部だけでなく、もっと広い範囲に注目する必要があることを教える。

なお本節では最も重要な風による湧昇を取り上げたが、湧昇現象にはその他に流れが島や岬などの急変地形に出合って強制的に生じるもの、フロントや冷水渦に伴うものなどいろいろなものがある。

14.7　海面の加熱冷却に伴う対流と熱塩循環

(1) 海面の加熱冷却に伴う対流

海面の加熱冷却に伴って海域の密度分布が不均一になって生じる密度流について考える。沿岸海域では加熱冷却は通常ほぼ一様と見なされるが、水深が一様でなければ貯熱容量の相違によって、温度差ができ、密度の不均一分布が生じて流れが発生する。

図 14.18 (a) のように海底が傾斜した沿岸が、一様に冷やされた場合を考える。浅海域の海水が沖よりも水温が低くて重くなり、図に示すように上層では岸に、下層では沖に向かう鉛直循環が発生する。冷却が強い冬季の三陸沿岸の湾では、このような例が多いという。また冬季に琵琶湖の浅い南湖と深い北湖との間に、同様な機構による海水の交換が行われるとのことである。時空間スケールが大きくなるとコリオリの力が働いて、圧力傾度力とコリオリの力のバランスから同図 (b) に示すように、表層の水は岸を左に見て岸に沿って流れるようになる。冬季の陸棚はよく冷却されて、冷え方が少ない陸棚斜面水との間に陸棚フロントが形成され、この図のような流れが起きることがある。また低温低塩分の陸棚水が、等密度面に沿って黒潮表層下へ貫入する例も報告されている。なお湖のように閉鎖性が強くて中心部が深い水域では、図 (c) のように高気圧性の循環が期待される。

次に、海面が暖められる場合を考える。この場合には加熱効果は下層に及び難いので、循環は冷却の場合のようには発達し難い。だが傾向として、加熱による循環は図 14.18 (d) ～ (f) が示すように冷却の場合と逆の循環を生じる。夏季の琵琶湖に比較的安定して出現する反時計回りの環流は、図 (f) の場合に相当すると考えられる。

(2) 沿岸熱塩フロント

14.1 節で湾口付近に発生する沿岸熱塩フロントについて言及したが、これは海面の

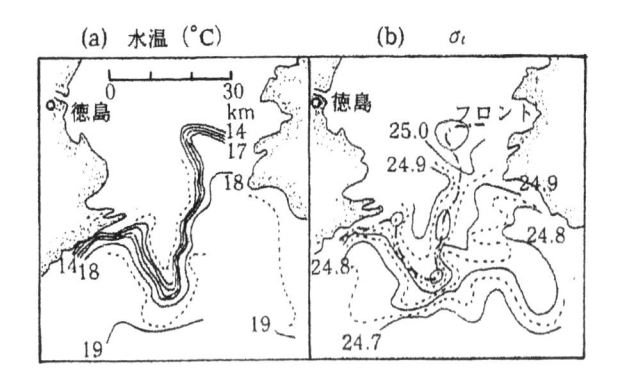

図14.19 紀伊水道の熱塩フロント (1972年1月)、(a) 表面水温 (℃) の分布、(b) σ_t の分布、吉岡[26]による

冷却（熱効果）と河川水の流出（塩分効果）の相乗効果によって生じるものであるから、熱塩の名称が付いている。フロントは寒冷期の紀伊水道、伊勢湾、東京湾、その他の湾口部に出現するが、紀伊水道における吉岡[26]の詳細な観測結果の一部を図14.19に示す。図 (a) によれば幅が狭く顕著な温度勾配を持つフロントが、南北に長くS字形をなして、紀伊水道の東岸から西岸へ、数十kmにわたって長く延びている。最も大きな温度勾配は距離200mで2℃に達する。フロントの南側の暖かい外洋水は海域の東岸側から北方に張り出し、北側の冷たい沿岸水は西岸側から南方に張り出して、地球回転の影響が認められる。等塩分線も等温線とほぼ平行に走り、大きな塩分勾配が存在する。しかし両要素は補償し合うために、フロントにおいて密度の不連続的変化は生じない。実際には図14.19 (b) の密度の水平分布に示されるように、フロントの中央部は周辺よりも密度がやや高めであり、密度極大の帯となっている。密度の極大は沈降流の存在を示唆するが、フロントを横切る鉛直断面上の水温と塩分の分布から、フロントの両側における鉛直循環の存在が推測される。

このフロントを伴う熱塩循環の発生機構を、最初に数値実験で示したのは遠藤[27]であって、その考え方を図14.20 (a) の模式図に示す。今、大きな外海に小さく浅い内湾が接続して湾奥から河川水が流出し、海面が一様に冷却される場合を考える。河川水の流出に伴って図示される重力循環が形成されるが、表層を湾奥から外海に向かって流れる海水は冷却が次第に進むために沈降し、環流は湾内で閉じる。一方、両海域の貯熱容量が異なるために、外海水が湾水よりも軽くなるので、図 (a) に示されるように外海から湾口にかけて湾内の環流と逆向きの環流が生じる。両環流が接するところが沿岸熱塩フロントであり、両側ではフロントに近づくほど冷却が進むので、フロントに密度極大が現れる。そして海面冷却が強いとフロントは発達し、河川流量

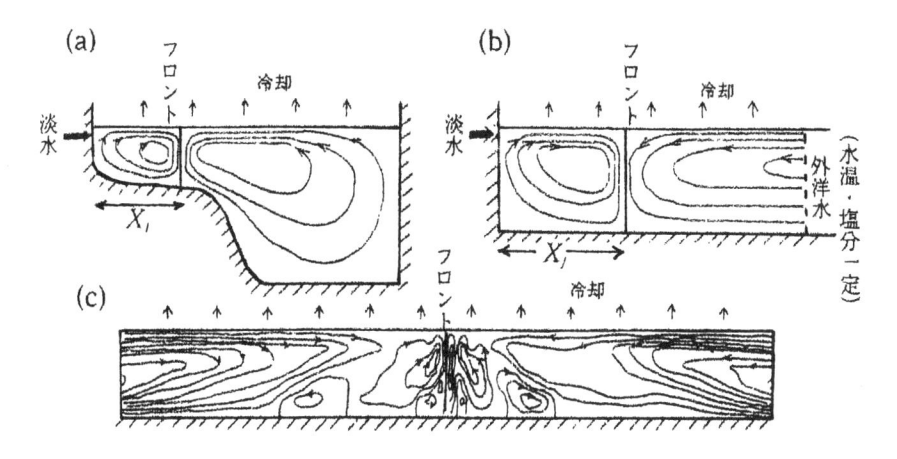

図14.20 沿岸熱塩循環に伴う流線、(a) 遠藤[27]のモデルの模式図、(b) 原島ら[28]のモデルの模式図、(c) 秋友[29]の計算結果

が多いとフロントは沖寄りになる。なおフロント域で密度極大が生じる理由に、海水の特性であるキャベリング（水温と塩分は異なるが密度が同じ2つの水塊が混じり合うと密度が少し増加するという性質）も寄与しているという考えもある。

その後原島ら[28]は図14.20（b）に示すように、水深が全域一定であっても外洋側が高熱塩源として境界を通して絶えず熱塩を供給するならば、同様な循環系の発生が可能なことを示した。ただし通常の格子間隔を用いた数値実験では、重くなった水が沈降する重力対流の効果を正当に表現することは、格子間隔が粗過ぎて難しく、問題があった。そこで秋友[29]は数十mの細かい格子を用いて、図14.20（c）に例示するような実験に基づいて検討した。これによってフロントの細かい構造、6〜12時間と3、4日の周期的な変動の存在とその性格、フロントが海水交換に及ぼす機能などについて理解を深めた。なお図14.19の観測結果にも認められるように、この循環にもコリオリの力が影響している。

14.8　急潮・異常潮位・外海水進入

顕著な海面上昇を生じて大きな被害を与えるものとして、津波と高潮がある。津波は主に地震を原因として発生し、数分から数十分の周期の海面変動である。高潮は台風などの気象擾乱によるもので数時間から1日程度の時間スケールの現象である。これらについては、多くの解説書がある。ここでは沿岸に水位、水温、流れなどの海況

の急激な変化をもたらす現象に注目する。

(1) 急潮

わが国の太平洋沿岸や日本海沿岸には、古くから急潮とよばれる強い流れが突然来襲して、定置網の破損や流失などの大損害を与えて問題になってきた。急潮の流速は時に2ノットを超すこともある。なおこの現象は水温の急変を伴うことが多い。急潮の定義は明確とはいえないが、流れや水温の急変を指すものと考えておく。

急潮の発生要因として、主に相模湾の急潮を詳しく調べた松山ら[30]は黒潮の接近、台風の通過、内部潮汐の発達の3つを挙げている。最後の内部潮汐における潮流は、通常の潮流に比べて規則性が一般に弱い。そして条件が揃った時に突発的に著しく発達して被害を与えることがある。駿河湾奥部の内浦湾で観測された内部潮汐の場合には、最大流速が70cm/s程度のものも記録されている[13]。急潮研究の開拓者である木村喜之助は、この内浦湾における内部潮汐に伴う現象を急潮の1つの原因と考えている[30]。なお内部潮汐に関連した急潮は相模湾においても見出される[30]。

次に、日本近海の黒潮の流路は、15.1節に述べることであるが、後出の図15.2に示すように大きく変動している。相模湾には急潮がしばしば発生しているが、木村喜之助および同じく急潮研究の開拓者である宇田道隆は、これは黒潮系水の相模湾への突然の進入によると考えていた[30]。図14.21（a）にその1例を示す。黒潮接岸時に発生して相模湾奥の定置網に大被害を与えたこの急潮に際して、各地点の水温は3～4℃急上昇し、これが湾東端の三崎から中央の平塚へ、さらに西岸の早川へと、岸を右に見て順に伝わっている[30]。

同様に駿河湾においても、黒潮が接近した時に急潮が発生している。その2例を図14.22（a）、（b）に示す（稲葉ら[31]、勝間田[32]）。短時間に4～6℃も水温が急上昇する現象が、伊豆半島西岸に沿って、すなわち岸を右に見て湾口から湾奥に向けて伝播している。図（a）の時に得られた2枚のNOAAの熱赤外画像が図14.22（c）と（d）に載せてある。両図の間隔は1日である。白黒画像であるために水温分布の詳細は明らかとはいえないが、伊豆半島に接近した黒潮から、駿河湾に延びた暖水舌が伊豆半島に沿って湾奥に深く進入して急潮を引き起こしている様子が明瞭に認められる。なお画像には、黒潮から分離した暖水舌が伊豆半島と大島の間を通って相模湾へと進入している状況も認められる。

黒潮の接近に伴う急潮は一般に寒冷期に出現する。このころ暖かい黒潮と冷却した沿岸水の境界には黒潮前線（フロント）が発達し、黒潮前線波動が発生しやすい。暖水舌はこの波動が不安定になって砕け、黒潮から分離したものと考えられている。急潮の伝播速度は、図14.21（a）の相模湾の場合は約1m/sであり、図14.22（a）の駿河湾の場合は約0.8m/sであった。急潮が岸を右に見て反時計回りに湾を回るのは、内部ケルビン波の性格を示唆するが、暖水自体が移動していることから、むしろ黒潮

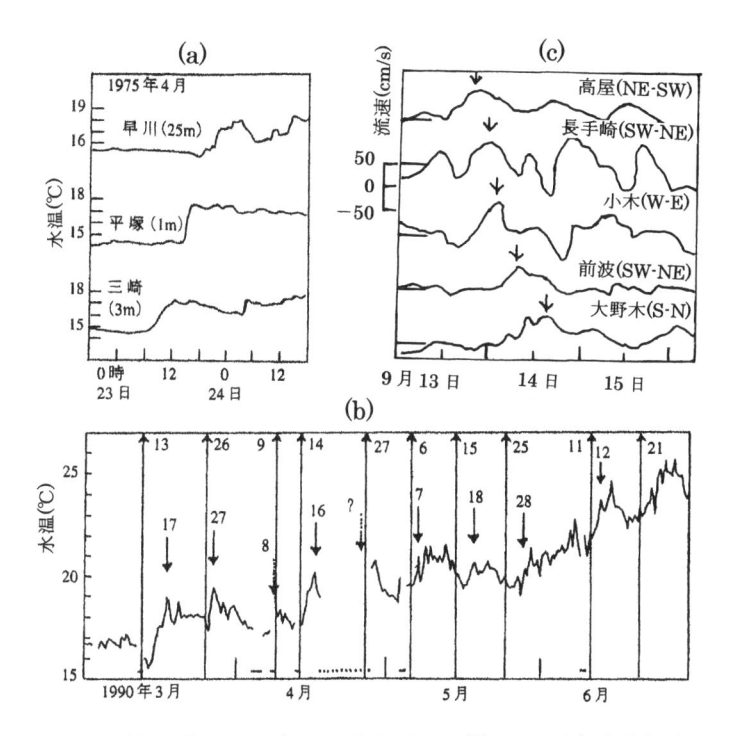

図 14.21 (a) 相模湾の 1975 年 4 月の急潮、松山ら[30]による、(b) 宿毛湾口部の 1990 年 3～6 月の水温変動、下向き矢印は急潮の発生、上向き矢印は黒潮断水舌の出現を表す、秋山・斉藤[33]による、(c) 能登半島沿岸の 2003 年 9 月の急潮、流速は地点名の後に示す方向の成分、大慶ら[35]による

系の軽い暖水が沿岸に捕捉された地衡流性の沿岸密度流と見なすことが適当と思われる。この理論から推測される沿岸密度流の先端部の速度は、観測値をほぼ満足している[30][31][32]。

急潮に伴う流れの鉛直分布を測定した例はほとんどない。図 14.23 に勝間田[32]が駿河湾の湾口に近い伊豆半島寄りの 1 点で、ADCP による長期測流を行った例を示す。測流期間中に 7 例の急潮を捉えることができて、図には各々の最盛期における流速の鉛直分布が描かれている。流速は表層 30m で 65～80cm/s と強い流入を示すが、深くなると急激に減少し、90～110m 付近では表層の数分の 1 の程度になる。このことから急潮は 100m 以浅の顕著な流入であるといえる。しかしそれより深い部分でも数 cm/s から 20cm/s 程度の流れがほぼ一様に存在する。これは半月から 1 ヶ月スケールの黒潮の変動に伴うもので、測定した最下層の 300m までの全層に見られる。ゆ

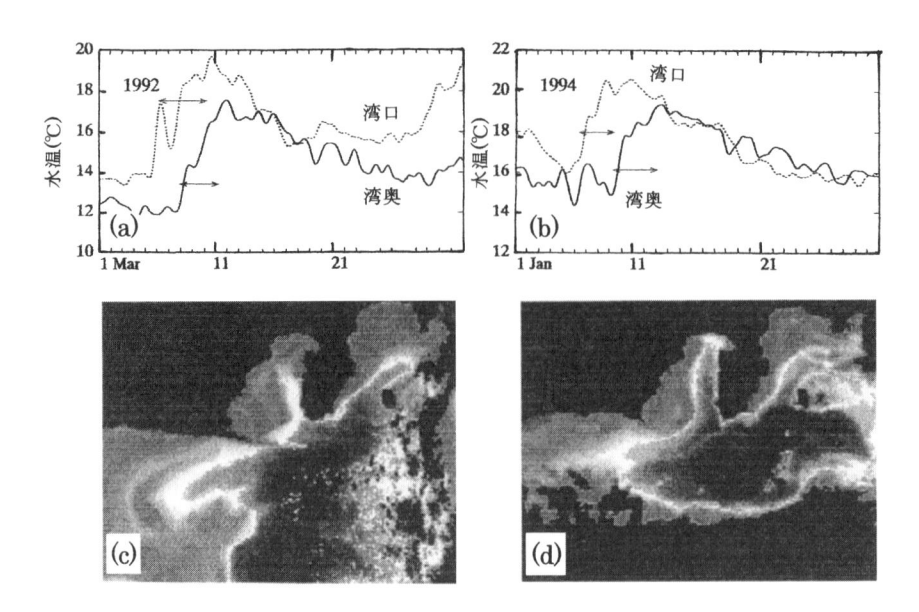

図 14.22 駿河湾の急潮、稲葉ら[31]と勝間田[32]による、(a) 1992年3月の水温急上昇、(b) 1994年1月の水温急上昇、(c) は急潮発生時の1992年3月8日におけるNOAAの熱赤外画像、(d) は9日における画像

えに急潮の流れは勝間田が述べているように、2、3日スケールの傾圧的な強い流れと、より長い時間スケールの順圧的といえる流れが重なったものと判断される。

一方、豊後水道には同じ黒潮に起源を持つが、相模湾・駿河湾と異なってほぼ周期的な水温の急上昇が発生している。図 14.21 (b) に示すように豊後水道の南西端に位置する宿毛湾では、これが約10日間の周期で現れている（秋山・斉藤[33]）。この急潮は、宮崎県南端の都井岬付近への黒潮フロントの接岸によって発生したと思われる暖水舌が、黒潮縁辺に沿って北東へ移動して四国南西部に衝突して宿毛湾内へ進入したと考えられる。この発生周期は暖水舌の発生周期にほぼ等しい。

ところが豊後水道奥部の宇和島湾においても、水温の急上昇が温暖期に周期的に発生するが、これは小潮の時に現れて大潮の時にはほとんど現れない（武岡ら[34]）。すなわち月齢と密接に関係して、平均して半月周期で現れる。これは豊後水道南部の黒潮系水塊と北側浅海域の沿岸水との境界にあるフロントが、小潮のころにバランスが崩れて、黒潮系水塊が四国沿いに進入して生じたと考えられている。

最後に気象擾乱が関係する急潮であるが、相模湾ではこれが定置網に被害を与えた急潮件数の半数以上を占めるということである。台風通過2日後に相模湾で発生した

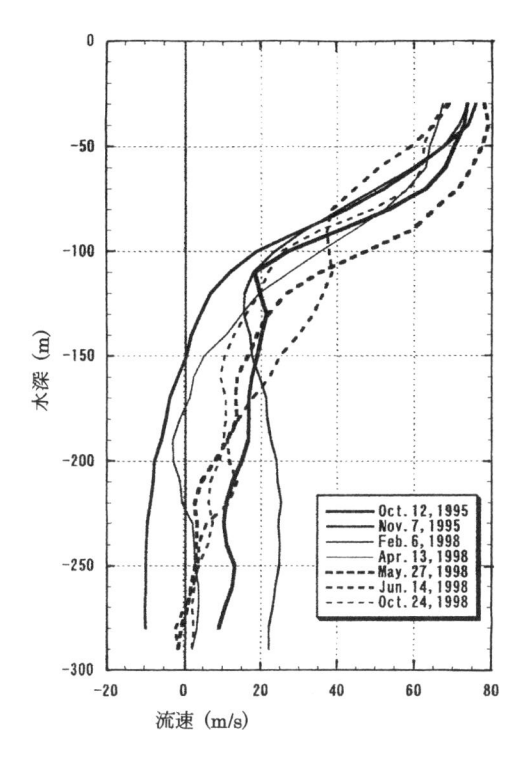

図 14.23　駿河湾の伊豆半島西岸沖で測定した7回の急潮発生時における流速南北成分の鉛直分布、勝間田[32]による

　急潮が松山ら[30]によって調べられているが、これは強い北寄りの風の連吹によるエクマン輸送のために生じた関東・常磐沖の海面上昇が、内部ケルビン波（付録A.10）および陸棚波（付録A.11）として房総半島を回って本州南岸に沿って西方へ伝播したためと説明されている。
　日本海沿岸においても急潮による被害に悩まされてきたが、やはり気象擾乱に原因を持つことが多いといわれる。台風0314号の通過後に能登半島沿岸に被害を与えた急潮について、最近大慶ら[35]が報告しているので、沿岸の各地点における流速の変化を図14.21（c）に引用する。これらの地点は上から順に能登半島の北東端から、半島東岸に沿って富山湾に向かって位置している。図によればこの急潮は能登半島東岸に沿って、北から南に岸を右に見て進んでいることが明瞭に認められる。この急潮は、能登半島沖を台風が通過した後に強い南西風が吹き続き、これによるエクマン輸

送に起因して半島西岸に表層暖水が蓄積し、これが回転系の沿岸密度流あるいは沿岸捕捉波（後述）として、能登半島を巡って半島の尖端から東岸沿いを北から南に進行して急潮を引き起こしたと解釈されている。

　気象擾乱による急潮には、その他の現れ方もあると思われるが、ここに述べた相模湾と能登半島沿岸の2つの急潮に類似する水位変動として、異常潮位と称されるものが存在する。これを以下に紹介する。

(2) 異常潮位

　異常潮位とはあいまいな言葉であるので、気象庁は次のように定義している。「異常潮」を「津波、高潮のように直接的な原因がはっきりしており予測可能な現象による潮位異常を除く潮位の異常」としており、そのうち比較的長期間（1〜2週間）継続し、かつ広範囲に出現するものを「異常潮位」としている。この発生に関係する要因として、気象、特に風、黒潮の変動、その他が考えられ単純ではない。またそれらの複合効果も指摘されている。

　ここでは異常潮位が発生して各地に不意に浸水が起こり、社会的な大きな騒ぎを最初にもたらした1971年9月におけるものを紹介する。図 14.24 (a) に日本南岸における水位の変化を示す（磯崎[36]）。この水位は平常潮汐と気圧変化の影響を除いたものである。水位変化量はたかだか50cm以下と小さいが、海面の年変化のピーク時に当たり、また秋の大潮の満潮と重なって浸水を引き起こす程度に海面が高まったと思われる。この図で注目を惹くのは、9月1日に房総半島の先端の布良に水面の上昇が生じ、これが関東、東海、紀伊半島、四国、九州東岸へと、3m/sの速度でゆっくりと西方に伝わっていったことである。さらに9月9日以後にも第2の山が西の方へ伝播していて、その速度は6m/sである。

　気象条件を見ると、図 14.24 (b) に示すように台風が9月1日に房総半島から東方に去り、関東近海には北東ないし南東の風が卓越している。なお同図 (c) に示すように、このころ黒潮が関東沿岸に接近している。このような条件から次のような状況が推測される。9月初めの台風の通過と卓越風によるエクマン輸送によって、関東沿岸の水位が上昇し、これが陸棚波として陸岸を右に見て西進したと考えられる。水位上昇の発生には黒潮の関東沿岸への接近も関係しているであろう。なお水位上昇に伴ってできた岸沖方向の海面傾斜に釣り合うように沿岸反流が生じるが、これは地衡流平衡にあるために外力が去ってもすぐには解消しない。これは異常潮位が長時間持続する上で効果があると思われる。この現象の発生には風によるエクマン輸送が重要と思われるが、台風の存在や黒潮の接近が基本的に必要であるかどうかは明らかとはいえない。

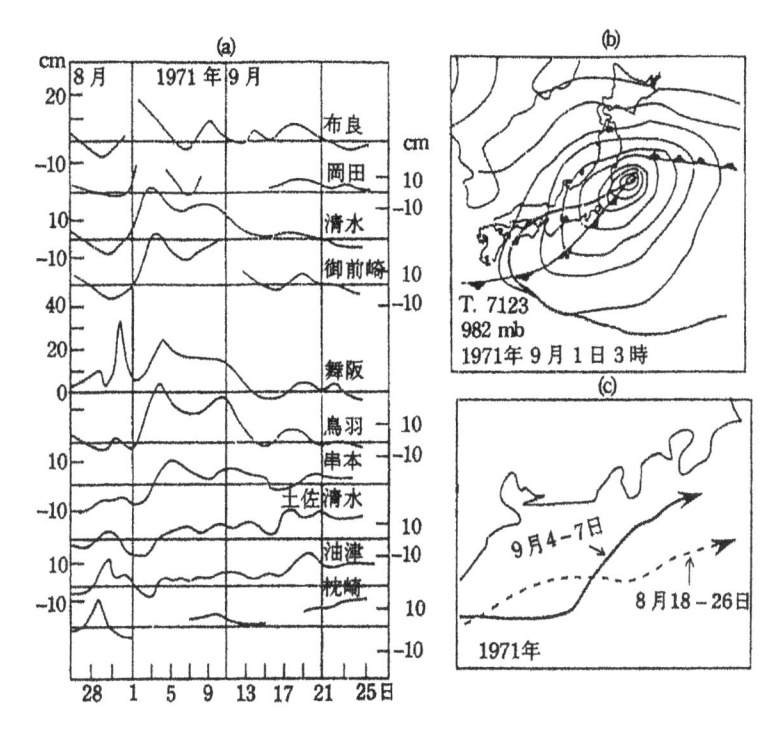

図 14.24　1971年9月の異常潮位、(a) 気圧補正をした日平均水位の変動、磯崎[36]による、(b) 台風経路と (c) 黒潮流軸の移動

(3) 沿岸捕捉波に対する地形の影響

　ケルビン波、内部ケルビン波、陸棚波など、陸岸近くに発達し、岸を右（北半球）に見て岸に沿って進む波を総称して沿岸捕捉波という。上に述べたように急潮や異常潮位など、沿岸捕捉波の性格を持って伝わる海洋擾乱は少なくない。ところがわが国の太平洋沿岸や日本海沿岸では、海岸が直線状でなくて、多数の半島・湾・水道などが連なり、非常に複雑な形状を呈する地域が多い。このように出入りが激しい海岸を、沿岸捕捉波がどのように伝播していくかは興味を惹く問題である。

　井桁ら[37]は数値実験によって以下のことを示した。狭い陸棚を持つ深い湾に向かって伝播する場合には、岸に沿う風で発生した内部ケルビン波型の沿岸捕捉波は、湾口に達するとほとんど分裂せずに湾内へ伝播する。一方、陸棚が湾口の外側まで張り出す浅い湾の場合には、湾口へきた沿岸捕捉波は、湾内へ進入する内部ケルビン波と、湾口沖を陸棚に沿って伝播を続ける陸棚波型沿岸捕捉波に分かれて進み、波は変形する。陸棚幅が広い場合には、陸棚波は浅い湾口で分裂せずに、そのまま陸棚に沿って

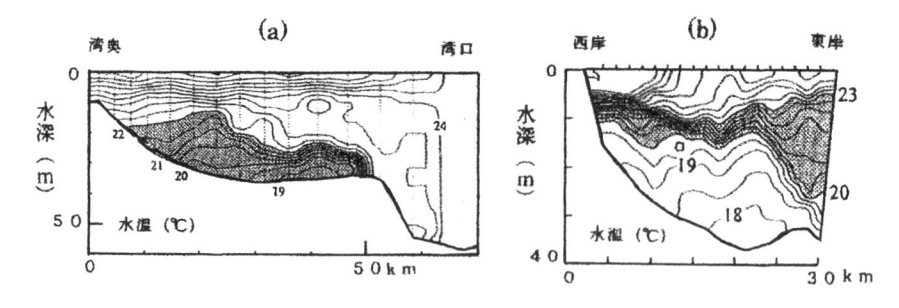

図14.25 (a) 伊勢湾縦断面における水温の分布（1997年9月）、(b) 伊勢湾津沖の東西横断面における水温の分布（1995年8月）、藤原[38]による

伝播する。ところで湾口で陸棚が途切れる場合にも、陸棚を進んできた陸棚波型沿岸捕捉波は、陸棚の途切れを跳び越えて伝播することができて、途切れ幅が広くなるほど波の振幅は減少することが理解できた。これらの特徴は上記のわが国沿岸に見られた水位変動をほぼ説明してくれる。さらに湾幅が狭い（ロスビーの内部変形半径の2倍よりも小さい）場合には、湾口で分離して湾内へ進入する内部ケルビン波の一部も、湾口を跳び越えて前進している。

(4) 外海水の内湾への進入

上記のように相模湾、駿河湾、富山湾などの開けた深い湾に、外海水が急潮として急激に進入する例はしばしば報告されるが、東京湾、伊勢湾、大阪湾などの入口が狭くて上記に比べてかなり浅い内湾の場合にはどうであろうか。湾口付近で進入が制限されるためか、急潮のような形で外海水が進入した報告はあまり聞いていない。ただし外海の変動は何らかの形で、内湾にも影響を与えるはずである。外海水が内湾に及ぼす影響は、既に述べた内湾の海洋構造やエスチュアリー循環から知られるように、外海水は内湾水よりも重いために内湾の底層に沿って進入し、その間に潮流の混合作用によって、鉛直上方へ、また水平方向に広がるのが一般的である。

ところが場合によっては、外海水の影響が底層でなくて中層から及ぶ場合がある。図14.25 (a) に温暖期の伊勢湾縦断面における水温の分布を示す（藤原[38]）。湾口部の伊良湖水道では強い潮流によって上下混合が激しく行われ、外海水と湾水からなる混合水の水温は鉛直的に一様である。この混合水の密度は湾の下層の水に比べて小さいので、図に示されるように混合水は湾内の躍層より下の中層を通って湾奥へ進入している。なお津沖の東西横断面の温度分布を示す図14.25 (b) によれば（時期は(a) と異なる）、中層の混合水は地球自転の影響を受けて、知多半島側に沿って厚い層をなして湾奥へ進んでいる。伊勢湾では中層の流入は4月に始まり10月まで続い

ている。そして進入水の下層には広い範囲に貧酸素水塊が見出される（高橋ら[39]）。これは上方からの酸素の供給を断たれて、下層の水がしだいに貧酸素化したためである。

　一方、東京湾においても黒潮流路変動時に、外海水が中層から湾に進入する例が報告されている（例えば日向ら[40]）。このときは表層と底層から内湾水は流出すると考えられている。

参考文献
(1)　Bowden, K. F.（1983）: Physical Oceanography of Coastal Waters, Ellis Horwood Limited, 302pp.
(2)　柳哲生（1989）：沿岸海洋学―海の中でものはどう動くか―，恒星社厚生閣，154pp.
(3)　宇野木早苗（1993）：沿岸の海洋物理学，東海大学出版会，672pp.
(4)　柳哲生編（1990）：潮目の科学，恒星社厚生閣，169pp.
(5)　彦坂繁雄（1971）：潮汐，海洋物理Ⅲ，東海大学出版会，109−253.
(6)　柳哲生（1987）：潮汐・潮流の話，創風社出版，125pp.
(7)　小田巻実（2008）：潮汐の不思議，海のなんでも小事典，講談社，87−176.
(8)　宇野木早苗・小西達男（1998）：埋め立てに伴う潮汐・潮流の減少とそれが物質分布に及ぼす影響，海の研究，7，1−9.
(9)　宇野木早苗（2006）：有明海の自然と再生，築地書館，264pp.
(10)　小田巻実（2007）：河口循環流と潮流―潮流の鉛直分布に対する重力循環の影響の可能性，沿岸海洋研究，44，107−115.
(11)　上嶋英機・湯浅一郎・宝田盛康・橋本英資・山崎宗広・田辺弘道（1987）：大阪湾停滞性水域の流動と水塊構造，海岸工学論文集，34，661−665.
(12)　藤原建紀・肥後竹彦・高杉由夫（1989）：大阪湾の恒流と潮流，海岸工学論文集，36，209−213.
(13)　Matsuyama, M. and T. Teramoto（1985）: Observations of internal tides in Uchiura Bay, Jour. Oceanogr. Soc. Japan, 41, 39−48.
(14)　Matsuno, T.（1991）: Propagation of semi-diurnal internal tides observed off Fukushima, along the east coast of Japan, Jour. Oceanogr. Soc. Japan, 47, 138−151.
(15)　大脇厚・松山優治（1989）：伝播特性―駿河湾および相模湾の内部潮汐―，月刊海洋，231号，527−533.
(16)　Csanady, G. T.（1982）: Circulation in the Coastal Ocean, D. Reidel Publishing Company, 279pp.
(17)　柳哲生・高橋暁（1995）：沿岸海域の吹送流，沿岸海洋研究，33，69−84.
(18)　上嶋英機（1982）：台風通過に伴う物質輸送の変化，海岸工学論文集，29，594−598.
(19)　長島秀樹（1982）：傾いた底を持つ水道の吹送流，理研報告，58，23−27.
(20)　中野政尚・磯崎久明・磯崎徳重・根本正史・蓮沼啓一・北村尚士（2009）：開放型沿岸域における流れに及ぼす風の効果，海の研究，18，37−55.
(21)　Chereskin, T. K.（1995）: Direct evidence for an Ekman balance in the California current, Jour. Geophys. Res., 100（C9）, 18, 261−18, 269.
(22)　Yoshikawa, Y., T. Matsuno, K. Marubayashi and K. Fukudome（2007）: A surface velocity spiral observed with ADCP and HF radar in the Tsushima Strait, Jour. Gephys. Res., 112, C06022.
(23)　郭新宇・A. Valle-Levinson（2007）：河口循環流と吹送流，沿岸海洋研究，44，117−127.
(24)　吉田耕造（1974）：湧昇，海洋物理学Ⅰ（寺本俊彦編），5章，東京大学出版会，131−160.

(25) 松山優治・当麻一良・大脇厚（1990）：東京湾の湧昇に関する数値実験―青潮に関連して―，沿岸海洋研究ノート，28，63-74．
(26) Yoshioka, H. (1988): The coastal front in the Kii Channel in winter, Umi to Sora, 64, 79-111.
(27) Endoh, M. (1977): Formation of the thermohaline front by cooling of the sea surface and inflow of the fresh water, Jour. Oceanogr. Soc. Japan, 33, 6-151.
(28) Harashima, A., Y. Oonishi and H. Kunishi, (1978): Formation of water masses and fronts due to density-induced current system, Jour. Oceanogr. Soc. Japan, 34, 57-66.
(29) Akitomo, K. (1988): A numerical study of a shallow sea front generated by the buoyancy flux -Water exchange caused by fluctuation of the front-, Jour. Oceanogr. Soc. Japan, 44, 171-188.
(30) 松山優治・岩田静夫・前田明夫・鈴木亨（1992）：相模湾の急潮，沿岸海洋研究ノート，30，4-15．
(31) 稲葉栄生・安田訓啓・川畑広紀・勝間田高明（2003）：1992年3月上旬に発生した駿河湾の急潮，海の研究，12，59-67．
(32) 勝間田高明（2004）：駿河湾への外洋水の流入過程，東海大学大学院博士論文．
(33) Akiyama, H. and S. Saitoh (1993): The *Kyucho* in Sukumo Bay induced by Kuroshio warm filament intrusion, Jour. Oceanog., 49, 667-682.
(34) 武岡英隆・秋山秀樹・菊池隆展（1992）：豊後水道の急潮，沿岸海洋研究ノート，30，16-26．
(35) 大慶則之・奥野充一・千手智晴（2009）：気象擾乱通過後に能登半島沿岸で観測された急潮―2003年夏季の観測結果より―，海の研究，18，57-69．
(36) Isozaki, I. (1972): Unusually high mean sea level in September 1971 along the south coast of Japan, Pap. Meteor. Geophys., 23, 243-257.
(37) 井桁庸介・北出裕二郎・松山優治（2005）：地形による沿岸捕捉波の散乱に関する数値実験，海の研究，14，441-458．
(38) 藤原建紀（2002）：伊勢湾の巨大渦と貧酸素水塊，水路新技術講演集，15，27-42．
(39) 高橋鉄哉・藤原建紀・久野正博・杉山陽一（2000）：伊勢湾における外洋系水の進入深度と貧酸素水塊の季節変動，海の研究，9，265-271．
(40) 日向博文・灘岡和夫・八木宏・田淵広嗣・吉岡健（2001）：黒潮流路変動に伴う高温沿岸水波及時における成層期東京湾内の流動構造と熱・物質輸送特性，土木学会論文集，No.684，93-111．

第15章　縁海における大河の影響

　河川から流出した水は、沿岸からさらに広大な大洋へと広がっていく。1979年10月に東海地方に大きな洪水が発生した時のLANDSAT画像が、図12.7に示されているが、沿岸の多数の河川から流出した大量の濁水が黒潮に取り込まれて蛇行しながら外洋に運ばれていく様子を知ることができた。世界一の大河・アマゾン川の場合には、河口から数十 km の沖においても濁った河川水を含んで色が異なった海水が認められている。さらに河口から約 400km の沖にまで、周辺に比べて塩分が薄い海水が存在するという。アマゾン川の流量は毎秒約 20 万トンにも達するので、沖の方まで影響するのである。もちろん黒潮などの大海流とは比較にならず、その範囲は限定される。密度分布に支配される海水循環に対しては、塩分のごくわずかな違いが有意であるので、大河からの河川水の流入は、周辺海域の流れや環境に対しては重要な影響を与えている。そこで本章では長江（揚子江）、アムール川（黒竜江）、およびナイル川を例にして、物理面から大河が注ぐ縁海（大陸周辺の多少独立性のある海域）に与える影響について理解することにする。

15.1　日本近海の海流

　大河からの流出水の行方を考えるには、周辺海域における水の動き、すなわち海流についての理解が必要である。日本近海を例にして簡単に説明を加えておく。これについては、例えば永田[1]や久保田[2]の解説がある。

　図 15.1 に日本近海の海流系が模式的に示されている。日本近海で最も著名な海流はいうまでもなく黒潮であって、世界の代表的海流の1つである。黒潮は亜熱帯海洋循環の中の西岸境界流に対応するもので、その生成機構については 16.2 節で考察する。黒潮の源は、後出の図 16.1 に示されることであるが、フィリピンの東方沖に発している。その後台湾と石垣島の間から東シナ海に入り、ほぼ大陸棚の斜面に沿って北東進した後にトカラ海峡を抜けて九州東方に出る。その後四国、本州の太平洋岸に沿って東流して伊豆海嶺に至る。伊豆海嶺では伊豆大島と八丈島の間を通過すること

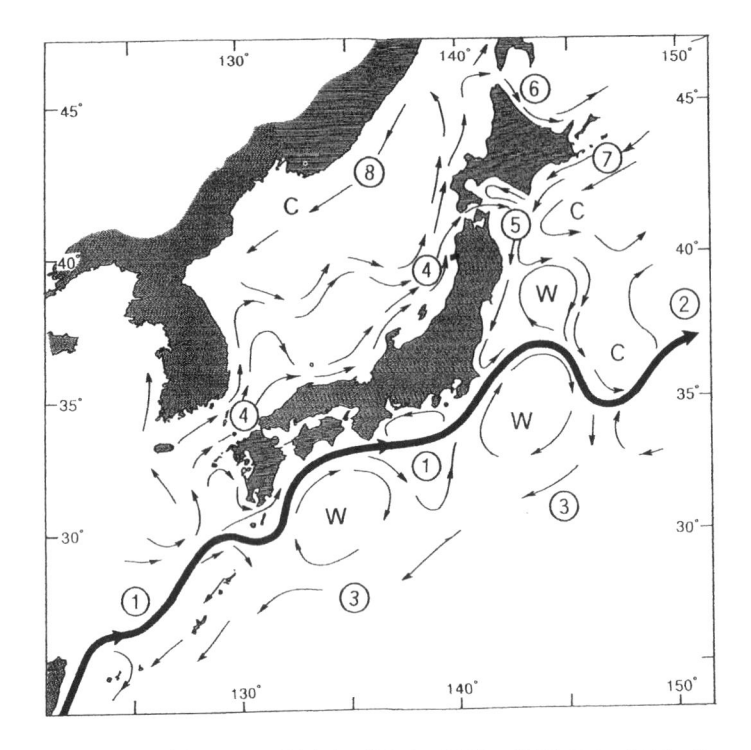

図 15.1　日本近海における表層海流の模式図、①黒潮、②黒潮続流、③黒潮反流、④対馬暖流、⑤津軽暖流、⑥宗谷暖流、⑦親潮、⑧リマン海流、宇野木 (1993) の沿岸の海洋物理学による

が多い。これ以後は常磐沖から東方洋上に去っていくが、これは黒潮続流とよばれる。黒潮および続流から枝分かれした一部分は、南に転じて黒潮反流を作る。

　一般に海流は圧力傾度力とコリオリの力がバランスした地衡流の性格を持っているので、北半球では流れの進行方向に対して右側から左側にかけて海面は低くなっている。したがって黒潮の場合には、沖側に比べて本州側の海面は 1m 近く低い。このことは、黒潮がもしなくなったとすれば、わが国の南岸へ沖側の海水が押し寄せて海面が 1m 近く高まることを意味する。地球温暖化による海水温の高まりと極地の氷の融解によって、海面が上昇することが問題になっているが、温暖化によって黒潮の勢力が変化すればやはり海面変化をもたらすので、同様に注目する必要がある。

　図 15.2 (a) に示す四国足摺岬沖の測線で、今脇ら[3]が大変な労力をかけて実施した精密観測で得られた水温、塩分、絶対流速の分布例を、それぞれ同図の (b)、(c)、(d) に示す。図 (d) の流速分布と比較して知ることができるように、陸岸から沖に

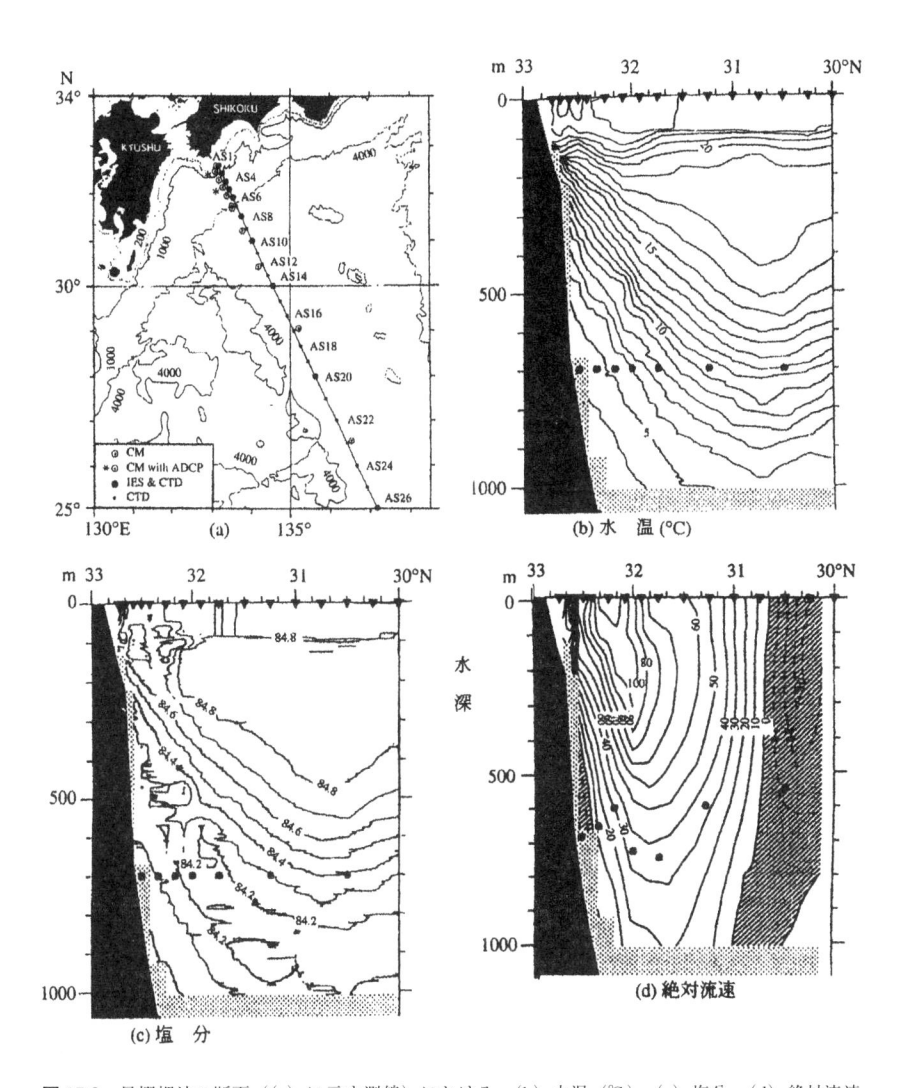

図15.2 足摺岬沖の断面((a)に示す測線)における、(b) 水温(℃)、(c) 塩分、(d) 絶対流速 (cm/s)の分布、今脇ら[3]による、海流の鉛直断面分布は、一般には適当に選んだ深い層で流れはないと考えて(無流面の仮定)、これを基準に海水密度分布を用いて地衡流を計算して求められる。これに対して無流面の仮定を用いずに、適当な深い層(本図の場合には700m層)で測定された流速を基準にして求めた流速を、絶対流速とよび、これは精度が高い。

向けて水温や塩分の等値線が深い方へ傾いている部分が黒潮領域である。特に傾斜が急なところが黒潮の中心域で流れが速い。ここでは流れを横切る方向の水平圧力勾配が大きくなって、これに釣り合うように地衡流が発達している。図 15.2 (d) において、黒潮の主流部は表層から数百 m の範囲であるが、1,000m 付近まで上層と同じ方向の流れが存在する。表層の流速は約 1.2m/s すなわち約 2.3 ノットである。ただし黒潮の流速、流量、深さ、幅などは時と場所により大きく異なる。流速が 5 ノットに達する場合も報告されている。なお世間一般に、黒潮は周囲より暖かい水が流れていると考えられているが、これは誤りである。図 (b) の水温の分布から分かるように、黒潮よりも南側の海水の方が水温は高いのである。

　黒潮の流量の正確な把握は容易でないが、今脇ら[3]の測流結果によれば、四国の足摺岬沖の断面において 1992 年 10 月から 1994 年 11 月までの黒潮の平均流量は $60 \times 10^6 m^3/s$ であった。なお海洋学では優れた海洋学者 Sverdrup にちなんで、$10^6 m^3/s$ に対してスベルドラップ、略して Sv という単位を用いることもある。また一般に分かりやすいので m^3/s の代わりに、厳密にはわずかに数値が異なるが毎秒トンの単位も使われている。ゆえに上記の黒潮の流量は、60Sv または毎秒 6,000 万トンになる。

　世界の代表的な海流に比べて黒潮の際立った特徴は、その流路が大蛇行と非大蛇行に大別されるいくつかの流路パターンを持ち、時間的に大きく変化することである。図 15.3 に代表的な 3 つの黒潮流路を示す (川辺[4])。記号 1 は非大蛇行接岸型、2 は非大蛇行離岸型、3 は大蛇行と称される流路を示す。観測によると大蛇行は 53 年間に 4 回起こり、その合計年数は 26 年に達し、1 回の継続期間は 5、6 年の程度である。黒潮が大蛇行であるかどうかは、日本沿岸の海況 (海の気象) や漁況に重大な影響を与えるので注目されている。この大蛇行の発生メカニズムについては多くの研究がなされて興味深い結果が得られている。だが正確な観測が困難であり、また非線形性が強い現象であるので、発生機構は確定的といえずに今後の研究を必要とする部分がある。これについては、例えば増田[5]の解説を参考にされたい。

　これまで一般には、対馬暖流は九州西方で黒潮の本流から分かれた支流が日本海に進んだものと考えられていたが、九州西方において黒潮と対馬暖流を直接結びつけるような流れは観測されていない。最近では対馬暖流は黒潮系水と東シナ海水の混合水と、黒潮から間歇的に切離した水とが、混じり合って日本海に流入するものと考えられている。対馬海峡からの流入量は年平均値として $2.2 \times 10^6 m^3/s$ の程度と報告されている。これは日本側の東水道と韓国側の西水道を通過するが、西水道側の流量が勝っている。日本海に流入した暖水の動きは単純でないが、おおむね本州沿岸に沿う流れと、沖合を進む流れに分かれ、その後東北地方の沖で合流する。合流後に一部は津軽暖流として太平洋に流出し、その後三陸沿岸を南下する。対馬暖流の残りの部分はさらに北海道西岸に沿って北上し、宗谷海峡に達する。この大部分は宗谷海峡を抜けてオホーツク海に入り、宗谷暖流になる。

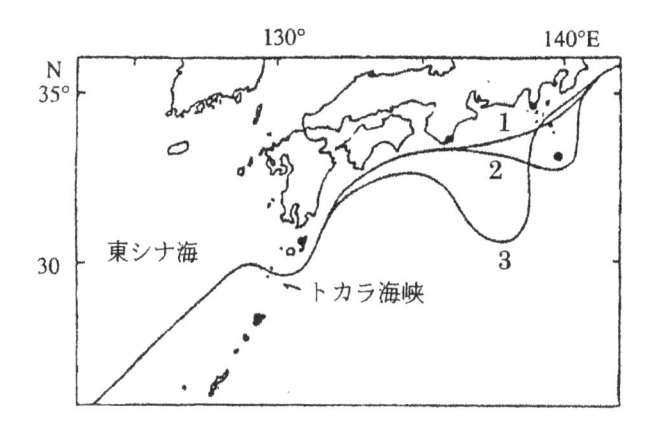

図 15.3 黒潮の典型的な3つの流路、1：非大蛇行接岸型、2：非大蛇行離岸型、3：大蛇行型、川辺[4]による

　これらの流量は季節的変化が大きいが、津軽暖流の通過流量は平均 $1.4 \times 10^6 \mathrm{m}^3/\mathrm{s}$、宗谷暖流の通過流量は $1 \times 10^6 \mathrm{m}^3/\mathrm{s}$ 程度以下と考えられている。最近、夏に大量の越前クラゲが日本海各地の定置網などに被害を与えて問題になっているが、このクラゲが東シナ海に大発生して日本海に流入し、その後北上して津軽海峡を抜けて太平洋にまで達していることは、対馬暖流の発生域や流路について情報を与えるものである。なお岸を左手に見て流れる黒潮と異なって、日本海において対馬暖流の沿岸寄りの分枝流、津軽暖流、宗谷暖流などは、岸を右手に見て流れていて、沿岸境界流とよんで区別することがある。海面は陸側から沖に向けて低くなり、海洋構造も黒潮と異なっている。

　日本付近で黒潮と並んで有名な海流は親潮である。親潮の特徴はその名前が示すように、海の生物の生存・生活にとってきわめて重要な環境を形成して高い生産力を持ち、これに基づく豊かな水産資源を提供してわれわれの生活に深く結びついている。黒潮は透明度が高く澄んで濃い藍色を呈するが、親潮は植物プランクトンが豊富なために黒潮と全く異なって透明度は低く緑がかった水の色となる。

　親潮は黒潮ほど実態が把握されていないが、現在ではベーリング海に起源を持ってカムチャツカ半島から千島列島の沖を流れる東カムチャツカ海流の水に、千島列島で最も深いウルップ水道を通って太平洋に流れ出たオホーツク海の水が合流して、北海道や三陸沖に達し、その後東方に向きを転じる海流と考えられる。流速は黒潮に比べてかなり小さい。だが流れの厚さは、黒潮の場合は数百 m かせいぜい 1,000m であったが、親潮の場合はそれよりはるかに深く 2,000m 前後と考えられている。それゆえ親潮の流量は、従来想定されたものよりはかなり大きくて、黒潮ほどではないがそれ

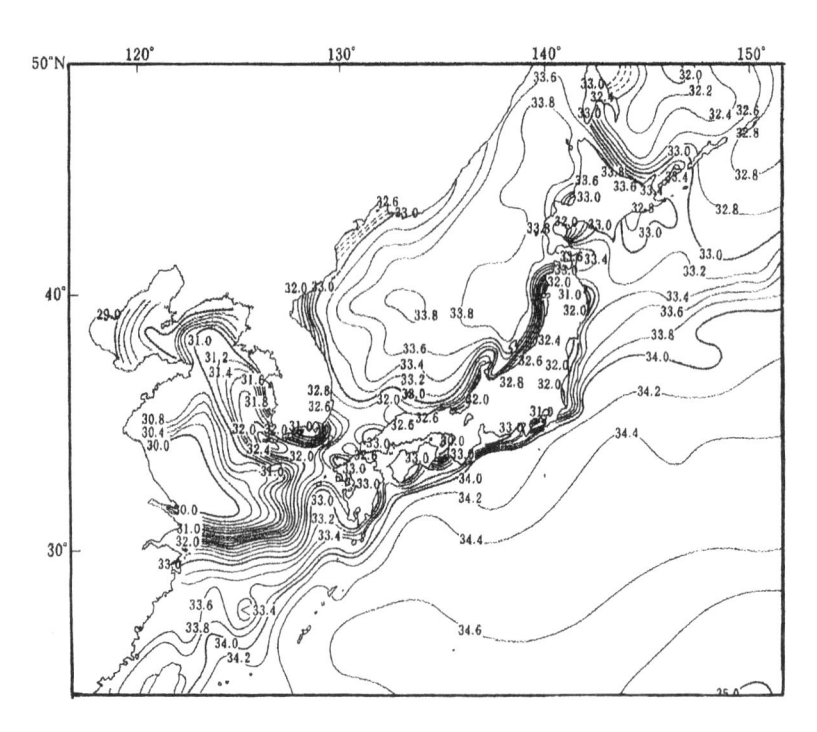

図15.4　日本近海の7〜9月における表層塩分の分布、日本海洋データセンターの資料による

に近い流量を持つ可能性があるといわれる。親潮は東カムチャツカ海流とともに亜寒帯海洋循環の西岸境界流の性格を持つと見なされる（16.2節参照）。
　これまで述べた海流は、圧力傾度力とコリオリの力がバランスした地衡流の性格を持っている。圧力傾度力は密度分布によって定まり、密度分布は深層を除けば水温と塩分の分布に依存する。外海では密度分布に対して一般に水温分布の寄与が大きい。だが、日本近海の表層塩分を示した図15.4から理解できるように、沿岸・縁海では、塩分の濃度勾配が相当に大きい。ゆえに河川から大量の陸水が流出する海では、塩分の分布も海域の流れに重要な役割を果たしていると考えられる。特に東シナ海では低塩分水が広い範囲を占めているので、これについて次節で考える。

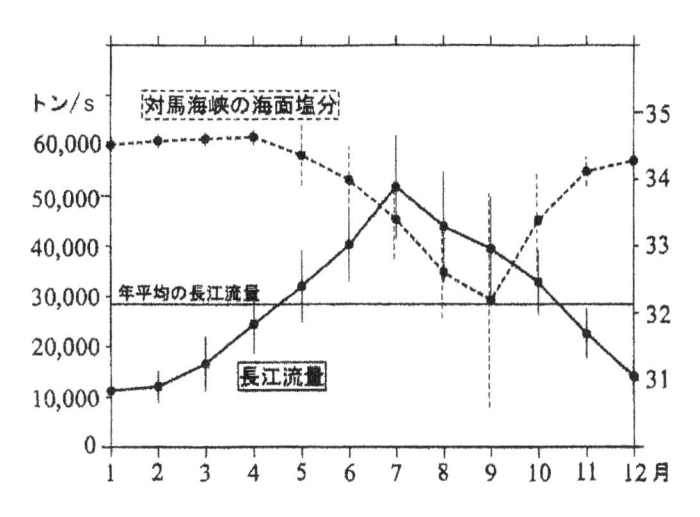

図15.5 長江の流量（実線）と対馬海峡の表面塩分（破線）の年変化、縦線は標準偏差、磯辺[6]による

15.2 長江から流出した河川水の行方

　日本近海の表層塩分の分布を示す図15.4において、渤海湾の奥部を除く全海域で塩分が最も低い30以下の多量の低塩分水が、長江河口の東側より北側の中国沿岸に広がっている。これは長江からの大量の河川水の流出によるものである。東シナ海や黄海には大小無数の河川が流入しているが、河川流出量の約90％は長江が占めているといわれる。したがって長江は大陸沿海に大きな影響を与えていると考えられるが、これについて磯辺[6]が解説を行っているので、これにしたがって述べる。なお長江と日本海との関係については藤原[7]も触れている。

　図15.4によれば、中国沿岸の低塩分水は東方の対馬海峡に向けて延びている。そこで図15.5に長江下流の大通で測定された流量と、対馬海峡における表面塩分の月平均値の年変化を示し、その関係を考察する。長江流量の年変化は大きくて、毎秒当たり最小は1月の約1万トン、最大は7月の5万トン余り、年平均で約3万トン（表9.2によれば2.8万トン）である。一方、対馬海峡には夏から秋にかけて低塩分水が現れるが、これは長江起源の低塩分水と黒潮起源の高塩分水が混合したものと考えられ、長江希釈水とよばれている。そして長江の流量が最大になる7月から対馬海峡で塩分が最低になる9月まではほぼ2ヶ月の時間差がある。長江の水が周辺の水と混合して希釈されながら、この間の約700kmの距離を進むとすれば、1日に10km強の

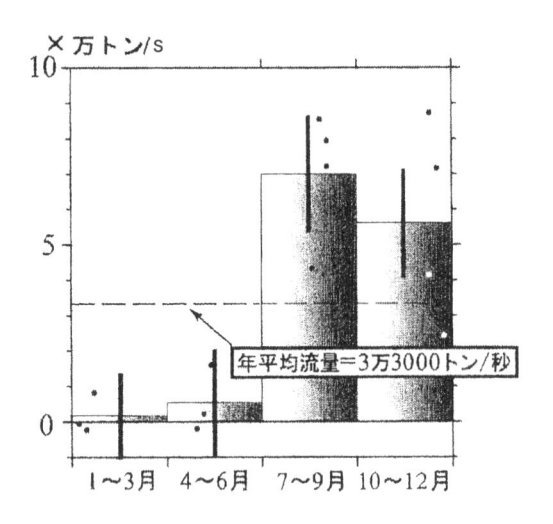

図 15.6 対馬海峡を通って日本海に流れる淡水の平均輸送量、黒と白のドットは個々の観測値、縦棒は基準値の塩分 S_0 を標準偏差分だけ変えた場合の変化幅、磯辺ら[8]による

速さで進んだことになる。

今、量的関係を知るために、磯辺ら[8]が求めた対馬海峡を通過する淡水流量に注目する。これは対馬海峡の断面全体にわたって流速と塩分濃度を長期間観測すれば推定することができる。すなわち観測した塩分濃度を S、長江の水を含まない時の基準の塩分濃度を S_0 とした時、単位体積の海水中に含まれる長江起源の淡水量は $(S_0-S)/S_0$ であるので、これに海水流量を乗ずれば通過する淡水流量を求めることができる。この観測は大変な労力を要するが、そのようにして得られた観測結果を図 15.6 に示す。

これは 1991 年から 1999 年間になされた 26 回の観測結果を冬（1〜3 月）、春（4〜6 月）、夏（7〜9 月）、秋（10〜12 月）に分けて、それぞれの平均を求めたものである。なお個々の観測に対する流量および観測値の標準偏差を考慮した時の淡水流量も示されているが、散らばりの程度はかなり大きい。しかし淡水の通過流量は冬と春に非常に少なく、夏と秋に著しく大きいことは明らかである。そして年平均流量は毎秒 3 万トン余となる。

これを図 15.5 に示す長江の河川流量の年変化と比較すれば、多少の時間のずれを伴って両者が似ていることが分かる。しかも年平均値はともに毎秒 3 万トンと同じオーダーであることは注目に値する。ただし通過淡水量の推定には基準の塩分濃度 S_0 の設定が必要であり、ここに多少の任意性がある。なお東シナ海や黄海の降水量は、

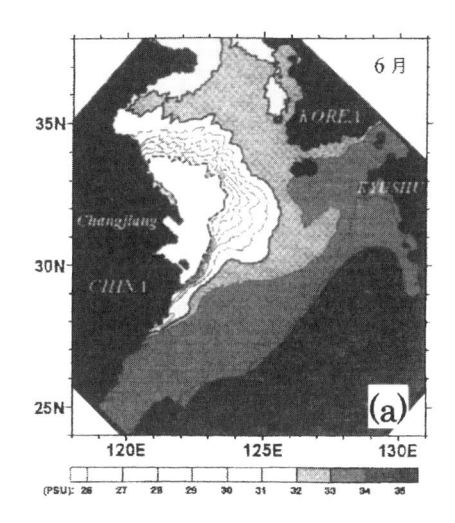

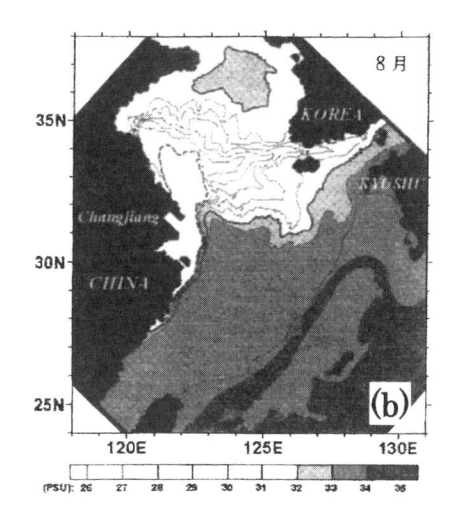

図15.7 数値シミュレーションで求めた6月 (a) と8月 (b) における月平均の表面塩分の分布、濃い実線は塩分32の等塩分線、Chang・磯辺[9]による

年平均でいえば蒸発量とほぼ同じで、海面を通しての淡水の供給は無視できることが示されている。以上のことを考慮して、長江を発した河川水の大部分、少なくとも70%程度が東シナ海や黄海を経由して日本海に注いでいると考えられている。この結果、太平洋や南シナ海に向かう長江の水は、あるとしても小部分と見なされる。日本海には長江に匹敵するほどの大河は存在しないので、長江は東シナ海や黄海に対してはいうまでもないが、日本海にとっても影響がきわめて大きい重要な大河といわねばならない。

Chang・磯辺[9]は以上の結果を確認するために、長江からの流出水の行方を数値シミュレーションによって検討した。長江の河川流量がまだピークに達する前の6月と、ピーク後の8月における表面塩分の計算結果を図15.7 (a) と (b) に示す。破線で囲まれた白い部分が塩分濃度31以下、実線が32の等塩分線である。6月には32以下の低塩分水は長江の東から北に延びているが、対馬海峡にはまだ達していない。しかし8月には32以下の低塩分水が対馬海峡の朝鮮半島側（西水道）を通過している様子が明瞭に認められて、塩分分布の観測結果と一致している。なお9月を過ぎれば海域に北東季節風が吹き始めるので、夏まで北東に延び続けた長江希釈水は、季節風によって西に吹きもどされ、冬には中国沿岸に張り付くように分布する状況も理解することができた。図15.6において冬と春に長江起源の淡水の通過量が非常に少なかったのは、この季節風の影響である。

また数値計算では長江の河川水をトレーサで追跡して、対馬海峡の通過流量が見積

もられている。これによれば対馬海峡の淡水輸送量が長江流量の約70％になり、観測結果とおおむね一致する。対馬海峡海域や日本海に対する長江の影響の重要性を示唆する1例を次に述べる。1996年の8月に韓国のチェジュ島（済州島）は最小値が20を下回る著しい低塩分の水塊に覆われて、アワビやウニなどの重要海産物が大量に死亡して大きな問題になった。しかし当時の韓国周辺には大雨や河川水の大量出水はなく、その原因を見出すことはできなかった。一方、この年には長江流域で大きな洪水が発生して莫大な水量が海へ流出していたので、チェジュ島に発生した異常現象は長江からの大量出水に由来するものであろうと推測された。

藤原[7]は夏の対馬海峡に現れる長江希釈水の特性として、そこに至るまでの長距離の旅で懸濁物質はすっかり沈殿して透明度は増し、含まれる窒素やリンなどの栄養物質も植物プランクトンに消費し尽くされていて、塩分は低いものの貧栄養の外洋水の特質を持つことを指摘している。これは注目すべき事象であり、長江の水が日本海の海水循環のみならず、水質、生態系、水産資源などに与える影響は今後十分に考慮されねばならない。

ところで長江中流域で建設中の大規模な三峡ダムが間もなく完成するので、これが大陸沿海に与える影響が憂慮される。これに関して以下のような説明がなされている（磯辺[6]）。このダムの主目的は治水や発電にあって、大量の水を長江から遠方へ運ぶことは考えられていないので、長江の流量の減少が沿海に与える影響はそれほど大きくないと思われる。ただしダムの建設に伴う流出土砂量の減少、ダムより下流における生態系の変化、水没した廃坑や工場などからの有害物質や汚染物質などのダムへの蓄積などが、河川域内のみならず、外海にも当然影響を及ぼすはずである。東シナ海、黄海、日本海に与える三峡ダムの影響は、今後十分に注目する必要がある。

ついでながらここで、中国大陸で長江と並び称される黄河について一言触れる。黄河の流量は長江に比べて著しく少なく（**表9.2**によれば毎秒2,000トン程度）、特に最近では夏季に断流というショッキングな現象すら発生する年がある。これは近年の上流側における過度の取水と雨の減少のために、ひどい時は下流数百kmにわたり水が流れなくなり、海へ流出する河川水も消えるという現象である。これには人為的効果が大きく加わっているといわれる。黄土地帯の土壌を主体として黄河が海へ運ぶ懸濁物質の量はきわめて多く、これが黄河の名前の由来であることは広く知られている。黄河から黄海に運び込まれる栄養物資の減少とともに、いつかは黄河が黄色でなくなる日がくるのではないかと危惧される。

15.3　アムール川とオホーツク海の海氷

蒙古高原を源とするロシア極東の大河アムール川（黒竜江）は、中国・ロシアの国

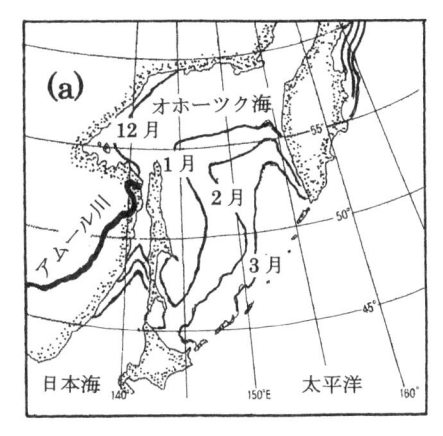

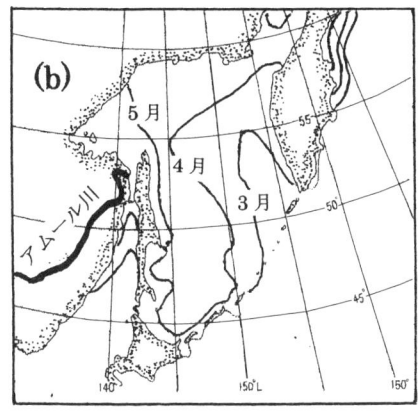

図 15.8　オホーツク海における海氷分布の平均的な季節変化、(a) は氷域の拡張期、(b) は氷域の後退期、青田[10]による

境沿いを流れた後、北東に進んで間宮海峡に流出する（図 15.8）。表 9.2 によれば、その流路は 4,350km、流域面積は $2.05 \times 10^6 \mathrm{km}^2$ もあって日本国土の 5.4 倍の広さである。年平均の河川流量は毎秒約 9,200 トンと推定される。なお間宮海峡はオホーツク海と日本海を結んでいるが、海峡の最狭部は 8km と非常に狭く、最浅部も 12m と非常に浅く、さらにアムール川は間宮海峡の北端に注ぐので、流出した河川水の大部分はオホーツク海に流入する。

　アムール川を主体としてその他の河川を含めて大量の河川流量が注ぐオホーツク海は、カムチャツカ半島と千島列島によって北太平洋と、サハリンと北海道によって日本海と区切られた閉鎖性の強い縁海である。平均水深は 840m と非常に深く、面積は $1.53 \times 10^6 \mathrm{km}^2$ で日本海の 1.5 倍の広さである。この海の最大の特徴は、世界における海氷生成の南限（北半球）であることであろう。他に比べて緯度が低いオホーツク海でなぜ海氷が生成発達するかは、ここにアムール川などから大量の河川水が流入することが重要な要因になっている。両者の関係に関しては青田[10]の解説があるので、これにしたがって説明を行う。

　オホーツク海における海氷生成域の拡張期の状況は図 15.8 (a) に、それが最大に達した後の後退期の状況は同図 (b) に描かれている。11 月上旬には早くもシベリア大陸沿岸で凍り始め、以後海氷域はオホーツク海の西に偏しながら南へ拡大し、最盛期の 3 月中旬にはオホーツク海の約 80％が海氷で覆われる。その後は暖かさを増すとともに、海氷域は拡張期と逆の経過をたどって後退し、6 月中にはすべての海氷は姿を消す。オホーツク海の海氷の厚さは、北部シベリア大陸沿岸で最大 1m 内外、南

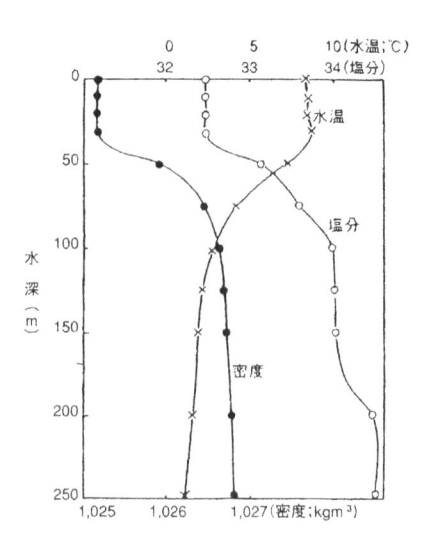

図 15.9 オホーツク海における水温（℃）、塩分、密度（kg/m³）の鉛直分布、1978 年 11 月 3 日、北緯 46 度 56 分、東経 145 度 1 分、青田[10]による

部千島列島周辺で最大 40cm 弱である。なお北風や南に向かう東樺太海流によっても北部に生成された氷が南へ流されて氷域が拡大し、2 月初めのころに北海道沿岸に達する。これが季節の話題になる流氷である。このころ北海道沿岸の水も同時に凍って、流氷と混在して広い氷原を形成する。

氷の生成についてまず真水の場合を振り返る。周知のように真水の密度最大は 4℃ に現れ、0℃ で結氷温度に達する。それゆえ水面が冷やされて 4℃ になると、重たくなった表面の水は下に沈み、全層が 4℃ になるまで活発に対流が行われる。全層が 4℃ になると、その後表面が冷やされても下層より軽いので冷え続け、0℃ に至って表面の水は凍り始める。冷却が進むにつれて氷は厚さを増す。したがって海に比べて淡水の湖は容易に結氷する。

一方、海水の場合には塩分が 24.7 より多い時には（ほとんどの場合がそうであるが）、真水の場合と逆に、冷やされると先に結氷点（塩分 35 の時 −1.93℃）に達し、その後に密度最大が現れる。したがって冷却されて海面の水温が下がるにつれて水は重くなり、対流が発達する。このため海面水温が結氷点にまで下がっても、対流によって全層の水が結氷温度になるまでは氷は生成できず、その後にようやく凍り始めるのである。それゆえ海の結氷は水深に関係し、海が深いほど凍りにくい。ましてオホ

ーツク海のように深さが800m以上もあると、一冬で全層の海水を結氷温度にするほどの冷却効果は期待できないので、海氷が生まれる前に春が訪れてしまうことになる。

それにもかかわらず、オホーツク海ではなぜ海氷が広範囲に生成されるのであろうか。これにはアムール川を中心にして大量の河川水がこの閉鎖海域に流入することが重要である。図15.9にオホーツク海の晩秋における水温、塩分、密度の鉛直分布を示す。図によれば、流入河川水の影響で著しく塩分の低い水が40〜50mの深さまでの表層を覆っている。そして表層の水は、非常に顕著な密度躍層によって下層の水と明確に区別される。上下層の密度差が著しく大きいので、表層の水は冷やされても躍層を通過して下層に進むことはできずに表層に留まる。そして冷却の進行とともに表層の水温は下がり、海氷が生成されるようになる。オホーツク海は結氷という点からは、深さがわずか50m程度の浅い海ということができる。なお海氷は塩分を排除しながら成長するために、海氷には元の海水塩分の数分の1の程度しか含まれていない。このために海氷が解けると表層に低塩分水ができて、塩分の二重構造の形成に寄与することになる。

結局オホーツク海が海氷生成の南限になったのは、冬の西高東低型の気圧配置によってシベリア嵐の寒風が海面を冷やし続けることと、閉鎖性海域へ大量の河川水が加わって密度成層が発達するためと考えられる。ところが最近小木ら[11]によって、河川流量が多い年には、それに続く冬季の海氷は小さくなるという逆の解析結果も発表されている。これは河川からの高温の顕熱の移流が海洋表層の水温を高めるためと考えられて、今後の検討を必要とする。流出河川水が海に与える影響はそれほど単純でないことを教えている。

なお北太平洋の数百mの深さに存在して塩分極小層（後出の図16.5参照）で特徴付けられる北太平洋中層水の起源に関連して、オホーツク海が注目されている。海面は海氷によって隙間なく覆われるのではなく、一般にポリニアという海氷のない海域が少なからず存在する。またオホーツク海には海氷ができない海域も残されている。これらの海域では大気と海洋が直接接するので、冷却が著しく進んで重たい水が作られる。この水は塩分が低くても強く冷やされるので、前述の強い密度躍層すらも突き抜けることが可能といわれる。このようにしてオホーツク海下層に形成された重くて冷たい低塩分水が、千島列島の間から太平洋に流出し、北太平洋中層水の形成に寄与するといわれる。この中層水は海洋環境の形成に重要であり、オホーツク海の機能として興味が持たれている（16.3節参照）。

15.4　ナイル川と地中海

地中海気候といわれるように、地中海は半乾燥的な温和な気候帯に属し、雨は夏に

はほとんど降らず、冬に少し降る程度である。したがってこのような海に多量の淡水を注ぎ入れる大河は、そうでない気候の海に注ぐ大河に比べて、海域に及ぼす影響は相対的に大きいと想像される。地中海はアジア・アフリカ・ヨーロッパの3大陸に囲まれた閉鎖的な内海で、狭いジブラルタル海峡で大西洋につながり、ごく狭いスエズ運河で紅海に通じる（図 15.10）。面積は $2.51 \times 10^6 km^2$、東西約 3,700km、南北約 1,400km、平均水深 1,400m である。地中海はイタリア半島とシチリア島によって東地中海と西地中海に分かれる。

　図 15.10 に地中海における表層の塩分分布を示した[12]。雨が少なく乾燥して蒸発が強いので広い範囲で塩分が高い。大西洋に近い地中海西部で既に 37 であり、中央部が 38、奥部では 39 以上に達している。図 15.4 の日本近海における表層の塩分分布と比べた時、いかに塩分が高いかが分かる。また陸水による栄養塩の流入が少ないために全般的に貧栄養である。

　ナイル川は表 9.2 に示すように、地中海西部のレバント海に注ぐ流域面積 $3.0 \times 10^6 km^2$、長さが 6,690km の世界最長の川である（図 15.10）。ただし流域に乾燥地帯が多いために比流量が小さくて、流域面積は長江の 1.7 倍もあるのに、年平均流量は毎秒 3,000 トンの程度とはるかに少ない。このナイル川において、河口から約 1,000km 上流に巨大なアスワンハイダムが建設されてから、川の流域のみならず、それが注ぐ地中海にも大きな環境の変化が生じた。小松[13]にしたがってこの問題を考える。アスワンハイダムの建設以前では、ナイル川の流量は季節によって大きく変化し、8 月下旬から 12 月初旬までの流量が年間流量の 90 数％を占め、残りの季節はわずか数％に過ぎなかった。したがってふだんは水量も少なく灌漑水も不足がちであったが、洪水期には豊かな栄養分を含む莫大な水と泥が流れてきた。これらが下流域に氾濫して肥料を与え、広い範囲に肥沃な農耕地が形成されて、古代エジプト文明もこれに支えられて花開いたといわれる。

　ところでエジプト政府は、人口の増加と生活の向上のための農業生産の拡大、飲料水の確保、発電などの目的のために、アスワンハイダムの建設を 1957 年に開始し、1975 年から運用を始めた。これで生まれたアスワンハイダム湖、別名ナセル湖は水面が海抜 180m の時に、表面積が $6,287km^2$（琵琶湖の 9.4 倍）、容積が $157km^3$、平均水深が 130m に達し、世界で五指に入る巨大人口湖である。

　ナイル川は多くの分流を持って地中海に注いでいるが（図 5.11（b）参照）、その分流における 1961 年から 1973 年までの、毎月の河川流量の変化を図 15.11 に示す。ダムの貯水は 1964 年に始まったが、それ以前には流れる水量は多く、上記のように顕著な年変化をしている。しかしそれ以後では、著しい河川流量の減少と年変化の縮小が認められる。ダムに貯水されるとともに、河川保持、舟運、灌漑、上水などのために放出される水量も、蒸発、地下水、その他によって河口に出る前に多くが失われていることが推測できる。

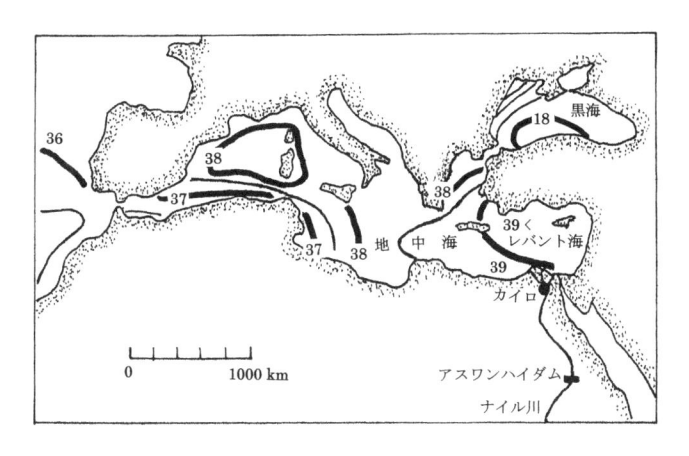

図 15.10　地中海における表面塩分の分布、Defant[12]の付図を基に作成

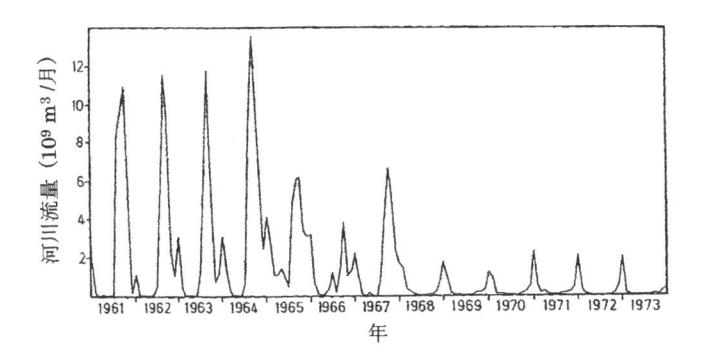

図 15.11　ナイル川の分流（ロゼッタとダミエッタ）の河口における月平均の河川流量の変化、小松[13]による

　図 15.12 に、ナイル川のロゼッタ分流河口から地中海に向かっての鉛直断面における塩分分布を示す。図の (a) はアスワンハイダムの貯水が始まる前の、(b) は始まった後の、ともに洪水期におけるものである。貯水前では、図 15.10 が示すように東地中海は全般的に著しい高塩分であるにもかかわらず、ナイル川の河口沖の方まで低塩分水が広がり、エスチュアリー循環が発達していた。だが貯水後には洪水期にもかかわらず、河口直前でも 39 に近い高塩分水に覆われるようになった。このためにダム建設後には河口域にはエスチュアリー鉛直循環は衰え、地中海水のみによる 1 層の流れに変化して水平循環も弱まり、洪水期にも非洪水期と同じようになった。この結

第 15 章　縁海における大河の影響　　299

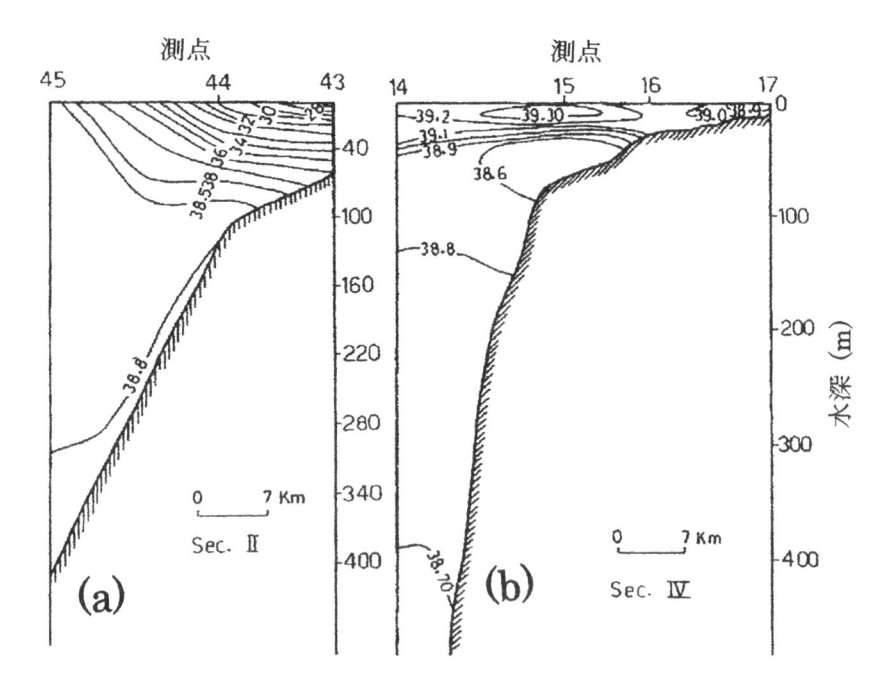

図15.12 ナイル川のロゼッタ分流の河口沖における塩分の鉛直断面分布、(a) 1960年の洪水期、(b) 1970年の洪水期、小松[13]による

果生態系に大きな変化が起きた。すなわちエスチュアリー循環に依存してきた海洋生物の生存が困難になり、特に遊泳力がない海洋生物、卵、稚仔魚の輸送に影響が大きく、それらの生残、分布、生息濃度に問題を生じている。

東地中海においては、アスワンハイダムに伴うものの他に、黒海から流入する淡水量も減少している。両者を合わせると淡水減少量は最近では $13.5 \times 10^{10} m^3/$ 年に達するという。これは東地中海の海面からの蒸発量 $1.8 \times 10^{12} m^3/$ 年のおよそ7%に相当して、海域の塩分の増大をもたらすことになる。このことはレバント海中層水の塩分と密度の上昇をもたらし、さらにシチリア海峡を通して西部地中海深層水にも影響を与えると考えられるので、地中海の深層循環に関連して注目されている。

さらに過去に洪水時に排出されていた莫大な量の土砂が、アスワンハイダム建設後はダムに蓄積され、また流れが緩くなったために河川や水路に堆積して、海まで届くものが少なくなった。すなわちダム建設前には年間に1億トン以上の土砂が流れ出ていたが、現在では数百万トンにまで減少しているという。その結果、1960年代のある年には、1年に50mから100mの速度で海岸線が後退していた。さらにナイル川か

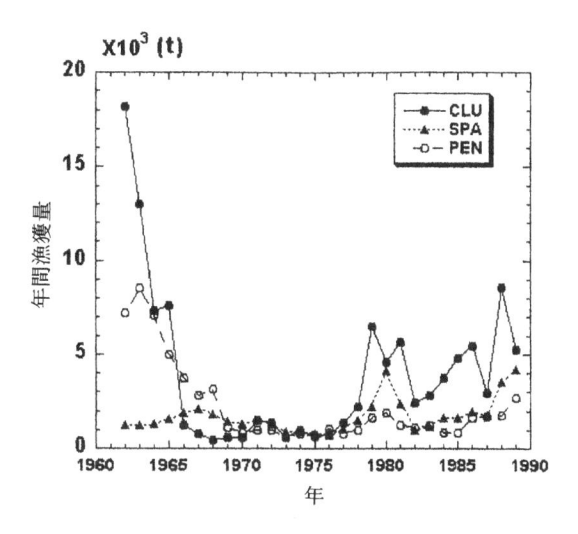

図 15.13 エジプト沿岸における主要魚介類の水揚げ量の経年変化、CLU：イワシ類、SPA：タイ類、PEN：クルマエビ類、1964年からアスワンハイダムの貯水開始、1978年からイスラエルとの平和条約締結の結果漁場拡大、小松[13]による

らの土砂供給がないという状況が続けば、流れによって大陸棚中央から外縁の海底も侵食されると予測されている。そしてナイル川河口沖では、土砂の供給量の減少と微細粒子の相対的増加に対応して、泥場を好む底生生物が増えて底生動物相に変化が生じている。

ダム建設後には貧栄養化が進んで海域の生物資源が減少し、エジプト沿岸域における水産物の漁獲は激減した。図 15.13 に 3 主要魚介類の年間水揚げ量の経年変化を示す。ダムの貯水が始まった 1964 年ごろからの漁獲の減少が明瞭に認められる。しかし 1978 年から政治的理由で操業海域の増大によって見かけ上漁獲が増え、さらに 1980 年代以降には、ダム建設以前には及ばないが、エジプトにおける漁獲量は増加している。これは近年の人口増加、下水網の整備、灌漑施設と農地の拡大、投下肥料の増加などによる流域下水からのリンおよび窒素の負荷量の増大によるものと考えられている。沿岸生態系はアスワンハイダム建設以前には、季節的な洪水に依存していたが、現在では周年の恒常的な栄養塩の供給に依存していて、この結果基礎生産が増大する状況になっている。小松[13]が指摘しているように、ダム建設という人間活動のインパクトが、単に河川水を通じてだけでなく、ダムにより供給される淡水がもたらした社会的な生活様式や農業生産の変化によっても沿岸生態系に影響を及ぼし、漁業生産に変化をもたらしていることに留意する必要がある。

今はアスワンハイダムが、ナイル川が注ぐ地中海に与える影響に注目したが、いうまでもなく河川下流域においても甚大な変化が生じている。これについては例えばEntz[14]を参照されたい。一方で、ダムの建設がエジプトに与えた大きな利益にも目を向けねばならない。すなわち、ダムには10年分の水量が蓄えられ、下流には1年中水が流れ、灌漑される農地が拡大して農業生産が増え、飲料水も豊かになり、多量の電力が供給され、洪水もなくなり、ダム湖内の漁獲量も増大した。ダムの功罪を論ずることは複雑で難しいが、Entz[14]は私見としてプラス面が60％、マイナス面が40％と考え、プラス面がマイナス面を少し上回っていると評価している。だがこの評価が広く認められているわけではない。

参考文献

(1) 永田豊（1996）：日本近海の海流，日本列島をめぐる海（堀越・永田・佐藤・半田著），岩波書店，85-126．
(2) 久保田雅久（1996）：日本付近の海の姿，海洋の波と流れの科学（宇野木・久保田著），東海大学出版会，205-230．
(3) Imawaki, S., H. Uchida and ASUKA Group（1998）：Observationally estimated transport of the Kuroshio south of Japan, Proceedings of International Symposium on TRIANGLE '98, 65-73.
(4) Kawabe, M.（1995）：Variations of current path, velocity, and volume transport of Kuroshio in relation with the huge meander, Jour. Phys. Oceanogr., 25, 3103-3117.
(5) 増田章（1991）：黒潮大蛇行の謎，海と地球環境―海洋学の最前線（日本海洋学会編），75-87．
(6) 磯辺篤彦（2008）：東シナ海・黄海とその流入河川，川と海―流域圏の科学（宇野木・山本・清野編），築地書館，211-221．
(7) 藤原建紀（2008）：日本海とその流入河川，同上，222-233．
(8) Isobe, A., M. Ando, T. Watanabe, T. Senju, S. Sugihara and A. Manda（2002）：Fresh water and temperature transports through the Tsushima-Korea Straits, Jour. Geophys. Res., 107, 10.1029/2000JC000702.
(9) Chang, P. H. and A. Isobe（2003）：A numerical study on the Changjiang diluted water in the East and Yellow China Seas, Jour. Geophys. Res., 108, 3299, doi: 10. 1029/2002JC001749.
(10) 青田昌秋（2008）：オホーツク海とその流入河川，川と海―流域圏の科学（宇野木・山本・清野編），築地書館，234-244．
(11) Ogi, Masayo, Y. Tachibana, F. Nishio and M. A. Danchenkov（2001）：Does the fresh water supply from the Amur river flowing into the sea of Okhotsk affect sea ice formation?, Jour. Meteor. Soc. Japan, 79, 123-129.
(12) Defant, A.（1961）：Physical Oceanography, Vol.1, 729.
(13) 小松輝久（2008）：地中海とその流入河川，川と海―流域圏の科学（宇野木・山本・清野編），築地書館，245-257．
(14) Entz, B., 井出慎司抄訳（1994）：アスワンハイダム湖（その建設が及ぼした影響），土木学会誌，4月号別冊，50-52．

第16章 大洋における海水の循環

　地球上に存在する水の大部分96.5%は海水であり、残りのわずかな部分を氷河、積雪、永久凍土、湖、地下水などが占め、河川に含まれる水量はこれらよりさらに少ない（表1.1）。したがって地球上の水系にとって大洋は基本をなすものである。この巨大水域に現れる海水循環を起動する外部条件は、海面を通しての短波と長波の放射、風、波、降水、蒸発などに伴う熱エネルギー、運動量、淡水などの交換であり、これに陸からの河川水の流入が加わる。これらが与える風の分布は表層の循環を定め、海水密度の分布は深層を含めた大洋全体の循環を支配する。このような過程で成り立つ大洋における海洋構造と海水循環の概要を紹介する。一般的な解説は、永田[1]、杉ノ原[2]、久保田[3]などによってなされている。最近この分野は観測・理論の面から活発に研究が推進されている。これには計算機の高性能化に伴う高い精度の数値シミュレーション結果の解析が寄与していて、その状況は例えば中野[4]によって知ることができる。また、ここでは筆は及ばないが、人工衛星による各種の海面の観測と、全海洋に展開されて現在は3,000個にも達するアルゴスフロート（漂流しながら海面から2,000mの深さまで自動昇降を繰り返す）による海中の観測システムにより、これまで把握が困難であった海洋の変動の姿も次第に明らかにされつつある。

16.1　世界の海流

　図16.1に世界の表層における海流の分布を模式的に示す。一見して南と北の太平洋、南と北の大西洋、およびインド洋の中心海域に、それぞれ北半球では時計回りの、南半球では反時計回りの高気圧性の大規模な循環が認められる。これは亜熱帯循環とよばれる。亜熱帯循環は東西に対称でなく、どの海域にも共通して西側の境界付近に強い流れが存在する。これを西岸境界流とよぶ。わが国近海の黒潮、北米東岸の湾流（あるいはフロリダ海流）、南米東岸のブラジル海流などがこれの代表例である。亜熱帯循環は大洋上に卓越する風系によって形成されるもので、循環ができる理由、それがなぜ西岸で強化されるかについては次節で説明する。われわれに身近な北太平洋の

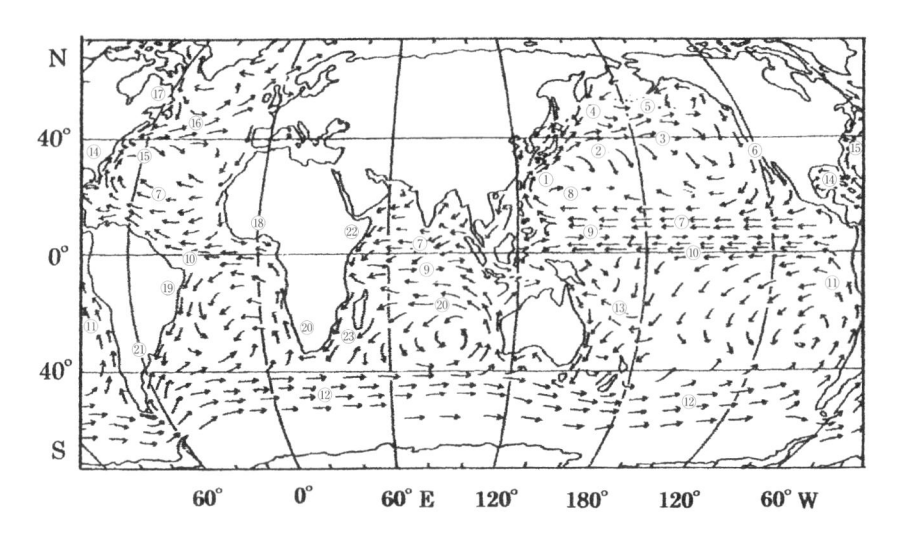

図16.1 冬季における世界の表層海流図、①黒潮、②黒潮続流、③北太平洋海流、④親潮、⑤亜寒帯海流、⑥カリフォルニア海流、⑦北赤道海流、⑧亜熱帯反流、⑨赤道反流、⑩南赤道海流、⑪ペルー（フンボルト）海流、⑫南極環流、⑬東オーストラリア海流、⑭フロリダ海流、⑮湾流、⑯北大西洋海流、⑰ラブラドル海流、⑱ギニア海流、⑲ブラジル海流、⑳ベンゲラ海流、㉑フォークランド海流、㉒ソマリー海流、㉓アグルハス海流

　亜熱帯循環は、黒潮、黒潮続流、北太平洋海流、カリフォルニア海流、北赤道海流から形成されている。黒潮はフィリピン沖でこの北赤道海流につながるものである。
　これに対して北太平洋の高緯度地帯には、これと逆向きに回る低気圧性の循環が存在して、亜寒帯循環とよばれる。この循環は親潮、亜寒帯海流、アラスカ海流、東カムチャツカ海流などから構成されていて、やはり高緯度地帯の風系に強く依存している。親潮はこの循環の西岸境界流と見なされる。ただしここで述べた海流名には、明確に確定されているとはいえないものも存在することを付記する。また一部の地図には、黒潮や親潮の代わりに日本海流や千島海流の名前が見出されるが、これらは使用されない死語である。
　一方、南極域と赤道域にはその地域特性のために、以上に述べたものと異なる特有な流系が存在する。南極大陸は四周を海に囲まれて流れを妨げる陸地がないので、卓越する偏西風による東向きの南極環流または南極周極流とよばれる海流が南極大陸の周りを回っている。この海流は偏西風の力を受け続けて発達し、流れは深くまで及んで流量は時に $200 \times 10^6 \mathrm{m}^3/\mathrm{s}$ に達するといわれ、世界最大の海流ということができる。ただし表面流速は黒潮や湾流に及ばない。
　赤道域ではコリオリの力が消えるので、偏東風または貿易風とよばれる西向きの卓

越風の作用を受けて、南赤道海流が東から西へ流れている。ところで興味深いことに、赤道直下の亜表層とよばれる約100〜200mの深さのところに、南赤道海流と逆向きの赤道潜流とよばれる非常に強い東向きの流れが存在する。この潜流の流速は表面の流れよりも速くて1 m/sもあり、流量も約 $40 \times 10^6 \mathrm{m}^3/\mathrm{s}$ もあって、黒潮に匹敵するほどの流量を持っている。表層の南赤道海流においては、西向きの風の摩擦力と東向きの圧力傾度力が釣り合っているために、海面は西から東に低くなっている。この下層では、風の摩擦力は密度成層を通しては力を及ぼさないが、圧力傾度力はそのまま伝わるので、東向きの潜流が発達することになる。また東向きの流れに対しては、赤道の両側でコリオリの力は海水を赤道の方へ押しもどすように働くので、赤道潜流は幅が狭くて赤道直下に固定されて存在できる。

東に向かう流れとしては、南赤道海流と北赤道海流との間に、幅が狭い赤道反流といわれる流れが存在する。さらに、中緯度の偏西風帯と低緯度の貿易風帯の境界付近に、わが国の海洋研究者宇田と蓮沼[5]によって亜熱帯反流という東向流も見出されている。これは巨大な亜熱帯循環の中で、西向きの北赤道海流の一部とともに、副循環を形成していると考えられる。ただしこれは変動が激しいようである。

図 16.1 に示す流系は、強弱と存在域に多少の変化はあるものの、ほぼ年間に平均して存在している。ただしインド洋北西部を流れるソマリー海流は、西岸境界流の一種であるが、季節によって流向が変化するという特徴を持っている。これは海域の季節風の方向が、季節によって逆転することによるものである。図 16.1 に示すものは冬季の状態である。

16.2　海洋表層の亜熱帯循環

各海洋の中央海域に高気圧性の回転の向きを持った巨大な亜熱帯循環が発達しているが、その形成機構を考える。これは大気大循環の風系と密接に結びついている。そこで図 16.2 に太平洋上の冬季の1月における風系を示す。中緯度地帯には偏西風が卓越している。また低緯度においては、北半球には北東貿易風が、南半球には南東貿易風が吹いて、東寄りの風が卓越している。一方、夏季においては大陸とその周辺海の風系は、冬季とかなり相違が生じている。だが大洋の中央海域には変化は見られるものの、偏西風と貿易風は基本的には同様に存在している。亜熱帯循環の向きは、北側では偏西風と南側では貿易風の向きと一致していて、一見したところ循環は風が作る吹送流と考えがちであるが、以下に述べるように実際はそうでないことに十分に留意する必要がある。

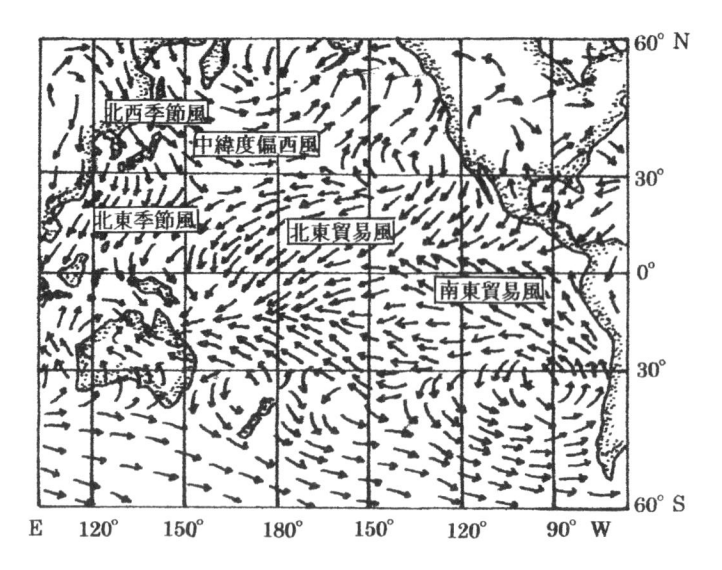

図16.2 1月における太平洋の地表風系、気象の事典（東京堂出版）の付図を基に作成

（1）エクマンポンピングとスベルドラップ平衡

　風が慣性周期より長く吹き続くと、北半球では風の右方向に（14.11）式で与えられるエクマン輸送が生じることを理解した。風が強いほど輸送量は大きくなる。またエクマン輸送が生じる層の厚さは、(14.12)式の程度であることも知っている。例えば緯度35度において、鉛直渦動粘性係数K_zが1、10、100cm^2/sの時に、エクマン層の厚さは1.6、4.9、16mと意外に小さい。事実14.5節に紹介したように、外洋における観測によるとその厚さは30～50mの程度であり、エクマン層は海洋のごく薄い表層を占めるに過ぎない。また付録A.12に述べたエクマンの理論や現場の観測から求まる吹送流の表面流速は、通常は10～30cm/sの程度に過ぎない。ゆえにこのような薄い厚さと強さ、しかも風に直交する方向の吹送流をもって、黒潮を含む亜熱帯循環と見なすことはとうていできないことである。なおこの循環はエクマン層のはるか下の方まで及んでいて、この範囲を以下では内部領域とよぶことにする。

　隣り合う風の強さが一様でない時はエクマン輸送の大きさが異なるので、水平方向にエクマン輸送の収束あるいは発散が生じる。発散の時には下から海水が上昇し、収束の時は下の方へ海水は沈降する。このような機構によって生じる海水の上下運動をエクマンポンピングとよぶ。14.6節で調べた岸を左（北半球）に見て吹く風による沿岸湧昇は、この上向きのエクマンポンピングの表れと見なすことができる。

さて大洋の中央海域を考えると、高緯度側には東向きの偏西風が、低緯度側には西向きの貿易風が吹いている（図16.2）。それゆえ中央海域の広大な表層の薄い層はエクマン輸送の収束域になっていて、下向きのエクマンポンピングが発生する。この結果内部領域の水柱は押し下げられて、水柱の厚さ h の縮小を生じる。このことは(12.6)式のポテンシャル渦度保存則によれば、絶対渦度の減少をもたらす。絶対渦度は相対渦度 ζ と惑星渦度 f から成るが、今の場合は流れの空間変化は小さいために相対渦度は小さく、惑星渦度の減少が重要になる。惑星渦度 f が小さくなるためには、北半球では水柱は南へ移動しなければならず、南向きの流れが発生する。このようにして広い範囲で、表層のごく薄いエクマン層の吹送流から、その下の内部領域の流れが生み出される理由が説明できる。

この内部領域の流れは地衡流平衡にあると考えられる。今、南北に Δy だけ離れた2点で、東向きの風の応力に $\Delta \tau_x$ の差がある時には、南北流 v に関して次の(16.1)式が成り立つ。x は東向き、y は北向きにとってある。この式は**付録A.13**に導かれている。

$$\Delta \tau_x / \Delta y = -\rho \beta H v \tag{16.1}$$

ここで ρ は海水密度、H は海面から流れが存在する内部領域の下部に至る水柱の厚さ、$\beta = df/dy$ はコリオリパラメータの南北方向の変化率である。左辺は風応力の回転を表す。この式によれば、風力が北に向けて増大している時は、v は負となって南向きとなり、上記の結果と一致する。(16.1)式のバランスはスベルドラップ平衡とよばれ、これが与える南北流はスベルドラップ流またはスベルドラップ輸送と名づけられている。

(2) 西岸境界流

今、図16.3の右端に示すように、海洋の北半分に西風、南半分に東風が吹く風系を与え、各点の南北流 v を(16.1)式を用いて計算する。そして海域の東、北、南の境界を横切る流れはないとして、連続条件を用いて流れの計算値を東岸から積分していくと、各点の流れを順次求めることができる。このような計算で求めた流線（深さ方向に積分した流量に対するもの）を図16.3に示す（久保田[3]）。求まった流系は海洋中央における高気圧性の亜熱帯循環の存在を明確に示している。だが流線は西側境界で閉じずに半開きである。流線が閉じるためには、西側境界に集められた海水は、北に向けて運ばれなければならない。西側境界域に発生するこの北向きの集中した流れこそが黒潮などの西岸境界流（西岸強化流）である。そして風の応力から計算したスベルドラップ流を、単に東から西まで積分することによって、西岸境界流の流量を求めることができるということはたいへん魅力的である。黒潮や湾流などのきわめて強大な海流がなぜ各大洋の西岸に出現するかということは長い間の謎であったが、この謎の最初の扉を開いたのはStommel[6]であって、高く評価されている。

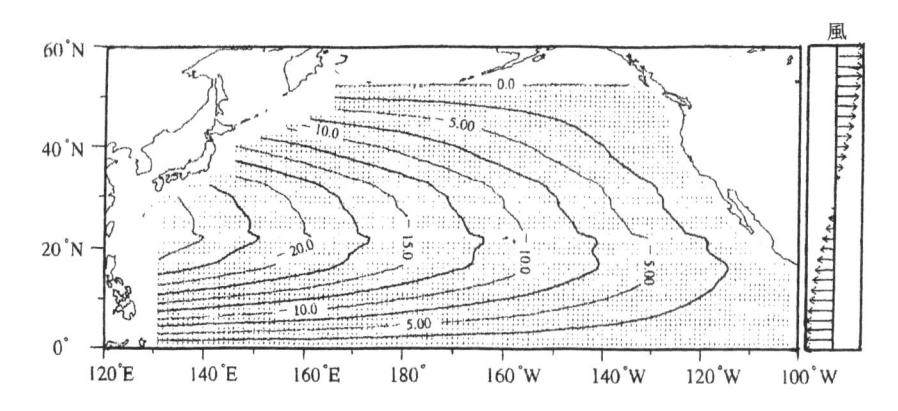

図 16.3　右側のモデル風系に対する北太平洋のスベルドラップ輸送量（Sv）の分布図、久保田[3]による

　この西岸境界流の域内ではスベルドラップ平衡は成り立たない。この流れにおいて(16.1)式左辺の風応力の回転に代わる働きをするものとして、海底や陸岸の存在によって生じる渦動粘性と、強い流れの非線形効果が考えられる。おそらく両者それぞれが寄与していると思われる。図 16.4 に Munk[7]が太平洋を対象にして、西岸境界域に渦動粘性を考慮した風成循環モデルを用いて得た結果を示す。図の左側に東西風の応力の分布が描かれている。亜熱帯循環とともに、高緯度においては亜寒帯循環も認められる。高緯度の風系は低気圧性循環を生成し、西岸境界流は南向きになる。さらに北赤道海流と南赤道海流の間には赤道反流も存在する。海洋の表層循環の分布形態はおおむね表現されているといえる。

16.3　大洋における海洋の構造

　大洋の中層から深層にかけての海水の循環を理解するためには、海水がどのように分布しているかを知らねばならない。この分布は海域によって変化はあるが、図 16.5 に一般的な北太平洋の中緯度における水温と塩分の鉛直分布の1例を示す。表面近くの層には、海面の風や冷却の効果を受けて海水が混じり、水温や塩分が上下にほぼ一様な厚さ100m前後の表面混合層が存在する。そしてその下には 200m から 600m の深さまで温度が急激に下がる温度躍層とよばれる層がある。混合層や温度躍層の厚さは海域によって変化が見られる。
　なお内湾においても数 m から 10m 程度の深さに存在する温度躍層（あるいは密度

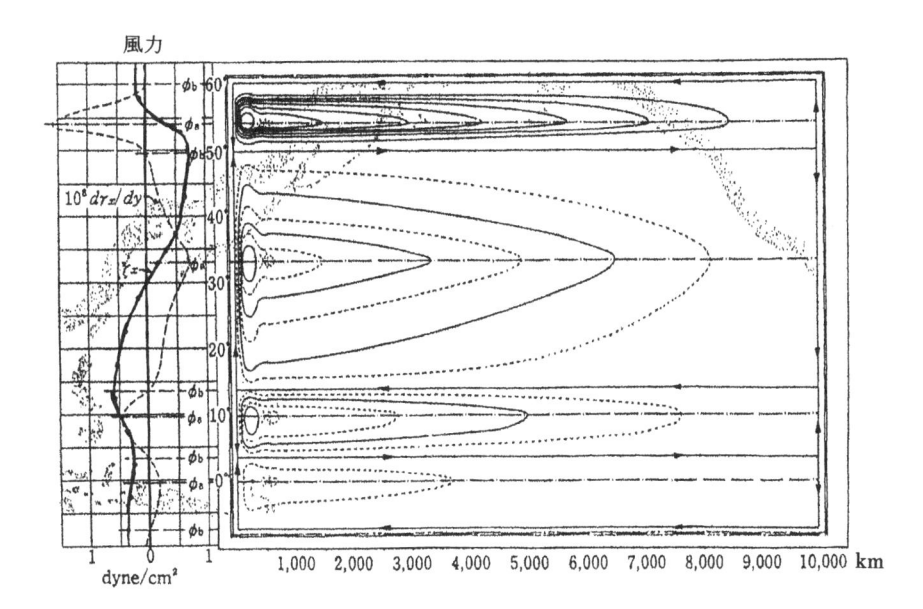

図 16.4 太平洋に対する Munk[7] の風成循環モデル、左側に風応力の東西成分を実線で示す

成層)が発達していたが、これは表層の海水がよく暖められる温暖季に現れて、冬季には消えるので季節温度躍層とよばれる(図 14.1 参照)。外海においても、ごく表層近くには季節温度躍層が現れ、また混合層の水温は季節変化をするが、その下の躍層は年間を通して存在して変化は乏しく主温度躍層とよばれる。主温度躍層から下では水温はゆっくりと下がり、水温がほぼ一定な深層につながる。

　一方、塩分の分布はやや複雑である。中緯度において混合層の下方では深さとともに塩分は減少し、数百 m のところで塩分が極小になる。これより下では塩分は増大し、緩やかに底層の値に収束する。塩分極小層付近の水は中層水とよばれる。

　次に図 16.6 (a) と (b) に西部太平洋の南北断面における水温と塩分の分布を示す。海水の密度は水温と塩分によって決まるが、外洋では水温の寄与が大きいので、高緯度域を除いて等密度線は等温線とほぼ平行していると見なされる。海水が等密度面に沿って動くことを考えると、塩分は海水の動きを知るトレーサーの役割を果たすといえる。

　図 16.6 (a) によると前述の主温度躍層が中緯度に広く発達している。主温度躍層は、大きく見ると大気から海面に入った熱が伝わってそこに与える熱量と、次節に述べる深層循環に伴って上昇した冷たい水が奪う熱量がバランスした状態で形成されると考えられる。したがって温度躍層の形成には表層循環と深層循環の働きが関わって

第 16 章　大洋における海水の循環　　309

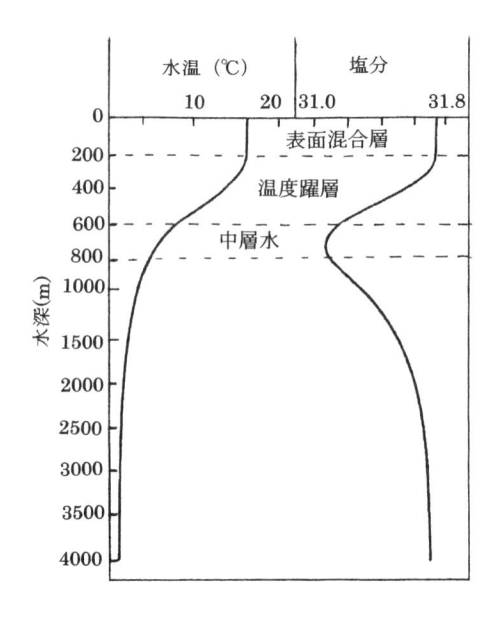

図 16.5 中緯度海域（北緯 30 度、東経 155 度）における水温と塩分の鉛直分布例

いて、その生成過程は複雑と考えられるのであり、現在研究が推進されている。

　塩分断面の図 (b) では全域に塩分極小層が認められる。塩分極小層は海面よりも下方にあって、その間に淡水が付加されることは考えられないので、上方の表層にその起源を求めることはできない。一方、極小層の深さは南北とも極に向かって浅くなっているので、その起源は 40 度以北または以南の表層にあることを示唆する。そこで生成された水が沈んで低緯度に伝わってきたように思われるが、上記の主温度躍層の形成過程と同様に、それほど単純ではないといわれる。なおオホーツク海で形成された低温低塩分水が、中層水の形成に寄与している可能性は前に触れた。

　図 16.6 において、中層よりさらに深い層を見ると、低水温と高塩分の等値線が南緯 60 度付近から赤道を越えて北半球にまで、次第に深さを下げて 5,000m の深さにまで伸びてきている。これは太平洋において南半球高緯度に存在する低温高塩分水が、次第に北半球の方へ広がる深層循環の存在を示唆して興味が持たれる。以下にこれについて考える。

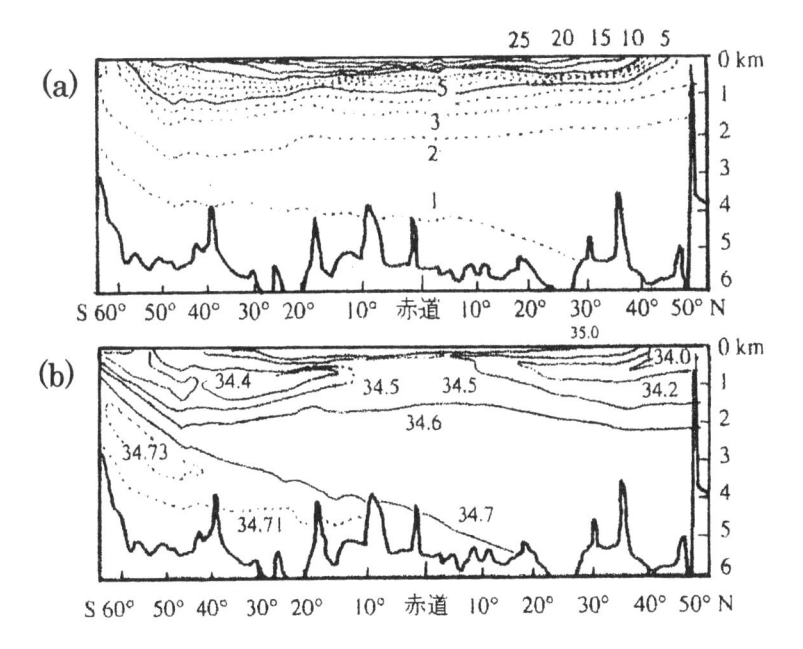

図 16.6　西部太平洋の水温（(a)、℃）と塩分 (b) の南北縦断面分布、Craig ら (1981) による

16.4　深層水の循環

(1) 深層水の起源

　図 16.6 (a) によれば、1℃あるいは2℃という非常に冷たい水が海の深層に存在しているが、海水が海底により冷やされることは聞かないので、別の場所にできて運ばれてきたと考えざるを得ない。地球上でそのような水ができる可能性がある場所は、南と北の極に近くて海水が著しく冷却されることが必要であり、また生成された水が外の広い海域に進出することが地形的に可能な場所であらねばならない。このような観点から種々検討された結果、現在2つの海域が考えられている。

　その1つは南極大陸の周辺海域で、特にウェッデル海が深層水の形成起源として重要視されている。実際に図 16.7 (a) に示すようにウェッデル海においては、きわめて冷たい水が海底に沿って陸棚域から外洋域につながって分布する状況が観測されている。ウェッデル海から世界中の深層に出ていく水の量は約 16Sv で、このうち2～5Sv がウェッデル海の陸棚海で作られたものである。残りの水はこの冷たくて重い

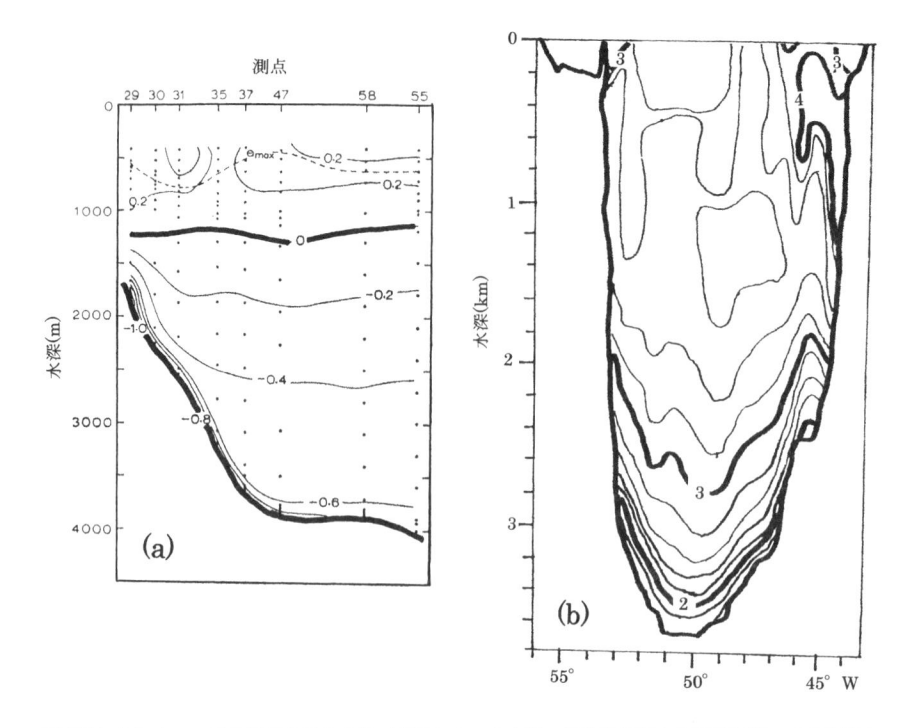

図16.7 (a) ウェッデル海における水温(ポテンシャル水温、断熱的に海水を海面に持ってきた時の水温)の断面分布、Carmack (1973) による、(b) ラブラドル海を横切る鉛直断面における水温の分布、Worthington・Wright (1970) による

水が海底に沈み込む間に、周辺の水を巻き込んでできた混合水と見なされる。これらの水は南極底層水とよばれる。

もう1つの発生域として、グリーンランド周辺のノルウェー海やラブラドル海などで冷やされた水が考えられている。ただし大西洋北部の地形は複雑であるので、冷たい水の生成過程は南極海に比べて十分に明らかとはいえず、また大西洋への流出経路も単純でない。ここで生成された水は北大西洋深層水とよばれる。図16.7 (b) にラブラドル海を横切る鉛直断面における水温の分布を示すが、3,000mを超す深い海に2℃以下の冷たい水の存在が認められる。北大西洋奥部で生成される深層水量として20Svの値が見出される。なお図16.7の (a) と (b) を比較して分かるように、北大西洋深層水は南極底層水よりも温度が高くて軽いので底層水の上に位置する。これらは混合しながら世界に広がることになる。

(2) 深層水の動き

　前世紀の半ばころまでには、深層水の起源は上記のように南極海のウェッデル海付近と大西洋北部であることは認識されていた。また大西洋では深層水は南向きに、底層水は北向きに流れていること、および太平洋では深層水も底層水も北に向かって流れていることなどは観測データの解析によって理解されていた。このようにして世界に広がった深層水は、定常状態では連続条件を満たすために必然的に上昇しなければならないであろう。深層循環は、深層水の発生源は非常に極限されているが、その水の上昇域は広い範囲に広がっているという特徴を持っている。このような事実を基に、深層循環の力学的モデルを発表して研究の口火を切ったのは、またしても表層循環の場合と同じく Stommel[8] であった。

　彼のモデルにおける深層循環の基本的なバランスは、**付録 A.13** に述べた (A13.5) 式で与えられる。すなわち

$$\beta v = f \partial w / \partial z \tag{16.2}$$

ここで f はコリオリのパラメータ（北半球で正、南半球で負）、β はその緯度変化（常に正）、$\partial w/\partial z$ は鉛直流速（上向きが正）の鉛直変化率を表す。エクマンポンピングの効果を、風成循環の (16.1) 式においては風応力の回転で表しているが、(16.2) 式においては鉛直流の収束発散による水柱の伸び縮みで直接表している。

　海底では $w=0$ であるので、深層水の上昇域では (16.2) 式の右辺は北半球では正、南半球では負になる。この結果ポテンシャル渦度の保存則を満足するために、(16.2) 式によれば深層水は北半球においては北の方へ ($v>0$)、南半球では南の方へ ($v<0$)、動いていくことが要請される。そして広い上昇域におけるこの流れを補うために、深層においてもやはり西岸境界流が存在することが必要になる。そこで Stommel は、水槽実験の結果も参照して、**図 16.8** に示す深層循環像を提示した。

　このモデルによれば、黒丸で発生源を示すが、北大西洋の発生源から発した深層水ははるか南に下がり、ウェッデル海の発生源から発した底層水は北に上り、やがて両者は南大西洋からインド洋を経て、南太平洋に入り、さらに北太平洋に進んでいる。この間に大陸西岸側においては西岸境界流として流れ、その途中で徐々に東側の広大な海域に広がる。広がる間に全域で緩やかに上昇する。この深層循環像から、Stommel は湾流の下に逆向きの強い深層流の存在を予想したのであるが、これは実際に観測によって見事に実証されたのである。

　ただしこの Stommel の深層循環モデルは、深層を単一の層と考え、その上部の内部領域の上昇流は一定と仮定し、また海底地形の効果は考慮していないので、基本的な考え方はよいとしても、実態をよく表しているとはいえない。特に上昇した水は中層や上層に達し、やがて元の発生域にもどって循環は閉じるはずであるが、そこには中間層の状態が関わるはずである。

　主温度躍層、塩分極小層を含む中間層は、風成循環と深層循環の間にあって両循環

図 16.8　Stommel[(8)]による深層循環像

の作用を受けるとともに、深層循環は躍層や中層水の形成と密接に結びついて、相互に影響し合っているはずである。したがってこれらを考慮していない Stommel のモデルは十分とはいえない。また季節変動する風応力は中層の循環にも影響を与えているといわれる（中野[(4)]）。これらに関与する過程は線形的でなく非線形性が強いと思われて取り扱いは面倒である。最近はこれらを考慮して深層循環とともに中層循環の研究も活発に行われるようになった。中層循環は数十年の時間規模の現象であって、人為的な二酸化炭素増加に伴う気候の温暖化の評価には、この中層循環の解明が不可欠であり、研究の重要性が指摘されている（杉ノ原[(2)]）。

16.5　世界の海洋循環

　大西洋の北と南の極付近から沈み込んだ水が、図 16.8 が教えるように世界の海を巡っているのであれば、どれぐらいの年数をかけて巡っているかは、きわめて興味深い問題である。アメリカの研究者たちが 1970 年代に GEOSEC（大洋断面の地球化学的研究計画）で得た多数の資料を基に、^{14}C を用いて海水の年代測定を行っているので、その結果を図 16.9（a）と（b）に引用する。（a）は大西洋の西側の南北断面、

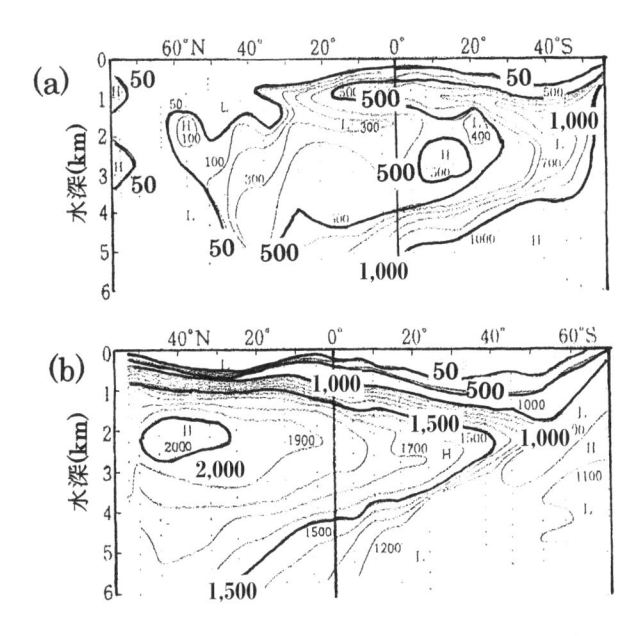

図 16.9 ^{14}C によって定めた海水の年齢（年）の南北断面図、(a) は大西洋の西側、(b) は太平洋の西側、アメリカの GEOSECS の測定値を基に角皆[9]が計算したもの

(b) は太平洋の西側の南北断面におけるものである。

　Stommel の深層循環像の図 16.8 と比べた時、北大西洋北部においては全層にわたって年齢は 50 年よりも若く、この付近で水が沈んで深層水を形成していることを裏付けている。そして低緯度では上方と下方に 500 年の水が存在し、南緯 50 度近くでは深層から上層にかけて年齢 1,000 年の水に満たされている。一方、太平洋においては、すべての深さにおいて南から北に向かって海水の年齢は古くなり、北部ではほぼ 2,000m の深さを中心に、最長の年齢 2,000 年の水が認められる。ゆえに北太平洋の中層の水が世界の海で最も古いことになる。以上の結果は、大筋において Stommel のモデルの妥当性を示し、深層循環の時間スケールは 2,000 年のオーダーであることが理解できる。ちなみに世界の海水総量を年間の河川水の流出量で割って、河川水による海水の入れ替りの年数を求めると約 3 万年を得る。しかし実際にはこれよりも 1 桁速い速度で世界の水は循環している。

　世界を巡る海洋循環は、水平運動と鉛直運動から成る 3 次元循環である。そこで Broecker ら[10]の報告を基に Steele[11]が模式的に描いた世界の海洋循環を図 16.10 に示す。これは世界の海を巡る循環をベルトコンベアにたとえたもので、分かりやすい

図 16.10　世界の海洋にまたがる循環の模式図[11]

表現として広く知られている。この循環はまさしく世界最大のベルトコンベアというべきものである。ただし実際にはもっと複雑と思われるので、以下に杉ノ原[2]が提示した循環像の大筋に沿って、ベルトコンベアの内容を述べることにする。

　深層循環は北大西洋のグリーンランド沖を出発する。この北大西洋深層水は西岸に沿って南下するが、その間に大西洋の内部領域に極に向かう流れを供給する。この流れは進行とともに湧昇する。一方、南極環海に達した北大西洋深層水は、ウェッデル海起源の南極底層水と出合う。これらは混合しながら南極大陸の周りを時計回りに循環し、その間にインド洋と太平洋に底層域から流入する。そして湧昇しながら上層の海水と混合して、そこでの底層水と深層水を形成する。南大西洋には南極底層水が直接流入しているという。深層循環の終着点は北太平洋の北東域であり、そこに世界の海で最も歳をとった水が見出される。

　次に、このようにして各大洋に進んできた深層水は、どのようにして出発地のグリーンランド沖にもどっていくのであろうか。杉ノ原[2]によれば太平洋の深層水は2つの経路をとる。1つは、直接深層循環として南極環海にもどり、さらに湧昇して中層循環としてグリーンランド沖にもどるものである。インド洋も同様である。もう1つは、北太平洋からインドネシア多島海を通ってインド洋に抜け、マダガスカル島沖を南下して、喜望峰沖から表層循環として大西洋を北上するものである。

　ベルトコンベアによる熱の大量輸送によって、深層水の発生源を出発した流れは冷たい水を運んで低緯度地帯が過度に暖まることを防ぎ、発生源にもどる流れは暖かい水を運んで高緯度地帯の冷却を緩和して、気候の安定化をもたらしている。大気の大循環も同様に重要な機能を果たしているが、これはわれわれが実感できる短い時間ス

ケールでの働きである。これに対して海洋の大循環は、2,000 年の時間スケールで機能しているのであって、海のベルトコンベアが地球の長期的気候に果たす役割はきわめて大きく、その消長は甚大な影響を与えることになる。

なお発生源にもどる道程において、インドネシア多島海を通過して太平洋からインド洋に流入する、いわゆるインドネシア通過流は Gordon によれば 8.5Sv にものぼって影響が大きいので、最近注目を浴びて研究が進められている。

ところで現在見られる世界の海洋循環は、必ずしも安定したものでなく、地質時代の過去に大きく変動していることが分かってきた。その 1 例を次節に紹介する。別の例では約 1 万 8,000 年前の氷期には、北太平洋発のベルトコンベアが動いていたことが推測されている。さらに現在の間氷期に移行する時期に、比較的短い期間で北太平洋発と北大西洋発のベルトコンベアが交互に稼働していた可能性も指摘されている（杉ノ原[2]）。

16.6　大洪水が深層循環と気候を変えた事例

一般の人が深層海流すなわち深層循環の名前を初めて知ったのは、NHK の特集番組「海・知られざる世界」の第 4 集「深層海流」、1998 年 6 月 28 日放映、と思われる。魅力的で興味をそそる内容であったので、記憶に留めている人も少なくないであろう。その概要は以下のようである。

海底堆積物に含まれる有孔虫の分析によると、今から約 1 万 3,000 年前に急激に気温が低下したという。そしてその原因は、上記のベルトコンベアが弱まったためとされる。ベルトコンベアが弱まったシナリオは次のように考えられている。

このころ地球は氷河期の終わりで、陸地を覆っていた広大な氷河が融け始めていた。そしてカナダのオンタリオ州の谷状低地（現在の五大湖を含む低地帯と思われる）に、融けた水が集まって大きな氷河湖が形成された。氷河湖の大きさは日本列島の大きさに匹敵するといわれる。そして氷期の後退とともに氷河湖の水は増大し、氷河も弱まり、ついにこれを堰き止めていた氷河は決壊して大洪水が発生した。氾濫した莫大な量の水は現在のセントローレンス川の川筋に沿って東に進んだと思われるが、この水が溢れた海こそ、深層水の発生源である北部大西洋である。

軽い淡水で覆い尽くされた海域では、従来のように水が沈んで多量の深層水を作ることは困難である。かくして運転の動力源が乏しくなったベルトコンベアは機能が衰えざるを得ない。その結果、北に向かって暖かい水を運ぶ流れが急に止まり、地球の表面が寒冷化してしばし氷河期にもどり、厳しい寒さは 1,000 年も続いたという。以上のシナリオについては検討を要する点があるであろうが、おおむね妥当なように思われる。

またこの番組では過去25万年の間において、最近1万年にのみ±1℃の変動幅を持って過去にないほど奇跡的に安定した気温が続いたが、これはベルトコンベアが正常に働いているためであると伝えている。そしてそれ以前には気温が激しく変動しているが、これはベルトコンベアの稼働が変動したことを反映していると指摘している。このことは前節の終わりに述べたことに対応するのであろう。

ところで最近では、深層水の源となる水の沈み込む深さが以前よりも浅くなったことが憂慮される。これは地球温暖化のために、氷山の増加と雨量の増大によって塩分が低下したことが理由に挙げられている。いずれにしても長期の気候変動に対する海洋循環の重要性が深く認識させられるのであり、研究の発展が強く望まれている。

16.7 変化する水系

地表の水系は絶えず変化するもので、生まれた川がどのような経過をたどって成長し、老いていくかを第8章で眺めた。ところで水系が存在する地表そのものが、長い地球の歴史の中で大きく変化した。その著しいものは大陸と海の形成と移動に伴うものであろう。今では地球表面は10枚程度の固い板（プレート）が敷きつめられ、これらは剛体板のように変形することなく移動すると考えられている。海洋底プレートは常に海底で新しく作られ、ベルトコンベアのように海底を移動して、海溝の部分で地球内部へ沈み込む。この時大陸プレートは軽いために、移動しても沈み込まずに地球表面に留まる。そして海洋底プレートが大陸プレートの下に沈み込む時に大きなひずみが生じ、このひずみを解消する時に大きな地震が発生するという。今から8,000万年程度前の後期白亜期における地形と海底の流れを、海洋底の柱状堆積物の解析から推定した結果を図16.11に示す。地表の姿がどれほど大きく変化し、それに応じて水系も変化することを知ることができる。

それほど古い昔にもどらなくても、前節において約1万3,000年前に水系が激しく変化した例を紹介した。この事件は、地球の歴史46億年を1年にたとえれば、現在からわずか約1分半前、すなわち12月31日の23時58分30秒のころの出来事であって、石器時代のわれわれの祖先が既に経験していることである。ノアの箱舟の物語から想像される大洪水はもっと後のことであろう。海洋大循環の時間スケールは約2,000年であることを知ったが、このことはかつて地表面で生じたことが、海底を一巡りした2,000年の後の地表に影響を及ぼすことを意味する。すなわちキリスト生誕のころの環境と現代の環境との関係が問われることになる。地表の水系を考える時、われわれは眼前のことに目を奪われるだけでなく、さまざまな時間スケールで見ることが要請される。

近年産業革命以来の著しい人間活動の活発化に伴って、地球は次第に温かくなって

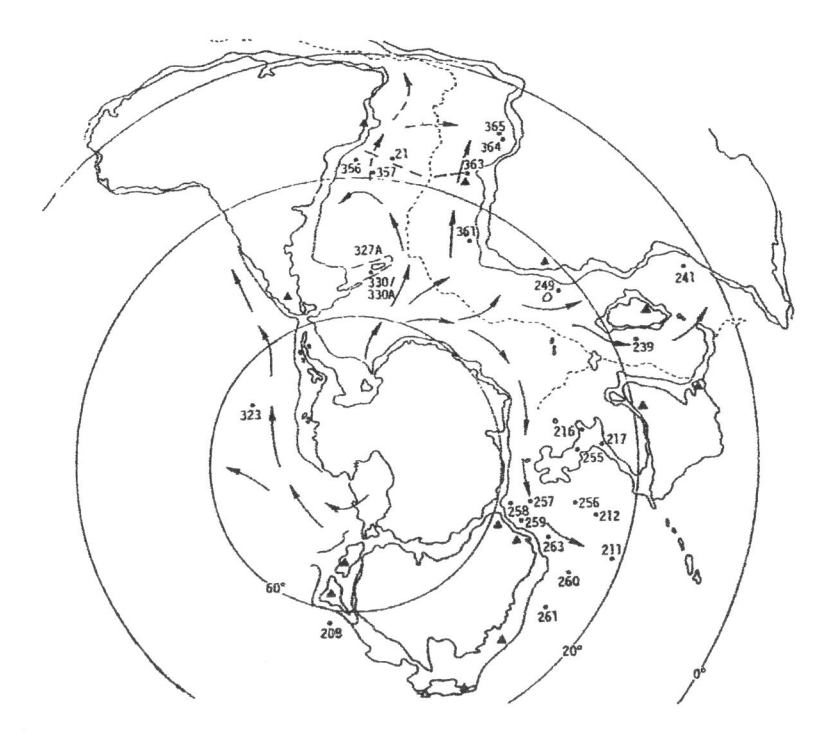

図 16.11　南半球における後期白亜紀の底層流系の推測図、Sliter（1977）による、数字は DSDP（深海掘削計画）の地点番号

きて、これが将来の地球環境、生物界、人間社会にどのような影響を与えるかが現在大きな問題になっている。この地球温暖化の問題は数十年の時間スケールの変化を対象にしていて、早急な解決が必要である。この時、水系も当然大きな影響を受けるであろう。気温の変化が降水量の変動を生じ、陸上においては森林、河川流量に影響を与えて流域の環境が大きく変わることが考えられる。また海においては、海況に変動が生じるとともに、海面水位が上昇して、沿岸海域の環境の変動と災害の増大をもたらすことが憂慮される。

人間活動に伴う地球の温度上昇がどの程度であるか、上昇の程度に応じて影響の範囲と大きさはどうであるかなどの広範な問題が、IPCC（気候変動に関する政府間パネル）において検討されて報告が出されている。また一般にも研究が進められ、関連するおびただしい数の図書も出版されている。この問題には地球環境の地史的な変化を考慮することも必要であるが、その変化に比べて、地球温暖化は変化のスピードが桁違いに速いことが特徴である。あまりにも速いために、人類のみならず植物・動物

を含む生物界がその変化に対応することができずに、きわめて大きな打撃を受けると考えられる。問題は複雑で多岐にわたり、正しい答えを出すことは容易でない。地球は有限であることを認識して、人間活動に起因する要因を思い切って削減することが基本であり、これを避けて技術力を過信して安易な対策をとることは是非とも避けねばならない。そして着実な観測と研究の推進が必要である。

参考文献
(1) 永田豊（1981）：海流の物理，講談社，227pp.
(2) 杉ノ原伸夫（1991）：世界の海の水の循環，海と地球環境—海洋学の最前線（日本海洋学会編），東京大学出版会，62-74.
(3) 久保田雅久（1996）：海洋の表層循環，海洋の波と流れの科学（宇野木・久保田著），東海大学出版会，189-204；深層大循環，同上，231-246.
(4) 中野英之（2009）：海洋大循環モデルを用いた中・深層を中心とする海洋循環場の研究，海の研究，18, 7-22.
(5) Uda, M. and K. Hasunuma (1969): The eastward subtropical countercurrent in the western North Pacific Ocean, Jour. Oceanogr. Soc. Japan, 25, 201-210.
(6) Stommel, H. (1948): The westward intensification of wind-driven ocean current, Trans. American Geophys. Union, 29, 202-206.
(7) Munk, W. H. (1950): On the wind-driven ocean circulation, Jour. Met., 7, 79-93.
(8) Stommel, H. (1958): The abyssal circulation, Deep-Sea Res., 5, 80-82.
(9) 角皆静男（1991）：深海流は化学物質で測る，海と地球環境—海洋学の最前線（日本海洋学会編），東京大学出版会，187-193.
(10) Broecker, W. S.・D. M. Peteet and D. Rind (1985): Does the ocean-atmosphere system have more than one stable mode of operation?, Nature, 315, 21-26.
(11) Steele, J. H. (1989): The message from the oceans, Oceanus, 32, 4-9.

第17章 水系と社会

　これまで地球表面の山から海に至る水系に生じる水の動きと働きについて調べた。ところで水系と社会は密接な関係がある。特に河川は、河川ほど人間の手が加わった自然はないといわれるほどに深く結びついている。すなわち、人々が安全で、快適で、豊かな生活を送るという社会的要求のもとに、河川に対して治水、上水、灌漑、発電、砂防などの目的で、ダム、堰、堤防、取水、採砂などの多種多様な構造物の建設や事業を活発に行った。また、国土が狭く人口稠密なわが国においては、海はきわめて魅力的な空間であり、広大な埋め立てと人口島建設、数多くのコンビナートの形成、港湾施設の建設などの沿岸開発、および海岸防災工事を盛大に実施した。その結果、著しい経済発展を遂げ、国土の安全性も増した。しかしこのために、河川環境は悪化し、沿岸環境は損なわれ（例えば日本海洋学会編[1]）、社会的に大きな問題が生じている。したがって社会との関係を無視してはこの水系を語ることはできないであろう。この最後の章においてこの問題を考えることにする。なお水利用と水資源に関しては、ここでは筆は及ばない。

17.1　日本の水系の社会的特性

　日本では、河川が形成した氾濫平原やデルタおよび沿岸の広大な埋め立て地が、経済・社会活動の中心地域になっている。全国的に見た場合、1985年のデータによると、洪水防御の対象となる河川氾濫区域は国土総面積の約1割、平地の1/3に当たるおよそ38,000km^{2}に及び、ここに全人口のほぼ半分の5,900万人と、全国の約75%の550兆円の資産と公共施設が集積している（建設省編[2]）。さらに都市に限って氾濫区域内の人口を欧米の主要都市と比較した時、ロンドンが9.9%、パリが6.9%、ワシントンD.C.が3.7%であるのに対して、東京都区部では49.4%に達して世界でも稀な状況に置かれている。

　わが国では気候的条件で降雨量が多く、また台風などの強大な気象擾乱が頻繁に来襲するので、上記地域では陸地の河川流域では洪水が、沿岸では高潮・大波に襲われ

て、甚大な被害をしばしば受けてきた。なお地域によっては地震津波にも襲われる。さらに山が高くて急勾配の川が流れる山間地、およびそれに続く流域にも、かなりの数の人々が生活をしているが、この地形条件のために豪雨、豪雪、長雨に見舞われて、山地河川・谷川の氾濫に地すべりや土石流なども加わって大きな災害が生じている。そこで例えば水害被害額との関係でいえば、年間の被害額とGNPとの比率は、アメリカが約0.08%であるのに対して、日本はアメリカの3〜4倍の高い水準にある。また1人当たりの被害額は、日本はアメリカの約3倍以上にもなっている（建設省編[2]）。

　このように地形や気候から見て、自然災害の危険度が高い地域に多くの人が住み、社会・経済活動を行っているので、防災対策のためにわが国が払ってきた努力と経費は大変なものがある。このような努力の結果として、世界的にも稀に見る経済発展の基礎を作り上げた。だが自然の摂理を超えると思われるほどの人間の激しい営みに対して、強大な自然は折々に痛撃を与えた。さらに激しく人間の手が加わることによって、河川および沿岸周辺の環境は顕著な影響を受け、また生物資源が失われる深刻な事態も生じている。このように厳しい条件と状態に置かれているのが、日本の水系が持つ社会的特性といえる。

17.2　河川への対応の変遷

　以下では、古来、特に関係が深かった河川と社会との結びつきを中心に考察する。河川は人々に限りない恵みを与えてくれるとともに、また脅威のもとである。したがってその脅威を除いて安全を図り、生産と社会の活動のための基盤を整備して、川の恵みを享受するための河川事業は必要不可欠なものであり、その意義は高く評価されねばならない。「川を治めるものは国を治める」といわれてきたのは至言である。わが国における古くからの水災害の歴史は矢野[3]が簡略にまとめている。ここでは阪口ら[4]、大熊[5]などの記述を参考にして、河川への対応の変遷を理解することにする。

(1) 伝統的手法

　西欧の技術が導入される前のわが国では、日本の風土と財政に適応した治水と利水の工法が相当程度に発達し、かなりの成果が得られていた（大熊[5]を参照）。著名な治水家としては、例えば武田信玄、加藤清正、伊奈一族、野中兼山などがあるが、その他にも優れた治水家は多く、その人たちの業績は土木学会誌第68巻第8号（1983年）の特集「土木と100人」で知ることができる。また2、3の代表的な工事は5.6節に見出される。

　土木工事がほとんど人力に頼っていた時代には洪水対策は主として、川の猛威に正

面から立ち向かうことを避けて、その力を適当に逸らすことを考えた。例えば、自然素材を活かした粗朶沈床や聖牛の使用、石積堤や霞堤の設置、遊水地や水害防備林の整備などがその例である。また日常から水防や避難に十分に配慮し、被害を最小限に食い止めることを重視していた。洪水対策や農地拡大のために駆り出された領民の苦労は大きかったと思われるが、領民たちはお上に依存するだけでなく積極的に協力し、また自らも立ち上がって対応した例も少なからず見られる。人々にとって、川は偉大な力を秘めた恐るべき存在であったが、生きるために豊穣な恵みを与えてくれる存在でもあったので、川を神として祀り、崇め、そして無事を祈願してきた。

(2) 近代的工法の導入

　明治中期以降は伝統的工法に代わって、西欧の土木技術が導入されて近代的な河川工法が主流になり、従来は困難であった河川工事が各地で実施されるようになった。その工法は、オランダの治水思想と技術に基づき、国土の大半が平均水面下に広がる干拓国オランダの、徹底的に水を排除する方式にしたがうものであった。この結果、これまで不安定で氾濫を繰り返していた平野部が利用可能になり、水田、宅地、工場などが川の堤防のすぐ近くまで徹底的に利用できるようになり、著しく生産性の向上に寄与した。ただし一方では、今まで災害を考慮する必要がなかった地域に、災害を拡大させることになった。

　日本の近代化に果たした土木事業の役割は非常に大きく、また多くの秀でた人材が輩出した。水系関係では、例えば信濃川治水や荒川放水路建設における青山士、淀川治水に対する沖野忠雄、利根川治水に対する近藤仙太郎、琵琶湖疎水と当時世界2番目で大きさが最大の水力発電所を建設した田辺朔朗、港湾・河川に対する廣井勇、その他多くの優れた人々の名前を忘れることはできない。これら先人たちの業績も、上記の土木学会誌に特集されている。

　廣井に対して、親友の優れた宗教家内村鑑三は「廣井君在りて明治大正の日本は清きエンジニアーを持ちました」と弔辞で称えた。また青山は若きころ世紀の大事業といわれたパナマ運河の工事に参加して技術を極め、国内では当時東洋一の大事業といわれた大河津分水路の難工事を完成させた。完成後大河津に記念碑を建てたが、そこには自らの名はなく、「萬象ニ天意ヲ覚ル者ハ幸ナリ。人類ノ為メ、国ノ為メ」の文字のみが刻まれていて心に響く。そして第23代土木学会長にあった青山は、委員会を設けて土木技術者の憲章というべきものを定めて1938年に発表しているので、参考のためにこれを**付録A.14**に再録しておく。日本の近代化を支えた土木技術者の高い理想と強い信念が、高らかに明確に示されていて、今なお土木技術者が進むべき道を照らしている。

　このような先人たちの努力の結果、国民の生命、国土の安全、社会・産業の基盤形成に重要な貢献をした土木関係の科学技術と成果に対する社会の評価は、非常に高い

ものがあった。このことは例えば、初代土木学会長の古市公威が、1917年にわが国の代表的理工学の研究機関と目される理化学研究所の第2代所長に、また1920年に創設された国の学術研究会議の初代会長に選任されたことからも理解できることである。

(3) 全盛期を迎えた河道主義

　この前の無謀といえる大戦の間は戦争遂行のために、自然の猛威に対する河川、海岸、港湾など防備に手を回すことがおろそかになった。その結果敗戦後15年ばかりの間に、激しい気象擾乱が頻繁に発生したことも重なって、日本はかつてないほどの洪水・高潮の大水害に度々襲われて、おびただしい人命と財産を失った（矢野[3]）。しかしその後は、もはや戦後ではないという経済復興の進展に伴って、復旧事業は着々と推進された。そしてさらに災害対策や各種水利用・土地利用の目的で、河川や海岸の高大な構造物が全国的に展開され、また大型ダム、放水路、河口堰なども次々に建設された。このような河川事業の進展は、国土の安全、生産の拡大、生活の向上に大きく寄与したが、流域住民の生活と自然環境にも強い影響を及ぼすようになった。なおこのような大規模・膨大な工事は、建設技術の著しい発達と、豊富な公共事業費の支出によって可能になったのである。

　この段階では近代工法の流れに乗って、溢れる水を河川の中に閉じ込め、一刻も早く海に流すという、いわゆる河道主義の全盛期となった（高橋[6]）。すなわち河道の直線化、護岸の嵩上げとコンクリート化が著しく進捗し、誇張していえば河口から山中深くまで河川堤防が延びていったのである。これにより洪水への安全度が増した部分もあるが、これまで河川の外で遊んでいた水も短時間に河道に集中するため、逆に事業の進展につれて最大洪水量が増えて、水が溢れて洪水が発生しやすくなった部分もある。河道主義は、水は河道内に止めて外に出さないことを前提にしているので、これを基に開発された周辺地区は洪水への防備体制が弱く、溢れた水で甚大な被害を受けるという皮肉な結果を生じた。

　さらに6.7節に述べたように、新たな都市型水害が高度経済成長期に発生するようになった。すなわち都市化の急速な発展に伴って、地表はアスファルトやコンクリートに覆われて、降った雨は地中に逃げることができなくなった。この結果思いがけなく、降水量は同じであっても都市河川の流量は増え、そのピークは急峻になって都市周辺の水害の頻度は増大し、被害額も著しく増大している。例えば2000年9月の東海豪雨による水害では、愛知県では約60万人に避難勧告がなされ、約8,500億円に及ぶ大被害が生じた。また都市の小河川では、局所的な集中豪雨による雨があっという間に河川に流れ込んで、河道にいた児童や作業員が不意を打たれて命を失うことが起こるようになった。

　前項で日本の近代化推進の基盤を支えた土木技術に対して、社会的に大きな評価を

得たことを述べたが、この名声は再度にわたり映画で称えられた黒部ダムの建設に例を見るように、今回の戦後復興期までは残っていた。だが残念なことに最近では、大規模土木工事に対する世評に芳しくないものが少なくなく、また全国の大学で由緒ある土木工学の名称を付した学科名がほとんど消え去ろうとするほど、土木技術者を志す者は減少し、若者が魅力を感じることも少なくなった。これには社会的に種々の理由があると考えられるが、国の公共事業のあり方も深く影響していると思われる。

例えば経済協力開発機構（OECD）の統計によれば、日本の公共事業費は欧米の先進6ヶ国（米、英、独、仏、伊、加）に比べて、GDP（国内総生産）に対する比率は各国の2倍から3倍に達し、金額は6ヶ国の合計額よりも30％近くも多くなっていて、世界の中で抜きん出ている（五十嵐・小川[7]）。17.1節に述べたように日本は災害を蒙りやすい条件にあるので、諸外国に比べて災害対策費は多少大めに必要と思われる。それにしても過去に例のない巨額の借金を抱える国家財政において、経済的・政治的目的ですべての公共事業費がかくも多額であることは異様であり、過剰であるために本質的に必要と思われない事業すらも行われやすい。

この結果、欧米先進国では社会保障費が公共事業費よりも多いのに、日本のみは逆に公共事業費が社会保障費を超えている（五十嵐・小川[7]）。国民の福祉よりも公共事業が優先される現状に、国民の目が公共事業に厳しくなるのは当然と思われる。**付録A.14**に日本の近代化を支えた土木技術者の高い理想と強い信念が示されているが、この理想と信念が土木技術者の間に、中でも公共事業を仕切る官界に今なお脈々と受け継がれているのであれば、最近の公共事業に関係して数多く発生した汚職や談合などの不祥事、あるいは国民に目的や効果に疑問を抱かせるような公共事業に関わる問題が、かくも頻繁に新聞紙面を賑やかすことはなかったに違いない。また内村鑑三をして「男子本懐の仕事」といわしめた土木技術者の魅力を、若者から奪うことも少なかったであろう。一部事業に対する芳しからざる評価が、基本的に必要な公共事業全体の評価を貶めていることは残念である。

(4) 災害対策基本法の制定と気象・河川情報の発達

このように河道主義を中心とする河川事業が活発に実施されても、水害をなくすことはきわめて困難であった。ただし犠牲者の数は著しく減少し、かつてのように何千何百という犠牲者が出ることはなくなった。上記の東海豪雨の場合にも、計画降水量の2倍程度にもなる強さの集中豪雨、既往最大をはるかに上回る洪水流量であったにもかかわらず、死者は10名にとどまった。これには、国や地方自治体の各種各段階の防災関連機関が有機的に結集して自然災害に対処することを定めた災害対策基本法が公布されたことや、気象や洪水の観測・予測技術が著しく進歩し、またそれを伝える情報伝達の技術が発達し多様化したことが寄与している。

これを示す具体例として、甚大な洪水・高潮被害を与える台風の場合を**図17.1**に

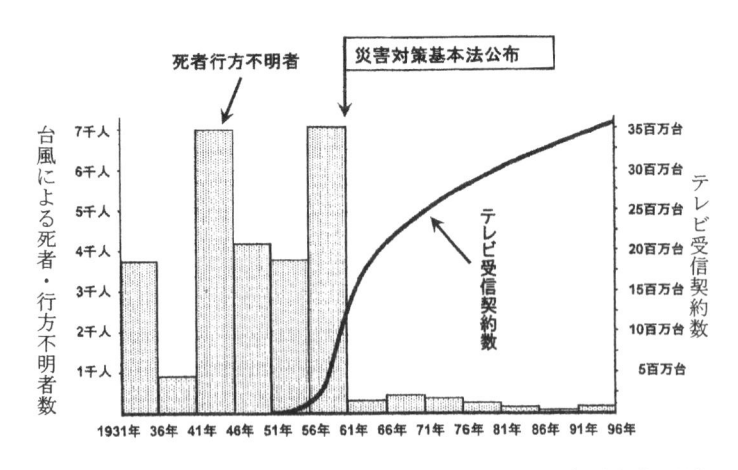

図17.1 日本における台風による死者・行方不明者数とテレビ受信契約数の遷移、倉嶋[8]による

示す（倉嶋[8]）。図によれば、1961年の災害対策基本法の制定以来、死亡者が劇的に減少したことが認められる。併せてテレビの普及もこれに大きく寄与していて、テレビ・ラジオによる情報伝達が、人命を救う上でいかに効果的であるかを知ることができる。「情報は、財産は守れないが、人命を守ることはできる」といわれるが、人命を救う上で適切な情報の発信と、それを伝達する報道機関の役割はきわめて重要である。そうであっても非常事態に万全を期すことは容易でなく、東海豪雨の場合にも情報の伝達が十分でなくて、緊急時の災害対策や避難勧告に手遅れが生じて、被害を増大させた面も指摘されている。

(5) 環境の悪化と激化するダム問題

　強大な技術力の進歩と人々の欲望の肥大化に伴って河川事業は拡大し、巨大化した。これは人々に大きな光を与えたが、影の部分の拡大ももたらした。かつては大都市近郊においても市民に親しまれ、子供たちの遊び場であった川も、激しい河川開発の結果、いつしか人を拒み、流れる水量は少なく、河底は汚れ、棲む魚も貝も乏しくなり、無機的なコンクリートの堤防が長く延びる川と化した例が多く見られるようになった。都市河川のみならず、地方および山間の河川にも環境の悪化の嘆きを聞くことが少なくない。

　特にダムの場合には、世界的に激しい議論が行われている（例えばパトリック・マッカリー[9]）。これについてアメリカ干拓局のダニエル・ビアード総裁は1994年5月の国際灌漑・排水委員会の講演会において、「アメリカはダム事業から撤退する」と

表明して大きな反響をよんだ（日本弁護士連合会[10]）。その理由は次のようである。i) 大規模な水資源開発事業にかかる莫大なコストと財政面の制約、ii) 社会における河川の自然と文化に対する価値観の変化、iii) 土壌の塩害、農業汚染、湿地の消滅と生物への影響、堆砂、ダムの安全性、それを解決するための環境コスト、iv) ダムの建設に頼らない水資源管理のソフト的対策、などである。

日本では古くから飲料水や農業用水のためのダム（溜池）が活用された。近年はこれに加えて発電、さらに洪水対策を含めた多目的の巨大ダムの建設が推進された。そして世界の流れと同じく、巨大であるがために川と海の流域住民の生活、自然環境、生態系、漁業に重大な影響を与え、また建設効果に疑問が持たれるものが少なくない。例えば北海道日高地方のアイヌ民族の居留区を侵害して建設された沙流川の二風谷ダムのように、建設完了後に裁判で違法と断罪されたばかりでなく、破綻した苫小牧東部工業基地のための工業用水という最大の利水目的すらも不用となり、さらに大量の砂が堆積して治水効果も危ぶまれているダムもある。

かくして筑後川上流の下筌ダム建設に対する熾烈な蜂の巣城の攻防[4]をはじめとして、各地に深刻な問題が発生して、ダム建設の見直しと廃止を求める世論が高まった[10]。ダム建設を拒否した長野県知事、熊本県知事、滋賀・京都・大阪の府県知事の誕生も、この世論の流れに沿うものである。上記の蜂の巣城の紛争は、指導者であった山林地主室原知幸が、「民主主義による解決は情と理と法にかなうこと」を国に問いただして起きたものであった。

なお諸外国に比べて急勾配の河川に建設されたわが国のダムは、建設費用に比べて貯水容量が小さくて効率が非常に低く、さらに土砂の堆積率が大きい。ゆえに図 7.7 に示したように、わが国の主要 50 ダムの平均寿命はわずか 90 年と著しく短い。ダムが短期間で土砂に埋まって本来の機能を失った時の処方箋は確定されていなく、大問題である。

17.3 河川事業における新たな方向と問題点

多数の河川事業の中には本当に必要か、また別の対策があるのではないかと、疑問を抱かせるものが少なくない。例えば水需要に関しても、1 人当たりの水使用量の減少、雨水利用の促進、水利用の効率化、農地の縮小、人口の減少などのために、水需要は頭打ち傾向といわれる。だが行政は過大な水需要を前提にして 30 年も 40 年も前に計画した巨大ダムの開発を推進するので、長い間に計画自体が時代にそぐわないものになる。そこには行政側が一度決めれば、多少の手直しはともかく、本筋において専門家が決めたこととして、行政主導で突っ走る考えが見られる。

(1) 住民の希望

　河川事業が抱える問題の解決には、住民の意向を知ることが重要である。この時吉野川河口堰建設計画を推進する国土交通省徳島工事事務所が、2002年に吉野川流域とその利水受益地の住民を対象に行った河川に関するアンケート結果が注目される（姫野[11]）。「安全で安心なうるおいのある暮らしのために何が必要ですか」という問いに対し、群を抜いて多かったのは「自然に優しい護岸」が56.6%、「森林の保全や植林」が56.2%であった。一方、「ダム建設」はわずか6.9%で最下位であった。また吉野川の将来像に関する問いに対しては、「これ以上変えないで欲しい」という答えが最も多かったという。

　これらの希望に沿いつつ治水対策を考えることが、今後の河川行政の進む方向と思われる。またそれを可能ならしめる科学技術を確立すべく努力することが、河川技術者の責任であろう。既に表6.1に示したような総合的な洪水対策は、世界ダム委員会から、またわが国でも高橋[6]や大熊[5]、その他の人々によってかねてから提案されているので、これを十分に考慮することが必要である。

(2) 河川行政の転換

　近年の河川行政に対する要望と批判に応えて1997年に、河川行政の基幹となる河川法が改正された。河川法の歴史を振り返ると、1896年（明治29年）に最初に制定された明治の河川法は、富国強兵の国家目標に沿って、国土保全のための治水と、安全な舟運の航路確保を目標にした。1964年（昭和39年）に全面改正された昭和の河川法は、第二次世界大戦後に次々とわが国を襲った洪水や高潮による甚大な災害を防止するとともに、経済成長に対応するものであった。その目的には治水に加えて利水が明文化された。これに沿って多目的ダムや河口堰の建設が活発に行われるようになった。

　1997年の平成の河川法では、国民の環境に対する意識の高まりと、各地に発生した河川事業に対する強い非難に対応して、その目的に河川環境の整備と保全が加えられた。そして河川管理のあり方、行政の説明責任、河川環境保全の実効性などに関する事項が加わり、不十分ながら河川整備計画の策定への住民参加にも言及がなされている。そして2000年12月の河川審議会では、通常の河川改修すなわち河道主義による対応には限界があることが認識されて、新たな対策を考えることになった。この河川法の改正は、問題点は残されているものの歓迎を受けたのである。

　この法の精神は新たな事業計画には反映されやすいが、古い昔に計画されて現在は必要性が納得し難い河川事業に対しては、今なお十分に機能していないように思われる。その理由は、ⅰ）公共事業の権限や予算を守ろうとする事業当局の意識が強いこと、ⅱ）時代の変化に応じて事業を見直して計画を変更または中止するという道筋ができていないこと、ⅲ）莫大な建設費用に伴って生じる利権を得る側からの建設遂行

への圧力が強いこと、などが考えられる。なお ⅰ ）項が強ければ ⅱ ）項の検討が進まないのは当然である。

　また、河川の影響は社会的にも広範囲に及ぶものであるから、河川への対応は単に1省庁だけでなく国全体として総合的に取り組まねばならず、そのための法制度の整備が必要と思われる。

(3) 自然再生

　この100年間、特に戦後の高度成長期において、われわれは余りにも即物的に考え、経済効率を含め、数量化できる目標達成に邁進し、生き物を育む場とか、安らぎの空間としての河川の価値をほとんど評価しなかった（阪口ら[4]）。しかし1992年にブラジルで開催された地球環境サミットで、「生物多様性条約」が締結された。これは健全・正常な地球環境を維持するためには、生態系、種、遺伝子のレベルまで含めて、さまざまな生き物が生活できることが不可欠であるとの認識に基づいている。これの成立には川との関係でいえば、例えば環境問題を中心にしたアメリカのダム撤去運動（青山[12]）や、ヨーロッパに広がる河川再自然化の運動（保屋野[13]）など、世界的に川に自然を取り戻そうという動きが強く影響している。

　このような世界的動きの中で、わが国においても社会全体として環境の保全回復という意識が高まり、2002年に「自然再生推進法」が成立した。これに基づく自然再生事業は、自然が本来持っている復元力が十分に発揮できるように、それを妨げていた人間の開発行為に関わるものを丁寧に取り除いて、過去に失われた自然を自然自身の力で回復再生させることが基本と考えられる。すなわち「受動的自然再生の原理」というべきもので、人がなすべきことは自然が力を発揮できるようにお手伝いすることである。自然の偉大な再生能力に比べて、人為的な再生対策は一般に一時的・局所的で、時に逆効果をもたらすことを十分に認識しておかねばならない。

　したがって、それ以前に河川整備の一環として実施された近自然型とか多自然型川作りは、従来の枠を超えた進歩であって成果も見られるが、技術力を発揮して自然に類似した川を「新たに作り出す」という意識が色濃く現れていて、川が本来備えるべき生態系が回復されているとはいい難いところがある。これに関連して、島谷[14]の次の発言は留意すべきである。「近年、近自然河川工法により、直立の落差工の緩傾斜化、副流路の設置、河岸沿いの護岸の撤去による水際線への変化などを行っている。その結果、河道沿いには見事な樹林帯が存在し美しい風景を見せる。しかし1900年代初頭に見られた川原はほとんどなく、ワンドなどの2次的な水域もほとんど見られない。本来開放的な広々とした空間であった河川環境を健全な姿であるとすれば、近自然工法によって改善されてはいても、このように閉じ込められた河川は健全な生態系が回復したといえない」。

(4) 地方自治

　2008年11月に「地域のことは地域で決める」と滋賀・京都・大阪の知事と三重の副知事が集まり、淀川水系の大戸川ダムの建設計画に反対を表明した。この流れは既に、長野県の前知事がダム建設の中止を表明して圧倒的支持を受けて当選したこと、熊本県民に選任された、あい続く2人の知事が川辺川ダムの建設を認めぬと結論したことなどに見出される。なお後述の事業当局の諮問機関である淀川水系流域委員会も、大戸川ダムの建設が適切でないとの意見を既に提出しているのである。だが国は、例えば大戸川ダム、設楽ダムなどは必要と主張して、建設を進めようとしている。なぜこのようなことが生じるのか。

　基本的には、地方自治体は地域住民の生命・財産を守る責任を負っている。それにもかかわらず現行の河川法では、国が管理する河川の整備計画について、知事は議論の過程に参加できない。計画案に意見を述べることはできても、意見には法的拘束力が与えられていない。さらに、地方自治体には住民のためになさねばならぬ多くの事業があり、それらには当然優先順位が存在する。だが国の直轄事業には負担金が課せられていて、ダムの場合には地方負担は3割という。最近地方財政はきわめて苦しく、巨額の負債を抱えて解決に苦闘している自治体が多い。このような財政事情の中で、優先度が低く、かつ住民の反対が強く、その建設に行政側の諮問委員会も反対しているようなダムのために、早急に必要な事業を差し置いてダム建設を認め、何十・何百億円もの莫大な負担金を払うことはとうてい許されないと、県民代表の知事が判断するのは当然と思われる。

　この問題は、住民本位の「地域主権時代」の一歩と捉えることができて、今後の河川行政のあり方を考える重要な検討要件になるであろう。だが最近でも、ダム建設の要望が地方から消えていない例もある。しかしその必要性、効果、影響が科学的に十分に検討されていなくて疑問が持たれるものも見出される。

(5) 住民参加

　司法の場では、法律の知識がない一般市民が、裁判員として判決に参加することが要請される時代になった。平成の河川法では、河川整備に関して住民からの意見反映に関する条項が加えられて進歩した。河川事業は社会および自然界に対して、時空間的に影響するところがきわめて大きく、将来に禍根を残さないためには事業計画の決定に際して、住民が参加することは非常に有意義である。すなわち専門的知識に欠けていても、経験的に河川の実態を知り、常識に富む一般市民の参加は益するところが大きい。ただし河川法では「必要があると認めるときは」となっており、住民参加のあり方は行政側の裁量に委ねられていて十分とはいえない。

　住民参加が実りある成果を得るためには、裁判員制度におけるように、行政側が住民の意見を単に素人の意見と見るのではなく、貴重なものとして真剣に判断の材料に

取り上げる姿勢が何より必要である。かつては為政者と住民が力を合わせて川と付き合い、川と自然を守ってきた。しかし近年においては、行政側は河川に関する技術と専門知識の高度化を過信して、古くから培われてきた川と付き合う知恵と技術をほとんど顧みることなく、力ずくで川の水を堤防やダムの中に押し込めるという河道主義の発想のもとに大規模河川事業を推進して多くの問題を生み出している。今やわれわれの祖先が実行してきたように、官と民が足りないところを補い、互いに力を合わせることが何より肝要である。なおやむを得ず一部住民に犠牲を強いることも起こり得るが、行政側は住民を納得させるに足る明確な根拠を提示して誠実に理解を求めるとともに、十分な補償制度を確立しておかねばならない。住民参加は官の河川行政に対立するものでなく、確かな成果を得るために必要不可欠なものと認識して、この方向に積極的に努力することが必要である。

(6) 情報公開

　住民が河川事業の内容をよく理解して適切な意見を述べ、行政にしかるべき対応を求めるためには、住民側の情報はごく限られているので、行政側が事業に関して持っている情報を余さず公開することが必要不可欠である。そして両者が共通の情報のもとに議論をすることによって、本当の理解が得られるはずである。

　長良川河口堰の建設が社会的に大きな問題になった時に、建設省中部地方建設局と水資源開発公団は自らが取得した膨大な観測結果を公開した。これは行政側が設けた観測結果の検討委員会の委員就任を是非にと要請された故西條八束名古屋大学名誉教授が、委員引き受けの条件としたものであって、行政側がこれを認めたのである。情報公開法がまだ成立するより前に、このように情報公開に踏み切った行政側の処置は高く評価される。これはその後の各省庁の開発に関わる科学的データの公開の大きな流れを作った。

　自然科学的データについていえば、時々刻々と変化する自然界で得られた観測データは、二度と得られない貴重なものである。この重要性は長期間蓄積された気象や海洋のデータの価値を考えれば理解できるであろう。国民の税金で得られたデータは、ややもすれば予算の配分を受けた事業者の占有物との主張もなされるが、それは大きな誤りで、そうではなくて国民の共通の財産であることを認識して、広く積極的に公開されねばならない。

(7) 流域委員会

　平成の河川法によれば、行政側が河川整備計画を作成する時は、対象河川について流域委員会を設けて学識経験者の意見を聴取することが義務付けられている。そこで稀に見るほど活発な活動と審議を行ったと一般に認められている、国土交通省近畿地方整備局の諮問機関である淀川水系流域委員会を例にして、委員会の実際と問題点を

理解することにする。同委員会は2001年に設置され、国土交通省が計画している淀川水系の4つのダム建設に関して諮問を受けた。従来委員会の委員は諮問当局が選んでいたが、ここでは河川工学者ら第三者で作る準備会議が選び、一般公募の委員枠も設けた。事務局は民間機関に委託し、会議は公開、傍聴も自由にし、傍聴者の意見も募った。従来の同種の委員会に比べて、画期的な委員構成と委員会の運営であり、住民の意見も積極的に汲み取ろうとする姿勢も見られて、世間の期待と注目を浴びた。

委員会は、計21回の会合で整備局が開示した、また不足部分については追加提示をさせたダムの治水効果のデータや事業費などを検証し、2008年4月にダム建設は適切でないとの意見書を提出した。その理由として、「ダムの必要性に十分説得力のある内容になっていない」、また「ダムの必要性や緊急性を検討するには、堤防強化などの対策との組み合わせについて、事業費を明示し、優先度などを総合的に検討することが不可欠」としている。これに対して整備局は「ダム建設が適切でないと我々が納得できるような根拠のある内容ではないと考える。きちんとデータを説明すれば、ダムの必要性を理解してもらえると思う」と述べて必要性を主張している（朝日新聞2008年4月23日付朝刊記事）。

専門家を中心に誠実熱心に審議を行ったと一般に評価された淀川水系流域委員会の意見を、国は遂に採択せず、かつての名声を快復するせっかくの機会を活かさずに社会に大きな失望を与えた。一方、裁判員制度においては、素人である裁判員の意見がかなりの程度取り入れられて、裁判所の判決は世間の常識を考慮した内容に変化したと、問題は残されているが制度の趣旨が活かされたと一般に評価されているのと対照的である。流域委員会の場合にも諮問当局が委員会の結論を尊重するという前提がない限り、委員会の存在は形式的で本来の目的を達することはできない。それどころか真摯な学識経験者や良識ある住民の意見が反映されないばかりでなく、これまで問題を生じた幾多の事業を審議した委員会と同様に、場合によっては流域委員会も当局の隠れ蓑にされて社会が疑問視する事業実施への道筋を開き、将来に禍根を残すのに協力したことになる。この時審議に参加した学識経験者の責任は重大である。

17.4　水系一体を考慮した河川管理

これまでの河川事業の進め方から見れば、海は河川管理者にとって、洪水時に邪魔な水を早急に吐き出す先であり、平常時には河川内で十分に利用して、余った水を流し出す存在であったように思われる。しかし川と海の関係はこのように単純なものでなく、地表の環境形成と人間活動にとって本質的に重要な役割を果たしているのである。すなわちこれまで本書に述べてきたように、海の流れや底質の形成には、川から海に運び込まれる水や砂泥は不可欠なものである。さらに海の物質循環・生態系・生

物生産などにとっても、同様に本質的に重要であることはいうまでもない（宇野木ら[15]）。したがってこのことを考慮した河川管理が必要であるが、これまでこのような観点はほとんどなかったように見受けられる。これには、基本的には川と海を一元的に取り扱える行政上の措置が必要である。現在は、旧来の川を扱う建設省と海を扱う運輸省が合併して国土交通省になったので、水産庁の協力も得て、この機能が発揮できることを期待したい。

(1) 海の環境に必要な川の水を流すこと

　近年、海にとってきわめて貴重な川の水が、洪水時は別にして、海に流れ出ることが少なくなって大きな問題になっている。これは川の水の配分に関するわが国の社会的仕組みに関係するもので、山本・清野[16]にしたがってこの問題を考えることにする。

　現在わが国で、河川水を対象として社会的に認知されている用水は、農業、発電、工業、水道である。そして日本の法制度として、河川の水資源の開発に出資した社会セクターに水を配分するということになっている。そして上記セクターが水を陸域でほぼ利用し尽くすことを前提としているため、海域に流れる分は無駄だという意識があった。河口堰を設けて川の最後の段階でも取水して利用するということは、この考えを最も的確に表すものである。したがって海や汽水域の漁師が、漁業のために川の水を流して欲しいと要望しても、漁業協同組合はダムや堰の建設時に参加していないので、無料で水が欲しいというのはおかしいとして退けられることになる。ただし高度成長期には必要に迫られて、「不特定用水」という内容が漠然としてはっきりしない水が、水資源管理のバッファーとして設けられている。

　このような水配分の制度は、陸地に降った水は河川を通じて海に至る、という自然界における水の流れの仕組みを考えれば奇妙なことである。雨水は天が与えたものであり、空気と同じく誰のものでもない。もともと大地に降った水は、山、川、海を経由して自然に流れ、そして再び空にもどって循環し、それぞれの場所に豊かな自然と恵みを与えてくれたものである。それゆえ大昔からその恵みを受けてきた海の漁師が、近年になって勝手に奪われた川の水をもどして欲しいというのは当然の権利といえよう。したがって最近はこの方向に沿って、漁業側から漁業用水の提案もなされている（真鍋[17]）。

　今は漁業という観点から川の水を見てきたが、それとともに、いや自然環境の立場からはもっと本質的に、川の水は健全な海の環境の保全・維持に必要不可欠なものであることを主張しなければならない。そしてこれは万民にとっても重要なことである。これに対して費用を負担していないから、海に水を流すことは無理であるというような論理は理解し難い。これまで陸域だけで意思決定がなされていた水問題に、海洋や地球の視点を加えて、法制度の見直しと新たな社会システムの構築が必要と思われる

（山本・清野[16]）。

(2) 河川事業には海に対する影響評価を

　川の上流、中流、下流を問わず、ダムや河口堰の建設、河川改修、河床からの採砂など、各種の河川事業によって水や砂の流れが削減され、あるいは止められた時、海の環境が悪化し、生物が減少し、漁業が衰退する。そこで経験的に被害を受けたと感じる漁民はダム当局に抗議を行うが、海を遠く離れた上流のダムが海に影響を与えるはずがないとして、ダム当局に一蹴される。河川事業が海に与える影響の程度は、事業の内容と川と海のそれぞれの状況に応じて異なるであろうが、河川当局が漁民に対して影響はないという時に、否定の根拠を明確に示しているのではない。一方、漁民も明らかな根拠を定量的に示すことは一般には難しい。

　川と海の密接な関係はこれまで述べたことであるが、実際に河川事業が海に与える影響を具体的に取り出して示すことは容易でない。この理由は基本的には、これまで川は川、海は海と行政的にも学問的にも別々に調査研究がなされてきたために、データが少なく、学問的基礎知識が乏しいためである。そして実際的には、埋め立て、干拓、浚渫などを伴う沿岸開発が活発な海域においては、その影響が直接的に現れやすいので、河川事業の影響を沿岸開発のそれと区別して示すことは容易でない。そこで河川事業側は海の環境悪化をすべて沿岸開発の所為にしてしまう。

　けれども、そのつもりで最初からきちんと調査すれば、河川事業が海域の環境に与える影響は明確に把握できるはずである。事実宇野木[18]は、十分ではないが既存のデータに基づいて、河川事業が海の環境や生産に影響を与えたと考えられる事例をいくつも報告している。河川事業を行う際には、それが海域の環境や漁業に与える影響を予め十分に検討し、影響があるとすれば計画の変更や中止、あるいは代替策などを考えることが必要である。

　河川と海が関係する環境影響評価の例として、千歳川放水路計画事業がある。これは北海道を縦断する放水路の建設計画であるが、これに対してNPO、農業関係者とともに、北海道漁業団体公害対策本部が反対し、環境および漁業に関する影響調査などを実施した結果、事業は中止に立ち至った（日本水産資源保護協会ら[19]）。

　ここでは具体的に三河湾奥に注ぐ豊川上流に、国が建設を予定している設楽ダムに関する環境影響評価について考える。三河湾はわが国でCOD（化学的酸素要求量）の平均濃度が最も高く、また環境基準の達成率が最も低く、水質汚濁がいちばん進んだ内湾である。それゆえ三河湾の水質環境の現状をいかに改善するかは喫緊の課題であり、同時に今以上に悪化させないことが肝要である。三河湾の環境悪化の主因には、湾域で実施された激しい埋め立てによる沿岸開発事業とともに、上流の豊川用水での取水による湾内への河川流量の減少がエスチュアリー循環の弱化をもたらしたことが挙げられる（西條ら[20]）。

このような状況において、新たなる設楽ダム建設により三河湾の環境悪化はより一層深刻になることが予想されるので、日本海洋学会海洋環境問題委員会[21]は以下の提言を行った。すなわち、ⅰ）設楽ダム建設が三河湾に及ぼす影響を適正に評価できる環境影響評価の実施、ⅱ）三河湾の再生にむけた河川管理の実施、である。詳細な内容は上記文献を見ていただきたい。設楽ダムが三河湾に与える影響についての環境影響評価の必要性は、評価書に対する意見公募の際に、多数の漁民や住民が再三にわたり事業当局に要求してきたことである。だが意外にも事業当局は、ダム建設が海に影響を与えるはずがないと当初から主張して、確たる根拠を示すことなく三河湾に対する環境影響評価の実施を拒否してきた。

このことは、環境省環境影響評価技術検討会がダム事業に関する環境影響評価のあり方を検討して得た結論を否定するものである（環境省総合環境政策局編[22]）。検討会の報告書は「ダム事業では、対象事業のみならず、水系を同じくする複数の既存ダムなどによる複合的な影響によって、ダム建設地から遠く離れた河川下流部や海域における生態系にまで影響を及ぼす可能性がある。したがって、ダム下流から海域までの広範囲にわたる生態系への影響についても視野に入れる必要がある」と結論している。ゆえに設楽ダム建設の事業者は、三河湾に対する環境影響評価を実施すべきであり、実施しないのであればその合理的（科学的）根拠を明確に示すことが最小限必要である。

なお設楽ダムの建設について住民は、上記の三河湾に関係する事項とともに、水需要予測、治水効果、環境と生態系に与える影響、費用対効果、その他について問題ありとして、裁判所に建設中止を訴えている。問題点の詳細は市野[23]が明確に述べている。これに対してダムの建設当局は、反対の内容は正しくないとして反論し、否定している。

またいうまでもなく、沿岸開発事業においても環境影響評価は非常に重要で、公正・厳格に実施されねばならない。だが現在までに実施された幾多の評価には、真摯な審議が不足していて、形式的で満足できないものが多く見受けられる。ここにも開発当局が環境影響評価委員会を隠れ蓑にしている姿がうかがわれる（例えば宇野木・西條[24]）。沿岸域の環境影響評価の問題点とあるべき姿は、日本海洋学会編[25]にまとめてある。

本節に例を挙げた日本海洋学会編の出版物や日本海洋学会海洋環境問題委員会の提言は、海洋環境の保全を願う学会活動の一環である。かつて日本海洋学会は、わが国の高度経済成長に伴う顕著な沿岸開発、有害物質の投入と汚濁負荷の増大に伴う海洋環境の急激な悪化に対して、学会の対応は全般的に消極的であった。しかし事態の深刻化を憂慮した学会員の意を受け、第4代日本海洋学会長宇田道隆は委員会を設けて検討し、1973年の総会において海洋環境問題に対する学会の意思と今後に取るべき対応を盛った声明を発表した[26]。これには、これまでの海洋環境問題に対する学会

の対応が消極的であったことを反省して今後は活動を強めることを表明し、海洋環境問題委員会を設置して学会が為し得ることを検討することが述べられている。以後日本海洋学会は同委員会を中心に、海洋の科学的研究成果を基礎に海洋環境の保全を目指して種々の活動を行って来た。初心忘るべからずといわれるが、水系に関わる研究者が心に留め置くべきこととして、この声明文を**付録 A.15** に掲載しておく。

　最後に、長い地球の歴史の中では、人類の時代は一炊の夢の間かも知れないが、それでも次に示す漁師の一主婦と同じく、子や孫たちのためにこの美しく豊かな水系、川や海を守っていくことが現在を生きるわれわれの責任ではないか、ということを述べて筆を擱くことにする。

　　　海は借り物なんよ
　　　子供たちに返すときは
　　　きれいにしてから返そうね
　　　これが私たちの合言葉　　　　　　——土田信子

参考文献
(1)　日本海洋学会編（1994）：海洋環境を考える—海洋環境問題の変遷と課題—，恒星社厚生閣，193pp.
(2)　建設省編（1989）：日本の河川，建設広報協議会，630pp.
(3)　矢野勝正（1971）：水災害の歴史，水災害の科学（矢野勝正編），技報堂，1-26.
(4)　阪口豊・高橋裕・大森博雄（1995）：日本の河川，岩波書店，265pp.
(5)　大熊孝（2007）：洪水と治水の河川史，平凡社．
(6)　高橋裕（1999）：河道主義からの脱却を—河川との新しい関係を目指して—，科学，69，994-1002.
(7)　五十嵐敬喜・小川明雄編著（2001）：公共事業は止まるか，岩波新書，230pp.
(8)　倉嶋厚（2005）：風水害の時代的変遷と防災気象情報の発展，天気，52，905-912.
(9)　パトリック・マッカリー，鷲見一夫訳（1998）：沈黙の川—ダムと人権・環境問題，築地書館，412pp.
(10)　日本弁護士連合会（2002）：脱ダムの世紀，とりい書房，180pp.
(11)　姫野雅義（2004）：なぜ住民は「緑のダム」に共感するのか，緑のダム（蔵治・保屋野編），築地書館，152-164.
(12)　青山己織訳，科学・経済・環境のためのハイツセンター（2004）：ダム撤去，岩波書店，298pp.
(13)　保屋野初子（2003）：川とヨーロッパ，河川再自然化という思想，築地書館，160pp.
(14)　島谷幸宏（2001）：健全な生態系とは何か？　その評価と復元，応用生態工学，4，19-25.
(15)　宇野木早苗・山本民次・清野聡子編（2008）：川と海—流域圏の科学，築地書館，297pp.
(16)　山本民次・清野聡子（2008）：海域を考慮した河川の管理，川と海—流域圏の科学，築地書館，270-280.
(17)　真鍋武彦（2007）：新しい水利用概念「漁業用水」提案の経緯—水利用と食糧自給の観点から，

Nippon Suisan Gakkaishi, 73, 93-97.
(18) 宇野木早苗（2005）：河川事業は海をどう変えたか，生物研究社，116pp.
(19) 日本水産資源保護協会・全国漁場環境保全対策協議会・全国漁業共同組合連合会（2005）：漁業影響調査指針，41pp.
(20) 西條八束監修・三河湾研究会編（1997）：とりもどそう豊かな海・三河湾，八千代出版，312pp.
(21) 日本海洋学会海洋環境問題委員会（2008）：愛知県豊川水系における設楽ダム建設と河川管理に関する提言，海の研究，17, 53；提言の背景—河川流域と沿岸海域の連続性を配慮した環境影響評価と河川管理の必要性，同上，55-62.
(22) 環境省総合環境政策局編（2001）：自然環境のアセスメント技術（Ⅲ），環境省環境影響評価技術検討会報告書，財務省印刷局，111-112.
(23) 市野和夫（2008）：川の自然誌—豊川のめぐみとダム，あるむ，78pp.
(24) 宇野木早苗・西條八束（1997）：免罪符となった環境アセスメント—環境影響評価書を評価する，とりもどそう豊かな海・三河湾（三河湾研究会編），八千代出版，137-172.
(25) 日本海洋学会編（1999）：明日の沿岸環境を築く—環境アセスメントへの新提言—，恒星社厚生閣，206pp.
(26) 日本海洋学会編（1975）：海洋環境汚染に関連する調査研究の現状と問題点，日本海洋学会誌特集号，244pp.

付録

A.1 コリオリの力

　今、レコード盤のように回転する広大な円盤を考える。図 A1 (a) において、回転の中心を O、回転の角速度を σ、回転は反時計回り（σ>0）とする。平面上の任意の点 P から PO と α の角をなす方向に、速度 V でボールを投げた場合を考える。微小時間 t の後には、ボールは Q 点（PQ = Vt）に達するはずである。ところが平面は回転しているので慣性の法則により、ボールは P 点の接線速度（$r\sigma$）でも動き続け、t 時間後には P′ 点に到着する運動もする。PP′ = $r \times \sigma t$ である。ゆえにボールは t 時間後には、PQ と PP′ の 2 つの変位をベクトル的に加え合わせた R 点に位置する。

　今はごく短い時間を考えているので、P′ 点は P 点の t 時間後の位置と見なすことができる。この時 P′ 点に動いてきた人は、投げたボールの位置は中心に向かう方向と α の角をなして PQ の距離に等しい Q′ 点であると期待する。しかるにボールはあるべき Q′ 点でなくて R 点に移っている。これはボールを右方向に逸らす力が働いたためと考えざるを得ない。この力がコリオリの力である。

　図 A1 (a) において、P′R = P′Q′ = Vt、∠Q′P′R = σt（ラジアン）である。ボールが逸れた距離 ξ = Q′R は時間 t が微小な時は、半径 Vt の円の円弧と見なされるので、ξ = $Vt \times \sigma t = \sigma V t^2$ になる。この移動における加速度は $d^2\xi/dt^2 = 2\sigma V$ である。ニュートンの運動の法則によれば、加速度は単位質量に働く力に等しいので、単位質量に働くコリオリの力は次式で与えられる。

$$F = 2\sigma V \tag{A1.1}$$

力の方向は、平面の回転が反時計回りの場合に、物体の運動方向の右直角である。

　次に地表面上の運動を考える（図 A1 (b)）。地球表面の緯度 φ の地点 A を通る水平面を NS とする。地球は地軸の周りを角速度 ω で回転しているが、地球の各部分も図に描かれているように、それぞれ地軸に平行な回転軸の周りを同じ角速度 ω で回転している。このことはわれわれが地面に立って無限遠といえる北極星を仰ぐ時、周りの星の回転からこのことが実感できる。自分と北極星を結ぶ線は地軸に平行である。この時天頂方向の AZ 軸に対する ω の成分は、図に示すように $\sigma = \omega \sin\phi$ であって、A 点を含む水平面はこの角速度 σ で回転している。したがって上記の回転円盤

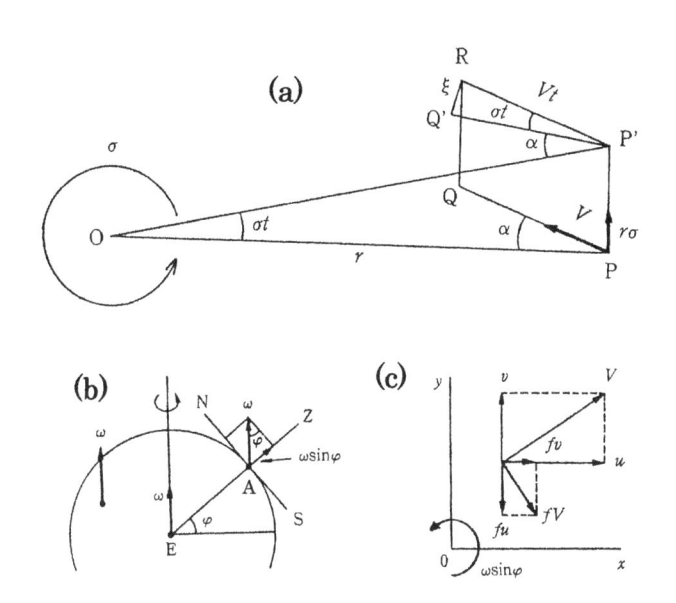

図A1 コリオリの力の説明図

の結果を用いると、水平面上のコリオリの力は次式で与えられる。fはコリオリのパラメータとよばれる。

$$F = 2\sigma V = 2\omega\sin\phi V = fV、\qquad ここで f = 2\omega\sin\phi \qquad (A1.2\ a,\ b)$$

われわれはエレベータや電車などの乗り物に閉じ込められている時、乗り物の出発・停止の速度変化に応じて力を感じる。また円運動をしている時外向きに遠心力を経験する。このような力は慣性力とよばれるが、回転体の上で経験するコリオリの力も同様に慣性力の一種である。

A点を通る水平面上で任意の方向に直交座標軸 x、y をとり、水平運動をしている物体の速度 V の x、y 成分を u、v とする（図A1 (c)）。この物体の単位質量に働くコリオリの力は（A1.2 a）式を用いると、Vの右方向に $F = fV$ で与えられる。この力の x、y 成分は次式で与えられる。

$$F_x = fv、\qquad F_y = -fu \qquad (A1.3\ a,\ b)$$

この結果は、y方向のvなる運動に伴うコリオリの力は、右方向にすなわちxの正の方向にfvであることから理解できる。y成分も同様である。

A.2 ダルシーの法則

砂や土のような微粒子が詰まった層を透水層とよび、その流れを浸透流とよぶ。流

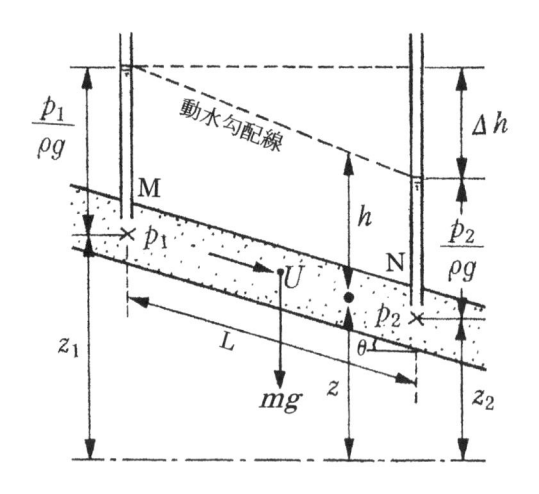

図 A2　ダルシーの法則の説明図

速は小さく層流と見なされる。今、流れが定常で一様な場合を考える。図 A2 に示すように、空隙率が β の透水層の中に、長さが L で断面積が S の傾いた流管（傾斜角 θ は微小）を取り出し、平均流速を U とする。水の密度を ρ とした時、流管中の水の質量は $m = \beta \rho S L$ である。両端 M と N における圧力を p_1 と p_2 とする時、管の断面内で圧力を受ける水の面積は βS である。単位質量の水に働く流れと逆方向の抵抗力を F_r と記す。この時 MN 間に存在する水に働く力は、両端の圧力差、水全体に働く重力の流れ方向の成分、および水に対する抵抗力の総和であって、これらが釣り合っていて次式が成り立つ。

$$\beta S(p_1 - p_2) + mg\sin\theta = mF_r$$

基準面からの M、N 点の高さを z_1 と z_2 とした時、$\sin\theta = (z_1 - z_2)/L$ であるので、上式を整理すると次式を得る。

$$I = \{(p_1/\rho g + z_1) - (p_2/\rho g + z_2)\}/L = F_r/g$$

I は後出の（4.58）式で定義される動水勾配である。ここで $h = p/\rho g$ は圧力水頭とよばれて、p に相当する水柱の高さを表し（4.8節参照）、これに対し z は高度水頭とよばれる。圧力水頭と高度水頭を加えた $h + z$ は、図に示すように流管中に鉛直のガラス管を立てた場合に想定される水面を表す。この想定される水面は動水勾配線とよばれる。

一方、流速が小さい層流に働く抵抗力は、理論と実験の結果から速度に比例することが知られている。そこで適当な係数 k を用いて、次のように表す。

$$F_r = (g/k)U$$

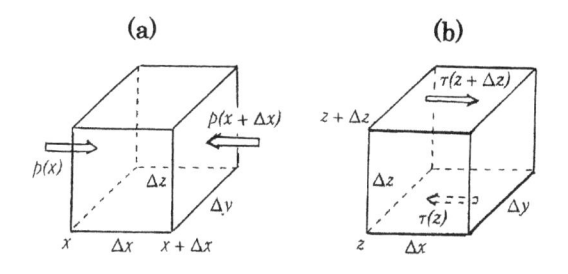

図 A3 直方体に働く圧力（a）と接線応力（b）

ゆえの動水勾配を用いて次式が求まる。

$$U = kI \tag{A2.1}$$

浸透流の流速を与えるこの式をダルシーの法則という。比例定数 k は浸透係数または透水係数とよばれて、速度の次元を持っている。これは流体の密度、粘性係数、粒子径、空隙率などに関係し、その値を定めるためにいくつかの実用公式が報告されている（水理公式集など参照）。図中の Δh は、MN 間で抵抗力のために失ったエネルギーを水頭で表したもので、損失水頭とよばれる。抵抗がなければ損失水頭は消え、エネルギーは保存されて動水勾配線は水平である。

A.3 流体の運動を表す式

水（一般的には流体）の運動を支配する基本式を求める。ニュートンの運動の第 2 法則によれば、質量 m の物体が力 F を受けて、加速度 dv/dt を得れば、$m dv/dt = F$ の関係が成り立つ。v は速度で、t は時間である。今 1 次元水路を考え、x 軸を水平方向に、z 軸を鉛直上方にとって、水路方向の流れを $u(x, z, t)$ で、圧力を $p(x, z, t)$ で表す。水路は浅くて、鉛直方向の運動は無視できるとする。x 点に位置していた水粒子は微小時間 Δt 時間後には $x + u\Delta t$ に位置する。ゆえに水粒子の速度の変化は、テイラー展開を用いて $u(x + u\Delta t, t + \Delta t) - u(x, t) = \partial u/\partial t \cdot \Delta t + \partial u/\partial x \cdot u \Delta t + \cdots$ になる。そこで $\Delta t \to 0$ の極限をとると加速度は次式で与えられる。

$$du/dt = \partial u/\partial t + u \cdot \partial u/\partial x \tag{A3.1 a}$$

次に圧力について考える。図 A3 (a) に示すように、水中の x と $x + \Delta x$ の間にあって、鉛直に Δz、横に Δy の長さを持つ直方体に注目する。水の密度を ρ とした時、直方体の質量は $\rho \Delta x \Delta y \Delta z$ である。流れの方向にこの直方体に作用する圧力は、$p(x, z) \Delta y \Delta z - p(x + \Delta x, z) \Delta y \Delta z = -\partial p/\partial x \cdot \Delta x \Delta y \Delta z + \cdots$ である。ゆえに単位質量に働く圧力は次のようになる。

$$-1/\rho \cdot \partial p/\partial x \tag{A3.1 b}$$

水中には粘性や渦の作用で、流れの速い部分は遅い部分を引きずっていくように、遅い部分は速い部分を引きとめるような接線応力（剪断応力）が働いている。今水平流速 u が鉛直方向に一様でない場合を考える。このように一様でない流れをシア流という。ニュートンはシア流中の接線応力は、速度勾配に比例することを見出した。したがって流れに平行な単位面積に働く接線応力は、$\tau = \rho K_z \partial u / \partial z$ の形で表される。z 軸を鉛直上方にとった時、これは上面の流体が下面の流体に作用する力である。一般に水路の流れは乱れているので、K_z は渦動粘性係数とよばれる。図 A3 (b) に示す3辺が Δx, Δy, Δz の直方体を考えると、今の場合接線応力は上面と下面にのみ働いているので、直方体に作用する応力の合力は、$|\rho K_z \partial u(x, z+dz)/\partial z| \Delta x \Delta y - |\rho K_z \partial u(x, z)/\partial z| \Delta x \Delta y = \partial |\rho K_z \partial u(x, z)/\partial z| \cdot \Delta x \Delta y \Delta z + \cdots$ になる。したがって、単位質量の水に働く渦動粘性力は次式で表される。

$$\partial(K_z \partial u/\partial z)/\partial z \qquad (A3.1\ c)$$

ゆえに単位質量に対する運動方程式は、ニュートンの式に（A3.1 a, b, c）の結果を用いると、次式で与えられる。

$$\frac{\partial u}{\partial t} + u\frac{\partial u}{\partial x} = -\frac{1}{\rho}\frac{\partial p}{\partial x} + \frac{\partial}{\partial z}\left(K_z \frac{\partial u}{\partial z}\right) \qquad (A3.2)$$

なお渦動粘性の作用は流れ方向にも働いているが、これは小さいので一般には無視される。

流れが1方向でなく、2次元的な流れの場合には、y 方向の流速 v を考え、また（A1.3 a, b）式のコリオリの力を考慮すると、上記と同様な考え方で以下の運動方程式が導かれる。

$$\frac{\partial u}{\partial t} + u\frac{\partial u}{\partial x} + v\frac{\partial u}{\partial y} - fv = -\frac{1}{\rho}\frac{\partial p}{\partial x} + \frac{\partial}{\partial z}\left(K_z \frac{\partial u}{\partial z}\right) \qquad (A3.3\ a)$$

$$\frac{\partial v}{\partial t} + u\frac{\partial v}{\partial x} + v\frac{\partial v}{\partial y} + fu = -\frac{1}{\rho}\frac{\partial p}{\partial y} + \frac{\partial}{\partial z}\left(K_z \frac{\partial v}{\partial z}\right) \qquad (A3.3\ b)$$

なお川や水路においては断面内で流速が一様でないので、断面平均流速 u に対して（A3.2）式を用いる時には、左辺の2つの項にそれぞれ適当な補正係数を付ける必要がある。だがそれらの値は1に近く、かつ右辺の摩擦項に含まれる不確かさを考慮すると、それ程意味があるとは考えられない。それゆえ平均流に対しても、一般に（A3.2）式をそのまま使用していて、本書もそれにしたがう。

A.4　底面付近の流れの対数分布則

流れが定常で、かつ x 方向に一様な時、（A3.2）式より $\partial(K_z \partial u/\partial z)/\partial z = 0$ になる。ゆえに $\tau = \rho K_z \partial u/\partial z = \tau_0$ となって、接線応力は深さにかかわらず一定値 τ_0 をとる。これは上方に一般流があって、その接線応力が順次下層へ伝わり、下層の水が次々に引きずられて流れている状態を表す。

付録A.3に記したニュートンの運動方程式は、$d(mv)/dt = F$と書き表されて、単位時間における運動量（mv）の変化は、作用する力に等しいことを意味する。よって接線応力は、単位面積を通って単位時間に、乱れによって上側から下側に加えられた運動量の水平成分に等しい。ゆえに乱れ成分をu'、w'とした時、$<\ >$で時間平均を表すと次式が成り立つ。

$$\tau_0 = <-\rho u'w'>$$

これは乱れの運動量の水平成分$\rho u'$が、単位時間に下向きに$-w'$の速度で加わることによるものである。この種の力はレイノルズ応力とよばれる。

今、乱れによる速度変動は水粒子が鉛直的に流速が変化するシア流中を動くために生じたと考えれば、乱れ成分u'とw'はそれぞれdu/dzに比例すると考えることが可能である。それゆえ比例係数Lを用いて$\tau_0 = \rho(Ldu/dz)^2$と置く。Lは水粒子が動いた距離に関係するので混合距離と称される。さらに渦運動は底に近いほど制限されるので、混合距離は底からの距離zに比例すると考え、$L = \kappa z$と置く。κはカルマン定数という。ここで摩擦速度$u_* = (\tau_0/\rho)^{1/2}$を用いると、$\tau_0 = \rho u_*^2$になる。したがって次式を得る。

$$du/dz = u_*/\kappa z \tag{A4.1}$$

底面は微小な凹凸のある粗面であるので、$z = z_0$で$u = 0$と考えて上式を積分すれば、粗い底面上の流速に関する対数分布則は（A4.2）式で与えられる。

$$u(z) = \frac{u_*}{\kappa} \log \frac{z}{z_0} \tag{A4.2}$$

この時渦動粘性係数は、$K_z = \tau_0/(\rho du/dz)$より次のように求まる。

$$K_z = \kappa u_* z \tag{A4.3}$$

A.5 段波

図A4(a)に示すように、水深h_1、流速u_1（xの負の方向の流れ）の水路の中を、下流から速度C^*で段波が進んできた場合を考える。段波の中では水深h_2、流速u_2とする。今図A4(b)におけるように、系全体に波と反対方向に$-C^*$の流れを加えて、波を静止させ定常な流れの場を作る。なお$C_b = C^* + u_1$は流れに相対的な、あるいは静止水面を伝わる段波の速さを表して、$u_b = u_2 + u_1$は段波の存在によって生じた流れを意味する。

図A4(b)において、水路の単位幅当たりの流量は$Q = h_1(C^* + u_1) = h_2(C^* - u_2)$である。これは$Q = h_1 C_b = h_2(C_b - u_b)$と書き換えられるので、上の式から$u_2 = \{C^*(h_2 - h_1) - h_1 u_1\}/h_2$、$u_b = C_b(h_2 - h_1)/h_2$を得る。一方、図(b)におけるA'ABB'の流体部分に対して、単位時間における運動量の変化は、それに作用する力に等しいという法則を用いると下の関係式を得る。

$$-\rho Q(C^* - u_2) + \rho Q(C^* + u_1) = 1/2 \cdot \rho g h_2^2 - 1/2 \cdot \rho g h_1^2$$

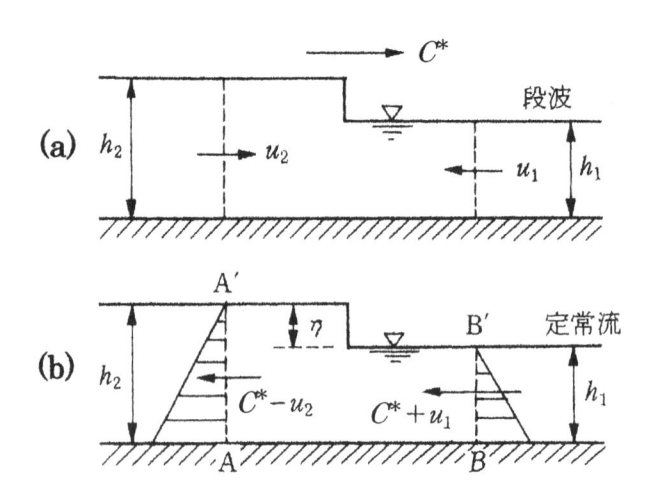

図 A4 段波の進行図（a）と、一様流を加えた定常流（b）

$$\therefore \rho Q(u_2 + u_1) = 1/2 \cdot \rho g(h_2^2 - h_1^2)$$

これより、 $\rho \times h_1 C_b \times C_b (h_2 - h_1)/h_2 = 1/2 \cdot \rho g(h_2 - h_1)(h_2 + h_1)$
したがって、 $C_b^2 = g h_2 (h_2 + h_1)/2 h_1$ になる。

段波の波高 $\eta = h_2 - h_1$ を用いると、段波の波速は（A5.1）式で、流速は（A5.2）式で与えられる。ここで水路の水深 h_1 を h と記している。

$$\therefore C_b = \sqrt{\frac{g(h+\eta)(2h+\eta)}{2h}} 、\quad u_b = \eta \sqrt{\frac{g(2h+\eta)}{2h(h+\eta)}} = \frac{C_b \eta}{h+\eta} \quad (A5.1) 、(A5.2)$$

A.6　洪水波の変形

最初に線形の場合について摩擦の効果を考慮する。基本式は（6.17）式と（6.18）式である。

$$\frac{\partial u_1}{\partial t} + U_0 \frac{\partial u_1}{\partial x} = -g \frac{\partial h_1}{\partial x} - r u_1 \tag{6.17}$$

$$\frac{\partial h_1}{\partial t} = -H_0 \frac{\partial u_1}{\partial x} - U_0 \frac{\partial h_1}{\partial x} \tag{6.18}$$

今、 $h_1 = a\cos(kx - \sigma t)$ (A6.1 a)

の形の洪水波の進行を考える。そこで数学的取り扱いが楽なように、下記の指数関数で表して解を定め、その実数部分をとれば求まる解が得られる。すなわち

$h_1 = a \exp i(kx - \sigma t) \quad u_1 = b \exp i(kx - \sigma t)$ (A6.1 b, c)

と置いて、（6.17）式と（6.18）式に代入すると次式が求まる。

$$gka = (\sigma - kU_0 + ir)b \qquad (\sigma - kU_0)a = kH_0 b \qquad \text{(A6.2 a, b)}$$

両式から a, b を消去すると、

$$(C - U_0)^2 + (ir/k)(C - U_0) - C_0^2 = 0 \qquad \text{(A6.3)}$$

ここで、
$$C_0 = \sqrt{gH_0} \qquad C = \sigma/k \qquad \text{(A6.4 a, b)}$$

C_0 は等流水深における長波の進行速度、C は洪水波の進行速度である。
(A6.3) 式の根を求め、$C>0$ の場合を考えると次の結果を得る。

$$C = U_0 + C_0 \exp(-i\theta) \qquad \tan\theta = \{(2kC_0/r)^2 - 1\}^{-1/2} \qquad \text{(A6.5 a, b)}$$

これを (A6.1 b) 式に代入して実数部分をとると求める解が得られる。

$$h_1 = ae^{-kC_0 t \sin\theta} \cos k\{x - (U_0 + C_0 \cos\theta)t\} \qquad \text{(A6.6)}$$

(A6.2) 式を用いて b を a で表し、(A6.1 c) 式に代入した後、実数部分をとると

$$u_1 = \frac{C_0 a}{H_0} e^{-kC_0 t \sin\theta} \cos[k\{x - (U_0 + C_0 \cos\theta)t\} - \theta] \qquad \text{(A6.7)}$$

次に、非線形の慣性項の影響を調べる。2 次の項の方程式は、本文において (6.19) 式と (6.20) 式で与えられるが、摩擦を考慮すると面倒になるので、これを省略して慣性項の働きに注目する。ゆえに基本式は下記のようになる。

$$\frac{\partial u_2}{\partial t} + u_1 \frac{\partial u_1}{\partial x} + U_0 \frac{\partial u_2}{\partial x} = -g \frac{\partial h_2}{\partial x} \qquad \text{(A6.8)}$$

$$\frac{\partial h_2}{\partial t} = -\frac{\partial}{\partial x}(H_0 u_2 + U_0 h_2 + h_1 u_1) \qquad \text{(A6.9)}$$

これらの中で u_1 と h_1 を含む項に対して、摩擦がないために $\theta = 0$ と置いた (A6.6) 式と (A6.7) 式を代入した後、指数の形で表すと両式は下記のようになる。

$$\left(\frac{\partial}{\partial t} + U_0 \frac{\partial}{\partial x}\right) u_2 = -g \frac{\partial h_2}{\partial x} - \frac{ik}{2}\left(\frac{C_0 a}{H_0}\right)^2 \exp 2ik\{x - (U_0 + C_0)t\} \qquad \text{(A6.10)}$$

$$\left(\frac{\partial}{\partial t} + U_0 \frac{\partial}{\partial x}\right) h_2 = -H_0 \frac{\partial u_2}{\partial x} - \frac{ikC_0 a^2}{H_0} \exp 2ik\{x - (U_0 + C_0)t\} \qquad \text{(A 6.11)}$$

両式より u_2 を消去すると、

$$\left(\frac{\partial}{\partial t} + U_0 \frac{\partial}{\partial x}\right)^2 h_2 = C_0^2 \frac{\partial^2 h_2}{\partial x^2} - \frac{3k^2 C_0^2 a^2}{H_0} \exp 2ik\{x - (U_0 + C_0)t\} \qquad \text{(A6.12)}$$

この線形非同次微分方程式の特解を求めて実数部分をとると以下の解を得る。

$$h_2 = \frac{3gka^2 x}{4C_0(U_0 + C_0)} \sin 2k\{x - (U_0 + C_0)t\} \qquad \text{(A6.13)}$$

(A6.9) 式に基づいて u_2 を求め、実数部分をとると次式が求まる。

$$u_2 = \frac{3gka^2 x}{4H_0(U_0 + C_0)} \sin 2k\{x - (U_0 + C_0)t\} - \frac{ga^2}{8H_0 C_0} \cos 2k\{x - (U_0 + C_0)t\} \quad \text{(A6.14)}$$

A.7　地球自転が影響するスケール

　運動の時空間スケールがどの程度になると、地球の自転が影響するかを調べる。まず時間スケールについて考える。今、運動方程式（A3.3 a）式において、局所時間変化項 $\partial u/\partial t$ とコリオリ項 fv の大きさを比較する。流れの代表的大きさを V、代表的時間スケールを T とした時　　$|\partial u/\partial t / fv| \sim (V/T)/(fV) \sim T_i/T$
になる。$T_i = 2\pi/f$ は慣性周期（12.1）式である。ゆえに現象の時間スケール T が慣性周期 T_i より小さい時はコリオリの力の効果は弱くて無視でき、大きい時は考慮しなければならない。

　次に空間スケールを考える。この時に現れる重要な水平スケールはロスビーの変形半径であって、これは長波や内部波（**付録 A.8**）などの重力波の速度を C とした時、
$$\lambda_R = C/f \tag{A7.1}$$
で定義されるものである。なお内部波の場合はロスビーの内部変形半径という。このスケールは海域の一部に刺激を与えた時に、圧力傾度力とコリオリの力が釣り合って地衡流平衡の状態になろうとする時に現れる水平スケールである。この現象を地衡流調節という。

　例えば海岸に平行に幅 L の範囲を周辺よりも軽い水が仕切られて存在する場合を考える。仕切りがはずされた場合を考えると、軽い水は直ちに重力波の波速 C で沖の方へ逃げていくであろう。水が逃げ出す時間は L/C の程度であり、この時間が慣性周期 $T_i = 2\pi/f$ より短ければ、コリオリの力が働く余裕はないであろう。しかし 2 つの時間が同程度、すなわち $L/C \sim 1/f$、したがって $L \sim \lambda_R$ であればコリオリの力が影響を及ぼすようになる。そして軽い水が岸に平行に進んでいる場合には、岸沖方向には地衡流平衡の状態になるであろう。

A.8　内部波

　水深一様な海が**図 A5** のように上下 2 層に重なっている場合を考える。両層の水深を h_1 と h_2、密度を ρ_1 と ρ_2 とする。上下の密度差は小さく、$\varepsilon = (\rho_2 - \rho_1)/\rho_2 = \Delta\rho/\rho \ll 1$ である。波長に比べて水深は小さいので静水圧を考える。**図 A5** に示す座標系をとり、海面と境界面の変位を η_1 と η_2、両層の流れを u_1 と u_2 とする。それぞれの層において z の高さにおける圧力 p_1（上層）と p_2（下層）は次のようになる。
$$p_1 = \rho_1 g(\eta_1 + h_1 - z) \qquad p_2 = \rho_1 g(\eta_1 + h_1 - \eta_2) + \rho_2 g(\eta_2 - z)$$
これらから圧力勾配 $\partial p_1/\partial x$、$\partial p_2/\partial x$ を求めると、運動方程式は
$$\partial u_1/\partial t = -g\partial \eta_1/\partial x \tag{A8.1 a}$$
$$\partial u_2/\partial t = -g\rho_1/\rho_2 \cdot \partial \eta_1/\partial x - \varepsilon g \partial \eta_2/\partial x \tag{A8.1 b}$$
連続方程式は次式になる。
$$\partial(\eta_1 - \eta_2)/\partial t = -h_1 \partial u_1/\partial x \qquad \partial \eta_2/\partial t = -h_2 \partial u_2/\partial x \tag{A8.2 a, b}$$
今、　　　$\eta_j = A_j \exp i(\sigma t - kx)$、　　$u_j = U_j \exp i(\sigma t - kx)$、　　$j = 1, 2$

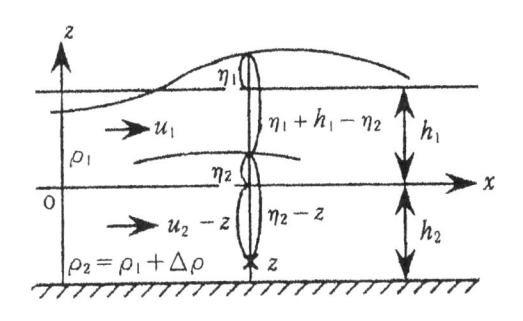

図A5　2層の海における内部波の説明図

を仮定して上の4式に代入した後に A_1、A_2、U_1、U_1 を消去すると、次の分散関係を得る。
$$\sigma^4 - gk^2(h_1+h_2)\sigma^2 + \varepsilon g^2 h_1 h_2 k^4 = 0$$
この σ^2 に関する2次方程式の根を求め、平方根を展開すると、
$$\sigma^2 = \frac{1}{2}gk^2(h_1+h_2)\left[1 \pm \left\{1 - 2\varepsilon\frac{h_1 h_2}{(h_1+h_2)^2} + O(\varepsilon^2)\right\}\right]$$
複合 + と − に対する値をそれぞれ σ_s と σ_i とすれば、波速は次式で与えられる。
$$C_s = \frac{\sigma_s}{k} = \sqrt{g(h_1+h_2)}, \qquad C_i = \frac{\sigma_i}{k} = \sqrt{\varepsilon g \frac{h_1 h_2}{(h_1+h_2)}} \qquad \text{(A8.3 a, b)}$$
前者は水深 (h_1+h_2) の長波の波速で、成層は関与しない。後者が内部波の波速である。

A.9　渦度とポテンシャル渦度保存則

図A6に示すように、水平な流れの場で辺長が Δx と Δy の微小四辺形 ABCD の流体部分を考え、これの回転の速さを求める。これは流れに乗って Δt 時間後には A'B'C'D' に移動するが、今は回転に注目しているので、A' が A に重なるように平行移動させて、AB''C''D'' に回転したと考える。BB'' の長さは $\partial v/\partial x \cdot \Delta x \Delta t$ であるので、∠BAB'' は $\partial v/\partial x \Delta t$ になり、AB の回転角速度は $\omega_1 = \partial v/\partial x$ になる。同様にして AD の回転角速度は $\omega_2 = -\partial u/\partial y$ である。回転は反時計回りを正としている。それゆえ四辺形 ABCD の全体としての回転の角速度は両者の平均をとって、$\omega = (\omega_1+\omega_2)/2 = (\partial v/\partial x - \partial u/\partial y)/2$ で与えられる。この渦は z 軸の周りを回転している。

微小部分の回転角速度の2倍を渦度と定義すれば、その鉛直成分は次式で与えられる。
$$\zeta_z = \partial v/\partial x - \partial u/\partial y \qquad \text{(A9.1)}$$
一方、地球自体が角速度 ω で地軸の周りを回転しているので、地表上の流体も同じ角速度で地軸に平行な軸の周りを回転している。この時付録 A.1 に述べたように、

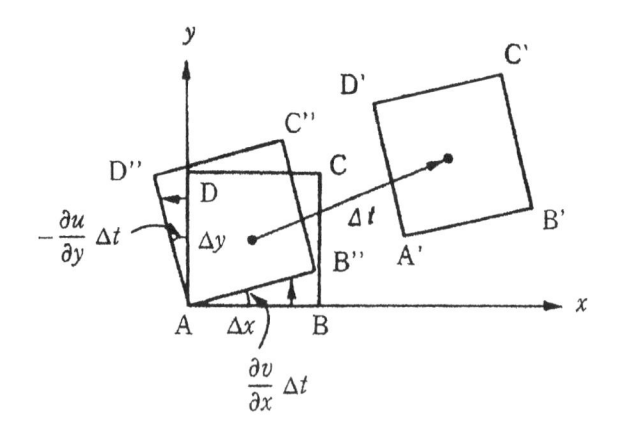

図A6 微小流体要素の回転

緯度 ϕ にある流体は天頂軸の周りを $\omega\sin\phi$ の角速度で回転している。これは $2\omega\sin\phi$ の渦度になり、大きさはコリオリのパラメータ f に他ならない。ゆえに緯度 ϕ の地表上で運動している流体は、静止空間に対して次の渦度を持つことになる。

$$Z = f + \zeta_z \tag{A9.2}$$

Z は絶対渦度、f は惑星渦度、ζ_z は相対渦度とよばれる。

ところで回転している物体に対しては、摩擦がなければ角運動量保存則が成り立つ。今、高さ h、半径 R、密度 ρ の剛体が角速度 σ で回転している場合を考える。剛体の質量は $M = \pi R^2 h \rho$ で、半径 r の点の回転速度は $v = r\sigma$ である。この時剛体の中心軸の周りの角運動量は次式で与えられる。

$$J = \int rv\,dm = \int_0^R r \cdot r\sigma \cdot 2\pi r h \rho\, dr = \frac{1}{2}\pi \rho h \sigma R^4 = \frac{M^2}{4\pi\rho}\frac{2\sigma}{h} \tag{A9.3}$$

角運動量の保存則はこれが一定値を保つことを教える。質量 M は不変なので、$2\sigma/h$ は一定値をとることになる。2σ は流体の渦度に相当する。

したがって地表において、流れの中の渦が伸縮しながら動く時に次式が成り立つ。

$$Z/h = (f + \zeta_z)/h = 一定 \tag{A9.4}$$

これがポテンシャル渦度保存則である。

A.10 ケルビン波と潮汐の無潮点系

一様水深 h の海を考え、岸に沿って y 軸を、沖に向けて x 軸をとる。ケルビン波の特徴は岸沖方向には地衡流平衡にあることである。水面の変位を η とし、流れは y 方向の v のみとする。基本式は以下のように与えられる。f はコリオリのパラメータで

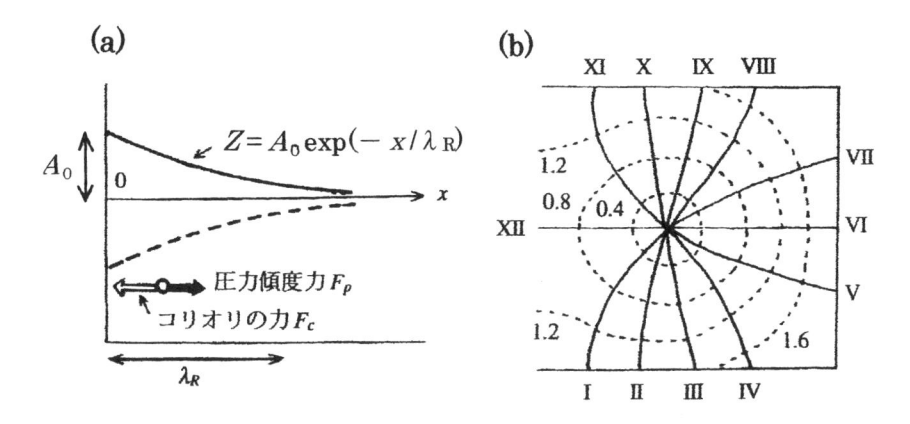

図 A7 (a) ケルビン波に伴う海面形状、波は紙面の裏から表に進んでいる、力の釣り合いは波の山における状態、(b) ケルビン波の入射によって生じた湾内の無潮点系、実線は同時潮線、破線は等潮差線

ある。

$$fv = g\frac{\partial \eta}{\partial x}、\quad \frac{\partial v}{\partial t} = -g\frac{\partial \eta}{\partial y}、\quad \frac{\partial \eta}{\partial t} = -h\frac{\partial v}{\partial y} \quad \text{(A10.1 a, b, c)}$$

後の2式は (4.29 a, b) 式と同形であるから、y 方向に進む波の解を有する。そこで (4.31) 式と (4.32 b) 式を参考にして、y の負の方向に進む以下の解を仮定する。G は任意関数で、$C=(gh)^{1/2}$ は長波の波速である。

$$\eta = Z(x)G(x+Ct) \qquad v = -C\eta/h$$

(A10.1 a) 式に代入すると、$dZ/dx + fZ/C = 0$ を得る。これは $Z = A_0 \exp(-x/\lambda_R)$ の解を持つ。$\lambda_R = C/f$ は (A7.1) 式のロスビーの変形半径である。ゆえに求める解は

$$\eta = A_0 \exp(-x/\lambda_R)G(x+Ct) \qquad \text{(A10.2 a)}$$
$$v = -CA_0/h \cdot \exp(-x/\lambda_R)G(x+Ct) \qquad \text{(A10.2 b)}$$

これは y の負の方向に、すなわち岸を右に見て岸に平行に進む波であって、沖に向けて波高は指数関数的に減少する (**図 A7** (a))。このような波をケルビン波という。なおもう1つの波動解として、y の正の方向に、すなわち岸を左に見て進む波が考えられるが、波高が沖に向けて大きくなり、遠方では無限大になる。それゆえ岸を左に見て進む波は実在し得ない。

次に、このケルビン波が、**図 A7** (b) に示すように外海から半開きの湾に進入した場合を考える。この波は湾奥に向かって右岸側を進む。湾奥に達してもやはり岸に沿って回り、その後は反射波として湾の外に出ていく。波高は入射波では右岸側が高く、反射波は左岸側が高い。潮汐波がケルビン波の性格を持つ時、入射波と反射波が

重なった結果、図 A7（b）に描かれているように、同時潮線が 1 点から放射状に伸びて、反時計回り（北半球）に回転する。回転の中心が無潮点で、潮汐は無潮点系を形成する。海が広い時には、図 14.4 に例が示されるように、海岸や海底の地形分布に応じて、海域がいくつもの振動区域に分かれ、複数の無潮点系が生じる。海域の分割は、周期が異なるので分潮によって相違する。

A.11　陸棚波

前項 A.10 において、地球回転の影響で北半球では岸を右に見て進むケルビン波が存在することを知った。この場合は水深が一様であったが、水深が変化する場合にもやはり岸を右に見て進む波が存在する。このような波はわが国の庄司（1961）によって初めて発見されたのであるが、当時はどのような性質の波であるかは分からなかった。その後研究が進められて、この波は水深が変化する場合にポテンシャル渦度が保存されるために生じるものであることが理解できた。これは沿岸における数日周期の海面変動、特に急潮、内部潮汐、異常潮位などの現象において、波の伝播に重要な役割を果たしている。この波の解は水深分布によって異なり、取り扱いがやや面倒であるので、ここではポテンシャル渦度保存則に基づいて、この種の波が存在できることを示すにとどめる（若干の理論解は、例えば宇野木「沿岸の海洋物理学」に示してある）。

図 A8（a）に示すように、沖に向けて深くなる海において、海水が静止している場合を考える。全域で渦度はゼロである。今図（b）のように等深線イロ上の 3 点 P、Q、R の中で、点 Q の水柱が何らかの原因で浅い方へ動かされた場合を考える。質量保存のために水柱は幅が広がり背が縮むであろう。この時（12.6）式のポテンシャル渦度の保存則を満たすために、f が一定の時は、h の減少に対して渦度 ζ も減少し、水柱 Q は負の渦度を獲得する。

この結果図（b）のように Q の周りには時計回りの渦が発生し、水柱 P は深い方へ、水柱 R は浅い方へ動かされる。さらに Q が移動した際に海面が周囲より多少高まり、QP 間および QR 間に圧力勾配が生じることもある。これに伴う流れは、地衡流平衡の場合にはやはり P を深海へ、R を浅海へ動かそうとする。したがって図（c）のように、今度は P が反時計回りの渦を、R が時計回りの渦を獲得する。この 2 つの渦はともに水柱 Q を動かそうとする。その方向は両者とも同じで、Q を元の位置にもどそうとする。かくして復元力が生じて、水柱は振動を開始し、振動は波として遠くへ伝播する。この波は陸棚波とよばれる。

さてこのようにして発生した波は、北半球では浅海部を右手に見て進む。その理由は次のようである。図（d）に示す反時計回りの渦を考える。この時浅い方から A 点にきた水は＋の渦度を加え、深い方から B 点にきた水は－の渦度を持ってくる。この結果元の渦では、渦度は A 点付近では強まり、B 点付近では弱まるので、結局渦

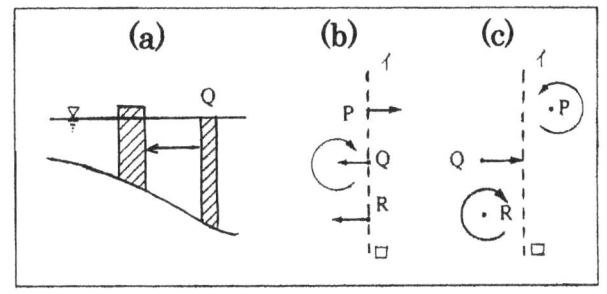

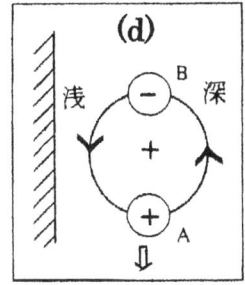

図 A8　陸棚波の発生と進行方向の説明図

は浅海部を右に見て進むことになる。

A.12　エクマン吹送流

　無限に広く、無限に深い海に、一様な風が吹き続いた時に発生する定常な吹送流を求める。流れは鉛直軸 z のみの関数である。
一定の渦動拡散係数を K_z とした時、基本式は次式で与えられる。

$$-fv = K_z \frac{d^2 u}{dz^2}, \quad fu = K_z \frac{d^2 v}{dz^2} \quad \text{(A12.1 a, b)}$$

風は y 方向に吹き、風応力を τ_y とする。境界条件は次のようになる。

$$海面\ z = 0：du/dz = 0, \quad \rho K_z dv/dz = \tau_y$$
$$海底\ z = -\infty：u = 0, \quad v = 0$$

基本式は u または v にまとめれば、4階の線形同次定数係数の微分方程式であるので、通常の方法で解を求めることができて、それは下記に与えられる。

$$u = V_s e^{z/h_E} \cos\left(\frac{z}{h_E} + \frac{\pi}{4}\right), \quad v = V_s e^{z/h_E} \sin\left(\frac{z}{h_E} + \frac{\pi}{4}\right) \quad \text{(A12.2 a, b)}$$

ここで
$$h_E = \sqrt{2K_z/f}, \quad V_s = \tau_s/(\rho\sqrt{fK_z}) \quad \text{(A12.3 a, b)}$$

V_s は表面流速、h_E はエクマン境界層の厚さである。

　u、v を海面から海底まで積分すると、単位幅当たりの流量、すなわちエクマン輸送 Q_x と Q_y は次式になり、物理的考察から得た（14.11）式に一致する。すなわち全流量は風の右方向に流れている。

$$Q_x = \tau_y/f\rho, \quad Q_y = 0 \quad \text{(A12.4 a, b)}$$

同様に、x 方向の風 τ_x による全流量は y 方向になり、

$$Q_x = 0, \quad Q_y = -\tau_x/f\rho \quad \text{(A12.4 c, d)}$$

A.13　エクマンポンピングに誘起される南北流

　風が応力 (τ_x, τ_y) を海面に与えながら吹く時のエクマン層の厚さは、本文に示したように非常に薄く、数十 m の程度である。今エクマン層の厚さを h_E とし、x, y 方向にそれぞれ単位幅の水柱を考える。エクマン輸送を Q_x, Q_y とした時、x 方向の流れでこの水柱から出ていく水量は $\partial Q_x/\partial x$、y 方向には $\partial Q_y/\partial y$ である。海面で水位変化はないとすれば、エクマン層の下面では鉛直流 w_E を生じて、次の関係式が成り立つ。なお、エクマン輸送の収束や発散によって、海水の鉛直運動が生じることをエクマンポンピングという。

$$\partial Q_x/\partial x + Q_y/\partial y = w_E \tag{A13.1}$$

この式に（A12.4 a, c）式の流量を代入するが、その時 f に比べて応力 τ の変化が大きいことを考慮すると、エクマンポンピングの速度 w_E は次のように近似される。

$$\rho w_E = (\partial \tau_y/\partial x - \partial \tau_x/\partial y)/f \tag{A13.2}$$

　次に、エクマン境界層より下の、厚さがこれよりもはるかに大きい内部領域を考える。層の厚さを H とする。この層内ではポテンシャル渦度が保存されている。すなわち、$d\{(f+\zeta_z)/H\}/dt = 0$ である。いま海水の南北運動を考えた時、惑星渦度 f が相対渦度 ζ_z に比べて大きく、かつ現象が線形であるとすれば、上記の保存式は $\partial (f/H)/\partial t + v\partial (f/H)/\partial y = 0$ になる。さらに層の厚さの変化が小さいとすれば次式を得る。

$$v\beta H - f\partial H/\partial t = 0 \tag{A13.3}$$

内部領域の底面は動かないと考え、上面はエクマンポンピングの働きで伸縮しているので、$\partial H/\partial t = w_E$ と置くことができる。ゆえに上式は $v\beta H = fw_E$ となる。（A13.2）式と結びつければ、海面の風によって内部領域に生ずる南北流の大きさは、下記の式で求めることができる。

$$v = (\partial \tau_y/\partial x - \partial \tau_x/\partial y)/(\rho \beta H) \tag{A13.4}$$

本文の（16.1）式は、東西方向の風成分に注目したものである。（A13.4）式はスベルドラップ平衡の一般的な表現である。

　これまでは海面の風による表層のエクマンポンピングの働きを考えたが、ここでは 16.4 節で取り上げる深海底層に現れるエクマン層のエクマンポンピングに注目する。この時は H を底層のエクマン層の厚さとすれば、やはり（A13.3）式は成立する。海底では鉛直速度は 0 であるので、$H^{-1}\partial H/\partial t = H^{-1} \times$（層の上端の w）$= \partial w/\partial z$ と表される。したがって（A13.3）式より、海底境界層より上の領域では次式が成り立つ。

$$\beta v = f\partial w/\partial z \tag{A13.5}$$

これが（16.2）式である。

A.14　土木技術者の憲章

　優れた河川技術者で第 23 代土木学会長にあった青山 士（あきら）は、委員会を組織して自らは委員長として、下記の土木技術者の憲章となるべきものをまとめ、1938 年の土木

学会誌第 24 巻第 5 号の巻頭に発表した。わが国興隆の基盤を支えた土木技術者が抱く高い理想と強い信念が謳われていて、心に響くものがある。この内容は現代においても服膺すべきもので、ここに再録しておく。

土木技術者の信条
1. 土木技術者は国運の進展並に人類の福祉増進に貢献すべし。
2. 土木技術者は技術の進歩向上に努め汎く其の真価を発揮すべし。
3. 土木技術者は常に真摯なる態度を持し徳義と名誉とを重んずべし。

土木技術者の実践要綱
1. 土木技術者は自己の専門的知識及経験を以て国家的並に公共的諸問題に対し積極的に社会に奉仕すべし。
2. 土木技術者は学理、工法の研究に励み進んで其の結果を公表し以て技術界に貢献すべし。
3. 土木技術者はいやしくも国家の発展国民の福利に背戻するが如き事業は之を企図すべからず。
4. 土木技術者は其の関係する事業の性質上特に公正を持し清廉を尚びいやしくも社会の疑惑を招くが如き行為あるべからず。
5. 土木技術者は工事の設計及施工につき経費節約或は其の他の事情に捉れ為に従業者並に公衆に危険を及ぼすが如きことなきを要す。
6. 土木技術者は個人的利害の為に其の信念を曲げ或は技術者全般の名誉を失墜するが如き行為あるべからず。
7. 土木技術者は自己の権威と正当なる価値を毀損せざる様注意すべし。
8. 土木技術者は自己の人格と知識経験とにより確信ある技術の指導に努むべし。
9. 土木技術者は其の関係する事業に万一違法に属するものあるを認めたる時は其の匡正に努むべし。
10. 土木技術者は其の内容疑しき事業に関係し又は自己の名義を使用せしむる等の事なきを要す。
11. 土木技術者は施工に忠実にして事業者の期待に背かざらんことを要す。

A.15　日本海洋学会の海洋環境問題に関する声明

海の自然と水産資源の研究と保護に熱意を抱いた第 4 代日本海洋学会長宇田道隆が設けた委員会の検討結果を基に、海洋学会は 1973 年の総会で海洋環境の保全を目標にした声明文を決議したので、以下に記録に留める。

太古から　私たちの生命をはぐくんできた海は、われわれ人類の幸福のため、その

資源と空間を十分に活用しながら、子孫のため保存しなければなりません。近年の人間活動、とくに生産活動の急激な増加に伴い、環境破壊に留意することなく、大量の廃棄物を注入したり、沿岸を変形させるなど、海洋に大きな人為的作用を加えたため、環境に著しい変化が生じてきました。

　私たちは　この現状が地球の生態系を変え、ひいては人類の生存を危うくすることを憂えるとともに、学会としてこれまで環境問題に対する取り組み方が、消極的であったことを反省するものです。今後一層の熱意をもって海洋の基礎研究を進め、広く関係学問分野と国内的また国際的に協力し、海洋環境の変化を監視して、将来の予測を確実にすること、また研究成果をすみやかに実際面に役立てることが大切と考えます。

　日本海洋学会は、ここに海洋環境問題委員会を発足させ、今後積極的な環境問題の具体的な研究方法および研究体制を討議確立し、その活動を通じて、海洋環境の改善に努力するとともに、いかなる形においてもわれわれの研究が、環境改善とは逆の方向に悪用されることのないように努めます。

　ここに日本海洋学会昭和48年度総会の決議により、私たちの見解と決意を表明し、広く社会の理解と協力を得て、目的の達成を望むものであります。

昭和48年4月8日　日本海洋学会

索引

【A～Z】
Chézy の係数　77
Chézy の式　77, 102
Horton の浸透能（方程）式　40
K_1 分潮（日月合成日周潮）　251
kinematic wave　102
M_2 分潮（主太陰半日周潮）　251
Manning の式　75, 102
Manning の粗度係数　75
O_1 分潮（主太陰日周潮）　251
Rause の式　130
reduced gravity　258
ROFI（河川影響域）　198
S_1 分潮流（気象日周潮流）　266
S_2 分潮（主太陽半日周潮）　251
Shields 関数　131

【ア行】
青潮　269
亜寒帯海流　304
亜寒帯循環　290, 304
アスワンハイダム　298
圧力傾度力　26
圧力水頭　340
亜熱帯循環　285, 303, 304, 305
亜熱帯反流　305
安倍川　141, 240
アマゾン川　19, 154, 156, 157, 285
アムール川　294
荒川放水路　323
アラスカ海流　304

有明海　235, 254
有明海異変　255
アルゴスフロート　303
アンサンブル予報　123
安政南海地震　173
諫早大水害　28, 46
石狩川　82, 202
石積堤　323
異常潮位　280
伊勢湾　20, 204, 208, 214, 217, 254, 282
1 次生産　218
位置水頭　71
一級河川　158
移動床　85, 222
イラワジ川　154, 156
移流項　55
岩手・宮城内陸地震　115
インダス川　36
インドネシア通過流　317
渦位　201
渦度　200, 347
内浦湾　276
海の結氷　296
海坊主　258
宇和島湾　278
運動方程式　55
運搬作用　129
エクマン境界層　351
エクマン吹送流　351
エクマン数　212
エクマン層　214, 267

エクマンポンピング　306, 313, 352
エクマン輸送　267, 351
エクマン螺旋　267
エスチュアリー循環　198, 216, 268, 299, 334
越前クラゲ　289
縁海　285
沿岸境界流　289
沿岸砂州　232
沿岸生態系　301
沿岸熱塩フロント　249, 273
沿岸漂砂量　234
沿岸捕捉波　280
沿岸密度流　277
沿岸湧昇　269
沿岸流　230
円弧状三角州　90
遠州灘　204
塩水くさび　181, 187
塩素量　179
塩分　179
塩分極小層　297, 309
オアシス　86
横断2次流　83
横断面曲線　148
大井川　211
大河津分水路　242, 323
大阪湾　205, 254
太田川　204, 215
御囲堤　94
オホーツク海　295
親潮　289, 304
御岳崩れ　137
温度逆転　247
温度躍層　248, 308

【カ行】
貝塚　86
海氷　294

海氷生成の南眼　295
海浜流　230
海洋構造　247
海洋底プレート　318
河岸段丘　89
河況係数　155
角運動量保存則　200, 348
拡散型氾濫　107
拡散貯留混合型氾濫　107
学識経験者　332
角振動数　65
拡張されたベルヌーイの定理　72
河口砂州　223
河口循環　198
河口条件　162
河口地形　221
河口テラス　224
河口デルタ　223
河口フロント　215, 249
河口閉塞　224
河口密度流　198
河口レーリー数　186
鹿島灘　264
河床波　79
霞堤　110, 323
カスリン台風　28, 107
河川感潮域　159
河川管理　157, 332
河川再自然化の運動　329
河川水プリューム　197
河川高潮に対する底面摩擦の式　173
河川潮汐の遡上上限　161
河川の価値　329
河川氾濫区域　321
河川法　109, 328
河川密度　150
河川網　18
河川流域の植生　48

河川流型　222
河川流と潮汐波の非線形相互作用　159
渇水位　78
渇水流量　78
河道主義　98, 109, 324
渦動粘性係数　55, 342
河道遊水地　110
狩野川台風　28
下方浸食　127
釜無川　110
カリフォルニア海流　304
カルマン定数　58, 130, 343
涸れ川　86, 154
川の一生　143
川の規模　148
川の水の配分　333
川の輪廻　145
川辺川ダム　330
官界　325
環境影響評価　334
環境の悪化　326
緩混合型　191
緩混合型の感潮河川　185
ガンジス川　36, 154
慣性項　55
慣性項の影響　105
慣性周期　199, 346
慣性力　339
乾燥地帯　33
観測・予測技術　325
寒帯前線（極前線）　31
感潮域の洪水　166
感潮域の循環形態　179
感潮域の水位変動　159
感潮域の水理計算　162
感潮域の高潮　167
感潮域の潮流　164
感潮域の津波　173

感潮域の波浪　175
紀伊水道　274
気候の安定化　316
気候変動　85
基準流域法（対照流域法）　49
気象湖　250
季節温度躍層　309
季節風　29
季節風型　31
北赤道海流　304
北大西洋深層水　312
北太平洋海流　304
北太平洋中層水　297
起潮力　250
基底流出　42
基本高水流量（計画高水流量）　109, 122
基本水準面　251
基本波　260
キャベリング　275
休耕田　53
急潮　276
強混合型の感潮河川　182
凝集作用（フロッキュレーション）　190
共振潮汐　165, 252
漁業用水　333
局所加速度　55
近自然河川工法　329
近代工法　324
九頭竜川　30
屈折　229
球磨川　244
クリーク　194
黒潮　202, 208, 276, 285, 303
黒潮前線　276
黒潮続流　286, 304
黒潮反流　286
黒潮流路　288
黒部川　157

黒部ダム　325
群速度　177
傾圧的（バロクリニック）　200
計画高水流量　109
径深　75
傾度風　26
華厳の滝　146
結氷点　296
ケルビン波　251, 348
限界水深　68
限界掃流力　131
限界流　68
限界流速　68
原子力発電所　204
懸濁物質　191, 236
豪雨　25, 29
黄河　294
黄海　293
公共事業　325
洪水制御　52, 124
洪水調節地　110
洪水と高潮の相互作用　171
洪水と潮汐波の相互作用　167
洪水の機能　97
洪水波　100, 344
降水量　22
降水量の季節変化　23
洪積層　86
高度水頭　71, 340
広葉樹林　50
合理式　118
黒海　300
コブル　125
コリオリの力　26, 197, 338
コリオリのパラメータ　339
孤立波　67
混合距離　129, 343

【サ行】
災害対策基本法　111, 325
砕波　178
裁判員制度　330, 332
相模川　227
相模ダム　227
相模湾　261, 276
砂州　80
砂堆　79
砂漠地帯　154
砂礫堆　84
砂漣　79
三角州　90, 134
三峡ダム　136, 294
残積土斜面　45
山地の土砂生産　137
山地崩壊　137
三陸沿岸　273
シア流　200, 342
潮波　176
シグマーティσ_t　179
静岡・清水海岸　238
自然再生推進法　329
自然堤防　89, 221
設楽ダム　330, 334
質量保存法則　57
信濃川　202, 242, 323
死水　258
地盤沈下　243
四万十川　82
下筌ダム　327
社会保障費　325
弱混合型　191
弱混合型の感潮河川　187
射流　68
周期　65
縦断面曲線　134
自由地下水　41

集中豪雨　112
住民参加　330
重力循環　198
重力対流　275
主温度躍層　309
取水　219
出水の形態　154
出水量の推定　118
受動的自然再生の原理　329
順圧的（バロトロピック）　200
潤辺　75
準用河川　158
常願寺川大洪水　149
捷水路工事　82
縄文海進　86
常流　68
昭和の河川法　328
シルト　125
深海波　228
人工衛星　303
人工林　52
侵食基準面　146
侵食作用　127
侵食速度　128, 157
深層循環の時間スケール　315
深層循環の終着点　316
深層水の起源　311
深層水の循環　311
診断モデル　207
浸透係数　341
浸透層　39
浸透能　40, 48
浸透流　339
針葉樹林　50
新淀川　96
森林の機能　48
森林の遮断作用　37
水位ハイドログラフ（水位変化曲線）　98

水温と塩分の相関関係　248
水害防備林　110, 323
水系の型　91
吹送流　62, 261
水田　110
水田の貯水機能　52
水平エクマン数　209
水面の形状　69
水面摩擦係数　62
水門　69
宿毛湾　278
ステップ　232
ステップ型海浜　232
ストークスの質量輸送　229, 230
ストークスの抵抗則　133, 190
砂　125
砂浜　228
スベルドラップ（Sv）　288
スベルドラップ平衡　307, 352
スベルドラップ輸送　307
スベルドラップ流　307
駿河トラフ　261
駿河湾　204, 208, 261, 276
スワンプ　194
西岸境界流（西岸強化流）　285, 290, 303, 307, 313
聖牛　323
正常海浜　232
静水圧　56
静水面交点　160, 179
青年期の川　143
正の段波　116
西部地中海深層水　300
生物多様性条約　98, 329
生物地形　195
世界最大のベルトコンベア　316
世界ダム委員会　124
世界の海流　303

索引　359

堰　69, 67
堰き上げ背水曲線　70
赤道収束帯　31
赤道潜流　304
赤道反流　305
赤道湧昇　271
設計水位　164
摂動法　103
絶対流速　287
絶対渦度　201, 348
浅海波　228
洗掘　127
潜在的危険地域　109
尖状三角州　91
扇状地　86, 113, 134
川内川　203
穿入蛇行　82
潜熱　28
側方侵食　127
相対渦度　201, 348
壮年期の川　144
宗谷暖流　288
掃流　131, 133
速度水頭　71
側方流　44
粗朶沈床　323
粗度定数　58
ソマリー海流　305
ソリトン　67
損失水頭　71, 341

【夕行】
第2室戸台風　30, 170
太陰湖　250
大洪水　317
太閤堤　96
大正池　146
対数分布則　59

堆積環境　190
堆積作用　133
堆積速度　136
堆積物組成　244
大蛇行　288
タイダルボア　66, 159
大戸川ダム　330
台風による豪雨　25
太陽湖　250
多雨地帯　31
高潮　275
蛇行流路　81
ダム事業に関する環境影響評価　335
ダム撤去運動　329
ダムの決壊　114
ダムの堆砂　138
ダムの大量放水　113
ダムの平均寿命　111, 139, 327
ダムの水の滞留率　138
ダム問題　326
ダルシーの法則　40, 339
単位図法　119
タンクモデル　120
暖水舌　276
段波　65, 113, 343
断流　294
地域主権時代　330
チェサピーク湾　212
地殻変動　85
地下水　41
地球温暖化　147, 318
地球流体　201
筑後川　99, 182
地形性渦流　257
地衡風　202
地衡流　202
地衡流調節　346
地衡流平衡　346

地上風　28
地中海　297
地中海気候　297
千歳川放水路計画事業　334
地表流　42, 46
中間（水深）波　228
中間流　41
沖積層　85, 86
沖積平野　85
中層循環　314
中層水　309
長江　36, 134, 291
長江希釈水　291
鳥趾状三角州　90
跳水現象　69
潮汐　250
潮汐残差流　258
潮汐フロント　257
潮流　257
潮流型　222
潮流楕円　257
潮力発電　253
直線流路　80-81
貯留型氾濫　107
貯留関数　120
沈降速度　133
津軽暖流　288
対馬暖流　288
津波　275
津波の遡上距離　174
低下背水曲線　70
抵抗係数　134
底質の密度　125
定常波　252
低水位　78
低水流量　78
泥線　224
底面摩擦　171

底面摩擦係数　68
デラウェア湾　212
寺泊海岸　244
デルタ　91
天井川　88
伝統的手法　322
天竜川　204
動圧　72
東海豪雨　112
東京湾　85, 204, 237, 247, 253, 254, 262, 272, 283
東京湾平均海面　251
同時潮図　251
透水係数　40, 341
動水勾配　40, 73, 75, 340
動水勾配線　340
透水層　339
特性曲線　260
都市型水害　112, 324
都市化流域の流出特性　113
土砂流出量　140
土石流　46
ドナウ川　20, 154
利根川　93, 100, 107, 204, 323
土木工学　325
巴川　160
豊川用水　334
トンボロ現象　241

【ナ行】
内部ケルビン波　261, 271, 276
内部潮汐　258, 276
内部波　258, 346
ナイル川　97, 133, 157, 297, 298
中州　82
長野県西部地震　147
長良川　160
流れの不安定　85

長良川河口堰　164, 331
夏型海浜　232
波応力　230
鳴門海峡　257
南極周極流（南極環流）　304
南極底層水　312
南東貿易風　305
新潟海岸　233, 238
二級河川　158
日潮不等　251
二風谷ダム　327
日本海　293
日本海中部地震　174
日本近海の海流　285
ニュートンの運動の第2法則　341
熱塩循環　273
熱帯型　33
粘土　125
能登半島沿岸　279

【ハ行】
バー　232
バー型海浜　232
ハートブレイクモデル　203
梅雨前線　28
ハイドログラフ　42, 98
パイプ流　43
波数　65
波速　65
蜂の巣城の攻防　327
波長　65
波動方程式　64
波動流型　222
パナマ運河　323
バルク係数　38
反砂堆　80
氾濫　106
氾濫が始まる場所　106

氾濫管理　124
氾濫原　88, 238
氾濫水の挙動　107
氾濫制御　52
氾濫のパルス　98
被圧地下水　41
東カムチャッカ海流　289, 304
東樺太海流　296
東シナ海　293
干潟スケールの水平環流　236
干潟の水質浄化機能　237
ひき幽霊　258
比堆砂量　138
非大蛇行　288
日野川　226
氷期　85
漂砂量　140
表面混合層　308
表面流出　42
比流量　155
広島湾　204
琵琶湖　95, 273
琵琶湖疎水　323
貧酸素水　219, 249, 283
ファンディー湾　253
富栄養化　218
復元力　350
富士川　211
ブシネスクの近似　185
普通河川　158
復帰流　43, 44
フック　224
不特定用水　333
負の段波　116
冬型海浜　232
ブラジル海流　303
フラッシング数　183
ブラマープトラ川　156

362

プラントル数　185
浮流　129, 133
ふるい分け作用　134
フルード数　68
フロック　190
フロリダ海流　303
噴火湾　206
豊後水道　278
分散関係　347
分散係数　236
分水界　150
分水嶺　150
分水路　242
噴流（ジェット）　187
文禄堤　96
並岸流　230
平衡河川　134
平水位　78
平水流量　78
平成の河川法　328
ヘッドランド工法　241
ベルヌーイの定理　72
ヘルムホルツの渦定理　201
偏西風　305
ボア　66
崩壊・運積土斜面　46
豊水位　78
豊水流量　78
暴漲湍　66
暴風海浜　232
飽和地表流　43
北東貿易風　305
匍行土斜面　45
ポテンシャル渦度　201
ポテンシャル渦度保存則　200, 206, 307, 347, 348, 350
ポリニア　297
ボルダー　125

ポロロッカ　66

【マ行】
巻き上がり　191
摩擦項の影響　104
摩擦速度　58, 343
マングローブ林　194, 238
茨田堤　96
三日月湖　82
三河湾　20, 236, 334
ミシシッピー川　133, 157
水需要　327
水の遮断　37
水の循環　15
水の存在量　15
水の役割　13
密度流　180
緑のダム　47
南赤道海流　304
三保半島　240
宮城内陸地震　147
無潮点　251
無潮点系　348
無流面の仮定　287
明治の河川法　328
メコン川　154
メナム川　154
網状流路　81, 86

【ヤ行】
大和川　96
有効雨量　119
湧昇　269
湧昇域の幅　270
湧昇速度　271
湧昇フロント　272
遊水地　51, 110, 323
融雪　29

融雪洪水　30
有楽町海進　86
溶食　127
幼年期の川　143
溶流　129, 133
吉野川河口堰　328
淀川　95, 323
淀川水系流域委員会　331
淀み点　186

【ラ行】
ラジエーション・ストレス　230
乱流境界層　59, 84
リアス式海岸　146
離岸流（リップカレント）　230
陸棚波　280, 350
陸棚フロント　273
流域委員会　331
流域形状係数　150
流域の形状　150
流域平均幅　150
流況曲線　78
流出過程　39, 42

流出関数　119
流出率　34
流速の限界値　126
流動泥層　193
流氷　296
流量係数　72
流量ハイドログラフ（流量変化曲線）　98
レイノルズ応力　343
レイノルズ数　133
礫　125
レバント海中層水　300
連行加入　187, 217, 259
連続方程式　57
老年期の川　145
ロスビーの内部変形半径　200, 210, 270, 346
ロスビーの変形半径　200, 346

【ワ行】
惑星渦度　201, 348
ワジ（涸れ谷）　154
輪中堤　94
渡良瀬遊水地　110
湾流　303

【著者略歴】

宇野木早苗（うのき・さなえ）

1924 年、熊本県生まれ。理学博士、日本海洋学会名誉会員。

専門　海洋物理学

経歴　気象技術官養成所（現気象大学校）研究科卒業、中央気象台（現気象庁）海洋課、気象研究所主任研究官、東海大学海洋学部教授、理化学研究所主任研究員

　　　また、日本海洋学会沿岸海洋研究部会長、土木学会海岸工学委員会委員、その他国、自治体の海関係の委員を務める

受賞　運輸大臣賞（1960 年、台風波浪に関する研究）、日本気象学会藤原賞（1964 年、高潮に関する研究）、日本海洋学会賞（1973 年、沿岸海洋物理学に関する研究）、日本自然保護協会沼田真賞（2006 年、沿岸海域生態系保全への海洋物理学からの貢献）、日本海洋学会宇田賞（2010 年、川と海の相互関係を基礎とした沿岸環境保全に関する研究と啓発活動）

著書　『海洋技術者のための流れ学』『沿岸の海洋物理学』『海洋の波と流れの科学』（以上、東海大学出版会）、『河川事業は海をどう変えたか』（生物研究社）、『有明海の自然と再生』『川と海――流域圏の科学』（以上、築地書館）など多数。

流系の科学
山・川・海を貫く水の振る舞い

2010 年 9 月 10 日　初版発行

著者　　　　　宇野木早苗
発行者　　　　土井二郎
発行所　　　　築地書館株式会社
　　　　　　　東京都中央区築地 7-4-4-201　〒104-0045
　　　　　　　TEL 03-3542-3731　FAX 03-3541-5799
　　　　　　　http://www.tsukiji-shokan.co.jp/
　　　　　　　振替 00110-5-19057
印刷・製本　　シナノ印刷株式会社
装丁　　　　　吉野愛

©Sanae Unoki 2010 Printed in Japan
ISBN 978-4-8067-1403-3　C0040

・本書の複写にかかる複製、上映、譲渡、公衆送信（送信可能化を含む）の各権利は築地書館株式会社が管理の委託を受けています。

・JCOPY 〈(社) 出版者著作権管理機構　委託出版物〉
本書の無断複写は著作権法上での例外を除き禁じられています。複写される場合は、そのつど事前に、(社) 出版者著作権管理機構（電話 03-3513-6969、FAX 03-3513-6979、e-mail : info@jcopy.or.jp）の許諾を得てください。

● 築地書館の本

川と海
流域圏の科学
宇野木早苗＋山本民次＋清野聡子［編］　3000円＋税

川は海にどのような影響をあたえるのか――自然形成、環境問題を総合的に記述した、日本で初めての画期的な本。海の保全を考慮した、河川管理のあり方への指針を示す。

有明海の自然と再生
宇野木早苗［著］　2500円＋税

豊饒の海と謳われた有明海の自然は、諫早湾潮受堤防の締め切りによって、どう変化したのか。半世紀にわたり日本の海を見続けてきた海洋学者が、潮の減衰、環境の崩壊、漁業の衰退の実態と原因を、これまでに蓄積されたデータをもとに明らかにし、有明海再生の道をさぐる。

緑のダム
森林・河川・水循環・防災
蔵治光一郎＋保屋野初子［編］　2600円＋税

注目される森林の保水力。これまで情緒的に語られてきた「緑のダム」について、第一線の研究者、ジャーナリスト、行政担当者、住民などが、あらゆる角度から森林（緑）のダム機能を論じた本。

水の革命
森林・食糧生産・河川・流域圏の統合的管理
イアン・カルダー［著］蔵治光一郎＋林裕美子［監訳］3000円＋税

「緑の革命」から「水〈青〉の革命」へ。世界の水危機を乗り越えるために、水資源・水害・森林・流域圏を統合的に管理する新しい理念と実践について詳説。日本の事例を増補した原著第2版、待望の邦訳。

海辺再生
東京湾三番瀬
NPO法人三番瀬環境市民センター［著］　2000円＋税

日本の海辺再生のシンボル、東京湾の奥に残された三番瀬の保全・再生活動を通して、市民・研究者・行政・漁業者たちが協働する自然再生事業の具体的なあり方が見えてくる。

本のくわしい内容はホームページを。http://www.tsukiji-shokan.co.jp/